Harald Renz (Hrsg.)
Der Corona Atlas

Harald Renz (Hrsg.)

Der Corona Atlas

DE GRUYTER

Herausgeber
Prof. Dr. med. Harald Renz
Philipps-Universität Marburg
Leiter Institut für Laboratoriumsmedizin und
Pathobiochemie, Molekulare Diagnostik
E-Mail: harald.renz@uk-gm.de

ISBN: 978-3-11-075257-1
e-ISBN (PDF): 978-3-11-075259-5
e-ISBN (EPUB): 978-3-11-075265-6

Library of Congress Control Number: 2022930074

Bibliografische Information der Deutschen Nationalbibliothek
Die Deutsche Nationalbibliothek verzeichnet diese Publikation in der Deutschen Nationalbiblio-
graphie; detaillierte bibliografische Daten sind im Internet über http://dnb.d-nb.de abrufbar.

© 2022 Walter de Gruyter GmbH, Berlin/Boston
Einbandabbildung: Gettyimages / traffic_analyzer
Satz/Datenkonvertierung: L42 AG, Berlin
Druck und Bindung: CPI books GmbH, Leck

www.degruyter.com

Vorwort

Eine Pandemie solchen Ausmaßes konnten wir uns Ende 2019 nicht vorstellen. Nach den ersten Corona-Fällen in Wuhan verbreitete sich das Virus in rasanter Geschwindigkeit weltweit und hatte direkt und indirekt unmittelbare Auswirkungen auf alle Lebensbereiche, mit Langzeiteffekten. Wo standen wir zu Beginn der Pandemie? Es gab keine Testungen, es gab keine Impfungen, es gab keine spezifischen Medikamente. Gleichzeitig bestand gewaltiger Handlungsdruck, der keinen Aufschub duldete, um die Bevölkerung zu schützen und einen Kollaps des Gesundheitssystems zu vermeiden, und zwar durch ein „Abflachen der Infektionskurve". Diese Ausgangssituation, vor der alle Gesundheitssysteme weltweit mehr oder weniger gleichermaßen und gleichzeitig standen, entwickelte einen ungeheuren Wissenschaftsschub, gefolgt von einem Erkenntnisschub, der die Bedeutung des öffentlichen Gesundheitswesens, insbesondere der Universitätsmedizin, und die Rolle der Wissenschaftsorganisation in ein ganz neues, zentrales Licht rückte.

Es gab meines Wissens nach keine andere Erkrankung, in der in so kurzer Zeit ein so gewaltiger Erkenntnisschub gelang wie in Zusammenhang mit SARS-CoV-2 und COVID-19. Nun, nach 2 Jahren, kann eine erste, vorsichtige Zwischenbilanz gezogen werden.

Ziel dieses Buches ist es, evidenzbasiert die Entwicklungs- und Handlungsstränge nachzuzeichnen und zusammenzufassen, teilweise auch zusammenzuführen. Dabei wurde besonderer Fokus auf das SARS-CoV-2-Virus, die COVID-19-Erkrankung und die öffentlichen Maßnahmen gelegt. Die Auswirkungen auf unser privates und das öffentliche Leben waren und sind immens und werden uns noch über lange Zeiträume mit dem Virus beschäftigen lassen.

Diese Pandemie traf uns insgesamt recht unvorbereitet, trotz aller Bemühungen einer vorausschauenden Pandemiebekämpfung. Gleichzeitig hat die Pandemie Defizite aufgezeigt, wie beispielsweise in der Digitalisierung, der Ausstattung des öffentlichen Gesundheitswesens, aber auch in Bezug auf die Akzeptanz von Evidenz in der Bevölkerung, welche mit der „Querdenkerbewegung" eine besonders sichtbare Note hat. Auch wurde uns die Bedeutung der öffentlichen Unterstützung in der Pandemie vor Augen geführt. Dies umschließt nicht nur die Unterstützung der Forschung, sondern auch der Pharmaindustrie bei der Impfstoff- und Medikamentenentwicklung. Ohne diese öffentlichen Gelder wäre es wahrscheinlich nicht möglich geworden, in dieser Rasanz Impfstoffe zu entwickeln. Aber auch die zentrale Rolle von Krankenhäusern und Intensivstationen wurde in der Pandemie deutlich. Wir haben in der Pandemie einen Generationenvertrag geschlossen. Und zwar zwischen den Schutzbedürftigen, den Alten und den Kranken auf der einen Seite und der jungen Generation auf der anderen Seite. Letztere war durch Schulen- und Universitätsschließungen, digitalen Unterricht, die Schließung von Sport- und Kultureinrichtungen, von Bars und Restaurants ganz besonders betroffen. So hat sich in den letzten 2 Jahren eine gewaltige Materialsammlung aufgebaut, die sich speist aus Verordnungen, Kri-

https://doi.org/10.1515/9783110752595-201

senstabsitzungen, wissenschaftlichen Publikationen, Positionspapieren und Stellungnahmen sowie eigenen Forschungsarbeiten und unzähligen Gesprächen mit Kollegen und Experten, national wie international. Diese Materialsammlung wurde im November 2021 bilanziert, um die wesentlichen Entwicklungsprozesse und Erkenntnisgewinne synoptisch darzustellen. Dabei stellt dieses Büchlein keinen Anspruch auf Vollständigkeit, sondern soll als Zwischenresümee dienen und vielleicht bei der einen oder anderen Argumentation Hilfestellung leisten, gerade auch wenn es darum geht, jetzt Konzepte für zukünftige Epidemien, Pandemien und Infektionsausbrüche zu entwickeln – egal mit welchen Erregern.

Ich wünsche im Namen aller Autorinnen und Autoren viel Freude beim Lesen und Stöbern in dieser Materialsammlung – Anregungen und Kritik sind jederzeit willkommen.

Harald Renz
Marburg im Dezember 2021

Danksagung

Ganz besonders danken möchte ich dem engagierten Team der Medizinstudierenden, Sarah Gruninger, Lara Kümmel, Hanna Krumbein und Corinna Zitzewitz für ihr professionelles, wissenschaftlich-didaktisches Geschick bei der Sichtung der Materialien, der Ausarbeitung der Evidenzen und Zusammenstellung ihrer eigenen Kapitel.

Darüber hinaus gilt mein Dank den folgenden Ärzten und wissenschaftlichen Kollegen am Universitätsklinikum, namentlich Dr. Jens Figiel, Prof. Dr. med. Frank Günther, Rieke Reiter M.Sc., Dr. med. Christian M. Sterr, Dr. Li Zhang und Julian Zirbes. Außerhalb des Universitätsklinikums waren darüber hinaus PD Dr. med. Ulf Seifart, Frau Dipl.-Volkswirtin Amrei Zimmermann und Prof. Dr. Dr. h. c. Horst Zimmermann mit Artikeln befasst. Frau Dr. Ing. Beata Turonova vom Max-Planck-Institut für Biophysik, Herrn Felix Hartkopf vom Robert Koch-Institut, Herrn Jens Bussmann und Frau Vicky Pfirsig vom Verband der Deutschen Universitätsklinika Deutschland, Herrn Frank Gailberger vom Verband Forschender Arzneimittelhersteller sowie Herrn Thorsten Richter von der Oberhessischen Presse Marburg danken wir für die Bereitstellung von Abbildungen.

Mein ganz besonderer Dank gilt auch dem de Gruyter-Verlag, namentlich Herrn Daniel Tiemann, der von Anfang an von dem Konzept begeistert war, und Frau Jessika Kischke, die wie immer hochprofessionell die Umsetzung begleitet hat. Darüber hinaus danke ich ganz herzlich dem Grafiker-Team der Firma L42.

Harald Renz
Marburg im Dezember 2021

https://doi.org/10.1515/9783110752595-202

Inhalt

Autorenverzeichnis

Cand. med. Sarah Gruninger
Philipps-Universität Marburg
Institut für Laboratoriumsmedizin und
Pathobiochemie, Molekulare Diagnostik
Baldinger Str. 1
35043 Marburg
E-Mail: Gruninge@students.uni-marburg.de
Kapitel 1.3 und 5

Prof. Dr. med. Frank Günther
Philipps-Universität Marburg
Leitung Abteilung für Krankenhaushygiene
Baldinger Str. 1
35043 Marburg
E-Mail: frank.guenther@uk-gm.de
Kapitel 9 (equally contributed)

Cand. med. Hanna Krumbein
Philipps-Universität Marburg
Institut für Laboratoriumsmedizin und
Pathobiochemie, Molekulare Diagnostik
Baldinger Str. 1
35043 Marburg
E-Mail: Krumbein@students.uni-marburg.de
Kapitel 1.8 und 4

Cand. med. Lara Kümmel
Philipps-Universität Marburg
Institut für Laboratoriumsmedizin und
Pathobiochemie, Molekulare Diagnostik
Baldinger Str. 1
35043 Marburg
E-Mail: Kuemmel5@students.uni-marburg.de
Kapitel 1 und 7

Rieke Reiter, M.Sc.
Philipps-Universität Marburg
Institut für Laboratoriumsmedizin und
Pathobiochemie, Molekulare Diagnostik
Baldinger Str. 1
35043 Marburg
E-Mail: Rieke.Reiter@uk-gm.de
Kapitel 3 und 6

Prof. Dr. med. Harald Renz
Philipps-Universität Marburg
Leiter Institut für Laboratoriumsmedizin und
Pathobiochemie, Molekulare Diagnostik
Baldinger Str. 1
35043 Marburg
E-Mail: harald.renz@uk-gm.de

Priv. Doz. Dr. med. Ulf Seifart
Beratender Arzt der Geschäftsführung
DRV Hessen
Ärztlicher Direktor Klinik Sonnenblick
Amöneburger Str. 1–6
35043 Marburg
E-Mail: ulf.seifart@drv-hessen.de
Kapitel 4.8

Dr. med. Christian M. Sterr
Philipps-Universität Marburg
Abteilung für Krankenhaushygiene
Baldinger Str. 1
35043 Marburg
E-Mail: christian.sterr@uk-gm.de
Kapitel 9 (equally contributed)

Dr. Li Zhang
Universitätsklinikum Gießen und Marburg
GmbH, Standort Marburg
Ärztliche Geschäftsführung – Stabsstelle
Medizinplanung, Netzwerk- und
Organisationsentwicklung
Baldinger Str. 1
35043 Marburg
E-Mail: zhang@med.uni-marburg.de
Kapitel 3

Prof. Dr. Dr. h. c. Horst Zimmermann
Philipps-Universität Marburg
Emeritierter Professor für Finanzwissenschaft
Königsberger Str. 17
35043 Marburg
E-Mail: horstzimmermann1@freenet.de
Kapitel 10

Julian Zirbes
Universitätsklinikum Gießen und Marburg
Abteilung für Krankenhaushygiene
Baldinger Str. 1
35043 Marburg
E-Mail: julian.zirbes@uk-gm.de
Kapitel 9 (equally contributed)

Cand. med. Corinna Zitzewitz
Philipps-Universität Marburg
Institut für Laboratoriumsmedizin und
Pathobiochemie, Molekulare Diagnostik
Baldinger Str. 1
35043 Marburg
E-Mail: Zitzewit@students.uni-marburg.de
Kapitel 2 und 11

Abkürzungsverzeichnis

ACE2	Angiotensin-II-konvertierendes Enzym
Ag	Antigene
Ak	Antikörper
ARDS	Acute respiratory Distress Syndrome
ARF	Aufbau- und Resilienzfazilität
AWMF	Arbeitsgemeinschaft der Wissenschaftlichen Medizinischen Fachgesellschaften
BIP	Bruttoinlandsprodukt
BMAS	Bundesministerium für Arbeit und Soziales
BMG	Bundesministerium für Gesundheit
BMI	Body-Mass-Index
BNE	Bruttonationaleinkommen
CDC	Center for Disease Control and Prevention, Sitz in Druid Hills (Georgia, USA)
CEPI	Coalition for Epidemic Preparedness Innovations
COVAX	COVID-19 Vaccines Global Access
COVID 19	Coronavirus Disease 2019
CRP	C-reaktives Protein
CT	Computertomographie
C_T	Cycling Threshold
DACH	Staaten: Deutschland, Liechtenstein, Österreich, Schweiz
DARP	Deutscher Aufbau- und Resilienzplan
DKG	Deutsche Krankenhausgesellschaft
DNS	Desoxyribonucleinsäure
ECDC	Europäisches Zentrum für die Prävention und die Kontrolle von Krankheiten, Hauptsitz in Solna (Schweden)
EGF	Europäischer Fonds für die Anpassung an die Globalisierung
EMA	European Medicines Agency
EPI	Institut der beim Europäischen Patentamt zugelassenen Vertreter
EU	Europäische Union
EWR	Europäischer Wirtschaftsraum
FAQs	Frequently Asked Questions
FDA	Federal Drug Association (USA)
FIT	Fraunhofer Institut für angewandte Informationstechnik
GAVI	Global Alliance for Vaccines and Immunisation
GG	Grundgesetz
ID	Identifikationsnummer
IFN	Interferon
IfSG	Infektionsschutzgesetzes
IgA	Immunglobulin A (Antikörper)
IgG	Immunglobulin G (Antikörper)
IgM	Immunglobulin M (Antikörper)
IL	Interleukin
i. m.	intramuskulär
IRI	Internationalized Resource Identifier (Marktforschungsinstitut)
KfW	Kreditanstalt für Wiederaufbau
KiTa	Kindertagesstätten
KMU	Kleine und mittlere Unternehmen
MERS	Middle East respiratory Syndrome

https://doi.org/10.1515/9783110752595-203

MFR	mehrjähriger Finanzrahmen der EU
MoAks	monoklonale Antikörper
mRNA	englisch: messenger ribonucleic acid
NGEU	Corona-Wiederaufbauplan NGEU (Next Generation EU)
NICE	National Institute for Health and Care Excellence
NINA	Notfall-Informations- und Nachrichten-App
NK-Zellen	natürliche Killerzellen
NRGS	Nationale Reserve Gesundheitsschutz
NUM	Nationales Forschungsnetzwerk Universitätsmedizin
OAS Gen	Oligoadenylat-Synthase Gen
ÖGD	öffentlicher Gesundheitsdienst
ORFs	Open-Readingframes (offene Leseraster)
PCR	Polymerase Chain Reaction
PCS	Post-COVID-19-Syndrom
PEI	Paul-Ehrlich-Institut
PHE	Public Health England
PIMS	Paediatric Inflammatory Multisystem Syndrome
PRRs	Pattern Recognition Rezeptoren
RBD	rezeptorbindende Domäne
RKI	Robert Koch-Institut
RNA	Ribonukleinsäure
SARS-CoV-1	Schweres akutes respiratorisches Syndrom – Coronavirus 1
SARS-CoV-2	Schweres akutes respiratorisches Syndrom – Coronavirus 2
STIKO	Ständige Impfkommission
TMPRSS2	transmembrane Serinprotease 2
TYK2 Gen	Tyrosinkinase 2 Gen
VOC	Variants of Concern
WSF	Wirtschaftsstabilisierungsfonds
WHO	World Health Organisation

1 SARS-CoV-2 – Virologie und Mutationen

Lara Kümmel, unter Mitarbeit von Sarah Gruninger, Hanna Krumbein und Harald Renz

Dank intensiver Forschung gibt es heute ein detailliertes Wissen über die Virologie von SARS-CoV-2, über seine Genetik und Struktur. Aufgaben und Funktionen von viralen Proteinen konnten geklärt werden, sodass nachvollziehbar ist, wie sich das Virus vermehrt und wie es mutiert. Dies sind komplexe Vorgänge, die zum Verständnis für den Ablauf der Infektion ebenso wichtig sind wie für die Nachvollziehbarkeit epidemiologischer Entwicklungen.

1.1 Welche Coronaviren können Menschen infizieren? – Eine Übersicht der humanpathogenen Coronaviren

Coronaviren sind eine große Virusfamilie, die hauptsächlich unter Vögeln und Säugetieren vorkommen, darunter Fledermäuse und auch Menschen. Sie gehören der Ordnung der *Nidovirales* an, einer Gruppe von Viren, die weiter unterteilt werden kann. Dort gehören sie der Untergruppe der *Orthocoronaviridae* an, die wiederum in vier Gattungen unterteilt wird: Alpha-, Beta-, Gamma- und Deltacoronaviren [1]. Von diesen sind bis heute ausschließlich Viren der Gattung Alpha und Beta beim Menschen gefunden worden (siehe Abb. 1.1). SARS-CoV-2 zählt zur Gattung der Betacoronaviren.

1931 wurde ein bronchitisauslösendes Virus bei neugeborenen Küken entdeckt, 1960 eine humanpathogene Variante, die Menschen infizieren kann. Erst einige Jahre später wurden diese Viren der Familie der Coronaviren zugeordnet, die 1964 durch eine junge Virologin elektronenmikroskopisch identifiziert worden waren [2]. Mit der Entdeckung des neuartigen SARS-CoV-2 sind nun seit 2019 sieben Virusvarianten des Coronavirus bekannt, die beim Menschen zu Erkrankungen führen können [3]. Diese reichen von leichten Erkältungen bis hin zu schweren Verläufen mit Todesfolge.

Vier dieser bekannten Coronaviren (HCoV-229E, HCoV-NL63, HCoV-HKU1 und HCoV-OC43) kursieren jährlich endemisch und sind für etwa 10–15 % der akuten respiratorischen Erkrankungen (ARE), der nicht durch Influenza verursachten Atemwegserkrankungen, verantwortlich [4].

Zusätzlich zu diesen Varianten kam es in den letzten Jahrzehnten zu Infektionen mit neuartigen Coronaviren, die aus dem Tierreservoir auf den Menschen übergegangen sind. Dazu gehört das 2002 erstmals beim Menschen entdeckte **SARS-CoV**, welches häufig schwere Krankheitsverläufe mit sich brachte und Auslöser des Schweren Akuten Respiratorischen Syndroms (Severe Acute Respiratory Syndrome, SARS) war. Sein geographischer Ursprung lag 2002 in Asien, wo vermutlich eine Übertragung durch Fledermausarten auf den Menschen stattgefunden hat. Diese Variante kursier-

https://doi.org/10.1515/9783110752595-001

HCoV-OC43

globale Verbreitung: weltweit endemisch
assoziierte Erkrankung: Erkältung und leichte Atemwegserkrankung

HCoV-229E

globale Verbreitung: weltweit endemisch
assoziierte Erkrankung: Erkältung und leichte Atemwegserkrankung

HCoV-NL63

globale Verbreitung: weltweit endemisch
assoziierte Erkrankung: Erkältung und leichte
Atemwegserkrankung

HCoV-HKU1

globale Verbreitung: weltweit endemisch
assoziierte Erkrankung: Erkrankung der
oberen und unteren Atemwege

2002

2012

2019

1960

1962

2004

2005

SARS-CoV-2

globale Verbreitung:
weltweite Pandemie
assoziierte Erkrankung:
Coronavirus Disease
COVID-19

MERS-CoV

globale Verbreitung:
Arabische Halbinsel
assoziierte Erkrankung: Middle
East Respiratory Syndrome

SARS-CoV

globale Verbreitung:
Ostasien, bis 2004
assoziierte Erkrankung: Severe
Acute Respiratory Syndrome

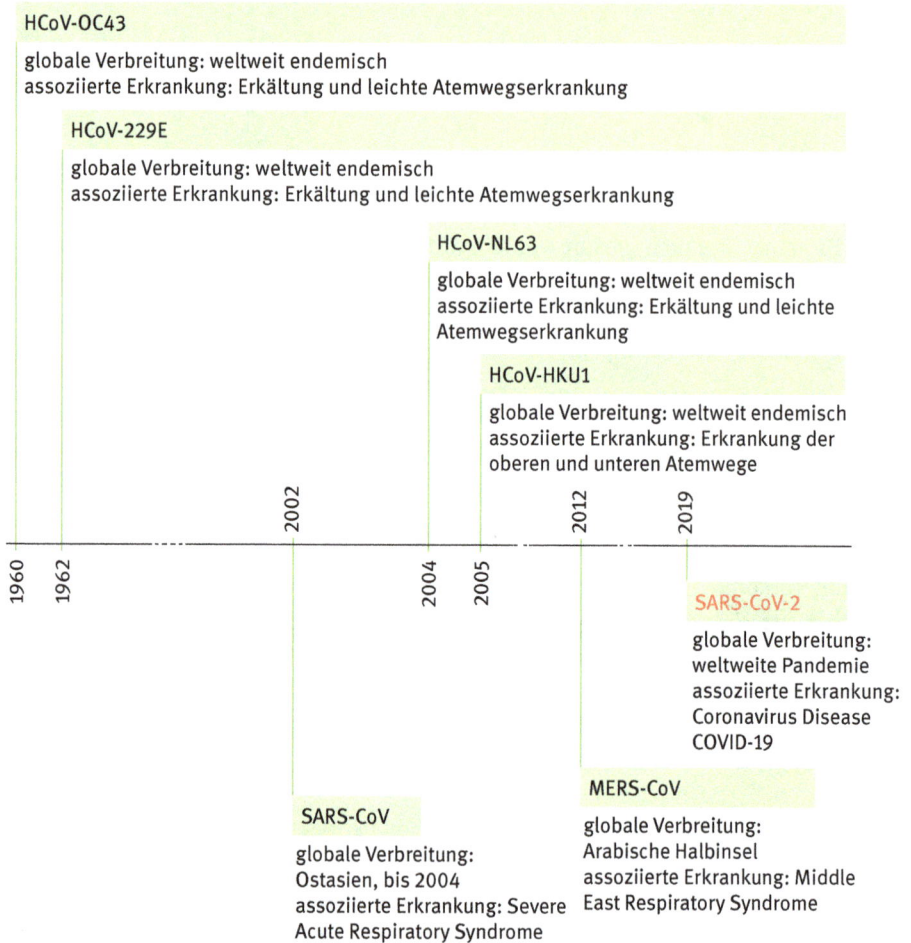

Abb. 1.1: Zeitstrahl zum Auftreten humanpathogener Coronaviren. Die dargestellten Zeitpunkte kennzeichnen den erstmaligen Nachweis der entsprechenden Coronaviren beim Menschen. Vor 1960 waren keine Coronaviren bekannt, die beim Menschen Erkrankungen auslösen können.

te über 2 Jahre besonders im asiatischen Raum, mit einer Letalität von ca. 10 % [4]. Doch glücklicherweise wurden seit 2004 keine neuen Fälle mehr gemeldet.

2012 kam es zum Ausbruch des MERS, welches bis heute besonders auf der Arabischen Halbinsel kursiert und Auslöser schwerer Pneumonien (Lungenerkrankungen) ist. Bis 2019 wurden weltweit über 2.400 Fälle gemeldet, von denen 35 % einen tödlichen Verlauf nahmen [5]. Darunter waren auch Fälle in Deutschland, meist mit einer positiven Reiseanamnese unmittelbar nach einem Aufenthalt auf der Arabischen Halbinsel. Der Ursprung von **MERS-CoV** konnte ebenso auf Fledermäuse zurückgeführt werden, allerdings spielen im Gegensatz zu SARS-CoV bei der Verbreitung besonders Dromedare eine große Rolle, aber auch Mensch-zu-Mensch-Übertragungen werden vermutet [5].

Die siebte humanpathogene Form der Coronaviren ist das neuentdeckte **SARS-CoV-2**, das zentrale Thema dieses Buches.

1.2 Der Aufbau des Virus

Viren sind kleine Partikel, die neben Bakterien zu den wichtigsten Krankheitserregern zählen. Im Gegensatz zu Bakterien können Viren allerdings keinen eigenständigen Stoffwechsel betreiben oder Proteine synthetisieren. Aus diesem Grund sind Viren auf die Syntheseapparate von Wirtszellen, wie zum Beispiel von menschlichen Zellen, angewiesen, um sich zu vermehren und neue Viruspartikel bilden zu können.

Die freie und damit extrazelluläre Form eines Virus ist das sogenannte Virion, der infektiöse Viruspartikel. Er besteht aus seinem Genom und verschiedenen Proteinen. Im Fall der Coronaviren ist das Virion außerdem von einer Hülle umgeben, die aus einer Lipiddoppelschicht, ähnlich einer Zellmembran, besteht. In diese Hülle sind Proteine eingelagert, die über bestimmte Sequenzen in der Lipidschicht verankert sind und die verschiede Funktionen im Vermehrungszyklus des Virus übernehmen können. Zu diesen Proteinen, die in die Membranhülle eingelagert vorliegen, gehören das Spike-Protein sowie die Envelope- und Membranproteine von SARS-CoV-2, auf die im Weiteren genauer eingegangen wird. Die Oberflächenproteine bzw. Spikes haben eine Länge von 20–25 nm und verleihen dem Coronavirus seine charakteristische Kronenform [6].

Innerhalb des Virions befindet sich das virale Erbgut, welches zum Schutz von einer Proteinstruktur umgeben ist, dem sogenannten Kapsid, bestehend aus den Nukleoproteinen. Diese bilden als Einheit das Nukleokapsid, als helikale bzw. spiralförmige Struktur im Innern des Viruspartikels.

Das Genom von Viren kann entweder ein RNA- oder DNA-Strang sein, wobei es im Fall von SARS-CoV-2 und auch bei allen anderen Coronaviren aus einem RNA-Strang besteht. Dieser liegt als helikale Struktur vor und ist ein RNA-Einzelstrang und nicht, wie beim Menschen, ein Doppelstrang. Der RNA-Strang hat eine positive Polarität und damit dieselbe Polarität wie die der mRNA zur Proteinbiosynthese. Aus diesem Grund kann die virale RNA in der Wirtzelle direkt in Aminosäuresequenzen übersetzt und somit Proteine gebildet werden, ohne eine vorhergegangene Transkription.

Die infektiösen Virionen können je nach Virus unterschiedlich groß sein. Während sie bei kleinen Viren wie den Parvoviren nur 20 nm groß sind, gibt es Viren mit Größen von bis zu 400 nm. Virionen von SARS-CoV-2 haben dagegen einen Durchmesser von etwa 120 nm und eine Masse von etwa 1 Femtogramm [1,3,7,8,9] – siehe Abb. 1.2.

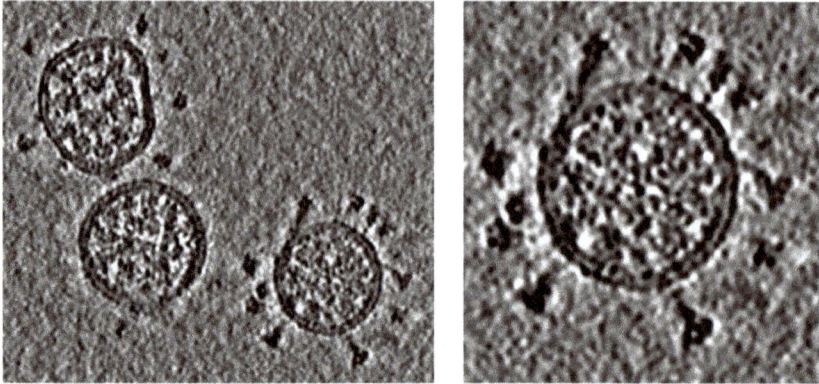

Abb. 1.2: Kryoelektronenmikroskopische Aufnahmen von SARS-CoV-2-Virionen. Mit freundlicher Genehmigung zur Verfügung gestellt von Dr. Beata Turonova, Max-Planck-Institut für Biophysik. Sie zeigen die Struktur von SARS-CoV-2 mit seiner charakteristischen „Corona", die durch die Spike-Proteine entsteht.

1.2.1 Virusproteine und ihre Funktionen

Die wichtigsten Komponenten des Virions von SARS-CoV-2 sind die Strukturproteine und das virale Genom. Zu diesen Proteinen gehören das Spike-Protein (S), das sogenannte Membranprotein (M), ein Envelope-Protein (E) und ein Nukleoprotein (N). Dabei sind die Spike-Proteine sowie die Envelope- und Membranproteine in die Membranhülle eingelagert, während das Nukleoprotein mit dem Virus-Genom das helikale Nukleokapsid im Innern bildet – siehe Abb. 1.3.

Das wohl am meisten erwähnte und in der Laiensprache diskutierte Protein ist das **Spike-Protein**, welches in der Membranhülle verankert ist, dem Viruspartikel sein kronenförmiges Aussehen verleiht und Namensgeber für das Coronavirus (Corona = lat. Krone) ist. Das Spike-Protein ist ein trimeres Glykoprotein, was bedeutet, dass drei Proteine eine funktionelle Einheit bilden. Diese Einheit wird als Spike-Protein bezeichnet und lässt sich in zwei Untereinheiten einteilen, die S1- und S2-Untereinheit [1]. Diese spielen eine große Rolle bei der Bindung an die Wirtszelle und der anschließenden Verschmelzung des Virions mit der Zellmembran und der Infektion der Zelle.

Die S1-Untereinheit ist entscheidend für die Bindung des Virions an die Wirtszelle. Dabei interagiert sie mit dem menschlichen Oberflächenenzym ACE2, dem Angiotensin-II-konvertierenden Enzym. Die Bindung erfolgt dabei über die sogenannte rezeptorbindende Domäne (RBD) der S1-Untereinheit, welche das ACE2-Enzym als Rezeptor beziehungsweise Andockstelle nutzt und somit den Kontakt zur Zelle herstellt. Die Spaltung des Spike-Proteins an der Spaltstelle, durch eine Protease (TMPRSS2), führt zur Trennung der beiden Untereinheiten. Daraufhin kommt es zur Aktivierung und strukturellen Veränderungen der S2-Untereinheit. Über das nun freiliegende Fusionspeptid der S2-Untereinheit wird die Verschmelzung mit der Zellmembran vermittelt, und das Virus kann die Wirtszelle infizieren [10].

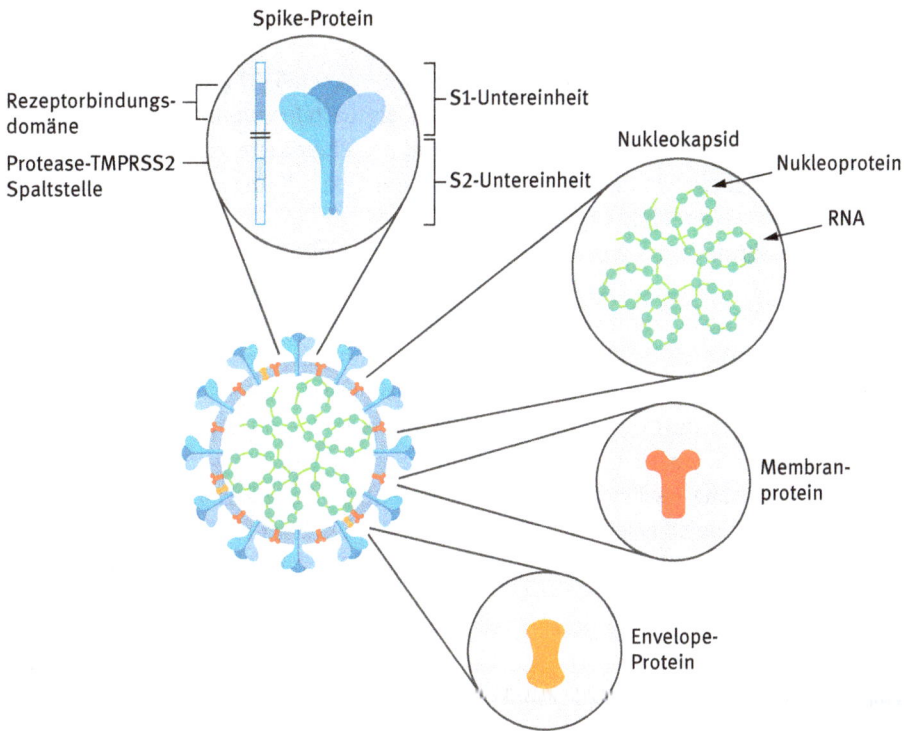

Abb. 1.3: Aufbau eines Virions und der Strukturproteine. Zu den Strukturproteinen gehören das Spike-Protein, das Nukleoprotein als Teil des Nukleokapsids, das Envelope- und das Membranprotein. Diese sind die strukturell bedeutsamsten Bestandteile eines Virions von SARS-CoV-2. Das Spike-Protein lässt sich dabei weiter unterteilen in seine S1- und S2-Untereinheit, wobei erstere die Rezeptorbindungsdomäne enthält.

Das **Nukleoprotein** hat eine RNA-Bindungsdomäne, einen Bereich im Protein, der sich an den viralen RNA-Strang anlagert. Dadurch entsteht das aus den Nukleoproteinen und dem RNA-Genom bestehende Nukleokapsid, welches sich als helikale Struktur im Innern des Virions befindet [11].

Das **Envelope-Protein** ist ein sehr kleines Protein, das in die Membran eingelagert vorliegt. Es kommt dabei sowohl in der Virushülle als auch in Strukturen wie dem Endoplasmatischen Retikulum und dem Golgi-Apparat vor, zwei Zellorganellen im Innern der Wirtszelle. Ihm kommen entscheidende Funktionen bei der viralen Zusammensetzung und Freisetzung neuer Viruspartikel zu.

Das **Membranprotein** ist ein weiteres Protein, welches sich in der Virushülle befindet und an der Nukleokapsid-Bildung beteiligt ist, indem es mit dem Nukleoprotein und der Virus-RNA interagiert. Es spielt somit eine entscheidende Rolle in der Assemblierung, also der Zusammensetzung neuer Virionen, im viralen Vermehrungszyklus [3,9,11].

1.2.2 Genom – Das Erbgut von SARS-CoV-2

Das Genom der Coronaviren umfasst circa 30 Kilobasen (26–32 kb) und ist damit das größte bekannte Genom aller RNA-Viren [12]. Es besteht aus einem **RNA-Strang**, ähnlich wie die DNA der Menschen, bestehend aus einer Kette von Nukleotiden. Bei der RNA handelt es sich allerdings um eine Aneinanderreihung von Ribonukleinsäuren (RNA), die als ein Einzelstrang vorliegen.

Der RNA-Strang wird von seinem 5′-Ende aus bis hin zum 3′-Ende auf der anderen Seite betrachtet. An diesen Enden befinden sich Strukturen, die sowohl der Stabilität der RNA dienen und deren Abbau verhindern als auch zur Initiierung der Proteinbiosynthese im viralen Vermehrungszyklus beitragen. Dies sind zum einen eine kappenähnliche Cap-Struktur am 5′-Ende und zum anderen eine Polyadenylierung in Form eines Schwanzes aus Adenin-Nukleotiden am 3′-Ende, die im Anschluss an die RNA-Replikation an den Strang angehängt werden [10].

Der RNA-Strang lässt sich in mehrere Abschnitte unterteilen, die in bis zu 29 verschiedene Proteine übersetzt werden können. Diese Abschnitte werden als sogenannte Open-Readingframes bzw. auf Deutsch als offene Leseraster (ORFs) bezeichnet. Zwei große ORFs befinden sich am Anfang des RNA-Strangs und codieren für die zwei großen Proteine 1a und 1ab. Diese werden von proteinspaltenden Enzymen in 16 verschiedene nicht-strukturelle Proteine geteilt, die für die Vermehrung des Virus von essenzieller Bedeutung sind [11].

Dabei gibt es zwei Varianten, welche Proteine gebildet werden. Durch sogenanntes ribosomales Frameshifting kann entweder nur der Abschnitt 1a oder auch zusätzlich 1b durch das Ribosom während der Translation abgelesen werden. Wird das Stopp-Codon zwischen Abschnitt 1a und 1b von den Ribosomen registriert, hört die Translation nach 1a auf und es wird nur das Polyprotein-1a (pp1a) exprimiert, woraus 11 Proteine entstehen. Registriert das Ribosom das Stopp-Codon nicht, werden 1a und 1b abgelesen, und es entsteht das längere Polyprotein-1ab (pp1ab), sodass zusätzlich die Proteine 12–16 exprimiert werden [10].

Für den Prozess der Virusvermehrung bilden diese nicht-strukturellen Proteine einen großen Protein-Komplex, der über Funktionen wie die Replikase-, Helikase-, Proofreading- und Polymerase-Aktivität verfügt. Die RNA-abhängige RNA-Polymerase (RdRp) spielt eine besonders wichtige Rolle in der viralen Replikation. Sie ist eine Polymerase, die den viralen RNA-Strang ablesen und gleichzeitig neue RNA-Stränge erzeugen kann, sodass Kopien des viralen Genoms und somit RNA-Stränge für neue Viruspartikel entstehen.

Der letzte Abschnitt des RNA-Strangs codiert für die vier wichtigen Strukturproteine, indem die RNA in der sogenannten Translation abgelesen und in die Proteinsequenzen des Spike-, Envelope-, Membran und Nukleoprotein übersetzt wird [3,9] – siehe Abb. 1.4.

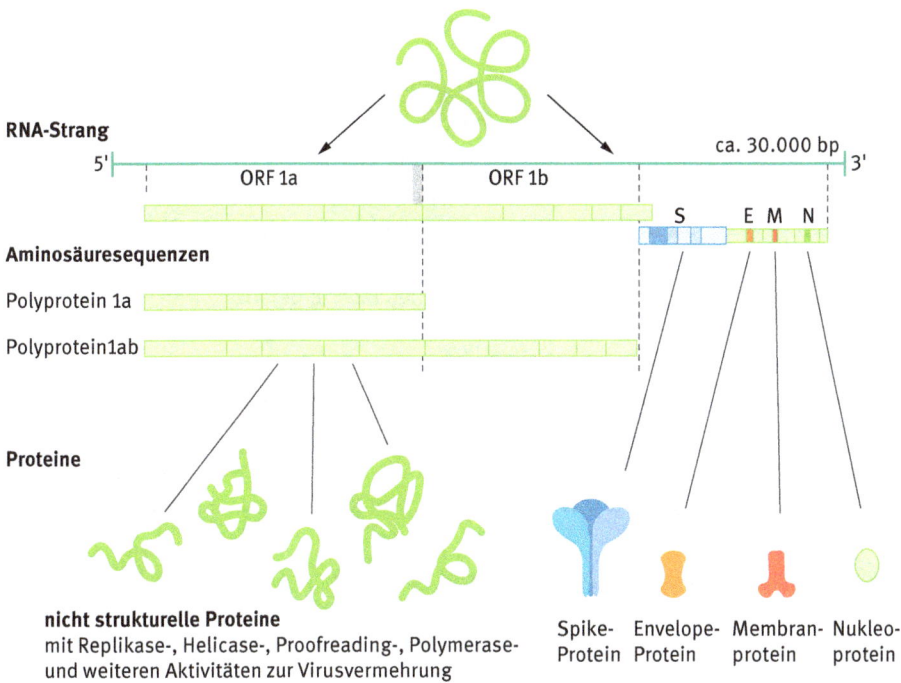

RNA-Strang

5' ORF 1a   ORF 1b   ca. 30.000 bp 3'

S   E M N

Aminosäuresequenzen

Polyprotein 1a

Polyprotein1ab

Proteine

nicht strukturelle Proteine
mit Replikase-, Helicase-, Proofreading-, Polymerase-
und weiteren Aktivitäten zur Virusvermehrung

Spike-   Envelope-   Membran-   Nukleo-
Protein   Protein   protein   protein

Abb. 1.4: Das Genom von SARS-CoV-2. Der RNA-Strang, bestehend aus etwa 30.000 Basenpaaren, wird vom 5'- zum 3'-Ende hin betrachtet. Wird dieser in der Translation in eine Aminosäuresequenz übersetzt, können die Polyproteine 1a oder 1ab gebildet werden, die über zahlreiche, für die Virus-vermehrung wichtige Funktionen verfügen, während ein anderer RNA-Abschnitt für die vier Struktur-proteine codiert.

1.3 Viral Entry

Der menschliche Körper besitzt verschiedene Mechanismen, um Erreger abzuwehren (vgl. Kapitel 5, Immunantwort). Tritt zum Beispiel, wie auch bei SARS-CoV-2, ein Er-reger über den Atemweg ein, befinden sich in der Schleimhaut von Nase und Luft-röhre nicht nur Immunzellen, sondern auch Zellen, die mit **Zilien** besetzt sind und Zellen, die Schleim produzieren [13]. Die Entfernung des Erregers geschieht durch Anhaften am Schleim und Bewegen der Zilien rachenwärts.

Wird ein Erreger hier nicht eliminiert, kann er in die Zellen des Körpers eindrin-gen. Damit er dies kann, benötigt er Andockstellen, so genannte Rezeptoren. Das SARS-CoV-2 nutzt dazu einerseits, wie auch schon das SARS-CoV-1, den **ACE2-Re-zeptor**, an den es mit dem S-Protein bindet [14]. Dieser lässt sich in der oralen und alveolären Schleimhaut, in Leber, Niere, im gastrointestinalen Trakt und im Herzen finden [15,16]. In der Lunge ist der ACE2-Rezeptor vor allem in den lungeneigenen **Pneumozyten Typ II** präsent. Rauchen und Herzinsuffizienz erhöht die Expression von ACE2-Rezeptoren und könnte somit auch den Eintritt des Virus erleichtern [15,17].

An diesem Vorgang ist ein Enzym beteiligt, welches sich **TMPRSS2** nennt. Es spaltet das S-Protein und erleichtert so den Eintritt in die Zelle. Es wurde eine TMPRSS2-Expression im Respirationstrakt, in der Hornhaut des Auges, in der Speiseröhre, im Darm, in der Gallenblase und in den Gallengängen festgestellt [16].

Anders als bei SARS-CoV-1 konnte man bei einer Infektion mit dem SARS-CoV-2 einen weiteren Mechanismus nachweisen, der den Eintritt in die Zelle vereinfacht. Auch hier ist ein in den Atemwegen befindliches Enzym beteiligt, welches das S-Protein spaltet. Eines der Spaltprodukte kann dann an die Andockstelle **Neuropilin-1** binden. Dies ist ein Eiweiß, welches sich zum Beispiel auf Zellen der Atemwege, Blutgefäße und Nerven befindet. Durch Bindung an **Neurolipin-1** ist der Zelleintritt durch ACE2-Rezeptoren für das Virus einfacher. So könnte erklärt werden, wieso es sich (anders als das SARS-CoV-1, welches auf die Atemwege beschränkt blieb) auch in Geweben mit weniger ACE2-Rezeptordichte, wie dem Gehirn, ausbreiten kann [18].

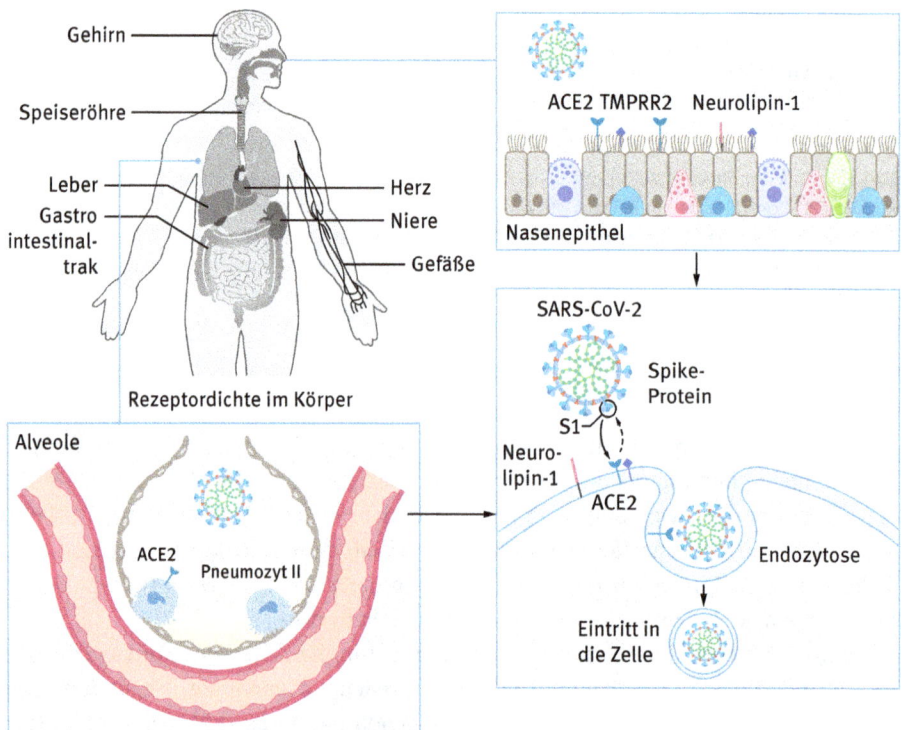

Abb. 1.5: Das Eindringen des Virus über die Schleimhäute des Respirationstraktes. Das Virus wird über die Atemwege aufgenommen und kann in die Zellen des Körpers eindringen. Dieser Vorgang kann sowohl im oberen Respirationstrakt als auch in den Alveolen der Lunge erfolgen. Dort sind die nötigen Rezeptoren und Enzyme zu finden, die das Virus als Andockstelle und zur Infektion der Zelle benötigt.

Nach Bindung an einen Rezeptor erfolgt die Aufnahme des Virus in die Zelle mittels Einstülpung der Membran. Dieser Vorgang wird **Endozytose** genannt [14]. Befindet sich das Virus in der Zelle, kann die virale RNA durch Uncoating in die Zelle freigesetzt werden [13]. Hier läuft der weitere Replikationszyklus des Virus ab [13,16]. Geht man davon aus, dass das menschliche Immunsystem hier aufgrund verschiedener im Folgenden angesprochener Methoden nicht ausreichend reagieren kann, würde das Virus nun beginnen sich zu amplifizieren und immer mehr Viren entstehen lassen. Diese werden dann in Vesikeln mit Doppelmembran ausgeschleust und können neue Zellen infizieren – siehe Abb. 1.5.

1.4 Viraler Infektionszyklus

Der Vorgang der Infektion und Replikation ist sehr komplex und lässt sich in mehrere Schritte einteilen.

Er beginnt mit der Rezeptorbindung eines Virions von SARS-CoV-2 an das Angiotensin-II-konvertierende Enzym (ACE2), gefolgt von der Endozytose und intrazellulär Freisetzung des viralen Genoms, womit die Infektion der menschlichen Zelle erfolgt ist und die eigentliche Replikation des Virus beginnen kann.

In der Translation wird ein Teil des Genoms in die 16 nicht-strukturellen Proteine übersetzt, die an der Bildung des Replikationskomplexes beteiligt sind. Der Komplex dient der RNA-Replikation, Prozessierung und Modifikation und verfügt außerdem über eine sogenannte Proofreading-Funktion. Diese dient der fehlerfreien Replikation des viralen Genoms, sodass neue identische RNA-Stränge gebildet werden.

Die RNA-Replikation erfolgt vermutlich in speziellen Replikations-Organellen. Dabei entstehen verschiedene Membranstrukturen wie Konvolute und Vesikel am endoplasmatischen Retikulum, einem Zellorganell der Wirtszelle. Diese schaffen zum einen adäquate Verhältnisse für die Replikation und dienen zum anderen dem Schutz vor dem menschlichen Immunsystem, sind aber noch nicht abschließend erforscht [3].

Außerdem werden an der endoplasmatischen Membran die viralen Strukturproteine gebildet. Dazu wird der virale RNA-Strang abgelesen und in Proteinsequenzen übersetzt: Die Spike-, Envelope- und Membranproteine, die in die Membran eingelagert sind, sowie die Nukleoproteine werden synthetisiert.

Im Weiteren kann die neue RNA mit den Nukleoproteinen zum Nukleokapsid zusammengebaut werden. Die bereits exprimierten Strukturproteine wandern vom Endoplasmatischen Retikulum aus zum intermediären Kompartment des Golgi-Apparats (ERGIC) und initiieren im Zusammenspiel mit weiteren viralen Faktoren die Zusammensetzung neuer Virionen mit dem neu replizierten Erbgut im Innern. Damit ist die sogenannte Assemblierung erfolgt.

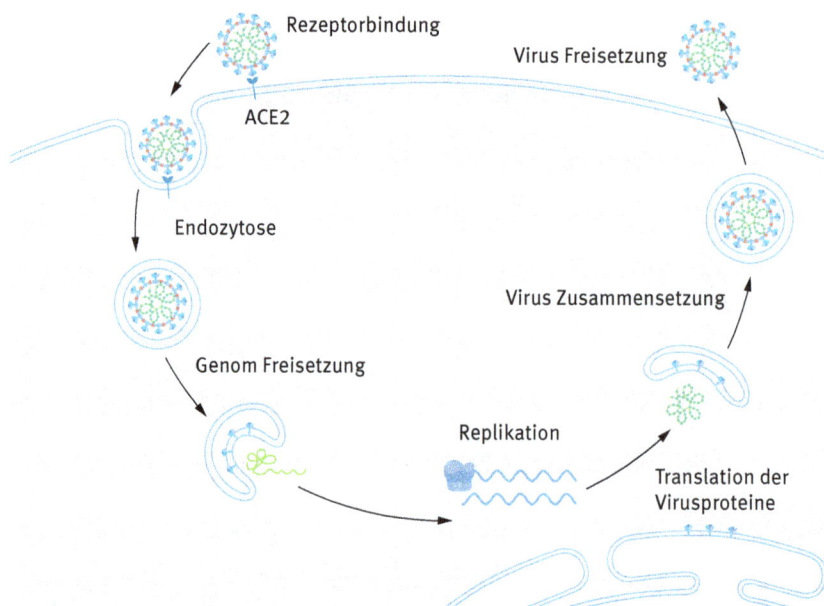

Abb. 1.6: Der Infektionszyklus. Im Anschluss an die Rezeptorbindung an ACE2 erfolgt die Endozyto-se und die Freisetzung des Virus in die menschliche Zelle. Dort findet die Replikation des Virus statt; durch das Entstehen neuer Kopien des RNA-Genoms und der Expression viraler Proteine. In der As-semblierung werden die einzelnen Virusbestandteile zusammengesetzt, sodass neue Virionen von SARS-CoV-2 entstehen, die die Zelle per Exozytose verlassen und neue Zelle infizieren können, wo-mit der Zyklus geschlossen ist.

Die neuen Virionen werden aus der Zelle ausgeschleust und verlassen diese per Exozytose, wobei die Virionen freigesetzt werden und die virale Vermehrung abge-schlossen ist [1] – siehe Abb. 1.6.

Eine infizierte menschliche Zelle setzt dabei natürlich nicht nur einen neuen Vi-ruspartikel frei, sondern zahlreiche SARS-CoV-2-Virionen, die jeder für sich neue Menschen und Zellen infizieren können, sodass der Infektionszyklus von vorne be-ginnt [3,9,10].

1.5 Was sind Mutationen?

Der RNA-Strang besteht aus vier Basen – Cytosin, Guanin, Adenin und Uracil – die in einer bestimmten Reihenfolge das virale Genom ausmachen. Kommt es zu Ver-änderungen in der Basenabfolge, bezeichnet man diese als Mutation – siehe Abb. 1.7.

Das Entstehen von Mutationen ist ein natürlicher Prozess, der sowohl bei Viren als auch bei Bakterien und Menschen vorkommt. Bei Viren ist dies besonders häufig der Fall, sodass in kurzer Zeit neue Varianten entstehen können, die sich vom Wildtyp, der ursprünglichen Virusvariante, unterscheiden. Insgesamt schwanken die Mutationsraten zeitlichen sehr – auch zur Anzahl der Mutationen lässt sich keine ge-

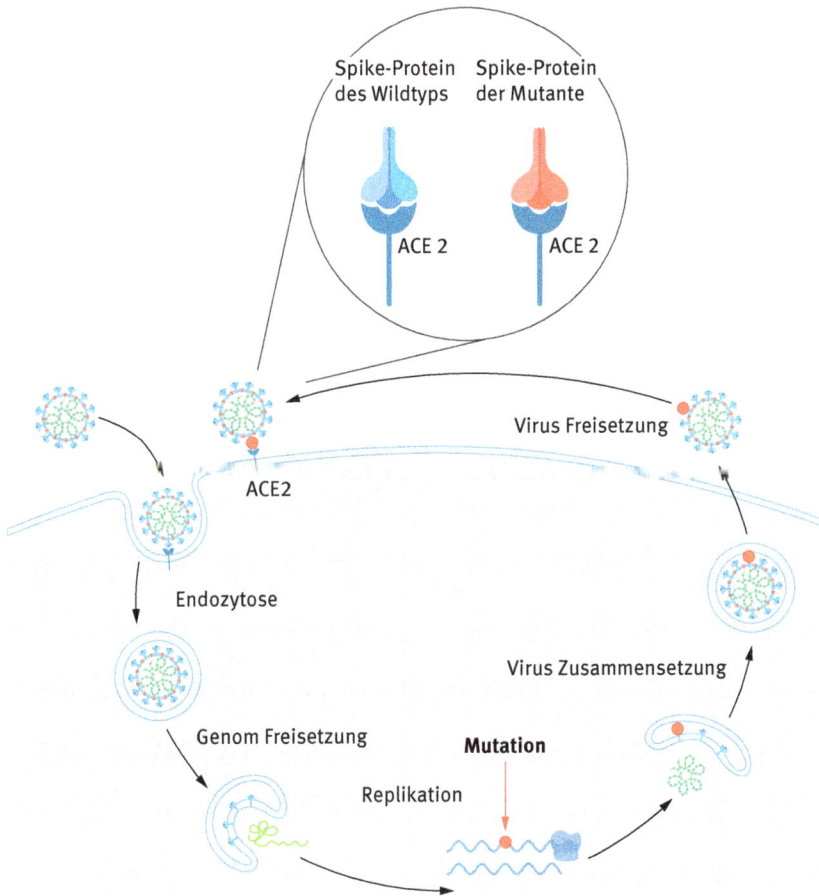

Abb. 1.7: Das Entstehen von Mutationen. Kommt es zu Fehlern in der Replikation, können Mutationen entstehen. Wenn diese Einfluss auf Proteinstrukturen und -funktionen haben, besitzen die neu gebildeten Virionen unter Umständen Vorteile gegenüber dem Wildtyp. Diese können durch strukturelle Veränderungen zu einer stärkeren Bindung an den ACE2-Rezeptor führen und das Eindringen des Virus in die menschliche Zelle erleichtern. Dies kann verdeutlicht werden durch das sogenannte Schlüssel-Schloss-Prinzip. Dieses beschreibt in diesem Fall die stärkere Bindung des Spike-Proteins an den Oberflächenrezeptor ACE2, in dem es durch strukturelle Veränderungen besser in das Schloss passt als der Wildtyp.

naue Aussage machen, da viele verschiedene Mutationen auf selbe Positionen im Genom kommen und somit Mutationen unterschiedlich gezählt werden. Die Mutationen entstehen während der Replikation des RNA-Genoms im Vermehrungszyklus des Virus und finden somit auf Ebene der Basenabfolge statt, können aber Auswirkungen auf Proteinstrukturen und verschiedenste Funktionen der Viren haben.

Das virale Genom wird durch die RNA-Polymerase des viralen Replikationskomplexes vervielfältigt, sodass neue RNA-Stränge entstehen. Dieser Vorgang ist nicht fehlerfrei, sodass es stets zu Genomveränderungen kommt, also Veränderungen in der Basenabfolge der RNA. Je höher die Fehlerrate, desto mehr „falsche" Basen werden eingebaut und Mutationen entstehen. Somit ist es ganz natürlich, dass Viren mutieren. Diese Mutationen im RNA-Strang können zu Veränderungen in der Aminosäuresequenz von Proteinen wie dem Spike-Protein führen.

Die jeweiligen Auswirkungen sind von Art und Lokalisation der Mutationen abhängig. Die meisten Mutationen führen zu keinen Veränderungen der Proteinstrukturen, sodass sie keine funktionellen Auswirkungen haben. Manche haben jedoch Einfluss auf Funktionen der Virusproteine – im positiven und negativen Sinne.

Dabei sind die meisten Mutationen, die zu funktionellen Unterschieden führen, von Nachteil für das Virus. Sie führen zu Fehlfunktionen, sodass Mechanismen wie die virale Vermehrung oder der Schutz vor dem Immunsystem gestört sind. Dadurch können sich diese fehlerhaften Varianten nicht ausbreiten und sterben ab.

Führen die Mutationen per Zufall zu positiven Veränderungen für das Virus, können neue Virusvarianten Vorteile gegenüber dem Wildtyp, der ursprünglichen Virusvariante, entwickeln. Diese Veränderungen können sich beispielsweise positiv auf den Infektionszyklus der Viren auswirken, indem die Mutation zu einer besseren und stärkeren Bindung an den ACE2-Rezeptor führt (Schlüssel-Schloss-Prinzip). Als Folge breiten sich diese Varianten schneller aus. So kommt es dazu, dass Varianten mit vorteilhaften Mutationen zur dominierenden Virusvariante werden können (vgl. Kapitel 2, Ausbreitung).

Daher ist es auch nicht verwunderlich, dass aktuell die indische Delta-Variante (15.08.2021) [19] mit ihrer erworbenen Überlegenheit gegenüber dem Wildtyp global dominiert [19–23].

1.6 Die bekanntesten Virusvarianten

1.6.1 Alpha-Variante B.1.1.7 (20I/501Y.V1)

Im Dezember 2020 berichteten britische Behörden von einer SARS-CoV-2-Variante (Abb. 1.8).

Mit einer geschätzt erhöhten Übertragbarkeit von bis zu 70 % [24] ist diese Variante noch leichter übertragbar als die zuvor zirkulierenden Wild-Varianten und weist eine höhere Reproduktionszahl auf, sodass ihre Ausbreitung schwerer einzudämmen ist. Hinweise auf eine substanziell verringerte Wirksamkeit der Impfstoffe gibt es bislang nicht. Bei B.1.1.7 E484K handelt es sich um eine Sonderform der Variante, die im S-Protein eine zusätzliche Mutation auf E484K aufweist und die das Virus unempfindlicher gegen bereits gebildete neutralisierende Antikörper macht.

Einer Studie mit 55.000 Teilnehmern zufolge ist diese Mutante bis zu 64 % tödlicher und in 4,1 von 1.000 Fällen führe eine Infektion mit B.1.1.7 zum Tod, heißt es in einer veröffentlichten Kohortenstudie von Forschern der britischen Universität Exeter. Bei früheren Coronavirus-Varianten liegt die Sterberate bei 2,5 von 1.000 Fällen [25,26].

1.6.2 Beta-Variante B.1.351 (20 H/501Y.V2)

Die im Dezember 2020 in Südafrika entdeckte Mutante zeigt in mehreren Studien, dass Menschen, die mit der ursprünglichen Variante infiziert waren oder einen auf diese beruhenden Impfstoff erhielten, weniger gut vor einer Infektion mit B.1.351 geschützt sind, da die neutralisierenden Antikörper gegen das veränderte Virus weniger wirksam sind. Auch für diese Variante wird eine höhere Übertragbarkeit diskutiert [27] (Abb. 1.8).

Laut RKI liegen zwar derzeit nur wenige Daten zu dieser in Deutschland selten vorkommenden Mutante vor, doch lassen diese auf eine „zumindest reduzierte Effektivität" der Impfungen schließen. Nach einer Analyse in Katar kann der BioNTech-Impfstoff bei B.1.351 schwere und tödliche Krankheitsverläufe aber sehr gut verhindern. Das AstraZeneca-Präparat kann nach einer Studie in Südafrika, wo das Corona-Geschehen von B.1.351 dominiert wurde, eine symptomatische Erkrankung weniger wirksam verhindern als beim Ursprungsvirus (vgl. Kapitel 8, Impfung). Auch beim Mittel von Johnson & Johnson gibt es in den vorläufigen Daten nach Angaben der Europäischen Arzneimittel-Agentur (EMA) Hinweise, dass die Wirksamkeit vermindert sein könnte [28].

1.6.3 Gamma-Variante P.1 (20 J/501Y.V3)

Diese Variante ist ähnlich der B.1.351-Mutation und trat erstmals im Amazonas auf. Sie entstammt der Linie B.1.1.28, ähnelt in ihren Veränderungen der südafrikanischen Variante und weist ebenfalls ein höheres Ansteckungsrisiko auf (Abb. 1.8).

Bislang infizierten sich in Brasilien 20,2 Mio. Menschen mit dem SARS-CoV-2-Virus [29], verantwortlich dafür ist primär die brasilianische Virus-Mutante P1, die **laut Epidemiologen** 2 bis 2,5-mal ansteckender sein soll als der Wildtyp und auch Menschen, die bereits mit Corona infiziert waren, erneut anstecken kann (Immun-Escape-Mutation) [30,31].

1.6.4 Delta-Variante B.1.617

Diese im April 2020 in Indien entdeckte Virusvariante – genannt Delta-Varian-te – der Linie B.1.617 trägt ebenfalls genetische Veränderungen auf dem Bindepro-tein des Virus. Sie breitete sich weltweit rasant aus. Die WHO stufte am 15.06.2021 nur noch einen Strang der zuerst in Indien entdeckten Corona-Variante B.1.617, näm-lich die Unterlinie Delta, als „besorgniserregend" ein. Bei den beiden weiteren Strän-gen der Mutante sei ein geringeres Ansteckungsrisiko beobachtet worden, weshalb diese herabgestuft worden seien. Die Variante B.1.617 wird wegen ihrer Zersplitte-rung in drei Stränge auch als Dreifach-Mutante bezeichnet [32] (Abb. 1.8).

1.6.5 Delta-Plus-Variante B.1.617.2.1 bzw. AY.4.2

Bei dieser Mutation handelt es sich um die Delta-Variante mit der zusätzlichen Spike-Mutation K417N, die auch in der zunächst in Südafrika entdeckten Beta-Vari-ante vorgekommen ist.

Der Subtyp AY.4.2 der Delta-Variante, genannt Delta-Plus, wurde erstmals im Ju-ni 2021 in Großbritannien nachgewiesen. Der Subtyp wurde nach Angaben der Web-seite CoV-Lineages bisher bei etwa 20.000 Menschen nachgewiesen. Allerdings hat Großbritannien derzeit viele tägliche Neuinfektionen, bis zu 40.000. Es ist unklar, wie viele davon auf den neuen Subtyp zurückgehen. Die britischen Gesundheits-behörden gehen davon aus, dass es etwa 6 % der Gesamtinfektionen sein dürften.

Andere betroffene Länder sind Dänemark (230 Nachweise), Deutschland (laut Robert Koch-Institut bisher 280 Nachweise) und zahlreiche weitere europäische Staa-ten mit jeweils zweistelligen Nachweiszahlen. Israel, die USA, Canada und Japan sind die einzigen außereuropäischen Länder, die das Virus bislang nachweisen konnten. Dort liegen die Zahlen jedoch eher im einstelligen oder niedrigen zweistel-ligen Bereich. Es ist aber auch möglich, dass der Subtyp stärker vorhanden ist, aber bei Proben nicht sequenziert wurde [33].

1.6.6 Neue Virusvarianten C.1.2 und Omikron B.1.1.529

Im Mai 2021 wurde bekannt, dass Forscher in Südafrika eine neue Mutante der Linie C.1.2. bereits in neun Provinzen Südafrikas nachgewiesen haben. Auch in Europa sollte es bereits Fälle geben, etwa in Portugal und der Schweiz. Die Forscher bezeichneten die neue Entdeckung als „besorgniserregend", da sie nämlich im Gegensatz zum Ursprungs-virus 59 Mutationen aufwies. Aus diesem Grund sollte sie ansteckender sein [34].

Im November 2021 wurde erstmals die Omikron-Variante (B.1.1.529) in Botswana und Südafrika nachgewiesen – diese wurde bereits Ende November von der WHO als eine neue, besorgniserregende Variante (VOC) des SARS-CoV-2-Virus eingestuft.

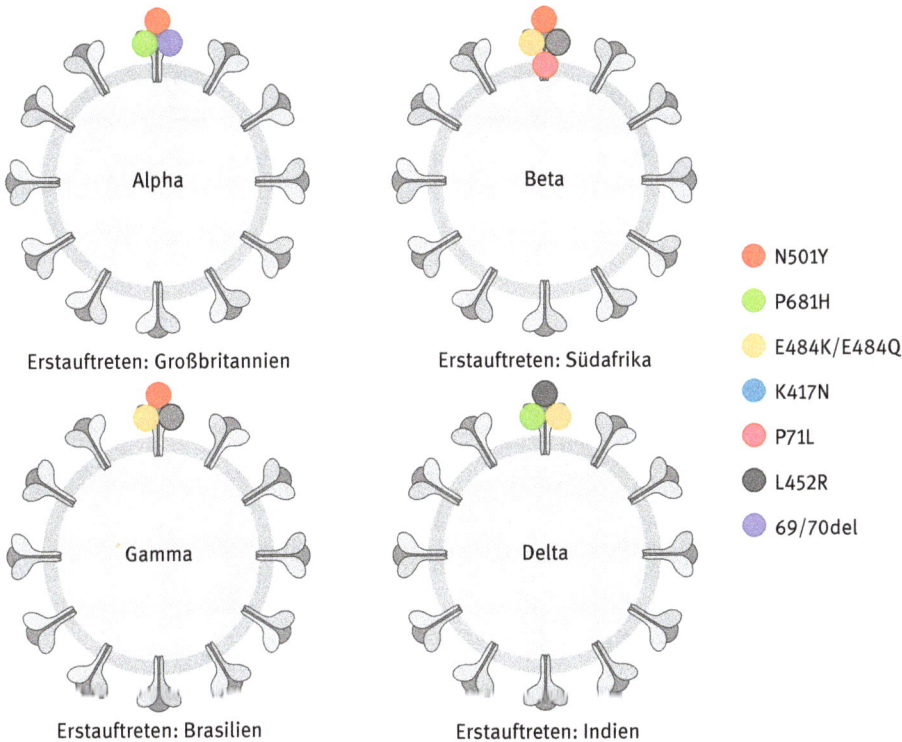

Abb. 1.8: Virusvarianten und ihre Mutationen. Die vier bekannten und in Deutschland vorkommenden Virusvarianten von SARS-CoV-2 tragen teilweise identische, aber auch unterschiedliche Mutationen. Dies wird verdeutlicht durch die Farbcodierung der einzelnen Mutationen. So kommt die Mutationen N501Y (rot) beispielsweise in den drei Varianten Alpha, Beta und Gamma vor, während andere nur in einer der besorgniserregenden Virusvarianten zu finden sind [19].

1.7 Stammbaum der Virusvarianten

Seit Beginn der SARS-CoV-2-Pandemie wird die Ausbreitung des Virus und sein Mutationsverhalten weltweit beobachtet und analysiert. So haben Wissenschaftler das Wildtyp-Genom aus Wuhan sequenziert und diese Daten der Öffentlichkeit zur Verfügung gestellt. Dadurch ist die genaue Basenabfolge des viralen RNA-Strangs bekannt und kann zur Identifikation neuer Mutationen genutzt werden. Auf diese Weise können die Mutationen auf RNA-Ebene, ebenso wie Veränderungen in der Aminosäuresequenz von Proteinen erfasst werden. Wenn diese Einflüsse auf Funktionen der Proteine haben, kann durch das gleichzeitige Auftreten mehrerer Mutationen eine neue Virusvariante entstehen.

Durch die Erfassung der neu auftretenden Mutationen mittels Genom-Analysen können außerdem die Beziehungen der Virusvarianten zueinander ermittelt werden.

So lässt sich ein Stammbaum entwickeln, der darstellt, welche Varianten eng miteinander verwandt sind, während andere Virusvarianten größere genomische Unterschiede aufweisen [19,21,35,36].

Abb. 1.9 basiert auf Genom-Analysen der 8.465 Proben aus Deutschland. Dazu wurden Daten des Robert Koch-Instituts, der Deutschen Elektronischen Sequenzdaten-Hub (DESH) und des Instituts der Virologie der Charité zusammengetragen, um diesen phylogenetischen Stammbaum zu erstellen. Die Virusvarianten sind nach der Nextstrain-Klassifikation benannt. Diese teilt die Virusvarianten in sogenannte

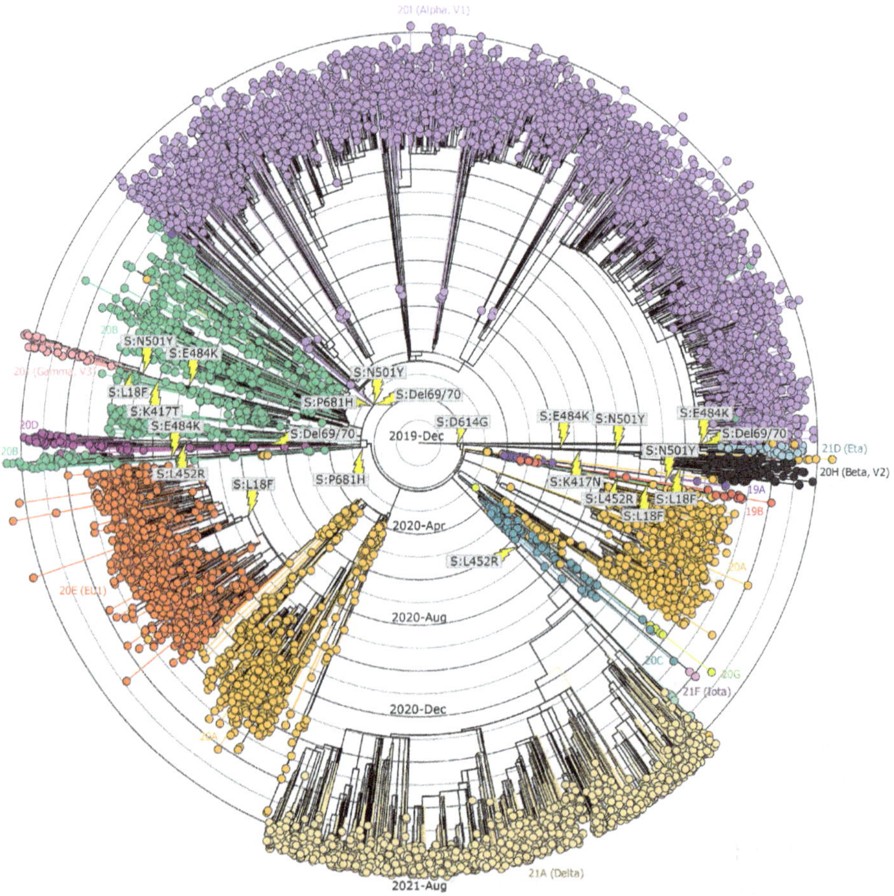

Abb. 1.9: Phylogenetischer Stammbaum. Erstellt und mit freundlicher Genehmigung zur Verfügung gestellt von Felix Hartkopf, Robert Koch-Institut. Die Daten stammen aus 8.465 Genom-Analysen aus Deutschland. Der Stammbaum ist radial aufgebaut und beginnt im Zentrum der Darstellung mit der SARS-CoV-2-Sequenz aus Wuhan von Dezember 2019. Chronologisch sind nach außen die Monate aufgetragen (Kreise) und die erfassten Proben zum jeweiligen Zeitpunkt abzulesen. Sie zeigen die Genom-Sequenzen der einzelnen Virusvarianten in verschiedenen Farben, nach der Nextstrain-Nomenklatur klassifiziert. Die Blitze kennzeichnen das Auftreten relevanter Mutationen.

Kladen ein, denen die WHO-Bezeichnungen der Variants of Concern (VOC) zugeordnet werden können (vgl. Tab. 1.1). In Tab. 1.2 sind die zu beobachtenden Virusvarianten aufgeführt.

Wie der Abb. 1.9 zu entnehmen ist, hat die Alpha-Variante die dritte Welle in Deutschland dominiert (lila), während die vierte Welle bis zum heutigen Stand (August 2021) durch die sich weiter ausbreitende Delta-Variante geprägt ist (hellgelb).

Als Blitze gekennzeichnet sind einige relevante Mutationen. So zum Beispiel die D614G-Mutation, die bereits Anfang 2020 erstmals auftrat und innerhalb weniger Monate in den meisten zirkulierenden Virusvarianten zu finden war [37]. Die gekennzeichneten Mutationen zeichnen sich besonders durch klinisch relevante Veränderungen aus, wie die Fähigkeit, dem Immunsystem teilweise oder ganz auszuweichen, die Wirkung von Impfstoffen herabzusetzten oder die Infektiosität zu erhöhen. Sie sind alle im Spike-Protein lokalisiert, zumeist in der Rezeptor-Bindungsdomäne, mit Einfluss auf die Affinität beziehungsweise die Bindungsstärke an den ACE2-Rezeptor, wodurch die Transmission erhöht werden kann [38].

Tab. 1.1: Klassifizierungen der besorgniserregenden Virusvarianten.

WHO-Bezeichnung	Pango Lineage	GISAID Clade	Nextstrain Clade	erstmals dokumentiert
Alpha	B.1.1.7	GRY (GR/501Y.V1)	20I/S:501Y.V1	Großbritannien, Sep. 2020
Beta	B.1.351	GH/501Y.V2	20 H/S:501Y.V2	Südafrika, Mai 2020
Gamma	P.1	GR/501Y.V3	20 J/S:501Y.V3	Brasilien, Nov. 2020
Delta	B.1.617.2	G/452 R.V3	21 A/S:478 K	Indien, Okt. 2020
Omikron	B.1.1.529	GR/484A	21 K	Botswana, Nov. 2021

Tab. 1.2: Klassifizierungen der zu beobachtenden Virusvarianten [33].

WHO-Bezeichnung	Pango Lineage	erstmals dokumentiert
Epsilon	B.1.427/B.1.429	USA, März 2020
Zeta	P.2	Brasilien, Apr. 2020
Eta	B.1.525	verschiedene Länder, Dez. 2020
Theta	P.3	Philippinen, Jan. 2021
Iota	B.1.526	USA, Nov. 2020
Kappa	B.1.617.1	Indien, Okt. 2020

1.8 Einfluss der Mutationen auf die Übertragbarkeit, Infektiosität und Mortalität

1.8.1 Alpha (B.1.1.7)

Es wird geschätzt, dass die relative Übertragbarkeit des Virus um circa 50 % höher ist als die des Ursprungsvirus [39]. Eine erhöhte Viruslast und die verlängerte Ausscheidungsdauer werden als Ursachen dafür diskutiert. Die Reproduktionszahl ist vermutlich 1,5-mal höher [40]. Die Hospitalisierungsrate und das Risiko für einen schweren Krankheitsverlauf sind nachweislich erhöht [41]. Infektionen mit der B.1.1.7-Variante gehen außerdem mit einer erhöhten Fallsterblichkeitsrate einher [42]. Studien zufolge ist das Risiko, nach 28 Tagen zu versterben, bei der Alpha-Variante gegenüber dem Wildtyp um circa 64 % erhöht [43].

1.8.2 Beta (B.1.351)

Auch für diese Variante wird eine erhöhte Übertragbarkeit mit einer 1,5-mal höheren Reproduktionszahl diskutiert [44]. Ein schwerer Krankheitsverlauf wird angenommen, kann aber bisher nicht ausreichend belegt werden [45]. Das Sterblichkeitsrisiko ist im Vergleich zum Viruswildtyp gleich.

1.8.3 Gamma (P.1)

Auch die Gamma-Variante soll gegenüber dem Wildtyp ansteckender sein. Eine Veränderung im Krankheitsschweregrad und dem Sterblichkeitsrisiko kann bisher nicht ausgeschlossen, aber auch nicht mit belastbaren Daten belegt werden [46].

1.8.4 Delta (B.1.617.2)

Diese Variante ist durch eine deutlich erhöhte Übertragbarkeit gekennzeichnet. Kontaktnachverfolgungen der britischen Gesundheitsbehörde (Public Health England, PHE) zeigen, dass für Delta-Infizierte der Anteil infizierter Kontaktpersonen höher ist (12,5 %) als bei Alpha-Infizierten (8,1 %). Basierend auf der erhöhten Übertragbarkeit gegenüber Alpha wird für die Delta-Variante eine 2,5-mal höhere relative Reproduktionszahl angenommen als beim Wildtyp. Im Vergleich zu Alpha werden für Delta-Infektionen außerdem höhere Raten an Hospitalisierung, Intensivpflichtigkeit und Tod beobachtet [47,48] – siehe Tab. 1.3.

Tab. 1.3: Vergleich besorgniserregender Varianten* zum Wildtyp von SARS-CoV-2.

Name der Variante	Übertragbarkeit/ Infektiosität	relative Repro- duktionszahl	Schweregrad der Erkrankung	Sterblichkeits- risiko
Alpha B.1.1.7	↑↑ (sehr erhöht)	1,5-mal höher	↑	↑
Beta B.1.351	↑ (erhöht)	1,5-mal höher	↑ (vermutlich)	↔
Gamma P.1	↑ (erhöht)	–	↔	↔
Delta B.1.617.2	↑↑↑ (sehr stark erhöht)	2,5-mal höher	↑↑	↑↑

* Die Variante Omikron wurde nicht aufgeführt, da finale Informationen zu Infektiosität, Sterblich-keitsrisiko etc. noch ausstanden.

1.8.5 Was bedeutete die neue Variante (Omikron) aus Südafrika für uns?

Diese neue Variante wurde zuallererst in Südafrika bzw. Botsuana entdeckt. Sie zeichnete sich durch circa 30 Mutationen im S–Protein aus (das sind die Anker-Knöpfchen des Virus, um sich an die Schleimhautzellen zu binden). Das waren etwa dreimal so viele Mutationen wie in der Delta-Variante.

Besorgniserregend war die rasche Verbreitung dieser neuen Variante. Innerhalb von nur etwa 20 Tagen wurden die neuen Infektionen dominiert durch diese neue Variante in Südafrika. Wo sie aufschlug, setzte sie sich durch.

Ob sie aber auch zu schwereren Verläufen führte, war bis zum Zeitpunkt Ende November 2021 noch nicht bekannt. Auch war nicht bekannt, ob weniger Virus dieser neuen Variante ausreichte, um sich zu infizieren.

Ebenso war nach wie vor unklar, ob diejenigen, die sich damit infiziert hatten, geimpft waren oder nicht. Das war eine ganz wichtige Frage, denn sie zielte darauf ab, ob die bis zu diesem Zeitpunkt verfügbaren Impfstoffe potent genug waren, um auch diese neue Variante in Schach zu halten. All das wurde in den nächsten Tagen und Wochen intensiv untersucht, damit man auch die klinische Bedeutung dieser Variante einschätzen konnte.

Was auch Besorgnis auslöst, war der Umstand, dass vor allem jüngere Erwachse-ne mit dieser neuen Variante infiziert waren.

Im November 2021 war diese Variante auch in Europa angekommen. Die Ferien-Reisenden waren dabei der Haupttransportweg für das Virus.

Solche potenziell gefährlichen Varianten entstehen immer gerne dann, wenn ein Immun-Geschwächter viele Wochen das Virus mit sich herumträgt, und das Virus ausreichend Nährboden und Zeit hat, sich immer weiter innerhalb desselben Wirts zu vermehren und dabei zu mutieren. Auch deswegen war und ist es so wichtig, die Risikogruppen aktiv nach Kräften zu schützen.

Dieses Virus zeigte eine Kombination aus drei bekannten Mutationen (H655Y, N679K, P681H) auf. Diese Mutationen waren direkt neben der Furin-Spaltungsstelle im S-Protein. Dazu kamen noch weitere Mutationen im S-Protein als auch der Virus-Hülle, die möglicherweise dafür sorgen konnten, dass die Immunantwort deutlich geschwächt werden könnte. Dies waren im November 2021 aber alles noch Spekulationen. Sowohl Laboruntersuchungen als Untersuchungen der Immunantwort an Patienten, die sich mit dieser Virusvariante infiziert haben, standen noch aus.

Literatur

[1] https://www.trillium.de/zeitschriften/trillium-immunologie/archiv/trillium-immunologie-ausgaben-2020/heft-2/2020-covid-19/virologie-und-immunologie-von-coronaviren-eine-uebersicht.html (letzter Zugriff: 11.03.2021).

[2] https://www.br.de/nachrichten/wissen/june-almeida-die-vergessene-coronavirus-entdeckerin,S014sCl (letzter Zugriff: 11.09.2021).

[3] https://www.nature.com/articles/s41579-020-00468-6.pdf (letzter Zugriff: 18.04.2021).

[4] https://www.ncbi.nlm.nih.gov/pmc/articles/PMC7079972/ (letzter Zugriff: 08.04.2021).

[5] https://www.rki.de/DE/Content/InfAZ/M/MERS_Coronavirus/MERS-CoV.html;jsessionid=503DFE3C58E5F7EC84AA14ED3D50CB37.internet062?nn=3223662 (letzter Zugriff: 09.04.2021).

[6] https://www.rki.de/DE/Content/InfAZ/N/Neuartiges_Coronavirus/Virologische_Basisdaten.html (letzter Zugriff: 03.06.2021).

[7] https://www.ncbi.nlm.nih.gov/pmc/articles/PMC7224694/pdf/elife-57309.pdf (letzter Zugriff: 03.06.2021).

[8] https://www.ncbi.nlm.nih.gov/pmc/articles/PMC7189391/ (letzter Zugriff: 30.07.2021).

[9] https://cellandbioscience.biomedcentral.com/articles/10.1186/s13578-021-00643-z (letzter Zugriff: 01.08.2021).

[10] https://www.ncbi.nlm.nih.gov/pmc/articles/PMC7489918/ (letzter Zugriff: 09.04.2021).

[11] https://www.ncbi.nlm.nih.gov/pmc/articles/PMC7293463/ (letzter Zugriff: 14.04.2021).

[12] https://www.rki.de/DE/Content/InfAZ/N/Neuartiges_Coronavirus/Virologische_Basisdaten.html (letzter Zugriff: 12.03.2021).

[13] Subbarao K, Mahanty S. Respiratory Virus Infections: Understanding COVID-19. Immunity. 2020;52(6):905–909.

[14] Ou X, et al. Characterization of Spike Glycoprotein of SARS-CoV-2 on Virus Entry and Its Immune Cross-Reactivity with SARS-CoV. Nature communications. 2020;11(1):1620.

[15] Brodin P. Immune Determinants of COVID-19 Disease Presentation and Severity. Nature medicine. 2021;27(1):28–33.

[16] Schultze JL, Aschenbrenner AC. COVID-19 and the Human Innate Immune System. Cell. 2021;184(7):1671–1692.

[17] Vabret N, et al. Immunology of COVID-19: Current State of the Science. Immunity. 52;2020(6):910–941.

[18] Deutscher Ärzteverlag GmbH, Redaktion Deutsches Ärzteblatt, Zweiter Rezeptor für SARS-CoV-2 erklärt breites Symptomspektrum von COVID-19, 2020, https://www.aerzteblatt.de/nachrichten/117616/Zweiter-Rezeptor-fuer-SARS-CoV-2-erklaert-breites-Symptomspektrum-von-COVID-19 (letzter Zugriff: 24.08.2021).

[19] https://www.rki.de/DE/Content/InfAZ/N/Neuartiges_Coronavirus/DESH/Bericht_VOC_2021-07-14.pdf?__blob=publicationFile Bericht vom (letzter Zugriff: 14.07.2021).

[20] Drosten-Podcast: https://www.ndr.de/nachrichten/info/8-Coronavirus-Update-Viren-mutieren-immer,podcastcoronavirus108.html (letzter Zugriff: 30.06.2021).

[21] https://www.aerzteblatt.de/archiv/218112/SARS-CoV-2-Varianten-Evolution-im-Zeitraffer (letzter Zugriff: 13.04.2021).

[22] https://www.rki.de/DE/Content/InfAZ/N/Neuartiges_Coronavirus/Virusvariante.html (letzter Zugriff: 15.08.2021).

[23] https://pubmed.ncbi.nlm.nih.gov/32092483/ (letzter Zugriff: 13.04.2021).

[24] Rapid increase of a SARS-CoV-2 variant with multiple spike protein mutations observed in the United Kingdom (europa.eu). https://www.ecdc.europa.eu/sites/default/files/documents/SARS-CoV-2-variant-multiple-spike-protein-mutations-United-Kingdom.pdf.

[25] Britische Mutante: B.1.1.7 ist laut Studie zu 64 Prozent tödlicher – WELT. https://www.welt.de/wissenschaft/article228029951/Britische-Mutante-B-1-1-7-ist-laut-Studie-zu-64-Prozent-toedlicher.html.

[26] Risk of mortality in patients infected with SARS-CoV-2 variant of concern 202012/1: matched cohort study | The BMJ. https://www.bmj.com/content/372/bmj.n579.

[27] RKI – Coronavirus SARS-CoV-2 – Übersicht und Empfehlungen zu besorgniserregenden SARS-CoV-2-Virusvarianten (VOC). https://www.rki.de/DE/Content/InfAZ/N/Neuartiges_Coronavirus/Virusvariante.html.

[28] https://ptaforum.pharmazeutische-zeitung.de/wie-hoch-ist-der-impfschutz-bei-den-einzelnen-virus-varianten-125787/ (letzter Zugriff: 29.10.2021).

[29] https://de.statista.com/statistik/daten/studie/1117124/umfrage/erkrankungs-und-todesfaelle-aufgrund-des-coronavirus-in-brasilien/ (letzter Zugriff: 11.08.2021).

[20] Coronavirus-Mutation P1: „Die Welt sollte aufwachen!" Epidemiologe warnt vor Corona-Variante | news.de. https://www.news.de/panorama/855911131/coronavirus-news-aktuell-mutation-p1-toetet-4000-brasilianer-an-1-tag-corona-mutante-in-suedamerika-trotz-vermeintlicher-herdenimmunitaet/1/.

[31] Antibody evasion by the Brazilian P.1 strain of SARS-CoV-2 | bioRxiv. https://www.biorxiv.org/content/10.1101/2021.03.12.435194v1.

[32] https://rp-online.de/panorama/coronavirus/delta-variante-wie-gefaehrlich-ist-die-corona-variante-b1617_aid-58828097 (letzter Zugriff: 29.10.2021).

[33] https://www.dw.com/de/was-wissen-wir-%C3%BCber-die-covid-variante-delta-plus/a-59589004 – (letzter Zugriff: 25.10.2021).

[34] https://www.zdf.de/nachrichten/panorama/corona-virusvariante-c-1-2-100.html – (letzter Zugriff: 01.09.2021).

[35] https://www.sciencedirect.com/science/article/abs/pii/S1567134820300915?via%3Dihub (letzter Zugriff: 30.07.2021).

[36] https://www.nature.com/articles/s41598-021-87713-x (letzter Zugriff: 30.07.2021).

[37] https://www.cell.com/cell/pdf/S0092-8674(20)30820-5.pdf (letzter Zugriff: 30.07.2021).

[38] https://covariants.org (letzter Zugriff: 30.07.2021).

[39] Callaway E. Could new COVID variants undermine vaccines? Labs scramble to find out. Nature. 2021;589:177–8.

[40] Volz E, Mishra S, Chand M et al. Assessing transmissibility of SARS-CoV-2 lineage B.1.1.7 in England. Nature. 2021 May;593(7858):266-269. doi: 10.1038/s41586-021-03470-x. Epub 2021 Mar 25. PMID: 33767447.

[41] Bager P, Wohlfahrt J, Fonager J et al. Danish Covid-19 Genome Consortium. Risk of hospitalisation associated with infection with SARS-CoV-2 lineage B.1.1.7 in Denmark: an observational cohort study. Lancet Infect Dis. 2021 Nov;21(11):1507-1517. doi: 10.1016/S1473-3099(21)00290-5. Epub 2021 Jun 23. Erratum in: Lancet Infect Dis. 2021 Nov;21(11):e341. PMID: 34171231; PMCID: PMC8219488.

[42] Davies NG, Abbott S, Barnard RC et al. (2021a). Estimated transmissibility and impact of SARS-CoV-2 lineage B.1.1.7 in England. Science.

[43] Challen R, Brooks-Pollock E, Read JM, Dyson L, Tsaneva-Atanasova K, Danon L. (2021). Risk of mortality in patients infected with SARS-CoV-2 variant of concern 202012/1: matched cohort study. BMJ 372, n579.

[44] Tegally H, Wilkinson E, Giovanetti M et al. Detection of a SARS-CoV-2 variant of concern in South Africa. Nature 592:438–443 (2021). https://doi.org/10.1038/s41586-021-03402-9.

[45] Pearson CAB, Russell TW, Davies N et al. Estimates of severity and transmissibility of novel South Africa SARS-CoV-2 variant 501Y.V2. https://cmmid.github.io/topics/covid19/sa-novel-variant.html.

[46] https://www.who.int/en/activities/tracking-SARS-CoV-2-variants/ (letzter Zugriff: 08.08.21).

[47] Fisman DN, Tuite AR. Evaluation of the relative virulence of novel SARS-CoV-2 variants: a retrospective cohort study in Ontario, Canada. CMAJ. 2021 Oct 25;193(42):E1619-E1625. doi: 10.1503/cmaj.211248. Epub 2021 Oct 4. PMID: 34610919; PMCID: PMC8562985.

[48] https://www.gelbe-liste.de/nachrichten/uebersicht-corona-varianten-mutanten (letzter Zugriff: 08.08.21).

2 Ursprung des SARS-CoV-2-Virus und geographische Verbreitung

Corinna Zitzewitz

Seit Ende Dezember 2019 hat sich das SARS-CoV-2-Virus innerhalb von wenigen Monaten auf der ganzen Welt verbreitet. Im folgenden Kapitel wird qualitativ ohne Bezug auf die Epidemiologie beschrieben, wo das Virus zuerst nachgewiesen wurde und wie es sich weltweit rasant verbreitet hat. Die quantitative Verbreitung wie Fallzahlen, R-Wert oder Todeszahlen werden in Kapitel 3 behandelt.

2.1 Erstes Auftreten von SARS-CoV-2 in Wuhan (China)

Am 28. Dezember 2019 wurden in Wuhan erste Fälle einer neuartigen Lungenkrankheit gemeldet [1]. Alle Erkrankten wurden, laut Medien, in Zusammenhang mit einem Fischmarkt in der Stadt gebracht [2] – siehe Abb. 2.1.

Patient Null ist nicht bekannt.

Forscher identifizierten den Erreger als Corona-Virus [2].

Die Zahl der Infizierten stieg in den folgenden Wochen in der Provinz Hubei weiter an, sodass die Stadt Wuhan und zwei weitere Großstädte abgeriegelt wurden [3]. Am 11. Januar 2020 wurde der erste Todesfall im Zusammenhang mit der COVID-19 gemeldet. Es handelte sich um einen 61-jährigen Mann mit Vorerkrankungen [4].

Das Virus wurde im Verlauf am 11. Februar 2020 als SARS-CoV-2 benannt [4].

Abb. 2.1: Das SARS-CoV-2-Virus wird zum ersten Mal in Wuhan registriert.

https://doi.org/10.1515/9783110752595-002

2.1.1 Theorien zum Ursprung – WHO

Seit Beginn der Pandemie wurden zahlreiche Theorien zum Ursprung des Virus publik und vor allem diskutiert. Manche basierend auf wissenschaftlichen Fakten, andere wurden mit Verschwörungstheorien in Verbindung gebracht.

Zu Beginn des Jahres 2021 untersuchten 17 internationale und 17 chinesische Forscher den Ursprung der Pandemie in Wuhan. Die WHO berichtete anschließend, dass es kein finales Ergebnis zum Ursprung des SARS-CoV-2 gäbe [5].

Das Virus sei laut WHO „wahrscheinlich bis sehr wahrscheinlich" über einen tierischen Zwischenwirt auf den Menschen übertragen worden (siehe Abb. 2.2). Das Corona-Virus sei zwar nicht im Tierreich identifiziert worden, sei aber eng mit einem bei Fledermausarten auftretenden Virus verwand.

„Wahrscheinlich" sei es über Nahrungsmittel übertragen worden. Berichten zufolge gab es Erkrankungsfälle von Hafenmitarbeitern, die mit Tiefkühlwaren gehandelt hatten. Die Waren standen jedoch in keiner direkten Verbindung zu den als Reservoir vermuteten Tieren.

Ein Ausbruch aus einem Labor sei „extrem unwahrscheinlich". Es gäbe keine Hinweise auf Laborunfälle oder Erkrankungen unter Mitarbeitern.

Auch heißt es im Bericht, dass das Virus vermutlich bereits vor Dezember 2019 zirkuliert sei und daher „der Huanan-Markt nicht die ursprüngliche Quelle des Ausbruchs war" [6].

Das von der World Health Organisation im März 2021 veröffentlichte Dokument ist stark umstritten.

Kritiker vermuten, dass die Ermittlungen durch die chinesische Regierung beeinflusst wurden. Die Forscher hatten laut Berichten in Wuhan keinen der möglichen Ursprungsorte besucht. Auch wurden ihnen nur ausgewählte Dokumente zur Ver-

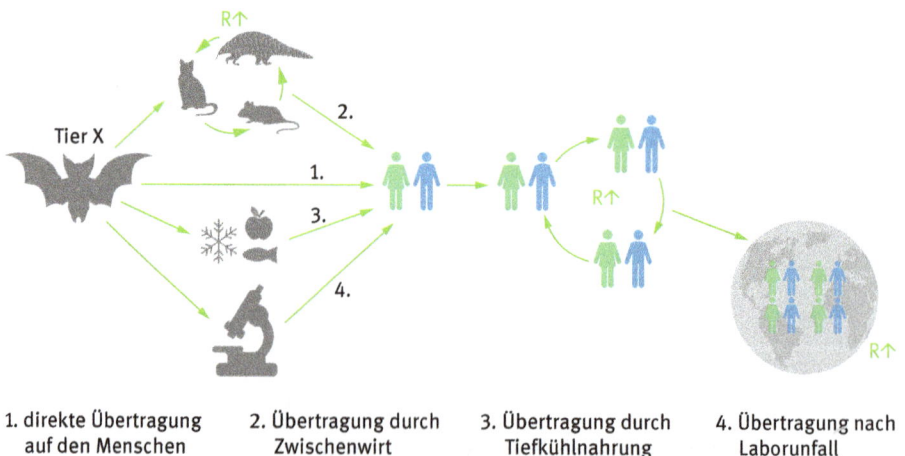

1. direkte Übertragung auf den Menschen   2. Übertragung durch Zwischenwirt   3. Übertragung durch Tiefkühlnahrung   4. Übertragung nach Laborunfall

Abb. 2.2: WHO: Theorien zum Ursprung von SARS-CoV-2. Grafik in Anlehnung an den WHO Bericht aus dem März 2020 [6].

fügung gestellt. Zuletzt gab der Forschungsleiter der WHO an, dass er den Ursprungsort viel mehr im Labor Wuhans sehe [7]. Weitere Nachforschungen im Labor wurden von China abgelehnt [8].

2.2 Weltweite Verbreitung des SARS-CoV-2-Virus

Der erste Fall außerhalb Chinas wurde am 13. Januar 2020 bei einer Frau in Thailand gemeldet. Innerhalb einer Woche verbreitete sich das Virus in anderen asiatischen Ländern. Bereits in der letzten Januarwoche 2020 waren die Kontinente Europa, Australien sowie Nordamerika betroffen [1], sodass **die WHO am 30. Januar 2020 die internationale Notlage** ausrief.

In den ersten Februarwochen 2020 wurden zudem erste Fälle in Afrika und Südamerika bekannt. Zum Ende des Monats Februar 2020 waren bereits 80 Staaten auf fünf Kontinenten von COVID-19 betroffen.

Im März 2020 verbreitete sich das Virus besonders in den USA, Europa und auf dem afrikanischen Kontinent [1]. Zum Frühlingsstart 2020 gab es bekannte COVID-19-Fälle in 180 Ländern [9].

Die WHO erklärt am 11. März 2020 das SARS-CoV-2-Virus zur Pandemie [10] – siehe Abb. 2.3.

Im Juni 2020 wurden erstmals mehr als eine Millionen Neuinfektionen innerhalb einer Woche verzeichnet.

Die bislang höchste Zahl an Neuinfektionen wurde im Dezember 2020 gemeldet, mit mehr als 5 Millionen Neuinfektionen pro Woche in insgesamt 190 Ländern.

Zu diesem Zeitpunkt gab es bereits erste Meldungen von hochinfektiösen Mutationen (vgl. Kapitel 1).

Über die Alpha-Variante (B1.1.7), die vermutlich bereits seit September 2020 für Infektionen gesorgt hatte, informierten britische Gesundheitsbehörden erstmals im

| 12/2019 erste gemeldete Fälle in Wuhan | 13.01.2020 erster Fall außerhalb Chinas | 24.01.2020 erster gemeldeter Fall in Europa und Südamerika | 27.01.2020 erster gemeldeter Fall in Deutschland | 14.02.2020 erster gemeldeter Fall in Afrika | 10/2020 erster Nachweis der Delta-Variante | 11/2021 erste Meldungen der Omikron-Variante |

| 11.01.2020 erster Todesfall im Zusammenhang mit Covid-19 | 22.01.2020 erster gemeldeter Fall in Nordamerika | 26.01.2020 erster gemeldeter Fall in Australien | 30.01.2020 „internationale Notlage" | 11.03.2020 „Covid-19-Pandemie" | 12/2020 erste Meldungen der Alpha-, Beta- & Gamma-Variante |

Abb. 2.3: Zeitstrahl: weltweite Verbreitung von SARS-CoV-2.

Abb. 2.4: Karte: weltweite Verbreitung von SARS-CoV-2 (Pfeile stehen symbolisch für die Ausbreitung des Virus).

Dezember 2020 [11]. Die Mutation verbreitete sich rasant auf der ganzen Welt und bereits im Februar 2021 konnten weltweit in 88 Ländern Infektionen durch diese Variante nachgewiesen werden [12].

Zeitgleich mit Berichten zur Alpha-Variante meldeten südafrikanische Behörden im Dezember 2020 eine weitere Variante des Virus. Die Beta-Variante (B.1.351) wurde seitens WHO ebenfalls als „Variant of Concern" (VOC) eingestuft, wenngleich sie weltweit vergleichsweise nur eine geringe Anzahl an Infektionen auslöste [11]. Vermutlich kursierte sie bereits seit Mai 2020 [13].

Seit November 2020 war außerdem die erstmals im Amazonas (Brasilien) aufgetretene Gamma-Variante (P1) für einen geringen Prozentsatz der Infektionen verantwortlich [11].

Eine weitere sich rasant ausbreitende Mutation des SARS-CoV-2-Virus war die im Oktober 2020 in Indien nachgewiesene Delta-Variante (B1.617) [13] – siehe Abb. 2.4.

Sie sorgte mehrfach innerhalb einer Woche dafür, dass Indien einen neuen Höchstwert an Neuinfektionen verzeichnete.

Die Delta-Variante wurde in vielen Ländern in kurzer Zeit zur dominierenden Variante. Ende November wurde in Südafrika erstmals die sich sehr rasant ausbreitende Omikron-Variante (B.1.1.529) nachgewiesen [13].

2.3 Virusverbreitung in Europa

Im Verlauf der Pandemie wurde bekannt, dass bereits im Herbst 2019 erste Fälle einer unspezifischen Pneumonie in Italien verzeichnet wurden.

Offiziell meldete jedoch Frankreich am 24. Januar 2020 die ersten Corona-Fälle in Europa [4].

Bereits 4 Tage später wurde der erste Deutsche im Kreis Starnberg in Bayern positiv auf SARS-CoV-2 getestet [4].

Am 1. Februar meldeten außer Spanien auch Großbritannien, Italien, die Schweiz, Belgien und Russland erste Infektionen [1].

Nachdem Anfang Februar in Italien 330 Menschen innerhalb einer Woche im Zusammenhang mit dem Virus verstarben, wurden Städte und Kommunen im Norden Italiens am 23. Februar 2020 abgeriegelt, um einen weiteren Anstieg von Infektionen zu vermeiden und das Gesundheitssystem zu entlasten [4].

Dennoch: Ein am 18. März 2020 in Bergamo ausgetragenes UEFA-Champions-League-Spiel wurde wahrscheinlich erneut zum Superspreader-Event und sorgte für extreme Fallzahlen in Bergamo, und auch in anderen Kommunen in Italien stiegen die Fallzahlen. Trotz der Quarantäneverordnungen meldete Italien extrem viele Todesfälle, erschreckende Bilder von Massengräbern waren in den Medien zu sehen.

Mit mehr als 3.400 Todesfällen bis zum 19. März 2020 gab es bis zu diesem Zeitpunkt kein Land in der Welt, welches mehr Todesfälle im Zusammenhang mit SARS-CoV-2 meldete [14].

Ab dem 3. März 2020 wurden immer mehr Fälle in Europa gemeldet, alle standen in Verbindung mit Europas erstem „Corona-Hotspot" Ischgl. Mehr als 1.000 Fälle wurden auf den Skiort in Österreich zurückgeführt. Ischgl erhielt daraufhin vom 13. März bis zum 22. April 2020 strikte Quarantäne-Auflagen [4].

Am 11. März 2020, 46 Tage nach dem ersten Fall in Frankreich, waren sämtliche Länder in Europa von der Pandemie betroffen [1] – siehe Abb. 2.5.

Der erste Todesfall im Zusammenhang mit COVID-19 in Europa war ein 80-jähriger Tourist aus Wuhan. Er verstarb am 16. Februar 2020 in einer französischen Klinik [15].

In Deutschland sorgte im Juni 2020 die Fleischfabrik Tönnies in Rheda-Wiedenbrück für einen Massenausbruch von SARS-CoV-2-Infektionen in Europa.

Abb. 2.5: Zeitstrahl: Verbreitung von SARS-CoV-2 in Europa.

Abb. 2.6: Karte: Verbreitung von SARS-CoV-2 in Europa.

Im Verlauf der Pandemie wurde ab September 2020 Großbritannien zum Hotspot von COVID-19-Neuinfektionen. Bis Dezember 2020 meldeten die Briten 3 Mio. Neuinfektionen, welche auf die hochansteckende Alpha-Variante des Virus zurückzuführen waren. Besonders betroffen waren der Süden und Südosten des Landes.

In den ersten Wochen des Jahres 2021 stieg prozentual der Anteil der Infektionen durch die Alpha-Variante stetig an. Diese Alpha-Variante war in der 8. Kalenderwoche 2021, außer in Deutschland, noch in einigen anderen europäischen Ländern die dominierende Variante des Virus [13].

Während sich in Europa die Verbreitung der beiden Virusvarianten Beta und Gamma gering hielt, stieg im Mai 2021 der Anteil der Neuinfektionen durch die Delta-Variante an. In vielen europäischen Ländern wurde sie zur neuen dominierenden Variante und führte europaweit zu Verschärfungen der Corona Auflagen [13] – siehe Abb. 2.6.

2.4 Virusverbreitung in Deutschland

Am 27. und 28. Februar 2020 meldete das Gesundheitsamt die ersten SARS-CoV-2-Infektionen in Deutschland. Ein 33-jähriger Mann im Kreis Starnberg und drei weitere Kollegen der Autozuliefererfirma Webasto wurden positiv auf das SARS-CoV-2-Virus getestet. Die Firma schloss daraufhin komplett für wenige Wochen, denn der Ursprung der Infektionen wurde auf eine Weiterbildung mit einer chinesischen Kollegin zurückgeführt [4].

Parallel startete die Bundesregierung eine Rückholaktion für 100 Deutsche sowie 22 Chinesen, einen Rumänen und einen US-Bürger aus China. Unter den aus Wuhan zurückgeholten befanden sich zwei Infizierte, die in Rheinlandpfalz unter Quarantäne gestellt wurden.

Im März 2021 wurde der Kreis Heinsberg in NRW nach einer Karnevals-Sitzung zum Hotspot in Deutschland. Ein Ehepaar hatte vorab Kontakt zu Bekannten, die aus China zurückgekehrt waren – sie selbst infizierten sich und steckten auf der Sitzung mehrere Personen an, sodass Schulen und Kitas in Heinsberg geschlossen werden mussten [4].

Es folgten weitere Infektionen in Nordrhein-Westfalen und Baden-Württemberg – hier erkrankte ein 25-jähriger, der zuvor in Mailand gewesen war [16] – siehe Abb. 2.7.

Ende Februar gab es circa 30 Infizierte in Deutschland. Leider war nicht bei allen Infizierten eine Rückverfolgung der Kontakte möglich und bei vielen blieb daher der Ansteckungsort unbekannt.

Am 29.02.2020 wurde im Hamburger Universitätsklinikum der erste Fall in Norddeutschland durch einen infizierten Mitarbeiter gemeldet [17].

Am 10. März 2020 meldete Sachsen-Anhalt als letztes Bundesland, dass es positive Corona-Fälle verzeichnet [18].

Am selben Tag verstarb im Kreis Heinsberg der erste Deutsche im Zusammenhang mit SARS-CoV-2.

Trotz verschiedener Auflagen zur Eindämmung der Pandemie (s. Kapitel 12) stiegen in Deutschland die Infektionszahlen weiter an.

Am 24. Dezember 2020 wurde eine erste Infektion durch die Alpha-Variante des Virus in Baden-Württemberg nachgewiesen [11].

Bereits Anfang Februar 2021 war diese Variante deutschlandweit für circa 40 % aller Neuinfektionen verantwortlich und wurde mit einem Anteil von 90 % zur dominierenden Mutation in Deutschland [13].

27./28.02.2020 erste Covid-Fälle in Deutschland	10.03.2020 sämtliche Bundesländer melden Infektionen	24.12.2020 erster Nacheis der Alpha-Variante in Deutschland	05/2021 erste Nachweise der Delta-Variante in Deutschland
	03/2020 erste Fälle in Heinsberg	10.03.2020 erster Deutscher verstirbt im Zusammenhang mit Covid-19	01/2021 erste Nachweise der Beta-/Gamma-Variante in Deutschland	11/2021 erste Nachweise der Omikron-Variante in Deutschland

Abb. 2.7: Zeitstrahl: Verbreitung von SARS-CoV-2 in Deutschland.

Zwar wurden seit Januar 2021 in einigen Bundesländern auch einzelne Fälle durch Beta- und Gamma-Varianten gemeldet, jedoch stieg ihr Anteil in der Bevölkerung nie über 1 %.

Im Mai 2021 wurde die Delta-Variante erstmals in Nordrhein-Westfalen nachgewiesen [19].

Ihr Infektionsanteil an der deutschen Bevölkerung war rasant und betrug, laut RKI Ende Juli 2021, mehr als 90 % [20]. Bereits wenige Tage nach ersten Meldungen der Variante in Afrika wurden Ende November 2021 erste Covid-19-Fälle in Hessen und Bayern nachgewiesen, die auf die hoch ansteckende Omikron-Variante zurückzuführen waren [13] – siehe Abb. 2.8.

Sachsen-Anhalt:
meldet als letztes Bundeland
Neuinfektionen

Nordrhein-Westfalen:
erstes Bundesland mit
Infektion durch Delta-Variante

Kreis Heinsberg:
Corona Hotspot und
erster deutscher Covid-Todesfall

Baden-Württemberg:
erstes Bundesland mit
Infektion durch Alpha-Variante

Kreis Starnberg:
erster deutscher Covid-Fall

Abb. 2.8: Karte: Verbreitung von SARS-CoV-2 in Deutschland.

Literatur

[1] https://interaktiv.tagesspiegel.de/lab/die-globale-verbreitung-des-coronavirus-im-zeitverlauf/ (letzter Zugriff: 17.05.2021) .

[2] https://www.nejm.org/doi/full/10.1056/nejmoa2001017 (letzter Zugriff: 15.07.2021).

[3] https://www.pharmazeutische-zeitung.de/wuhan-wird-abgeriegelt/ (letzter Zugriff: 15.07.2021).

[4] https://www.tagesschau.de/faktenfinder/hintergrund/corona-chronik-pandemie-101.html (letzter Zugriff: 15.07.2021).

[5] https://www.aerzteblatt.de/nachrichten/122559/WHO-Alle-Thesen-zum-Coronavirus-Ursprung-werden-verfolgt (letzter Zugriff: 19.08.2021).

[6] https://www.who.int/publications/i/item/who-convened-global-study-of-origins-of-sars-cov-2-china-part (letzter Zugriff: 15.07.2021).

[7] https://www.faz.net/aktuell/gesellschaft/gesundheit/coronavirus/welche-rolle-spielten-labore-in-wuhan-bei-der-ausbreitung-der-pandemie-17484246.html (letzter Zugriff: 15.07.2021).

[8] https://www.tagesschau.de/ausland/asien/coronavirus-china-who-ursprung-101.html (letzter Zugriff: 15.07.2021).

[9] https://de.statista.com/statistik/daten/studie/1108082/umfrage/erkrankungs-und-todesfaelle-aufgrund-des-coronavirus-im-vereinigten-koenigreich/ (letzter Zugriff: 17.05.2021).

[10] https://www.dguv.de/de/praevention/corona/allgemeine-infos/index.jsp (letzter Zugriff: 17.05.2021).

[11] https://www.rki.de/DE/Content/InfAZ/N/Neuartiges_Coronavirus/Virusvariante.html (letzter Zugriff: 18.08.21).

[12] https://www.aerzteblatt.de/archiv/218112/SARS-CoV-2-Varianten-Evolution-im-Zeitraffer (letzter Zugriff: 18.08.21).

[13] https://www.rki.de/DE/Content/InfAZ/N/Neuartiges_Coronavirus/Virusvariante.html (letzter Zugriff: 03.02.2022).

[14] https://zdfheute-stories-scroll.zdf.de/corona/coronavirus/chronik/solidaritaet/index.html (letzter Zugriff: 15.07.2021).

[15] https://www.aerzteblatt.de/nachrichten/109422/Erster-Toter-durch-Covid-19-in-Europa (letzter Zugriff: 06.09.2021).

[16] https://www.handelsblatt.com/politik/deutschland/covid-19-in-deutschland-coronavirus-so-hat-sich-die-lungenkrankheit-in-deutschland-entwickelt/25584942.html?ticket=ST-405930-CfvEVQTfNqGo4ClSaP5H-ap6 (letzter Zugriff: 15.07.2021).

[17] https://www.rki.de/DE/Content/InfAZ/N/Neuartiges_Coronavirus/Situationsberichte/Gesamt.html (letzter Zugriff: 15.07.21).

[18] https://www.mdr.de/nachrichten/sachsen-anhalt/chronologie-aktuelle-entwicklungen-coronavirus-100.html (letzter Zugriff: 15.07.21).

[19] https://www1.wdr.de/nachrichten/rheinland/velbert-quarantaene-100.html (letzter Zugriff: 18.08.21).

[20] https://www.rki.de/DE/Content/InfAZ/N/Neuartiges_Coronavirus/Situationsberichte/Wochenbericht/Wochenbericht_2021-07-29.pdf?__blob=publicationFile (letzter Zugriff: 18.08.21).

3 Epidemiologie – Zahlen und Fakten

Rieke Reiter, Li Zhang, Harald Renz

Den in diesem Kapitel genannten Begrifflichkeiten liegen die Definitionen des RKI, nachzulesen unter www.rki.de, zu Grunde. Es existieren jedoch weltweit noch andere Definitionen. Scharf abgegrenzte, allgemeingültige Begrifflichkeiten konnten bisher weltweit nicht definiert werden.

Die verwendeten Zahlen für weltweite Corona-Infektionen wurden Statistiken der Johns Hopkins University (JHU) (http://coronavirus.jhu.edu), dem Dashboard des RKI (https://covid-karte.de) sowie externen Webseiten (www.corona-in-zahlen. de/bundeslaender) entnommen. Weltweite Corona-Statistiken der JHU wurden über den frei zugänglichen „Our World in Data"-Datensatz abgerufen.

Die Kennzahlen sind von der Anzahl der durchgeführten Tests abhängig und nur eingeschränkt vergleichbar. Berechnungen der genauen Fallzahlen können sich abhängig von der berechnenden Institution teilweise unterscheiden, da in unterschiedlichen Ländern verschiedene Meldestrukturen etabliert sind. Zudem erfolgt die Datenübermittlung der lokalen Behörden an übergeordnete Institutionen wie das RKI teilweise mit Zeitverzögerung, daher wird keine Gewähr für die Korrektheit und Aktualität der Daten und Angaben übernommen.

Redaktionsschluss war der 30. November 2021, so dass die epidemiologischen Daten, die bis zu diesem Zeitpunkt vorlagen, berücksichtigt wurden.

3.1 SARS-CoV-2-Infizierte und COVID-19-Erkrankte

Zur Diagnose einer SARS-CoV-2-Infektion oder durch die Infektion hervorgerufene Krankheit COVID-19 werden Kriterien
1. des klinischen Bildes,
2. eines labordiagnostischen Nachweises sowie
3. die epidemiologische Bestätigung herangezogen.

Man spricht von einer SARS-CoV-2-Infektion oder COVID-19-Krankheit, **wenn eine oder mehrere dieser Kriterien erfüllt sind.**

Die täglich von den lokalen Gesundheitsbehörden an das RKI gemeldeten und als COVID-19-Fälle bezeichneten Fälle schließen sowohl SARS-CoV-2-Infektionen mit als auch ohne Symptome ein.

SARS-CoV-2-Infizierte werden generell in drei Gruppen aufgeteilt:
1. eine infizierte Person, die zum Zeitpunkt der Übertragung bereits erkrankt (symptomatisch) ist
2. eine infizierte Person, die keine Symptome entwickelt hat (präsymptomatisches Stadium)

https://doi.org/10.1515/9783110752595-003

3. eine infizierte Person, die im Verlauf keinerlei Symptome aufweist (asymptomatische Infektion)

Eine Diagnose der SARS-CoV-2-Infektion mit Symptomen benötigt zunächst das dafür festgelegte typische klinische Bild sowie eine epidemiologische Bestätigung oder einen labordiagnostischen Nachweis.

Zu den COVID-19-Fällen bzw. SARS-CoV-2-Infizierten zählt auch die Gruppe der Personen, die zwar labordiagnostisch positiv getestet wurden, aber keine COVID-19-typischen Symptome aufweisen.

Diese Personen hatten Kontakt zu einem bestätigten Fall, waren an einem Ausbruchsgeschehen beteiligt oder sie wurden labordiagnostisch positiv getestet.

In diesem Zusammenhang sei angemerkt, dass sich die Zahlen der SARS-CoV-2-Infizierten auf die bestätigten Fälle beziehen, die anhand der oben genannten Methoden bestätigt wurden. Unbestätigte Fälle sowie unentdeckte SARS-CoV-2-Fälle, die in dieser Pandemie aufgetreten sind, können naturgemäß nicht in der Statistik berücksichtigt werden.

3.1.1 Inkubationszeit und serielles Intervall

Die Inkubationszeit gibt die Zeit von der Ansteckung bis zum Beginn der Erkrankung an. Die mittlere Inkubationszeit (Median) wird in den meisten Studien mit 5–6 Tagen angegeben. In verschiedenen Studien wurde berechnet, zu welchem Zeitpunkt 95 % der Infizierten Symptome entwickelt hatten, dabei lag das 95. Perzentil der Inkubationszeit bei 10–14 Tagen [1].

Das serielle Intervall definiert das durchschnittliche Intervall vom Beginn der Erkrankung eines ansteckenden Falles bis zum Erkrankungsbeginn eines von diesem Fall angesteckten Falles. Das serielle Intervall ist meistens länger als die Inkubationszeit, weil die Ansteckung im Allgemeinen erst dann erfolgt, wenn ein Fall symptomatisch geworden ist. Das serielle Intervall lag in einer Studie mit 425 Patienten im Mittel (Median) bei 7,5 und in einer anderen Studie bei geschätzten 4 Tagen, basierend auf der Analyse von 28 Infizierenden/Infizierten-Paare [2].

3.1.2 Inzidenz

In der Epidemiologie und medizinischen Statistik bezeichnet Inzidenz (von lateinisch incidere – vorfallen, sich ereignen) die relative Häufigkeit von Ereignissen – insbesondere von neu auftretenden Krankheitsfällen – in einer Population oder Personengruppe innerhalb einer bestimmten Zeitspanne. Die Inzidenz einer Krankheit in einer Bevölkerung wird im einfachsten Fall ausgewiesen als die Zahl der Neuerkrankungen, die in einem Jahr pro 100.000 Menschen auftreten. Sie ist neben der

Prävalenz – dem Anteil der Kranken in einer Bevölkerung – ein Maß für die Morbidität in einer Bevölkerung.

Die 7-Tage-Inzidenz ist in Deutschland die statistische Kennziffer für die labordiagnostisch nachgewiesenen und registrierten Neuinfektionen pro 100.000 Einwohner in den vergangenen 7 Tagen, die vor allem bei der COVID-19-Pandemie im deutschsprachigen Raum Bedeutung erlangte [3].

3.1.3 Verhältnis der Infizierten zur Gesamtbevölkerung

SARS-CoV-2-Infizierte weisen oft unterschiedliche klinische Symptome auf (Abb. 3.1).

Unter dem klinischen Aspekt sind unter anderem akute respiratorische Symptome oder auftretender Geruchs- oder Geschmacksverlust ein Hinweis auf eine SARS-CoV-2-Infektion.

Die durch SARS-CoV-2-Infektion Erkrankten werden hier als COVID-19-Erkrankte bezeichnet und je nach Schweregrad der Symptome werden COVID-19-Erkrankte einer dedizierten medizinischen Versorgung zugeführt. Ein Teil der SARS-CoV-2-Infizierten zeigt keine Symptome und ist daher asymptomatisch.

Ein anderer Teil der Infizierten erkrankt lediglich mild und erholt sich nach Behandlung durch den Hausarzt oder in der Ambulanz eines Krankhauses schnell.

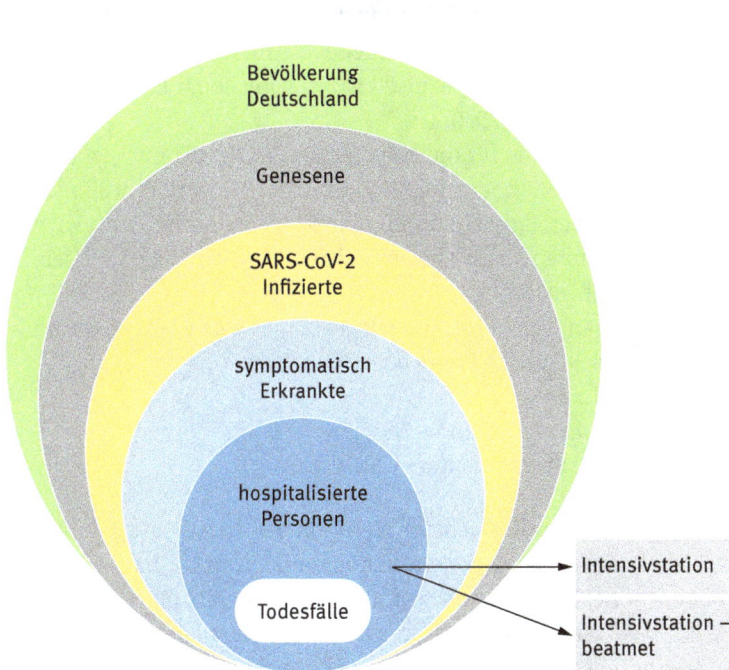

Abb. 3.1: In der Gesamtbevölkerung Deutschlands wurden per 06.10.2021 ca. 4,3 Mio. SARS-CoV-2-Infizierte registriert, davon wiesen mehr als 3,2 Mio. Symptome auf, ca. 300.000 COVID-19-Erkrankte wurden hospitalisiert und mehr als 93.000 Patienten verstarben [4].

Ein Teil der Infizierten weist schwerere Symptome auf und muss stationär im Krankenhaus behandelt werden, entweder auf der normalen Station (Normal Care) oder ggfs. auch intensivmedizinisch.

Ein vermutlich kleiner Teil der SARS-CoV-2-Infizierten mit sogenannter Doppeldiagnose zählt ebenfalls zu den COVID-19-Erkrankten. Diese Patienten sind zwar mit SARS-CoV-2 infiziert, wurden jedoch primär aufgrund einer anderen Diagnose stationär aufgenommen.

Der genaue Anteil der COVID-19-Erkrankten aus den SARS-CoV-2-Infizierten ist ebenfalls schwer zu ermitteln. Es liegt vor allem daran, dass die Personen, die einen milden Verlauf der Infektion durchleben, nicht systematisch erfasst sind und zudem der Anteil der asymptomatisch SARS-CoV-2-Infizierten nicht genau zu ermitteln ist. Relativ zuverlässige Zahlen liegen bei SARS-CoV-2-Hospitalisierten bzw. bei intensivmedizinisch behandelten COVID-19-Erkrankten vor.

3.1.4 Der R-Wert und was er aussagt

Am Anfang einer Pandemie gibt es den Startwert R_0 (auch: Basisreproduktionszahl), der beschreibt, wie viele Menschen ein Infizierter im Mittel ansteckt, wenn die gesamte Bevölkerung empfänglich für das Virus ist (weil es noch keine Immunität in der Bevölkerung gibt), noch kein Impfstoff verfügbar ist und noch keine Infektionsschutzmaßnahmen getroffen wurden. R_0 ist eine Größe, die für eine bestimmte Bevölkerung zu einem bestimmten Zeitpunkt spezifisch ist, es kann somit kein allgemeingültiger Wert angegeben werden (Abb. 3.2).

Beim SARS-CoV-2-Wildtyp wurde für die entsprechenden Bevölkerungen der R_0-Wert zwischen 2,8 und 3,8 geschätzt, das heißt, jeder Infizierte würde, wenn keine Infektionsschutzmaßnahmen befolgt werden, im Mittel zwischen drei und vier Personen anstecken. Die sogenannten „besorgniserregenden Virusvarianten" weisen eine höhere Übertragbarkeit auf.

Die Basisreproduktionszahl ist keine festgelegte Zahl. Verschiedene Institute und Behörden nennen unterschiedliche Werte oder Spannbreiten:
– Robert Koch-Institut (RKI): 2–3,3
– Weltgesundheitsorganisation (WHO): 1,4–2,5
– Centers for Disease Control and Prevention (CDC): 2,79

Sobald Maßnahmen greifen, verändert sich der Wert und heißt ab dann effektive Reproduktionszahl (R-Wert). Die effektive Reproduktionszahl variiert je nach Maßnahmen und je nachdem, wie viel Kontakt zwischen den Leuten besteht [5].

Die Erfassung der genauen Corona-Lage war und ist äußerst komplex und trotz steigendem Wissensstand über das Virus ist noch viel unbekannt. Ein oft genannter Wert ist die so genannte Positivität-Rate, also der Anteil positiver Tests.

R und sozialer Kontakt
Wie viele Personen steckt ein Infizierter durchschnittlich an?

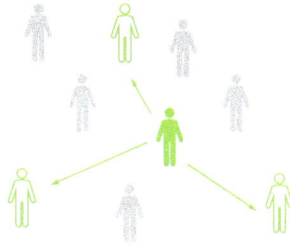

R0: Basisreproduktionszahl
durchschnittliche Ansteckung bei
ungebremster Ausbreiteung

R0: 2,8 bis 3,8
Schätzwert beim
ersten Ausbruch in Wuhan

R > 1

Ist R größer als 1,
steigt die Zahl der Infizierten,
eine Epedemie ist möglich.

R: effektive Reproduktionszahl
ändert sich mit der Ausbreitung
der Krankheit in der Bevölkerung

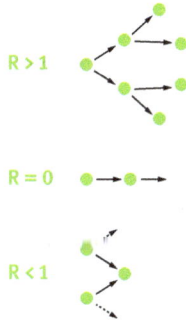

R = 0

Bleibt R dauerhaft gleich 1,
gibt es weiterhin Infizierte,
aber keine Epedemie.

R < 1

Ist R dauerhaft kleiner als 1,
stirbt das Virus mit der Zeit aus.

Abb. 3.2: Definition und Folgen des R-Wertes. Der R-Wert definiert, wie viele Menschen ein Infizierter durchschnittlich ansteckt. Aus der Abschätzung des R-Wertes kann somit ein erwartetes Aufkommen an Infektionsfällen errechnet werden. Das ist wichtig zur Planung der Präventionsmaßnahmen und der medizinischen Kapazitäten. Auch kann somit der Verlauf der Pandemie überwacht werden, um ggf. Verschärfungen bzw. Lockerungen der Kontrollmaßnahmen einzuleiten [7].

Am Anfang der Pandemie wurden nur Risikogruppen und schwere Fälle getestet. Dies änderte sich im Laufe der Zeit und bei fast allen, auch mit leichten Symptomen, wurde ein Abstrich genommen.

Diese wurde in Relation mit der Testfrequenz gesetzt, also der Häufigkeit, wie oft ein Test vorgenommen wird bzw. in welcher „Frequenz/Rhythmus" getestet wird.

Ohne Gegenmaßnahmen (wie Kontaktreduktion, Befolgen der AHA+L-Regeln und der Impfung) würde die Zahl der Infektionen rasch exponentiell ansteigen und erst dann sinken, wenn ein sehr großer Teil der Bevölkerung eine Infektion bzw. Erkrankung durchgemacht hat, also immun ist und das Virus ihrerseits nicht mehr weiterverbreiten kann.

Durch Infektionsschutzmaßnahmen lässt sich die Reproduktionszahl verringern. Man spricht von einer zeitabhängigen Reproduktionszahl R(t). Es gilt:

- wenn R größer 1, dann steigende Anzahl täglicher Neuinfektionen,
- wenn R gleich 1, dann konstante Anzahl täglicher Neuinfektionen,
- wenn R unter 1, dann sinkende Anzahl täglicher Neuinfektionen.

Bei SARS-CoV-2 ist das Ziel, die Reproduktionszahl stabil bei unter 1 zu halten [6].

3.2 Globale COVID-19-Situation

Die internationale Datenerhebung in der Corona-Pandemie erfolgt v. a. durch weltweit oder länderübergreifend agierende Institutionen wie der WHO, dem US CDC oder dem ECDC. Die Datensammlung dieser Institutionen basiert überwiegend auf dem Austausch mit lokalen Gesundheitsämtern und offiziellen Statistiken anderer international agierender Institutionen [8]. Seit Beginn der Pandemie wurden zudem diverse unabhängige oder mit Gesundheitsinstituten assoziierte Projekte ins Leben gerufen, um den Verlauf der Pandemie nachzuverfolgen. Dazu gehören beispielsweise das COVID Tracking Project, das Dashboard des RKI und das COVID-19-Dashboard der Johns-Hopkins-Universität (Abb. 3.3).

Der Prozess der Datensammlung soll am Beispiel der weltweiten Datenerhebung des ECDC exemplarisch erläutert werden: Epidemiologen des ECDC erfassen wöchentlich montags bis donnerstags aus bis zu 500 relevanten Quellen aus 196 Län-

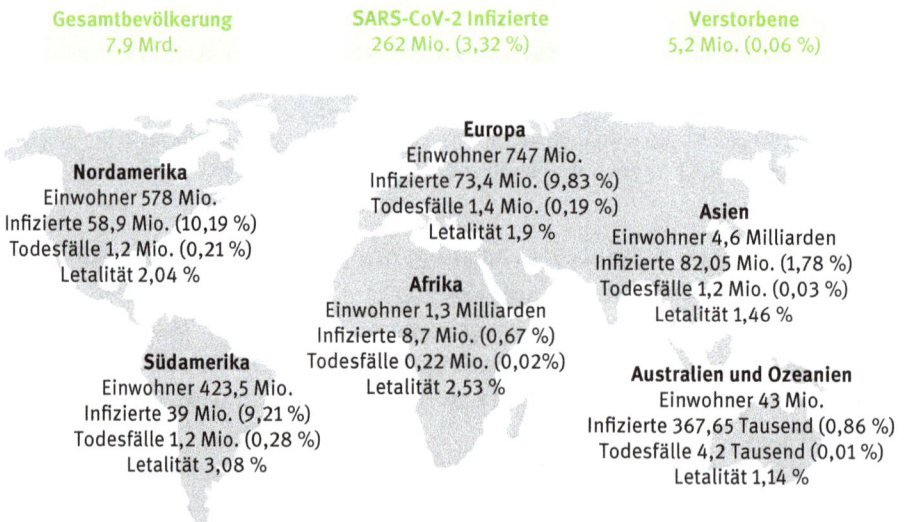

Gesamtbevölkerung
7,9 Mrd.

SARS-CoV-2 Infizierte
262 Mio. (3,32 %)

Verstorbene
5,2 Mio. (0,06 %)

Europa
Einwohner 747 Mio.
Infizierte 73,4 Mio. (9,83 %)
Todesfälle 1,4 Mio. (0,19 %)
Letalität 1,9 %

Nordamerika
Einwohner 578 Mio.
Infizierte 58,9 Mio. (10,19 %)
Todesfälle 1,2 Mio. (0,21 %)
Letalität 2,04 %

Asien
Einwohner 4,6 Milliarden
Infizierte 82,05 Mio. (1,78 %)
Todesfälle 1,2 Mio. (0,03 %)
Letalität 1,46 %

Afrika
Einwohner 1,3 Milliarden
Infizierte 8,7 Mio. (0,67 %)
Todesfälle 0,22 Mio. (0,02%)
Letalität 2,53 %

Südamerika
Einwohner 423,5 Mio.
Infizierte 39 Mio. (9,21 %)
Todesfälle 1,2 Mio. (0,28 %)
Letalität 3,08 %

Australien und Ozeanien
Einwohner 43 Mio.
Infizierte 367,65 Tausend (0,86 %)
Todesfälle 4,2 Tausend (0,01 %)
Letalität 1,14 %

Abb. 3.3: Globale Betrachtung der Zahl SARS-CoV-2-Infizierter und Todesfälle nach Kontinent. Angegeben sind für jeden Kontinent die Absolutzahlen aller im Laufe der Pandemie bestätigten Infektions- und Todesfälle, deren prozentualer Anteil an der Gesamtbevölkerung des Kontinents und die Letalität (Zahl der Todesfälle bezogen auf die Zahl der Infektionen). Erfasst sind nur die Länder, von denen offizielle Daten vorliegen. Stand: November 2021 [10].

dern die aktuellsten SARS-CoV-2-Infektionen. Zu den Quellen zählen v. a. Gesundheitsämter (43 % der Quellen), andere nationale Institutionen wie Sozialämter (6 %), Fallzahlerhebungen anderer internationaler Institute (10 %), aber auch offizielle Regierungskanäle in den sozialen Medien wie Twitter, Facebook, YouTube oder Telegramm (28 %). Nur Infektionen, die von national oder regional agierenden, kompetenten Institutionen gesammelt wurden, werden in die Statistiken eingeschlossen [9].

Erschwert wird die internationale Datenerhebung durch unerkannte asymptomatische Infektionen, die nicht in die Datenerfassung einfließen. Es ist von einer erheblichen Dunkelziffer auszugehen, die durch Statistiken nicht abgebildet werden kann. Beachtet werden muss auch, dass bei Berichten über COVID-19-assoziierte Todesfälle häufig nicht akkurat zwischen Patienten unterschieden wird, die *an* der Infektion mit dem Virus verstorben sind und solchen, die sich infiziert haben, aber bereits schwer erkrankt waren und letztendlich an ihrer vorher bestehenden Erkrankung, d. h. *mit* der SARS-CoV-2-Infektion, verstarben.

Die Weltbevölkerung wird derzeit auf ca. 7,9 Milliarden Menschen geschätzt. Nach Statistiken der Johns-Hopkins-Universität hatten sich im Verlauf der Corona-Pandemie ca. 262 Mio. Menschen weltweit mit dem Virus angesteckt, während > 5,2 Mio. Todesfälle zu verzeichnen sind (Stand: November 2021) [10]. Nordamerika weist im November 2021 den höchsten Anteil an Infektionen im Verhältnis zur Einwohnerzahl auf (10,19 %).

In Afrika hatten sich offiziell 0,67 % der Bevölkerung mit dem neuartigen Coronavirus angesteckt. Diese Zahl sowie z. B. südamerikanische Meldungen sind jedoch mit Vorsicht zu behandeln, da sie auf eine umfangreiche und verlässliche Datenweitergabe lokaler Stellen angewiesen sind. Testmöglichkeiten und Meldestrukturen sind in Afrika und Südamerika jedoch weniger verlässlich ausgebaut als in Europa, Nordamerika, Asien und Australien. Die Zahlen spiegeln daher nicht akkurat die Realität wider und es muss von einer hohen Dunkelziffer nicht erfasster Infektionen ausgegangen werden.

Der bevölkerungsreichste Kontinent ist Asien mit über 4,6 Milliarden Menschen, der trotz der hohen Bevölkerungszahl verglichen mit Europa und Amerika einen relativ geringen Anteil an SARS-CoV-2-Infektionen berichtet (1,78 %). Einen der niedrigsten Bevölkerungsanteile Infizierter haben Ozeanien und Australien mit 0,86 %. Es ist anzunehmen, dass die niedrigen Infektionszahlen in Asien und Ozeanien mit den sehr schnell implementierten, strengen Lockdown-Maßnahmen in diesen Ländern zusammenhängen.

Für Interessierte sei zur Nachverfolgung der aktuellen Lage auf geeignete Websites zur Einsicht tagesaktueller Zahlen verwiesen, z. B. dem COVID-19-Dashboard der Johns Hopkins CSSE (https://coronavirus.jhu.edu/map.html) oder dem COVID-19-Dashboard des Robert Koch-Instituts (https://covid-karte.de).

3.3 COVID-19-Situation in Europa

Schätzungsweise leben in Gesamteuropa ca. 834 Mio. Menschen – die 27 Mitgliedstaaten der EU verzeichneten im Februar 2020 ca. 445 Mio. Einwohner – bevölkerungsstärkstes Land ist Deutschland mit ca. 83 Mio., gefolgt von Frankreich (ca. 65 Mio.), Italien (ca. 60 Mio.) und Spanien (ca. 47 Mio.) – das Schlusslicht bildet der Inselstaat Malta mit knapp 0,5 Mio. Einwohnern (Abb. 3.4).

Die erste SARS-CoV-2-Infektion in Europa wurde am 28. Januar 2020 in Bayern festgestellt („BavPat1"). Es vergingen mehrere Wochen bis zum Ausbruch in der Lombardei, die um den 20. Februar herum einsetzte. Am 15. Februar 2020 starb ein achtzigjähriger, chinesischer Tourist in Frankreich an den Folgen einer Corona-Infektion – er war das erste Todesopfer der COVID-19-Pandemie in Frankreich und das erste außerhalb Asiens.

Am 19. März 2020 meldete Italien erstmals mehr Todesopfer als China. Was waren die Hintergründe hierfür?

Als häufiger Grund wurde angegeben, dass Italiens Bevölkerung im Vergleich zum gesamten EU-Durchschnitt überdurchschnittlich alt sei und fast 80 % der Infi-

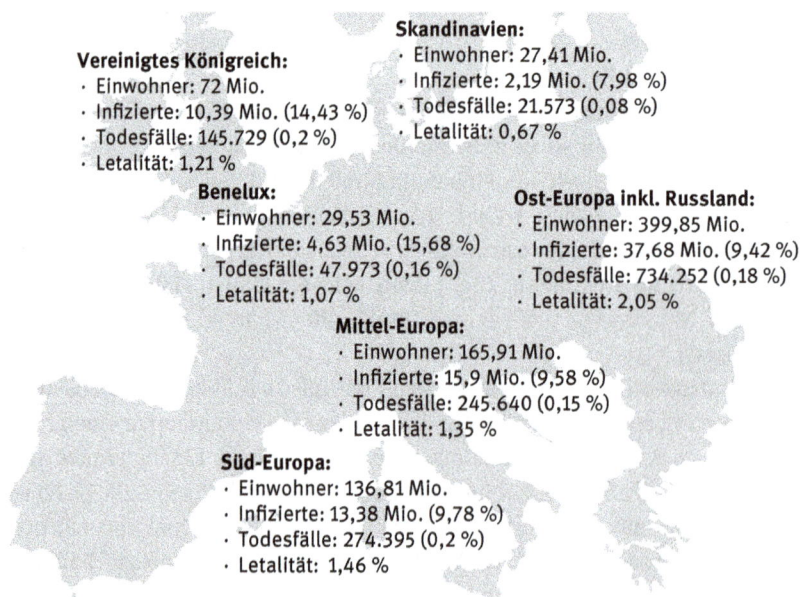

Skandinavien:
- Einwohner: 27,41 Mio.
- Infizierte: 2,19 Mio. (7,98 %)
- Todesfälle: 21.573 (0,08 %)
- Letalität: 0,67 %

Vereinigtes Königreich:
- Einwohner: 72 Mio.
- Infizierte: 10,39 Mio. (14,43 %)
- Todesfälle: 145.729 (0,2 %)
- Letalität: 1,21 %

Benelux:
- Einwohner: 29,53 Mio.
- Infizierte: 4,63 Mio. (15,68 %)
- Todesfälle: 47.973 (0,16 %)
- Letalität: 1,07 %

Ost-Europa inkl. Russland:
- Einwohner: 399,85 Mio.
- Infizierte: 37,68 Mio. (9,42 %)
- Todesfälle: 734.252 (0,18 %)
- Letalität: 2,05 %

Mittel-Europa:
- Einwohner: 165,91 Mio.
- Infizierte: 15,9 Mio. (9,58 %)
- Todesfälle: 245.640 (0,15 %)
- Letalität: 1,35 %

Süd-Europa:
- Einwohner: 136,81 Mio.
- Infizierte: 13,38 Mio. (9,78 %)
- Todesfälle: 274.395 (0,2 %)
- Letalität: 1,46 %

Abb. 3.4: Europaweite Betrachtung der Zahl SARS-CoV-2-Infizierter und Todesfälle. Die europäischen Länder werden zur vereinfachten Betrachtung zusammengefasst in das Vereinigte Königreich, Skandinavien, Benelux sowie Mittel-, Süd- und Ost-Europa. Eine detaillierte Aufgliederung nach einzelnen Ländern ist Tab. 3.1 zu entnehmen. Die höchste Letalitätsrate auf dem europäischen Kontinent beziffert Ost-Europa mit 2,05 %, Skandinavien hingegen verzeichnet die geringste Letalitätsrate mit 0,67 %. Erfasst sind nur die Länder, von denen offizielle Daten vorliegen. Stand: November 2021 [10].

zierten 70 Jahre oder älter waren. Zudem war Italien besonders früh, bereits im Januar 2020, von der Pandemie betroffen [11] und Pendler trugen dazu bei, dass sich das SARS-CoV-2-Virus von Norditalien in andere Regionen des Landes schnell verbreitete. Ferner stellte die Form des Zusammenlebens, die Mehrgenerationen-Haushalte unter einem Dach, ein höheres Infektionsrisiko für ältere Menschen dar.

Das Gesundheitssystem in Italien kollabierte, Ärzte und Helfer versuchten alles im Rahmen ihrer Möglichkeiten, um die hohe Anzahl der COVID-19-Erkrankten medizinisch bestmöglich zu behandeln. Jedoch beträgt die Zahl der Intensivbetten in Italien ca. 12,5/100.000 Einwohner (zum Vgl.: in Deutschland stehen durchschnittlich 29,6 Intensivbetten/100.000 Einwohner zur Verfügung) – zudem war die Anzahl des notwendigen Pflegepersonales sehr gering, da sich viele zu Beginn der Pandemie mit dem Virus angesteckt hatten.

Mitte März 2020 gab es die meisten Infektionsfälle in China, Italien, Spanien, im Iran, in Deutschland, Frankreich und den USA.

Erschreckend in Italien war nicht allein die hohe Anzahl der Menschen, die sich mit dem Coronavirus angesteckt hatte, sondern auch die hohe Todesrate, also der Prozentsatz der Infizierten, die an der Erkrankung starben. Sie betrug im April 2020 ca. 8,3 % und fiel damit noch höher aus als in der **chinesischen Provinz Hubei,** wo die Pandemie ihren Ausgang nahm. Dort lag sie bei 4,6 %, was schon ein sehr hoher Wert ist. In Deutschland lag die Letalität mit 2,3 % sehr niedrig [12].

Jedoch anders als in Deutschland im März 2020 testete Italien inzwischen generell Todesfälle auf das SARS-CoV-2-Virus, was dazu führte, dass die italienische Statistik stärker anstieg als in anderen Ländern [13].

Die in Osteuropa registrierten Infektionen (Tab. 3.1) konzentrierten sich primär auf Russland bzw. deren Großstädte Moskau sowie St. Petersburg, die eine hohe Bewohnerdichte verzeichnen.

Im September 2020 wurde in Europa ein erneuter starker Anstieg der Fälle verzeichnet und im Dezember 2020 wurde in Großbritannien die Virusvariante VOC-202012/01 *(B.1.1.7)* gemeldet, die um 70 % ansteckender sein sollte als der bis dahin vorherrschende Virustyp [14].

Am 23. Februar 2020 wurden die ersten beiden Europäer Todesopfer der COVID-19-Pandemie in Italien gemeldet. Im Laufe 2020 bestätigte das nationale italienische Gesundheitsinstitut ISS, dass der SARS-CoV-2-Erreger offenbar in Italien schon Monate vor dem Bekanntwerden des Ausbruchs zirkulierte, denn Spuren des Erregers waren in Abwasserproben aus Mailand und Turin entdeckt worden, die aus Dezember 2020 stammten [15].

Tab. 3.1: Übersicht der SARS-CoV-2-Infektionszahlen und Todesfälle einzelner europäischer Länder. Stand: November 2021 [10].

Land	Einwohner 2020 (Mio.)	SARS-CoV-2-Infizierte	Todesfälle	Letalitätsrate
Albanien	2,87	200.639	3.104	1,55
Andorra	0,08	17.658	132	0,75
Griechenland	10,71	951.351	18.325	1,93
Italien	60,25	5.060.430	134.003	2,65
Kroatien	4,05	619.255	11.043	1,78
Malta	0,5	39.668	468	1,18
Monaco	0,04	3.820	36	0,94
Portugal	10,29	1.154.817	18.471	1,60
San Marino	0,03	6.118	93	1,52
Spanien	47,1	5.189.220	88.122	1,70
Zypern	0,89	135.503	598	0,44
Süd-Europa	136,81	13.378.479	274.395	1,46
Deutschland	83,2	5.800.000	101.000	1,74
Frankreich	65,1	7.877.490	120.313	1,53
Lichtenstein	0,04	4.809	62	1,29
Österreich	8,9	1.185.982	12.693	1,07
Schweiz	8,67	1.034.675	11.572	1,12
Mittel-Europa	165,91	15.902.956	245.640	1,35
Dänemark	5,8	502.493	3.925	0,78
Finnland	5,5	189.730	1.356	0,71
Island	0,34	18.198	35	0,19
Norwegen	5,39	275.763	1.093	0,40
Schweden	10,38	1.209.935	15.164	1,25
Skandinavien	27,41	2.196.119	21.573	0,67
Belarus	9,45	658.328	5.114	0,78
Bosnien-Herzegowina	3,3	276.548	12.658	4,58
Bulgarien	6,9	699.180	28.656	4,10
Estland	1,3	224.195	1.810	0,81
Georgien	3,71	857.933	12.158	1,42

Tab. 3.1: (fortgesetzt)

Land	Einwohner 2020 (Mio.)	SARS-CoV-2-Infizierte	Todesfälle	Letalitätsrate
Kosovo	1,77	161.115	2.984	1,85
Lettland	1,9	255.402	4.232	1,66
Litauen	2,69	476.354	6.805	1,43
Moldawien	4,04	365.165	9.162	2,51
Polen	37,96	3.623.452	85.126	2,35
Rumänien	19,4	1.781.957	56.684	3,18
Russland	146,8	9.565.909	273.463	2,86
Serbien	6,94	1.259.005	11.792	0,94
Slowakei	5,46	1.209.977	14.696	1,21
Slowenien	2,1	427.035	5.272	1,23
Tschechien	10,69	2.211.972	33.450	1,51
Türkei	84,17	8.841.961	77.230	0,87
Ukraine	41,5	3.647.777	92.960	2,55
Ungarn	9,77	1.134.869	35.122	3,09
Ost-Europa	399,85	37.678.134	734.252	2,05
Belgien	11,49	1.809.557	27.120	1,50
Luxemburg	0,63	90.336	879	0,97
Niederlande	17,41	2.726.156	19.974	0,73
Benelux	29,53	4.626.049	47.973	1,07
Großbritannien	67,1	9.809.256	140.022	1,43
Irland	4,9	578.064	5.707	0,99
Vereinigtes Königreich	72	10.387.320	145.729	1,21

3.4 COVID-19-Situation in Deutschland

Die nationale Bewertung der Corona-Pandemie erfordert die Analyse verlässlicher und tagesaktueller Datensätze zu Infektionszahlen, Kapazitäten in Krankenhäusern und Beeinträchtigung der wirtschaftlichen Strukturen. Das föderale System der Bundesrepublik Deutschland bringt es jedoch mit sich, dass diese Daten für eine Analyse der nationalen Lage zunächst zentral erfasst und gebündelt werden müssen (Abb. 3.5).

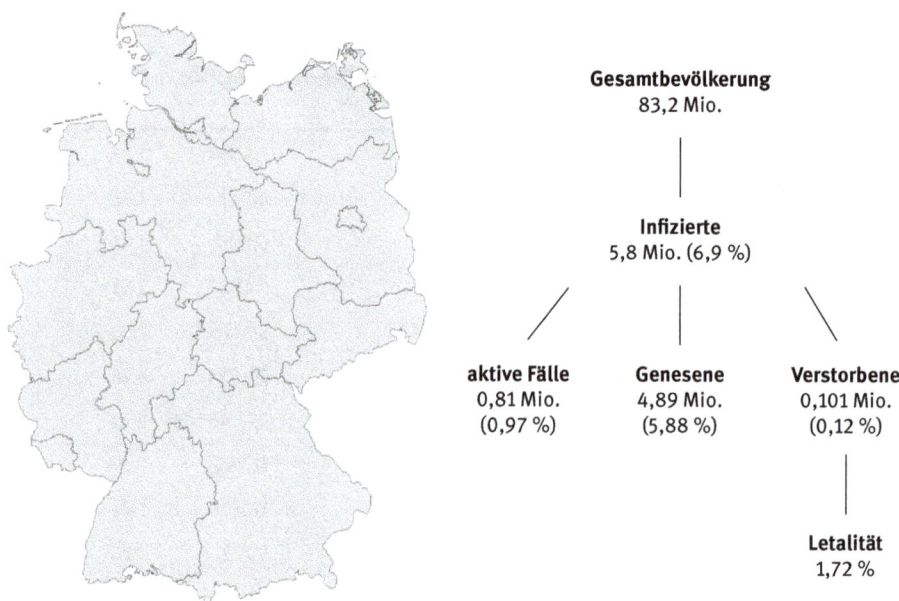

Gesamtbevölkerung
83,2 Mio.

Infizierte
5,8 Mio. (6,9 %)

aktive Fälle	**Genesene**	**Verstorbene**
0,81 Mio.	4,89 Mio.	0,101 Mio.
(0,97 %)	(5,88 %)	(0,12 %)

Letalität
1,72 %

Abb. 3.5: Zahl der SARS-CoV-2-Infizierten und Todesfälle in Deutschland. Die Gesamtbevölkerung in Deutschland beträgt derzeit schätzungsweise 83,2 Millionen Menschen. Von diesen haben sich im Verlauf der Pandemie knapp unter 7 % mit SARS-CoV-2 infiziert. Die Zahl der Infizierten gliedert sich auf in die aktiven bzw. genesenen Fälle und die Zahl der an oder mit SARS-CoV-2 Verstorbenen. Zu beachten ist hierbei, dass die Aufgliederung der aktiven und genesenen Fälle auf Schätzungen des Genesungszeitpunktes abhängig vom Erkrankungsbeginn oder Meldedatum basiert. Da der Infektionsverlauf jedoch in der Realität variabel ist, muss von einer Abweichung zwischen rechnerischen Angaben und realen Verhältnissen ausgegangen werden. Stand: November 2021 [16].

Das erste Glied in der Datenkette sind Ärzte und Labore, die elektronisch positive Testergebnisse an örtliche Gesundheits- und Meldeämter übermitteln. Diese geben ihre Daten an Landesgesundheitsämter weiter. Die Verarbeitungsgeschwindigkeit verschiedener regionaler Gesundheits- und Landesgesundheitsämter ist unterschiedlich, es kommt daher zu Abweichungen im Veröffentlichungszeitpunkt zwischen den Behörden. Institute, die die nationale Lage analysieren, in Deutschland v. a. das RKI, sammeln wiederum die Zahlen der Länder – auch hier kommt es dementsprechend zu einer zeitlichen Verzögerung zwischen Veröffentlichung durch die Länder und Analyse durch nationale Stellen. Das RKI berichtet auf Bundesland/Landkreis-Ebene alle nach dem Infektionsschutzgesetz gemeldeten Infektionen, die dem RKI bis zum jeweiligen Tag um 0 Uhr übermittelt wurden. Zur tagesaktuellen Darstellung wird durch das RKI hingegen das Meldedatum neu übermittelter Infektionen durch Ärzte und Labore verwendet. Insgesamt können somit mehrere Tage zwischen einem positiven Testergebnis (Diagnosedatum) und einer Erfassung durch das RKI vergehen. Diese Verzögerung wird als Melde- und Übermittlungsverzug bezeichnet

Von den 83,2 Mio. in Deutschland lebenden Menschen hatten sich bis Oktober 2021 rund 6,9 % (> 5,8 Mio.) mit dem SARS-CoV-2-Virus angesteckt (Abb. 3.5). Die Zahl der SARS-CoV-2-Infizierten untergliedert sich in aktive Fälle (0,97 %), Genesene (5,88 %) und Verstorbene (0,12 %) [16]. In Deutschland konnte eine Letalität von 1,72 % beobachtet werden (November 2021). Hierbei ist Folgendes zu beachten: Die Zahl der Infektionen hängt stark von der Testfrequenz ab. Je höher die Testquote, umso mehr Infektionen werden erfasst, sodass durch vermehrtes Testen ein höherer Anteil der asymptomatisch verlaufenden Infektionen identifiziert werden kann. Aufgrund steigender Testzahlen sank dementsprechend die Dunkelziffer.

Ebenfalls wichtig ist, dass die Zahl der Genesenen auf einer groben Schätzung basiert, die sich auf den Beginn der Erkrankung bzw. das Meldedatum stützt. Da die reale Infektionszeit jedoch variabel ist, muss von Unterschieden zwischen berichteten und realen Zahlen ausgegangen werden [16].

3.4.1 SARS-CoV-2-Infizierte, COVID-19-Erkrankte und Hospitalisierungen

Die Corona-Pandemie in Deutschland durchlief bis zum November 2021 vier Pandemiewellen, die sich sowohl in der Zahl der COVID-19-Fälle als auch in der Anzahl an hospitalisierten und verstorbenen Patienten widerspiegeln (Abb. 3.6).

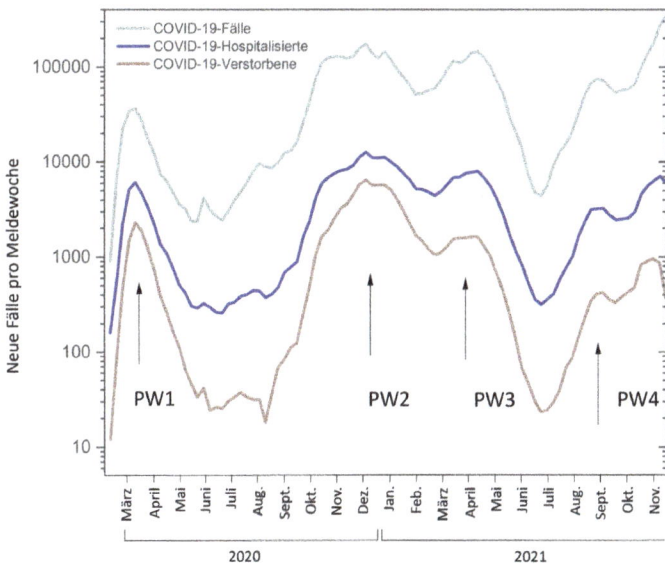

Abb. 3.6: Anzahl der COVID-19-Erkrankten, Hospitalisierungen und Todesfälle von März 2020 bis November 2021. In der Zahl der COVID-19-Fälle sowie der Menge an Hospitalisierungen und Todesfällen treten sehr deutlich vier Pandemiewellen hervor (PW = Pandemiewelle). Zu beachten ist, dass die linke Achse logarithmisch skaliert ist und das Verhältnis zwischen COVID-19-Fällen und den Hospitalisierungen/Todesfällen dadurch nicht akkurat abgebildet wird. Stand: November 2021 [17].

Als hospitalisiert gelten COVID-19-Fälle, die aufgrund ihrer SARS-CoV-2-Infektion stationär aufgenommen wurden oder im Verlauf eines Krankenhausaufenthaltes einen labormedizinischen Infektionsnachweis (z. B. mittels PCR) erhielten. Stationär aufgenommene COVID-19-Fälle werden abhängig vom Schweregrad der Erkrankung auf normalen Stationen oder der Intensivstation versorgt. Systematische Daten zur Trennung dieser beiden Gruppen sind aktuell öffentlich nicht zugänglich.

Der erste Peak in den Fallzahlen war zwischen März und April 2020 zu beobachten (Abb. 3.6). Parallel stieg die Zahl hospitalisierter und verstorbener Patienten massiv an, sank über den Sommer aber ab. Zu Beginn der Erkältungssaison Oktober 2020 stiegen die COVID-19-Fälle, Hospitalisierungen und Todeszahlen erneut an und sanken erst wieder Ende Januar. Eine dritte Welle zeichnete sich jedoch in allen drei Gruppen schon im März 2021 ab. Die höchsten Werte der wöchentlichen Hospitalisierungen betrugen für die ersten drei Wellen etwa 6.000, 12.000 und 8.000 Fälle.

Betrachtet man den Altersmedian abhängig vom Schweregrad der Infektion, dann zeigt sich, dass während aller Pandemiewellen das durchschnittliche Alter verstorbener Patienten konstant um 80 Jahre schwankte, da diese Altersgruppe aufgrund von Vorerkrankungen besonders anfällig für einen schweren Verlauf ist, während der Altersmedian hospitalisierter und intensivpflichtiger Patienten teilweise

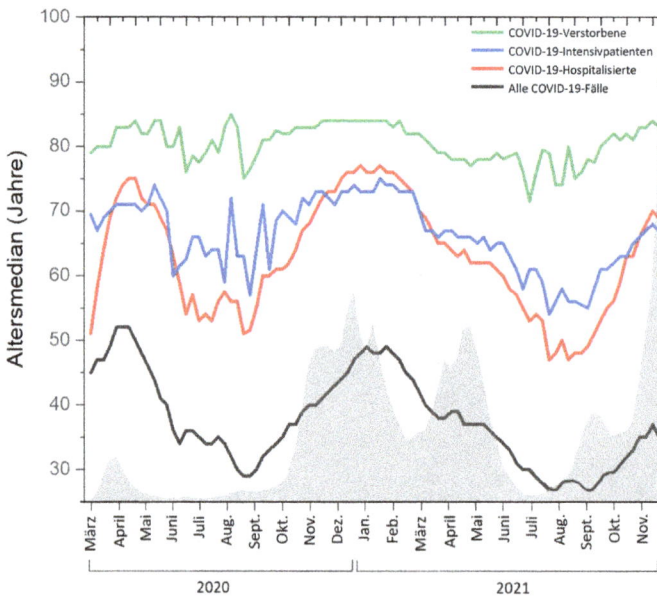

Abb. 3.7: Durchschnittliches Alter der SARS-CoV-2-Infizierten in Abhängigkeit vom Verlauf der Erkrankung (hospitalisiert, intensivpflichtig, tödlich) von März 2020 bis November 2021. Während das Durchschnittsalter verstorbener Patienten kontinuierlich um 80 Jahre schwankte, war das Alter der hospitalisierten und intensivpflichtigen Patienten sowie der SARS-CoV-2-Infizierten im Allgemeinen variabel. Im Hintergrund der Grafik ist in grau die Zahl der COVID-19-Fälle zum Vergleich mit den Schwankungen des Altersmedian dargestellt. Es zeichnen sich deutlich die Pandemiewellen sowie der Beginn der vierten Welle ab. Stand: November 2021 [17,18].

großen Schwankungen unterlag (Abb. 3.7). Das durchschnittliche Alter dieser beiden Patientengruppen stieg während der drei Pandemiespitzen bis auf 75 Jahre an, sank in den Ruhephasen aber auf 55 Jahre ab.

Während der ersten Pandemiewelle war der Altersmedian hospitalisierter und intensivpflichtiger Patienten sehr hoch, da insbesondere zu Beginn der Pandemie Personen höheren Alters von schweren Infektionsverläufen besonders betroffen waren. Nach der zweiten Welle sank das Durchschnittsalter kontinuierlich ab; es war kein Anstieg des Altersmedian im Verlauf der dritten Welle zu beobachten, was sehr wahrscheinlich auf die priorisierte Impfung älterer Personengruppen zurückzuführen ist. Interessanterweise ist hingegen in der Absolutzahl hospitalisierter und intensivpflichtiger Patienten durchaus eine dritte Welle zu beobachten, was darauf hindeutet, dass nicht-impfpriorisierte Gruppen weiterhin schweren Krankheitsverläufen unterlagen.

Interessant ist auch eine Betrachtung der Inzidenzen abhängig vom Alter. Altersgruppenspezifische Inzidenzen lassen sich am besten mittels einer Heatmap visualisieren (Abb. 3.8). Mittels einer Heatmap können einfach und effektiv Werte mit Hilfe unterschiedlicher Farben zueinander in Beziehung gesetzt werden. Eine helle Farbe steht dabei z. B. für einen niedrigen Wert, eine dunkle Farbe für einen hohen. Mittels eines Farbverlaufes von hell zu dunkel können Werte zwischen diesen Extremen ausgedrückt werden.

Anhand einer solchen Heatmap kann sehr eindrucksvoll gezeigt werden, dass Ende 2020 verstärkt Menschen im Alter ab ca. 80 Jahren von Infektionen betroffen waren. Ein zweiter Cluster zeigte sich bei den 20–60-Jährigen. Eindrucksvollerweise ist ersterer Cluster während der nächsten Welle im Frühjahr 2021 nahezu gänzlich verschwunden. Die Impfpriorisierung zeigt ihre Wirkung. Während der Herbstwelle verlagerte sich das Infektionsgeschehen nach umfassenden Impfaktionen in der Bevölkerung zunehmend in die Gruppen der unter 20-Jährigen, die zunächst nicht geimpft wurden. Im November 2021 stiegen die 7-Tage-Inzidenzen in allen Altersgruppen wieder an, insbesondere auch unter den über 80-Jährigen.

Bemerkenswerterweise ist im Verlaufe der ersten drei Pandemiewellen ein geschlechterspezifischer Unterschied im Anteil an den COVID-19-Fällen zu beobachten (Abb. 3.9). Während der Anteil COVID-19-erkrankter Frauen im Verlauf der ersten Pandemiewelle im Schnitt 10 % niedriger lag als der Anteil an Männern, verkehrte sich dieses Verhältnis ab April 2020. Gegenläufige Entwicklungen waren wieder Ende Mai 2020 zu verzeichnen, als der Anteil erkrankter Männer stieg und der Anteil an Frauen sank. Dieses Verhältnis hielt bis zum Beginn der zweiten Welle an. Zwischen Oktober 2020 und Februar 2021 wurde dann erneut ein höherer Anteil weiblicher Erkrankter berichtet.

Die Verhältnisse kehrten sich im Rahmen der dritten Welle erneut um. Eine Erklärung für dieses Phänomen ist schwierig. Ein Erklärungsansatz könnte jedoch der bekannte Umstand sein, dass Männer tendenziell einer höheren Gefahr unterliegen einen schweren Infektionsverlauf mit Intensivpflicht zu erleiden als Frauen [20–22].

Deutschland – Wöchentliche COVID-19-Inzidenz (pro 100.000)

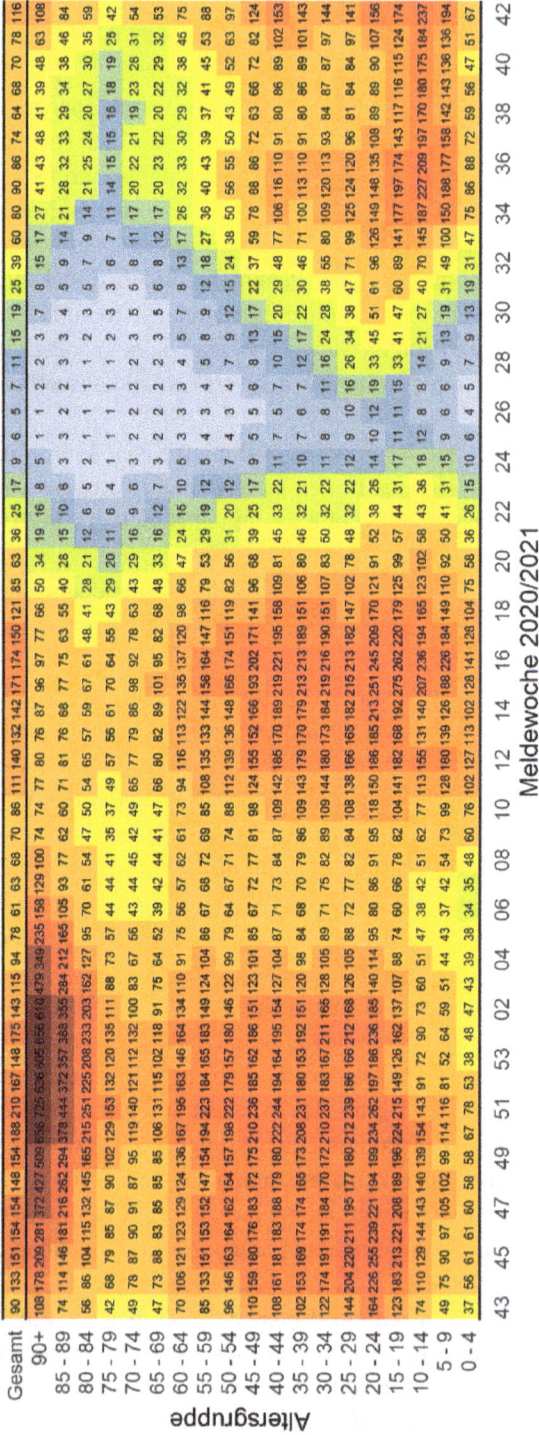

Altersgruppe (y-Achse): Gesamt, 90+, 85 - 89, 80 - 84, 75 - 79, 70 - 74, 65 - 69, 60 - 64, 55 - 59, 50 - 54, 45 - 49, 40 - 44, 35 - 39, 30 - 34, 25 - 29, 20 - 24, 15 - 19, 10 - 14, 5 - 9, 0 - 4

Meldewoche 2020/2021 (x-Achse): 43, 45, 47, 49, 51, 53, 02, 04, 06, 08, 10, 12, 14, 16, 18, 20, 22, 24, 26, 28, 30, 32, 34, 36, 38, 40, 42

Inzidenz (pro 100.000)

Legende	
0-5	>50-100
>5-10	>100-150
>10-15	>150-200
>15-20	>200-300
>20-35	>300-600
>35-50	>600

Abb. 3.8: Heatmap zur Darstellung der 7-Tage-Inzidenz an SARS-CoV-2-Infektionen nach Altersgruppe und Meldewoche. Eine hellblaue Farbe zeigt eine geringe Inzidenz pro 100.000 Einwohner in der jeweiligen Altersgruppe. Über Grün, Gelb bis Dunkelrot werden zunehmende Inzidenz-Werte visualisiert. 4.106.534 Fälle wurden erfasst. Stand: Oktober 2021 [19].

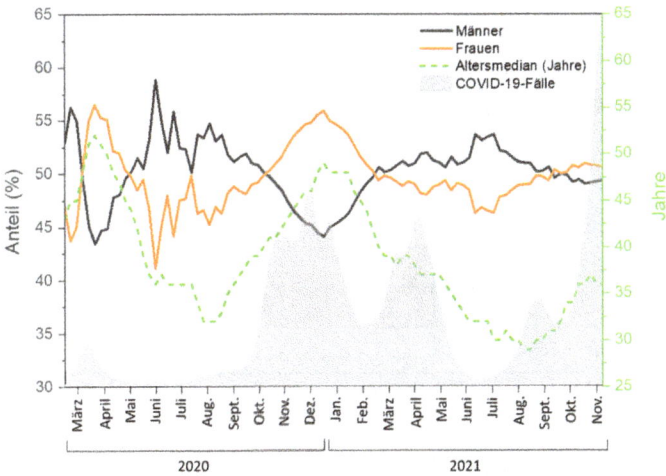

Abb. 3.9: Geschlechter- und altersspezifische Entwicklung des prozentualen Anteils an den COVID-19-Fällen im Verlauf der Pandemiewellen von März 2020 bis November 2021. Dargestellt ist der prozentuale Anteil an Frauen (orange Linie) und Männern (schwarze Linie) an den bekannten COVID-19-Fällen (linke Achse). Als Vergleich hierzu ist die Gesamtzahl der erfassten COVID-19-Fälle in grau im Hintergrund der Grafik zu sehen. In grün hinterlegt ist die Entwicklung des Altersmedians (rechte Achse der Grafik). Stand: November 2021 [17,18].

Als Erklärungen hierfür wurde ein Einfluss der Sexualhormone auf den Eintrittsrezeptor des Virus in die Wirtszellen sowie eine schwächere Entzündungsantwort bei Frauen in Betracht gezogen.

Die stationäre Versorgung von SARS-CoV-2-Patienten stellte die Medizin während der Pandemie vor eine große Herausforderung. Intensivbetten, bereits vor der Corona-Pandemie eine rare Ware, waren schnell belegt, die verfügbaren Beatmungsgeräte vollständig im Einsatz. Eine Aufstockung der Intensivkapazitäten erwies sich als schwierig.

In diesen Zeiten übernahm die Universitätsmedizin eine tragende Rolle in dem Geschehen. Die Versorgung eines großen Teils der intensivmedizinischen SARS-CoV-2-Fälle erfolgte an den Universitätskliniken in Deutschland. Die ersten drei Wellen der Pandemie zeichneten sich auch in der Auslastung der Universitätskliniken ab (Abb. 3.10, Abb. 3.11), mit einer Abnahme über den Sommer 2020, einem Anstieg der Auslastung bereits im Oktober 2020 und einer kritischen Phase am Rande der Überlastung insbesondere November 2020 bis April 2021, insbesondere nach regionalen Gesichtspunkten. Der Beginn der Impfungen im Frühjahr 2021 brachte in der „heißen Phase" bis Mai 2021 keine merkliche Entlastung der Intensivkapazitäten – vermutlich da während der zweiten Welle ein noch zu geringer Anteil an der Population in Deutschland geimpft war. Entlastungen zeigten sich erst im Sommer 2021. Die dritte Welle ab September 2021 fiel dann an den Krankenhäusern deutlich schwächer aus als die vorherigen Wellen: Die Zahl der stationären Aufnahmen war deutlich gerin-

Ø Anzahl der stationären SARS-CoV-2-Fälle pro Tag							
Bereich	Anzahl der UK	Q2 2020	Q3 2020	Q4 2020	Q1 2021	Q2 2021	Q3 2021
Nord-West	5	63	12	79	154	102	34
Nord-Ost	5	66	24	195	298	195	56
Mitte-West	11	189	67	544	553	370	155
Mitte-Ost	3	12	2	121	209	107	12
Süd-West	7	132	13	173	206	183	65
Süd-Ost	6	143	17	236	248	179	56

Ø Anzahl der beatmeten SARS-CoV-2-Fälle pro Tag							
Bereich	Anzahl der UK	Q2 2020	Q3 2020	Q4 2020	Q1 2021	Q2 2021	Q3 2021
Nord-West	5	26	4	27	56	53	17
Nord-Ost	5	41	12	80	118	96	29
Mitte-West	11	75	17	134	145	143	56
Mitte-Ost	3	5	1	28	56	48	5
Süd-West	7	51	4	54	74	84	26
Süd-Ost	6	69	5	63	74	71	23

Abb. 3.10: Ø Anzahl aller stationären SARS-CoV-2-Fälle pro Tag, die in den Unikliniken (UK) aufgenommen wurden, dargestellt im Nord-West-Ost-Süd-Gefälle. In Q4 2020 sowie Q1/Q2 2021 hatten die stationären Aufnahmen ihren Höhepunkt. Im Sommer 2021 sank die Anzahl der stationären Aufnahmen deutlich. *Nord-West:* Göttingen, Hamburg, Hannover, Oldenburg, Schleswig-Holstein; *Nord-Ost:* Berlin, Greifswald, Halle (Saale), Magdeburg, Rostock; *Mitte-West:* Aachen, Bochum, Bonn, Düsseldorf, Essen, Frankfurt (Main), Gießen, Köln, Marburg, Münster, Wuppertal; *Mitte-Ost:* Dresden, Jena, Leipzig; *Süd-West:* Freiburg, Heidelberg, Mainz, Mannheim, Saarland, Tübingen, Ulm; *Süd-Ost:* Augsburg, Erlangen, München – LMU, München r. d. l., Regensburg, Würzburg.

ger, wenn auch die Zahl der beatmungspflichtigen Fälle nicht wie erhofft sank. Diese Entwicklung ist wahrscheinlich der steigenden Immunität gegen das Virus zu verdanken.

Hervorzuheben sei an dieser Stelle, dass einzelne Krankenhäuser in besonders belasteten Gebieten auch über die Sommermonate keine deutliche Entlastung der Intensivkapazitäten erfahren konnten. Dazu gehörten insbesondere die Universitätskliniken in Berlin, Bochum und Essen.

3.4.2 Intensivstationen – Bettenauslastung

Vor der Corona-Krise gab es in Deutschland bundesweit rund 28.000 Intensivbetten, davon 22.000 mit Beatmungsmöglichkeit [23]. Diese waren durchschnittlich zu 70 bis

80 % von intensivpflichtigen Patienten belegt [23]. Dazu zählen auch intensivpflichtige SARS-CoV-2-Infizierte. Während der Pandemie wurden bundesweit in einer gemeinsamen Kraftanstrengung die Kapazitäten ausgebaut. Durch Unterstützung aller Krankenhäuser und zentrale Maßnahmen des Bundesministeriums für Gesundheit wurden so weitere Beatmungsplätze geschaffen. Die Zahl der COVID-19-Patienten-geeigneten Intensivbetten mit Beatmungsmöglichkeit konnte so auf durchschnittlich mehr als 28.000 gesteigert werden. Zusätzlich stand eine Reserve bereit, die innerhalb einer Woche aktiviert werden konnte. Diese Reserve schwankte je nach Personalsituation zwischen 10.000 und 12.000 Betten [23]. Sie wurde erst durch weiteres Rückfahren der Regelversorgung und weitere Maßnahmen verfügbar.

Daten des RKI und der Deutschen Interdisziplinäre Vereinigung für Intensiv- und Notfallmedizin (DIVI) zeigen, dass die Gesamtanzahl der belegten Intensivbetten in Deutschland zu Hochzeiten der Pandemie täglich zwischen 20.000 und 22.000 schwankte (Abb. 3.11).

Zu Spitzenzeiten der Pandemie waren bis zu 5.000 Betten durch COVID-19-Erkrankte belegt. Die Höhepunkte bei den intensivbehandelten COVID-19-Erkrankten der vergangenen Wellen lagen bei 2.900 (Frühjahr 2020), 5.800 (Anfang Januar 2021) und 5.000 (Ende April 2021). Spitzenwert ist dabei eine Beanspruchung von über 26 % der insgesamt 22.000 belegten Intensivbetten in Deutschland. Dabei ist aber anzumerken, dass sich diese Werte auf die Gesamtkapazität Deutschlands bezogen.

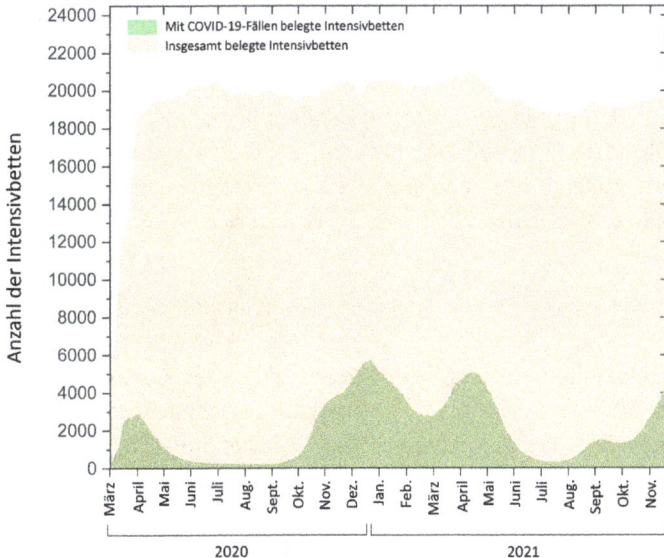

Abb. 3.11: Anzahl der belegten Intensivbetten in Deutschland sowie Auslastung durch SARS-CoV-2-Infizierte von März 2020 bis November 2021. Dargestellt ist die Gesamtzahl der in Deutschland belegten Intensivbetten sowie der Anteil an Betten, die von COVID-19-Fällen belegt wurden. Es zeichnen sich in der Auslastung der Intensivkapazitäten durch SARS-CoV-2-Infizierte deutlich die drei Pandemiewellen ab. Stand: November 2021 [24].

Einzelne Krankenhäuser, insbesondere kleinere Stadtkrankenhäuser, hatten eine deutlich höhere Überbelastung durch COVID-19-Fälle zu verzeichnen. Anzumerken ist hierbei, dass die Universitätsmedizin in diesem Bereich eine besondere Rolle spielte. Ein großer Anteil der Intensivbetten, die für SARS-CoV-2-Infektionen zur Verfügung gestellt wurden, befanden sich wie weiter oben bereits angemerkt in Universitätskliniken.

Die verminderte Belegung von Intensivbetten durch COVID-19-Fälle zwischen Juni und Mitte Oktober 2020 sowie Mitte März und Ende Juni 2021 resultierte nicht in einer gleichwertigen Reduktion der insgesamt belegten Intensivbetten in Deutschland. Seit etwa Mitte September 2021 zeigte sich bei den Belegungszahlen der Intensivstationen wieder ein diffuses Bild. Auch im Oktober 2021 blieb die Zahl der COVID-19-Intensivpatienten mit rund 13.000 relativ stabil. Etwas mehr als die Hälfte von ihnen musste beatmet werden.

Der Wiederanstieg der Infektionszahlen und der Aufschwung zur vierten Welle im Oktober 2021 hatten sich auch in den Krankenhäusern bemerkbar gemacht. Ende August 2021 stieg die Zahl der COVID-19-Erkrankten auf den Intensivstationen erstmalig wieder auf > 1.000. Allerdings standen Inzidenz und Hospitalisierungszahlen zu diesem Zeitpunkt in einem ganz anderen Verhältnis als während der vorangegangenen Wellen.

Die im Vergleich zu 2020 und den ersten Monaten 2021 gänzlich andere Situation hinsichtlich Kapazitäten war vermutlich auf den Fortschritt der Impfung zurückzuführen. Seit Erhebung der Daten waren etwa 85 bis 90 % der COVID-19-Intensivpatientinnen und -patienten ungeimpft. Das Medianalter pendelte um 50 Jahre. Anfang 2021 lag es noch bei knapp 80 Jahren. In dieser mittleren Altersgruppe war die Impfquote relativ niedrig. In der Gruppe der bislang besonders betroffenen Älteren war die Quote hingegen sehr hoch. Entsprechend machten sie bei den Schwerstkranken nur noch einen kleinen Bruchteil aus. Wie sich die Lage in den Intensivstationen weiterhin entwickelt, hängt also maßgeblich vom Fortschritt der Impfkampagne ab [25].

3.4.2.1 Hospitalisierungsrate

Im September 2021 beschloss der Bundestag, die 7-Tage-Inzidenz des Coronavirus als alleinigen Leitindikator für die Beurteilung des Infektionsgeschehens abzulösen. Hinzu kamen Indikatoren über die Schwere von Krankheitsverläufen, d. h., neben der 7-Tage-Inzidenz des Coronavirus wird nun auch die Hospitalisierungsrate zur Beurteilung des Infektionsgeschehens herangezogen.

Die Hospitalisierungsrate gibt die Zahl der zur Behandlung aufgenommenen COVID-19-Patienten je 100.000 Einwohner innerhalb von 7 Tagen an und wird aktuell wöchentlich durch das RKI aktualisiert. Gemäß den RKI-Werten vom 6.10.2021 lag die Hospitalisierungsrate in der letzten Kalenderwoche bei 2,09, in der Vorwoche lag der Wert bei 2,58 [26].

Von allen Corona-Fällen mit Angabe zur Hospitalisierung lag der Anteil der Hospitalisierung bei 5 % [26].

3.4.3 Reproduktionszahl

Die Reproduktionszahl (R-Wert) zeigt an, wie viele Menschen ein SARS-CoV-2-Infizierter ansteckt (Ausbreitungsgeschwindigkeit – vgl. Kapitel 3.1.4). Der R-Wert ist daher ein Indikator für die Effektivität der Eindämmungsmaßnahmen. Der 7-Tage-R-Wert kann verwendet werden, um extreme Ausschläge einzelner Tage auszugleichen, damit eine Gesamteinschätzung der Lage leichter möglich ist (Abb. 3.12).

Die prognostizierte Zahl der Neuerkrankungen vom Robert Koch-Institut bildet den Verlauf der drei Pandemiewellen ab. Die vorausberechneten Neuerkrankungen sind den gemeldeten COVID-19-Fällen ca. 1–2 Wochen voraus; ein Unterschied, der sich durch verspätete Meldungen der Gesundheitsbehörden und variable Inkubationszeiten erklären lässt.

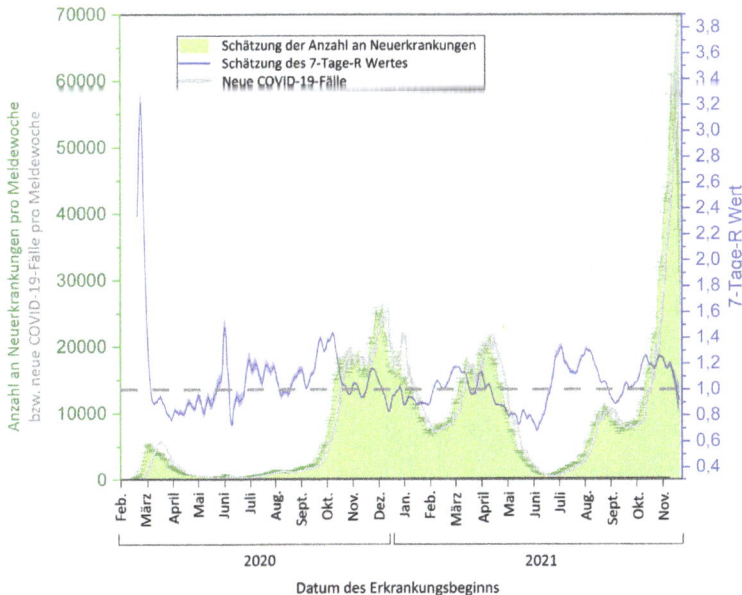

Abb. 3.12: Entwicklung des 7-Tage-R-Wertes von Februar 2020 bis November 2021. In Grün sind im Hintergrund die Zahl der basierend auf dem 7-Tage-R-Wert *geschätzten* Neuerkrankungen (in grün) sowie die erfassten COVID-19-Fälle (graue Linie) dargestellt. Es wird deutlich, dass die Schätzungen den realen Meldungen vorauseilen, was durch Verzögerungen in Meldeprozessen zu erklären ist. Die blaue Kurve beschreibt den 7-Tage-R-Werte (rechte Achse). Die gestrichelte Line zeigt einen 7-Tage-R-Wert von 1 an, bei dem eine konstante Zahl an SARS-CoV-2-Infektionen zu erwarten ist. Stand: November 2021 [27,28].

Während der 7-Tage-R-Wert bei über 3 zu Beginn der Pandemie startete, sank der Wert sehr schnell ab und schwankte seitdem um einen Wert von 1. Insbesondere seit Beginn der Impfungen ist ein deutlicher Trend nach unten zu verzeichnen. Die Maßnahmen können daher als effektiv angesehen werden.

3.4.4 Infektionsorte

Ausbruchsfälle von SARS-CoV-2-Infektionen wurden vor allem in Alten- und Pflegeheimen, Privathaushalten, Krankenhäusern und Arbeitsplätzen gemeldet. Die genauen Infektionsschwerpunkte veränderten sich jedoch im Laufe der Pandemie aufgrund der eingeführten Schutzmaßnahmen und zum späteren Zeitpunkt aufgrund der steigenden Impfquote.

Während zu Beginn der Krise vor allem Alten- und Pflegeheime eine große Rolle spielten, wurde durch die Einführung von Teststrategien, Präventionsmaßnahmen zur Eindämmung in speziellen Einrichtungen und bevorzugte Impfungen in älteren Bevölkerungsgruppen die Rolle der Alten- und Pflegeheime im Verlauf der Pandemie reduziert (Abb. 3.13). Auch wird das allgemein erhöhte Bewusstsein gegenüber besonders gefährdeten Gruppen sicherlich seinen Beitrag geleistet haben.

Stattdessen traten während der dritten Welle Privathaushalte in den Vordergrund, in denen bestimmte Maßnahmen wie strikte Abstandshaltung und ständige Testung naturgemäß schwer umsetzbar sind. Gleichzeitig stieg die Zahl der SARS-CoV-2-Infizierten am Arbeitsplatz und in Kindergärten.

Aufgrund der Tatsache, dass nur ein moderater Anteil von etwa 20 % der gesamten gemeldeten SARS-CoV-2-Infizierten einem Ausbruch zugeordnet werden können und die Infektionsquellen für das Gesundheitsamt unterschiedlich leicht bzw. schwer erfassbar sind, können diese Daten nur einen kleinen Teil der Gesamtsituation abbilden.

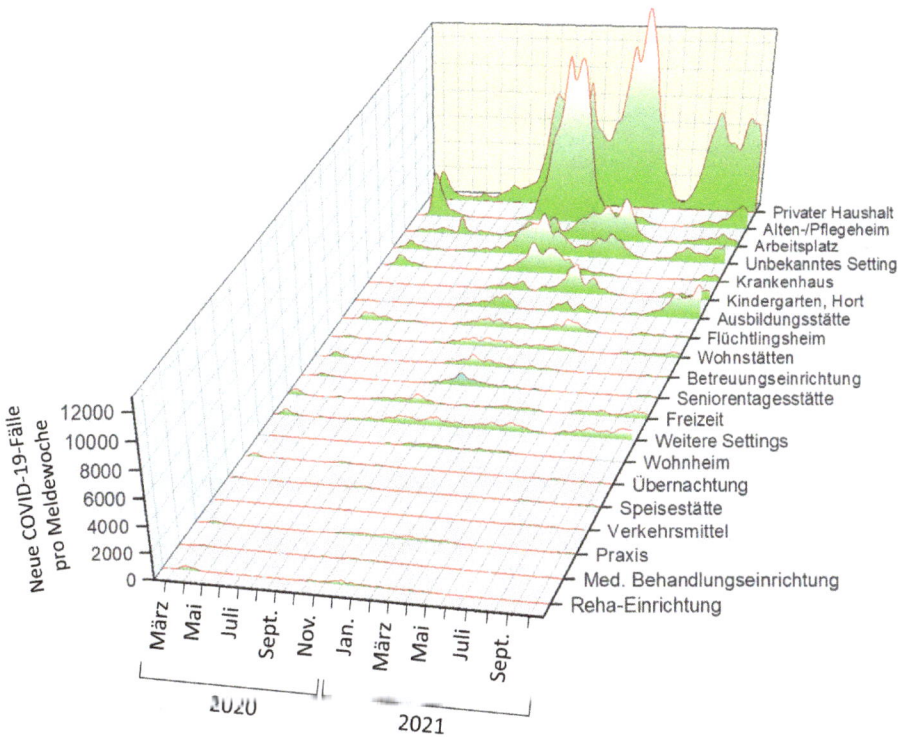

Abb. 3.13: An das RKI gemeldete Infektionsfälle, aufgegliedert nach Infektionsort und Meldewoche von März 2020 bis September 2021. Dargestellt ist in Grün die Zahl der SARS-CoV-2-Infizierten. Es werden verschiedene soziale Einrichtungen, medizinische Lokalitäten sowie beruflich und privat relevante potenzielle Ansteckungsherde beschrieben. Auch nach Aufgliederung nach Ansteckungsherd ist in den meisten Fällen der wellenförmige Verlauf der Pandemie erkennbar. Die Bedeutung der einzelnen Lokalitäten schwankt jedoch im Verlauf der Pandemie, da durch implementierte Schutzmaßnahmen und Impfungen die Bedeutung der sozialen Einrichtungen hin zu privaten und beruflichen Lokalitäten verlagert wurde. Stand: November 2021 [29].

3.4.5 Pandemieverlauf

Nachdem Ende Dezember in Wuhan der erste Fall von SARS-CoV-2 gemeldet wurde, verzeichnete Deutschland bereits einen Monat später ebenfalls erste Fälle (Abb. 3.14). Die Zahl der Infizierten und Todesfälle entwickelte sich von diesem Zeitpunkt an rapide. Als Reaktion auf diese Entwicklungen folgte im März 2020 der erste Lockdown nur 12 Tage nach dem ersten deutschen Todesfall. Er dauerte bis in den Mai hinein an. Ein Teil-Lockdown sollte im November als Reaktion aufsteigender Infektionszahlen folgen. Aufgrund ungebremst steigender Infektionszahlen musste am 16. Dezember ein zweiter harter Lockdown umgesetzt werden.

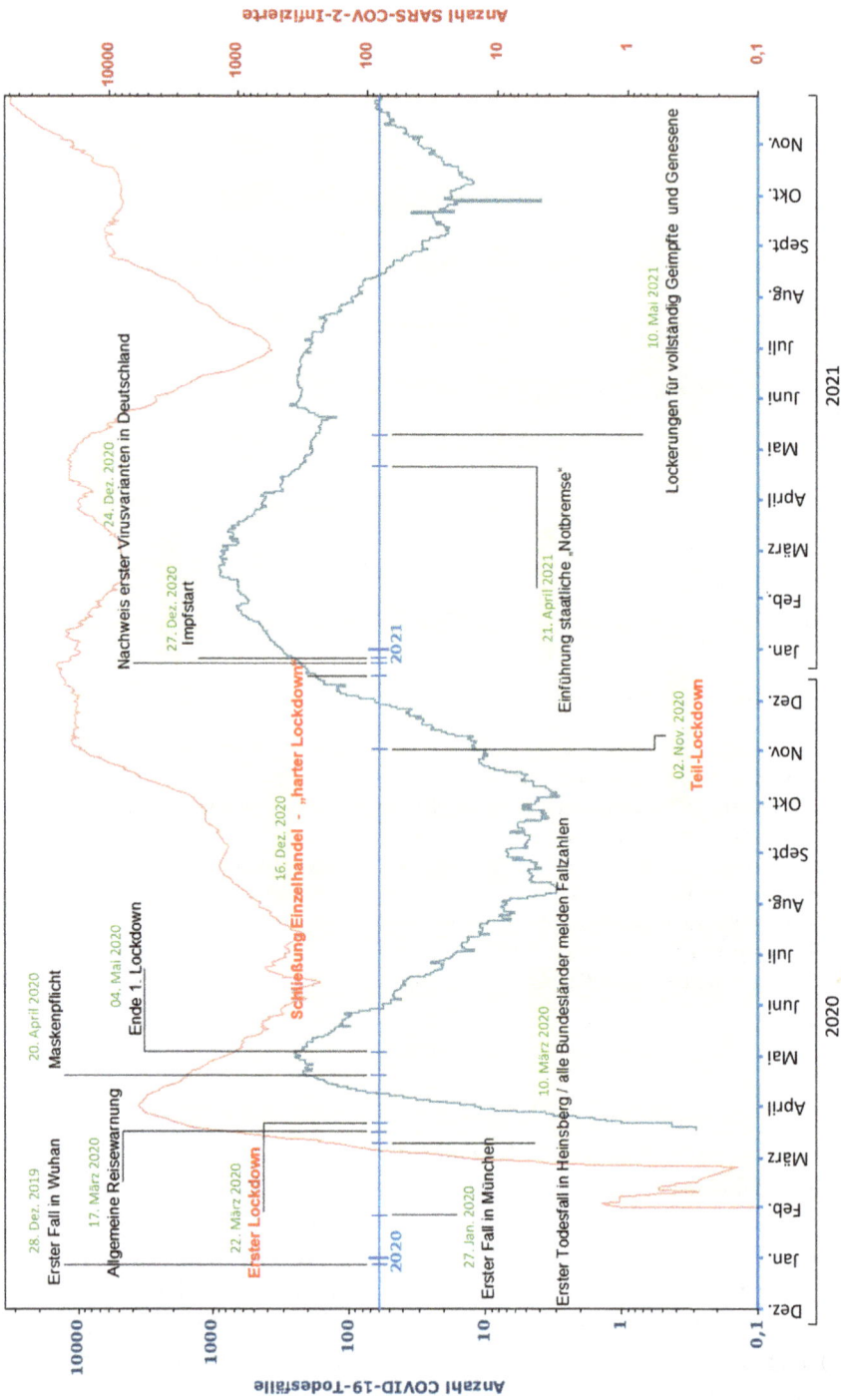

Abb. 3.14: Beschlüsse und Maßnahmen zur Eindämmung der Pandemie zwischen Dezember 2019 und November 2021. In Gelb sind die Zahlen der SARS-CoV-2-Neuinfektionen pro Tag hinterlegt (rechte Achse). Die blaue Linie markiert den Verlauf der SARS-CoV-2-Todesfälle pro Tag (linke Achse). Interventionsmaßnahmen und wichtige Ereignisse im Verlauf der Pandemie sind auf der Zeitachse in Rot dargestellt. Stand: November 2021 [30].

COVID-19-Impfungen erfolgen seit Dezember 2020. Lockerungen für Geimpfte und Genesene wurden bereits Mai 2021 eingeführt. Wachsende Zahlen an Impfdurchbrüchen aufgrund der Deltavariante führten jedoch erneut zu einem Anstieg der Infektionszahlen.

Eine Frage, die sich bei Betrachtung der Maßnahmen stellt, die zur Eindämmung der Pandemie von der Regierung und medizinischen Experten durchgeführt wurden, ist die nach der Effektivität. Welche Schutzmaßnahmen wirken – welche nicht?

In einer Studie des Imperial College in London wurde die Effektivität von fünf Interventionsmaßnahmen auf die Übertragung des Virus in verschiedenen europäischen Ländern untersucht. Die Forscher interessierten sich hierbei für: die Schließung von Schulen, das Verbot größerer Veranstaltungen, Selbst-Isolation, die Umsetzung eines generellen Lockdowns und die freiwillige soziale Distanzierung (social distancing). Interessanterweise konnte in dem Modell der Forschergruppe gezeigt werden, dass alle Maßnahmen bis auf den generellen Lockdown einen sehr geringen Effekt auf die Übertragung des Virus hatten. Der generelle Lockdown konnte hingegen in allen Ländern als äußerst effektive Schutzmaßnahme bestätigt werden [31]. Nach einer anderen Studie, die Anfang 2021 durchgeführt wurde, führte das Verbot größerer Versammlungen hingegen zu einer Reduktion der Infektionen von über 25 %. Einen etwas geringeren Effekt zeigten die Schließung von Schulen und anderen Veranstaltungen sowie die Grenzschließungen und das Verbot kleinerer Versammlungen. Einen sehr geringen Effekt hatten in diesem Modell die Isolation zu Hause und die vermehrte Nutzung des Homeoffice [32]. Die verschiedenen Studien zu diesem Thema machen vor allem eines klar: Möchte man effektiv in den Verlauf der Pandemie eingreifen, so muss immer eine Kombination vieler verschiedener Interventionsmaßnahmen genutzt werden.

3.4.6 Übersterblichkeit

Jedes Jahr sterben in Deutschland durchschnittlich 800.000–900.000 Menschen – erhöht sich dieser Wert unerwartet, wird dies als Übersterblichkeit bezeichnet. Eine erhöhte Übersterblichkeit deutet darauf hin, dass in der betroffenen Bevölkerung ein Ereignis aufgetreten ist, dass über die „gängigen" Todesursachen hinaus vermehrt Todesopfer gefordert hat.

Im Verlauf der Corona-Pandemie hat es in Deutschland besonders zu Beginn und während der zweiten und dritten Welle eine beachtenswerte Übersterblichkeit gegeben (Abb. 3.15). Zu bedenken ist hierbei, dass die Übersterblichkeit nicht nur an SARS-CoV-2 verstorbene Personen einschließt, sondern auch alle sekundären Todesfälle, die z. B. bereits geschwächt waren und anschließend mit dem Virus, aber aufgrund der Vorerkrankung verstorben sind sowie Todesfälle, die durch privat-wirtschaftliche Insolvenzen oder medizinische Versorgungsengpässe mitbedingt wurden.

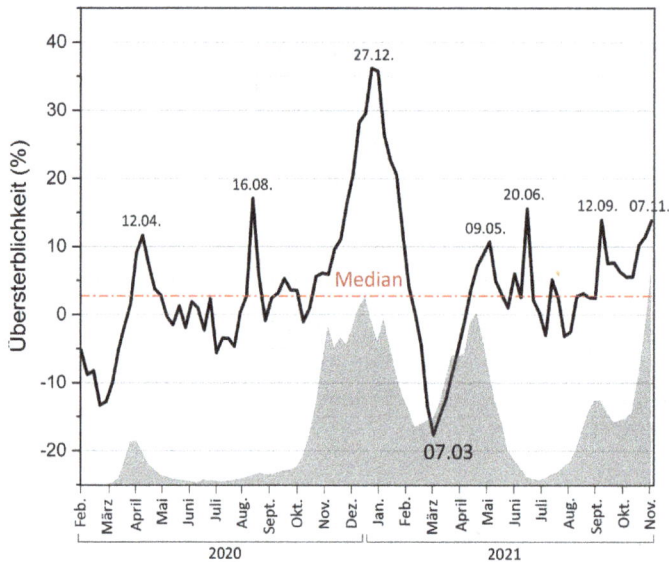

Abb. 3.15: Darstellung der prozentualen Übersterblichkeit in Deutschland zwischen März 2020 und November 2021. In grau ist im Hintergrund der Verlauf der SARS-CoV-2-Infektionszahlen hinterlegt. Die rote Line beschreibt den Median, d. h. den mittleren Wert der Übersterblichkeit zwischen dem 01.02.2020 und dem 01.11.2021. Spitzenwerte der Übersterblichkeit sind in Schwarz in der Grafik hinterlegt. Stand: November 2021 [35].

Eine weitere Spitze der Übersterblichkeit zeigte sich im August 2020, die vermutlich anderen äußeren Umständen wie den starken Hitzewellen zu dieser Zeit zuzuordnen ist. Im Februar/Anfang März 2020 und 2021 war darüber hinaus eine bemerkenswerte Untersterblichkeit zu verzeichnen, d. h. eine geringere Zahl an Todesfällen als durchschnittlich erwartet. Es kann vermutet werden, dass dies auf die für gewöhnlich zu erwartenden Todesfälle durch die Grippesaison zurückzuführen ist, die aufgrund der verbesserten Hygiene, Social Distancing und andere Präventionsmaßnahmen gegen die Pandemie ausblieben.

3.4.7 Sinkende Lebenserwartung

Ein weiterer Aspekt, der im Verlauf der Pandemie untersucht wurde, war die Lebenserwartung. Laut einer Studie der Universität Oxford hat die COVID-19-Pandemie im Jahr 2020 in Westeuropa zum größten Einbruch der Lebenserwartung seit dem 2. Weltkrieg geführt [33].

In Europa waren wir es seit Jahrzehnten gewohnt, dass die durchschnittliche Lebenserwartung von Jahr zu Jahr um einige Wochen oder wenige Monate steigt. Die COVID-19-Pandemie stoppte diese Entwicklung vorerst, denn die Perioden-Lebenserwartung sank von 2019 auf 2020 in 27 der 29 untersuchten Länder in Europa und Amerika.

In Deutschland sank die Perioden-Lebenserwartung um knapp dreieinhalb Monate.

Nur in Dänemark und Norwegen sank die Perioden-Lebenserwartung von Männern und Frauen nicht. Gleichzeitig ging die Sterblichkeit durch andere Todesursachen weiter zurück, sodass in Dänemark und Norwegen die Perioden-Lebenserwartung sogar leicht anstieg.

Auch Deutschland verzeichnete einen Rückgang anderer Todesursachen. Nur war dieser geringer als in Dänemark und Norwegen. Zudem war die Zahl der COVID-19-Todesfälle höher. Dadurch sank in Deutschland die Perioden-Lebenserwartung 2020 für Männer um etwas mehr als vier Monate und für Frauen um mehr als zweieinhalb Monate [34].

3.5 COVID-19-Situation in den einzelnen Bundesländern

Seit Beginn der Pandemie wurden in Deutschland ca. 5,8 Mio. SARS-CoV-2-Infektionen registriert, davon verliefen über 100.000 tödlich (Tab. 3.2) – Stand: November 2021.

Die am stärksten von der Pandemie betroffenen Bundesländer (Infektionen > 1.000.000; Todesfälle > 15.000) waren Nordrhein-Westfalen und Bayern (Abb. 3.16).

Thüringen und Sachsen-Anhalt sowie Brandenburg verzeichneten eine relativ hohe Letalitätsrate trotz relativ niedriger Infektionszahlen.

Die besonders ansteckende Coronavirus-Variante Delta breitete sich 2021 auch in Deutschland aus und verdrängte die bislang vorherrschende Mutationsform Alpha.

Die täglichen Infektionszahlen und 7-Tages-Inzidenzen in Deutschland stiegen seit Ende August 2021 erneut an, seit Ende Oktober 2021 war ein drastischer Anstieg zu verzeichnen.

Schleswig-Holstein
- Einwohner: 2,9 Mio.
- Infizierte: 98.142 (3,4 %)
- Todesfälle: 1.803 (0,06 %)
- Letalität: 1,84 %

Niedersachsen
- Einwohner: 7,96 Mio.
- Infizierte: 381.715 (4,8 %)
- Todesfälle: 6.389 (0,08 %)
- Letalität: 1,67 %

Brandenburg
- Einwohner: 2,53 Mio.
- Infizierte: 182.587 (7,22 %)
- Todesfälle: 4.162 (0,16 %)
- Letalität: 2,28 %

Sachsen-Anhalt
- Einwohner: 2,18 Mio.
- Infizierte: 162.416 (7,75 %)
- Todesfälle: 3.820 (0,18 %)
- Letalität: 2,35 %

Nordrhein-Westfalen
- Einwohner: 17,93 Mio.
- Infizierte: 1.191.138 (6,64 %)
- Todesfälle: 19.075 (0,11 %)
- Letalität: 1,6 %

Thüringen
- Einwohner: 2,12 Mio.
- Infizierte: 219.507 (10,35 %)
- Todesfälle: 5.053 (0,24 %)
- Letalität: 2,3 %

Sachsen
- Einwohner: 4,1 Mio.
- Infizierte: 513.069 (12,51 %)
- Todesfälle: 11.079 (0,27 %)
- Letalität: 2,16 %

Hessen
- Einwohner: 6,29 Mio.
- Infizierte: 419.559 (6,67 %)
- Todesfälle: 8.173 (0,13 %)
- Letalität: 1,95 %

Bayern
- Einwohner: 13,12 Mio.
- Infizierte: 1.153.632 (8,74 %)
- Todesfälle: 17.739 (0,13 %)
- Letalität: 1,54 %

Baden-Württemberg
- Einwohner: 11,1 Mio.
- Infizierte: 847.047 (7,63 %)
- Todesfälle: 11.843 (0,11 %)
- Letalität: 1,4 %

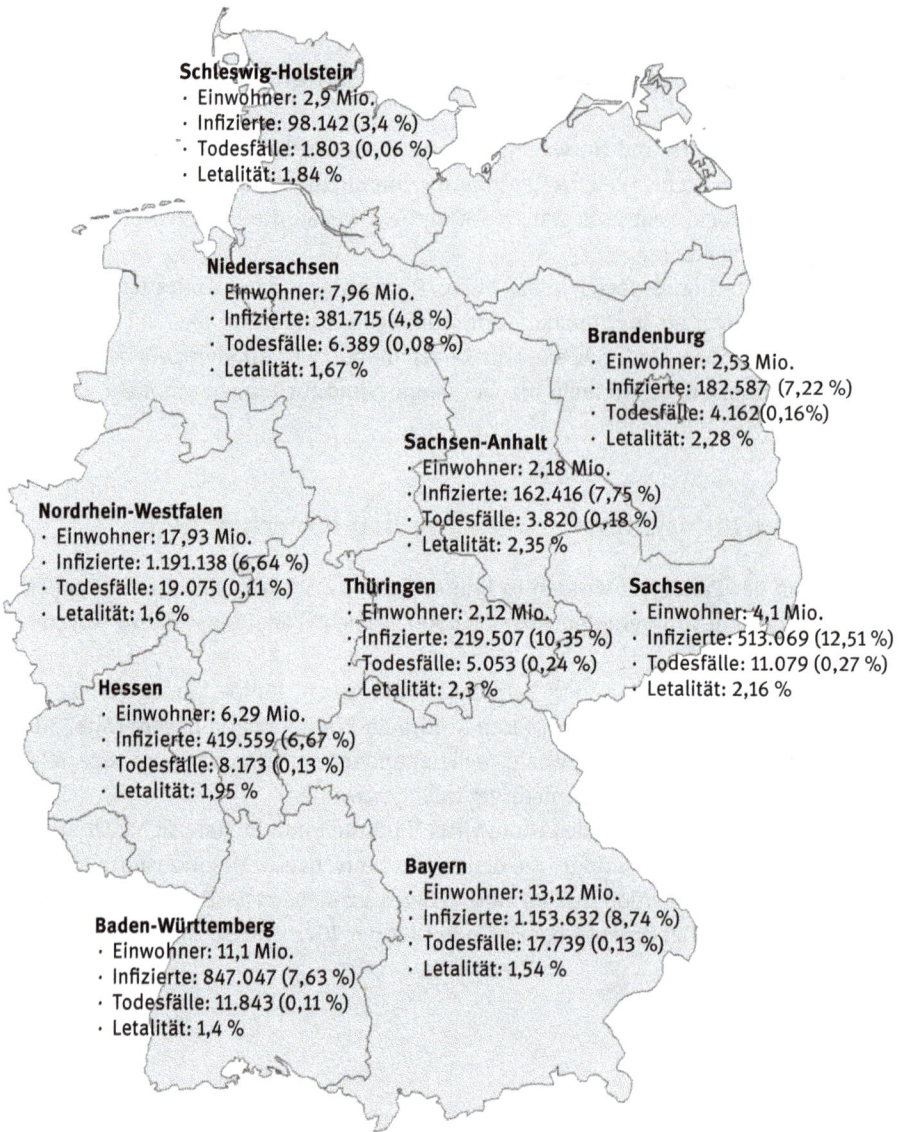

Abb. 3.16: Zahl der SARS-CoV-2-Infektionen und Todesfälle ausgewählter deutscher Bundesländer. Nordrhein-Westfalen, Brandenburg, Sachsen-Anhalt, Bayern und Baden-Württemberg zeigen eine relativ homogene Infektionsrate von 6–8 % der Gesamteinwohnerzahl, wohingegen der Anteil der infizierten Bevölkerung in Thüringen und Sachsen höher liegt. Stand: November 2021 [36].

Tab. 3.2: Übersicht der SARS-CoV-2-Infektionszahlen und Todesfälle in einzelnen Bundesländern. Im Vergleich der Einwohnerzahlen der deutschen Bundesländer mit der Zahl an SARS-CoV-2-Infektionen oder Todesfällen (absolut sowie prozentual von der Einwohnerzahl) zeigt sich, dass die Infektionsrate vieler Bundesländer relativ homogen im Bereich von 6–8 % liegt. Einzelne Ausreißer wie Sachsen und Thüringen sind zu beobachten. Die Letalität ist das Verhältnis der Todesfälle durch eine bestimmte Erkrankung (in diesem Fall durch SARS-CoV-2) zur Zahl der klinisch Erkrankten und bezeichnet somit den Anteil der Personen, die an einer bestimmten Erkrankung in einem bestimmten Zeitraum versterben. Stand: November 2021 [36].

Bundesland	Einwohner 2020 in Mio.	Infektionen (gesamt)	Infektionsrate (gesamt)	Todesfälle (gesamt)	Letalitätsrate
Baden-Württemberg	11,1	847.047	7,63 %	11.843	1,40 %
Bayern	13,12	1.153.632	8,79 %	17.739	1,54 %
Brandenburg	2,53	182.587	7,22 %	4.162	2,28 %
Berlin	3,66	282.068	7,71 %	3.849	1,36 %
Bremen	0,68	40.308	5,93 %	554	1,37 %
Hamburg	1,85	116.140	6,28 %	1.898	1,63 %
Hessen	6,29	419.559	6,67 %	8.173	1,95 %
Mecklenburg-Vorpommern	1,61	75.321	4,68 %	1.341	1,78 %
Niedersachsen	7,96	381.715	4,80 %	6.389	1,67 %
Nordrhein-Westfalen	17,93	1.191.138	6,64 %	19.075	1,60 %
Rheinland-Pfalz	4,09	239.998	5,87 %	4.302	1,79 %
Saarland	0,98	63.261	6,46 %	1.124	1,78 %
Sachsen	4,1	513.069	12,51 %	11.079	2,16 %
Sachsen-Anhalt	2,18	162.416	7,45 %	3.820	2,35 %
Schleswig-Holstein	2,89	98.142	3,40 %	1.803	1,84 %
Thüringen	2,12	219.507	10,35 %	5.053	2,30 %
	83,09	5.985.908		102.204	

Literatur

[1] RKI – Coronavirus SARS-CoV-2 – Epidemiologischer Steckbrief zu SARS-CoV-2 und COVID-19. Available at https://www.rki.de/DE/Content/InfAZ/N/Neuartiges_Coronavirus/Steckbrief.html (2021). (letzter Zugriff: 23.08.21).

[2] Vaake, Sozialverband VdK – Ortsverband & MMCM Groupsystem.CMS, Bonn, mmcm.de. Willkommen im Sozialverband VdK – Sozialverband VdK Hessen-Thüringen. Available at https://www.vdk.de/ov-vaake/?dscc=ok (2021). (letzter Zugriff: 23.08.21).

[3] Wikipedia. Inzidenz (Epidemiologie). Available at https://de.wikipedia.org/w/index.php?title=Inzidenz_(Epidemiologie)&oldid=215066111 (2021). (letzter Zugriff: 23.08.21).

[4] Klinische_Aspekte.xlsx. Available at https://view.officeapps.live.com/op/view.aspx?src=https%3A%2F%2Fwww.rki.de%2FDE%2FContent%2FInfAZ%2FN%2FNeuartiges_Coronavirus%2FDaten%2FKlinische_Aspekte.xlsx%3F__blob%3DpublicationFile&wdOrigin=BROWSELINK (2021). (letzter Zugriff: 06.10.21).

[5] Franck A. Welche Werte zu Corona wichtig sind – und was sie aussagen. Quarks (2020).

[6] RKI – Coronavirus SARS-CoV-2 – Virus und Epidemiologie (Stand: 23.7.2021). Available at https://www.rki.de/SharedDocs/FAQ/NCOV2019/FAQ_Liste_Epidemiologie.html#FAQId13985854 (2021). (letzter Zugriff: 10.11.21).

[7] Reproduktionszahl und Neuinfektionen: Das Rätsel um den R-Wert – PNN. Available at https://www.pnn.de/reproduktionszahl-und-neuinfektionen-das-raetsel-um-den-r-wert/25816234.html (2021). (letzter Zugriff: 01.09.21).

[8] GitHub. COVID-19/README.md at master · CSSEGISandData/COVID-19. Available at https://github.com/CSSEGISandData/COVID-19/blob/master/README.md (2021). (letzter Zugriff: 15.11.21).

[9] European Centre for Disease Prevention and Control. How ECDC collects and processes COVID-19 data. Available at https://www.ecdc.europa.eu/en/covid-19/data-collection (2021). (letzter Zugriff: 10.11.21).

[10] Johns Hopkins Coronavirus Resource Center. COVID-19 Map – Johns Hopkins Coronavirus Resource Center. Available at https://coronavirus.jhu.edu/map.html (2021). (letzter Zugriff: 15.11.21).

[11] Wikipedia. COVID-19-Pandemie in Italien. Available at https://de.wikipedia.org/w/index.php?title=COVID-19-Pandemie_in_Italien&oldid=215161564 (2021). (letzter Zugriff: 23.08.21).

[12] Coronavirus Sars-CoV-2: Die Sterberate in Italien ist deutlich höher als im Rest der Welt. Frankfurter Rundschau (2020).

[13] Mdr.de. Coronavirus: Warum hat Italien eine so hohe Todesrate? | MDR.DE. Available at https://www.mdr.de/wissen/corona-berechnung-todesrate-unterschiede-italien-100.html#sprung2 (2020). (letzter Zugriff: 23.08.21).

[14] Deutscher Ärzteverlag GmbH, Redaktion Deutsches Ärzteblatt. SARS-CoV-2: Wie das Virus nach Europa und Nordamerika kam. Available at https://www.aerzteblatt.de/nachrichten/116456/SARS-CoV-2-Wie-das-Virus-nach-Europa-und-Nordamerika-kam (2020). (letzter Zugriff: 24.08.21).

[15] Aerztezeitung.de. Available at https://www.aerztezeitung.de/Nachrichten/Corona-Spuren-schon-2019-im-Abwasser-entdeckt (2021). (letzter Zugriff: 01.09.21).

[16] RKI COVID-19 Germany. Available at https://experience.arcgis.com/experience/478220a4c454480e823b17327b2bf1d4 (2021). (letzter Zugriff: 15.11.21).

[17] RKI – Coronavirus SARS-CoV-2 – COVID-19-Fälle nach Meldewoche und Geschlecht sowie Anteile mit für COVID-19 relevanten Symptomen, Anteile Hospitalisierter/Verstorbener und Altersmittelwert/-median (Tabelle wird jeden Donnerstag aktualisiert). Available at https://www.rki.de/DE/Content/InfAZ/N/Neuartiges_Coronavirus/Daten/Klinische_Aspekte.html (2021). (letzter Zugriff: 28.10.21).

[18] RKI – Coronavirus SARS-CoV-2 – COVID-19-Fälle nach Altersgruppe und Meldewoche (Tabelle wird jeden Donnerstag aktualisiert). Available at https://www.rki.de/DE/Content/InfAZ/N/Neuartiges_Coronavirus/Daten/Altersverteilung.html (2021). (letzter Zugriff: 28.10.21).

[19] RKI. Wöchentlicher Lagebericht des RKI zur Coronavirus-Krankheit-2019 (COVID-19) – Stand: 28.10.2021. Available at https://www.rki.de/DE/Content/InfAZ/N/Neuartiges_Coronavirus/Situationsberichte/Wochenbericht/Wochenbericht_2021-10-28.pdf?__blob=publicationFile (letzter Zugriff: 28.10.21).

[20] Bonafè M, et al. Inflamm-aging: Why older men are the most susceptible to SARS-CoV-2 complicated outcomes. Cytokine & Growth Factor Reviews. 2020;53:33–37; 10.1016/j.cytogfr.2020.04.005.

[21] Chakravarty D, et al. Sex differences in SARS-CoV-2 infection rates and the potential link to prostate cancer. Commun Biol. 2020;3(374); 10.1038/s42003-020-1088-9.

[22] Conti P, Younes A. Coronavirus COV-19/SARS-CoV-2 affects women less than men: clinical response to viral infection. Journal of Biological Regulators and Homeostatic Agents. 2020;34:339–343; 10.23812/Editorial-Conti-3.

[23] DIVI Intensivregister. Available at https://www.intensivregister.de/#/aktuelle-lage/zeitreihen (2021). (letzter Zugriff: 04.11.21).

[24] Intensivregister-Team am RKI. Tagesdaten-CSV aus dem DIVI-Intensivregister (Robert Koch-Institut, 2021).

[25] Coronavirus: Fakten und Infos | Deutsche Krankenhausgesellschaft e. V. Available at https://www.dkgev.de/dkg/coronavirus-fakten-und-infos/ (2021). (letzter Zugriff: 15.11.21).

[26] Corona-Zahlen für Deutschland. Available at https://www.corona-in-zahlen.de/weltweit/deutschland/ (2021). (letzter Zugriff: 15.11.21).

[27] GitHub. covid-19-data/public/data at master · owid/covid-19-data. Available at https://github.com/owid/covid-19-data/tree/master/public/data/ (2021). (letzter Zugriff: 15.11.21).

[28] GitHub. SARS-CoV-2-Nowcasting_und_-R-Schaetzung/Nowcast_R_aktuell.csv at main · robert-koch-institut/SARS-CoV-2-Nowcasting_und_-R-Schaetzung. Available at https://github.com/robert-koch-institut/SARS-CoV-2-Nowcasting_und_-R-Schaetzung/blob/main/Nowcast_R_aktuell.csv (2021). (letzter Zugriff: 15.11.21).

[29] RKI – Coronavirus SARS-CoV-2 – März 2020: Archiv der Situationsberichte des Robert Koch-Instituts zu COVID-19 (ab 4.3.2020). Available at https://www.rki.de/DE/Content/InfAZ/N/Neuartiges_Coronavirus/Situationsberichte/Archiv_Maerz.html (2021). (letzter Zugriff: 15.11.21).

[30] COVID Live Update: 218,622,492 Cases and 4,535,109 Deaths from the Coronavirus – Worldometer. Available at https://www.worldometers.info/coronavirus/?utm_campaign=homeAdUOA?Si#page-top (2021). (letzter Zugriff: 15.11.21).

[31] Flaxman S, et al. Estimating the effects of non-pharmaceutical interventions on COVID-19 in Europe. Nature. 2020;584:257–261; 10.1038/s41586-020-2405-7.

[32] Banholzer N, et al. Estimating the effects of non-pharmaceutical interventions on the number of new infections with COVID-19 during the first epidemic wave. PLOS ONE 16, e0252827; 10.1371/journal.pone.0252827 (2021).

[33] dpa. Statistik: Lebenserwartung sinkt während Pandemie etwas. Die Zeit (2021).

[34] Max Planck Institute for Demographic Research. MPIDR – COVID-19: Perioden-Lebenserwartung sinkt wegen Pandemie deutlich. Available at https://www.demogr.mpg.de/de/news_events_6123/news_pressemitteilungen_4630/presse/covid_19_perioden_lebenserwartung_sinkt_wegen_pandemie_deutlich_9693 (2021). (letzter Zugriff: 16.11.21).

[35] Hannah Ritchie et al. Coronavirus Pandemic (COVID-19). Our World in Data (2020).

[36] Corona-Zahlen nach Bundesländern. Available at https://www.corona-in-zahlen.de/bundeslaender/ (2021). Stand: 15.10.2021. (letzter Zugriff: 15.11.21).

4 Die COVID-19-Erkrankung

Hanna Krumbein unter Mitarbeit von Harald Renz und Ulf Seifart

COVID-19 (Abkürzung für **co**rona **vi**rus **d**isease 2019), im deutschsprachigen Raum auch „Corona" genannt, ist eine hauptsächlich über Aerosol- und Tröpfcheninfektion übertragbare, meldepflichtige Infektionskrankheit. Diese kann symptomlos bleiben, die Atemwege und Lunge betreffen oder zu einer Systeminfektion mit Multiorganbeteiligung führen und potenziell tödlich verlaufen. Der von vielen Risikofaktoren abhängige Krankheitsverlauf ist sehr variabel und unterscheidet sich in seiner Ausprägung zwischen den Altersgruppen. Post- oder Long-COVID bezeichnet die Spätfolgen im Sinne bestehenbleibender oder neu aufgetretener, auf eine vergangene COVID-19-Erkrankung zurückzuführende Symptome, die ebenfalls verschiedene Organsysteme betreffen können.

4.1 Übertragungswege

4.1.1 Aerosol- und Tröpfcheninfektion

Eine Aerosol- und Tröpfcheninfektion sind die Hauptübertragungswege von COVID-19. Virushaltige Flüssigkeitspartikel werden ausgeatmet und von anderen Menschen eingeatmet. Mit einem einzigen Husten- oder Niesereignis können bis zu 200 Millionen Viruspartikel freigesetzt werden. Bei dem Viruswildtyp reichen etwa 1.000 Viruspartikel für eine Ansteckung aus [1]. Aerosole sind kleiner, verteilen sich in der Raumluft, in der sie bis zu 16 h infektiös schweben und können durch regelmäßiges Lüften geschlossener Räume reduziert werden. Tröpfchen sind größer, sinken in einem Radius von 2 m schnell zu Boden, weshalb ein Mindestpersonenabstand von 1,5 m vor der Übertragung schützt. Das Tragen eines medizinischen Mund- und Nasenschutzes vermindert das Ausstoßen und Einatmen virushaltiger Aerosole und Tröpfchen (siehe Kapitel 9.2) (Abb. 4.1).

4.1.2 Schmierinfektion und Kontaktinfektion

Erreger können indirekt über mit infektiösen Körpersekreten kontaminierte Gegenstände und Oberflächen übertragen werden. Berührt eine weitere Person diese Oberflächen und anschließend ihre Mund- oder Nasenschleimhaut, so können die Erreger über diese aufgenommen werden. Auch durch direkten engen körperlichen Kontakt (z. B. Küssen) kann eine Ansteckung durch infektiöse Körpersekrete erfolgen [2]. Speichel- und Stuhlproben sowie Atempartikel gelten hierbei als mögliche Kontaminationsquellen [3]. Diese Wege der Übertragung machen nur einen sehr kleinen Anteil der Ansteckungen aus [4].

https://doi.org/10.1515/9783110752595-004

Tröpfcheninfektion
(infektiöse Sekrete entstehen z. b. beim Husten, Niesen oder Sprechen. Die Übertragung erfolgt über 1–2 m)

1–2 m

4 h–3 d

indirekte Kontakinfektion
(Überlebensdauer von Coronaviren:
– auf Kupfer (z. B. Münzen) 4 Stunden
– auf Edelstahl 2–3 Tage
– auf Papier/Karton 24 Std.
– auf Kunststoff 2–3 Tage)

direkte Kontaktinfektion
(Die meisten Viren bleiben bis zu 60 min auf den Händen infektiös)

≥ 60 min

16 h

Aerosolinfektion
(Covid-19-Erreger bleiben im Aerosol bis zu 16 Std. infektiös)

Übertragung durch Tiere

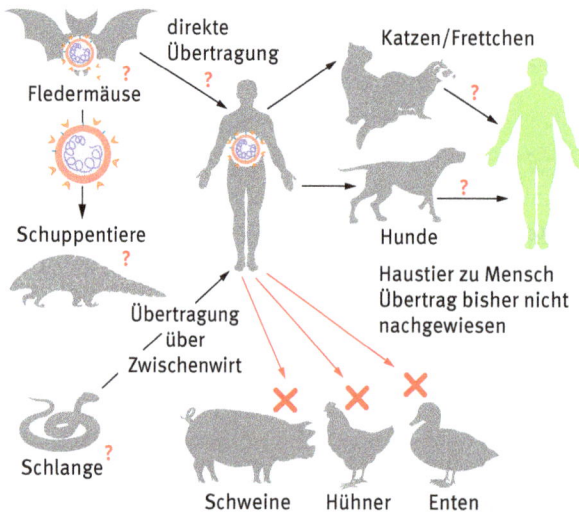

Fledermäuse

direkte Übertragung

Katzen/Frettchen

Schuppentiere

Hunde

Haustier zu Mensch Übertrag bisher nicht nachgewiesen

Übertragung über Zwischenwirt

Schlange

Schweine   Hühner   Enten

Übertragung von der Mutter auf ihr Kind

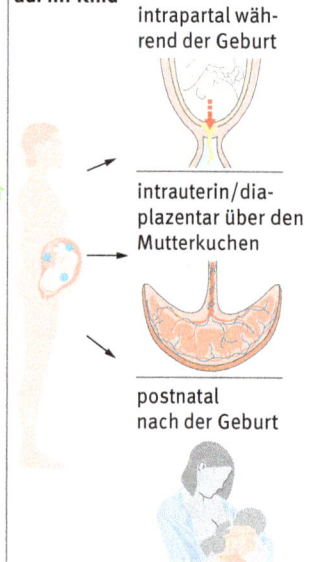

intrapartal während der Geburt

intrauterin/diaplazentar über den Mutterkuchen

postnatal nach der Geburt

Abb. 4.1: Übertragungswege von SARS-CoV-2. Modifiziert nach [9,10].

4.1.3 Übertragungen von der Mutter auf ihr Kind

Neugeborene stecken sich nur sehr selten über ihre SARS-CoV-2-positiven Mütter an [5]. Die Infektion kann im Mutterleib (über die Plazenta), während der Entbindung oder nach der Geburt über Aerosol- und Tröpfchen sowie Schmier- und Kontaktinfektion erfolgen. In der Regel verläuft die Erkrankung bei Neugeborenen milde oder asymptomatisch.

IgM-Antikörper bei Neugeborenen belegen eine diaplazentare Infektion, da diese vom Kind selbst produziert und nicht wie IgG-Antikörper über die Plazenta übertragen werden können [6]. SARS-CoV-2 konnte in nicht-infektiösen Mengen auch in der

Muttermilch nachgewiesen werden. Die deutschen Fachgesellschaften sprechen sich gleichermaßen wie die WHO für das Stillen unter Einhaltung adäquater Hygiene-maßnahmen aus [59]. Auf diese Weise können mütterliche SARS-CoV-2-spezifische Antikörper (produziert durch Infektion oder Impfung) über die Muttermilch an das Neugeborene weitergegeben werden [60].

4.1.4 Übertragung durch Tiere

Wie in Kapitel 2.1 beschrieben wird, ist der Ursprung der SARS-CoV-2-Viren laut WHO ein Wildtier, welches einen weiteren tierischen Zwischenwirt infizierte, welcher die Viren auf den Menschen übertrug (siehe Kapitel 2.1). Während weltweit bisher keine Fälle bekannt sind, bei denen sich der Mensch bei Haustieren ansteckte, konn-te die Übertragung vom Menschen auf z. B. Hunde und Katzen nachgewiesen wer-den. Eine Übertragung auf Nutztiere wie Hühner und Schweine ist nicht möglich, da ihnen der ACE2-Rezeptor fehlt (siehe Kapitel 1.3) [7,8].

4.2 Verlauf einer COVID-19-Infektion

4.2.1 Inkubationszeit, Manifestationsindex, serielles Intervall, Infektiosität der akuten Erkrankung

Die mittlere Inkubationszeit beträgt bei COVID-19 fünf Tage und die längste beschrie-bene Zeit bis zum Symptombeginn zwei Wochen. Der prozentuale Anteil aller Per-sonen, die nach einer Ansteckung tatsächlich auch Symptome zeigen, wird als Mani-festationsindex bezeichnet und liegt laut RKI bei 55–85 % [2]. Diese große Spanne ergibt sich dadurch, dass der Anteil der asymptomatischen Verläufe von mehreren Variablen, z. B. der Virusvariante und der Expositionsdosis, abhängig ist. Der Index zeigt, dass ein Großteil der Infektionen klinisch stumm (asymptomatisch) verläuft. Die nicht-infektiöse Latenzphase während der Inkubation dauert 2–3 Tage. Anschlie-ßend beginnt schon 2–6 Tage bevor Symptome auftreten der infektiöse Zeitraum. Dieser Umstand hat zur Folge, dass das serielle Intervall, die Zeitspanne von Symp-tombeginn eines Infizierten (Primärfall) bis zum Symptombeginn eines von ihm An-gesteckten (Sekundärfall), bei COVID-19 vergleichsweise kurz ist. Bei den meisten In-fektionskrankheiten ist das serielle Intervall länger als die Inkubationszeit, da eine Ansteckung erst erfolgt, wenn der Primärfall symptomatisch ist (z. B. bei SARS-CoV-1 oder MERS-CoV). In einigen Studien konnte bei COVID-19 ein serielles Intervall von 3–5 Tagen festgestellt werden. Die Dauer der Infektiosität nach Symptombeginn hängt von der Schwere der Erkrankung ab. Mild bis moderat Erkrankte sind im Schnitt unter 10 Tage, schwer Erkrankte unter 20 Tage und schwer Immunsuppri-mierte sogar bis über 20 Tage infektiös [2,11] (Abb. 4.2).

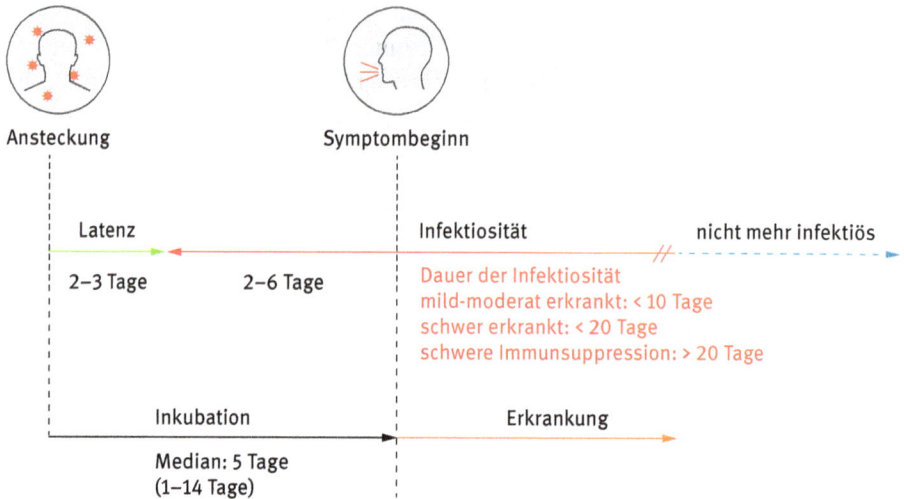

Abb. 4.2: Ablauf einer COVID-19-Infektion (Grün: noch nicht infektiös. Rot: infektiös. Blau: nicht mehr infektiös. Schwarz: Inkubationszeit. Orange: symptomatische Erkrankungsphase) – Infektions-verlauf bezieht sich auf die bis Ende Oktober 2021 bekannten Varianten inkl. der Delta-Variante.

4.2.2 Zeitintervalle: durchschnittliche Dauer bis zur Krankenhausaufnahme, Verlegung auf die Intensivstation und Ableben

Die Dauer bis zur Hospitalisierung wird hauptsächlich vom Krankheitsverlauf, aber auch von anderen Faktoren wie z. B. der Leistungsfähigkeit und Infrastruktur der medizinischen Versorgung in den verschiedenen Ländern bestimmt. Laut Daten aus dem Meldesystem wurden in Deutschland kumulativ circa 10 % der gemeldeten Fälle hospitalisiert (siehe Kapitel 3.4.1). Untersuchungen während der ersten Welle zeigen, dass stationäre Aufnahmen im Mittel 4 Tage nach Symptombeginn erfolgten. Etwa 14–37 % der hospitalisierten Erkrankten wurden im Verlauf auf eine Intensivstation verlegt. In der Regel kamen die Patienten mit der Krankenhausaufnahme auch auf die Intensivstation oder wurden am Folgetag auf diese verlegt. Sowohl auf Normal-stationen als auch auf Intensivstationen beträgt die durchschnittliche Aufenthalts-dauer 9 Tage. Bei den verstorbenen Patienten der ersten Welle in Deutschland trat der Tod durchschnittlich 16–18 Tage nach Beginn der Symptome ein [2] – siehe Abb. 4.3. Diese Angaben beziehen sich im wesentlichen auf Infektionen mit dem Wildtyp und Virusvarianten bis einschließlich Delta (siehe Kapitel 1.6 für Unterschie-de bei den verschiedenen Virusvarianten) (Abb. 4.3).

Infektion ohne Symptome

keine Ansteckungsgefahr mehr

→ **Inkubationszeit** 2–14 Tage, andere Personen können bereits 1–2 Tage vor dem Auftreten von Symptomen angesteckt werden

nach derzeitigem Kenntnisstand nach ca. 14 Tagen

Diagnostik/Testung

Symptome

Genesung

milde bis moderate Symptome für ca. 2 Wochen

7–14 Tage nach Krankheitsbeginn, manchmal länger, vermutlich → **Immunität**

Krankenhaus   Genesung

Zunahme der Schwere der Erkrankung, oft Zunahme der Atembeschwerden über 2–3 Tage

meist 4 Tage nach Symptombeginn

7–14 Tage nach Krankenhausaufnahme, vermutlich → **Immunität**

Intensivstation

Verlegung auf Normalstation   Genesung

bei 14–37 % der Hospitalisierten, dann meist am 1. oder 2. stationären Tag

Tod   meist 16–18 Tage nach Symptombeginn

meist = durchschnittlich (mediane Zeiträume)

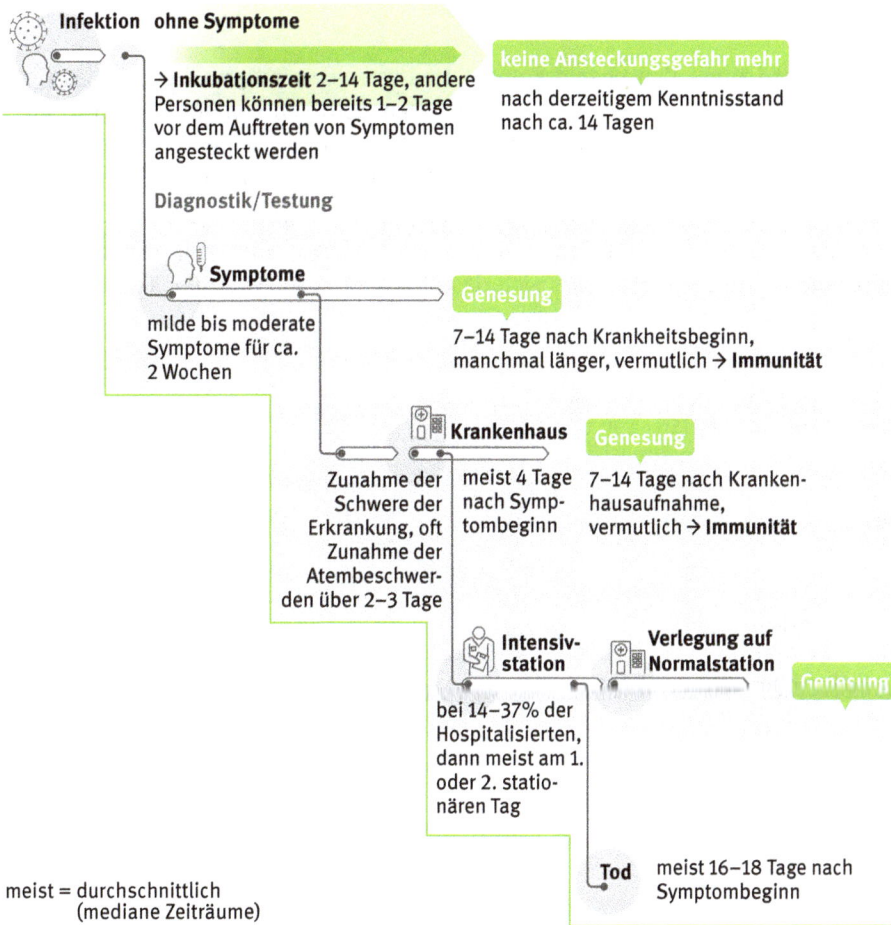

Abb. 4.3: Mittlere Zeiträume im Verlauf der COVID-19-Erkrankung (nach [2]).

4.3 Veränderliche und unveränderliche Risikofaktoren bei einer Infektion mit dem Wildtyp

Das Risiko, sich mit SARS-CoV-2 zu infizieren, und auch die Schwere des COVID-19-Verlaufs sind multifaktoriell bestimmt. Die beeinflussenden Faktoren können in veränderliche (z. B. Rauchen, mangelnde Hygiene, Fettleibigkeit, berufliche Exposition) und unveränderliche (z. B. Alter, Geschlecht, Immundefekte, Niereninsuffizienz, Immunsuppression) unterteilt werden. Im Folgenden wird eine Auswahl der wichtigsten und häufigsten Risikofaktoren erläutert.

4.3.1 Alter (unveränderlicher Risikofaktor)

Insbesondere ältere Menschen erkranken und versterben aufgrund des weniger gut reagierenden Immunsystems und dem erhöhten Auftreten von chronischen Grunderkrankungen häufiger (Abb. 4.4.). Ab einem Alter von 50–60 Jahren steigt das Risiko für einen schweren Verlauf stetig an [2]. Rund 84 % der Personen, die an oder mit COVID-19 verstarben, waren älter als 69 Jahre [12]. Aussagekräftiger ist die Fallsterblichkeitsrate unter allen Infizierten in den verschiedenen Altersgruppen. Internationale Berechnungen zeigen, dass sich das Risiko zu versterben alle 20 Lebensjahre verzehnfacht [13].

Gesamtzahl der Todesfälle im Zusammenhang mit dem Coronavirus in
Deutschland nach Alter (Stand 30.11.2021)

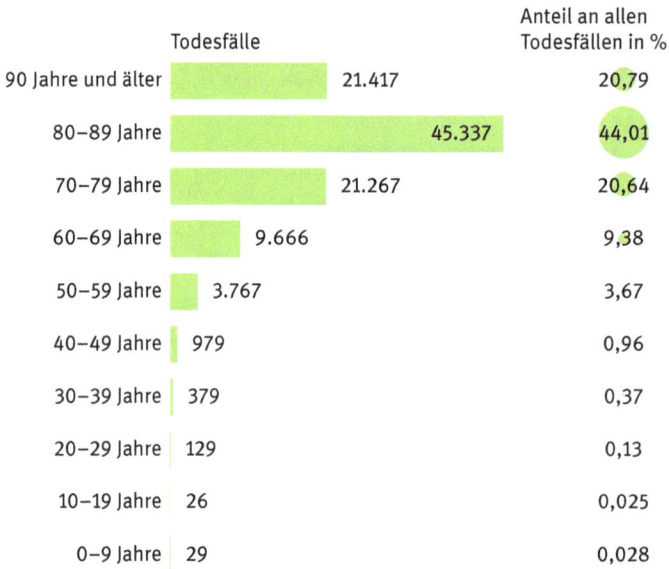

	Todesfälle	Anteil an allen Todesfällen in %
90 Jahre und älter	21.417	20,79
80–89 Jahre	45.337	44,01
70–79 Jahre	21.267	20,64
60–69 Jahre	9.666	9,38
50–59 Jahre	3.767	3,67
40–49 Jahre	979	0,96
30–39 Jahre	379	0,37
20–29 Jahre	129	0,13
10–19 Jahre	26	0,025
0–9 Jahre	29	0,028

Abb. 4.4: Gesamtzahl und Anteil der Todesfälle an COVID-19 Erkrankten in den verschiedenen Altersgruppen. Modifiziert nach [12].

4.3.2 Geschlecht (unveränderlicher Risikofaktor)

Die weltweite Anzahl an bestätigten Infektionen ist bei Männern und Frauen etwa gleich hoch (in Deutschland 49 % ♂ und 51 % ♀) [63]. Hinsichtlich des Krankheitsverlaufs und der Mortalität ist jedoch eine Differenz zwischen den Geschlechtern zu erkennen. Während 49 % der weltweit bestätigten Fälle weiblich sind, machen Frauen nur 45 % der COVID-19-bedingten Hospitalisationen und 37 % der auf Intensivstationen behandelten Fälle aus [15]. Die Wahrscheinlichkeit, an COVID-19 zu versterben, ist für Männer weltweit ebenfalls höher. Besonders gravierend ist der Unterschied bei den über 80-Jährigen. In Deutschland sind bis März 2021 27 % der männlichen und „nur" 16 % der weiblichen über 80 Jahre alten Erkrankten verstorben – siehe Abb. 4.5 [16].

Für den Geschlechterunterschied gibt es auf soziokultureller und biologischer Ebene verschiedene Erklärungsansätze. Dazu zählen unter anderem:
- das vorbestehende Risikoprofil (Gesundheits- und Hygieneverhalten, Impfbereitschaft)
- Unterschiede in der angeborenen und adaptiven Immunantwort (Effizienz der T-Zell-Antwort, Zytokin-Konzentrationen)
- Geschlechtshormone (Östrogen senkt die ACE2-Rezeptor-Expression, Testosteron erhöht die Expression des Enzyms transmembrane Serinprotease 2 [TMPRSS2]) [17] (vgl. Kapitel 1.3)

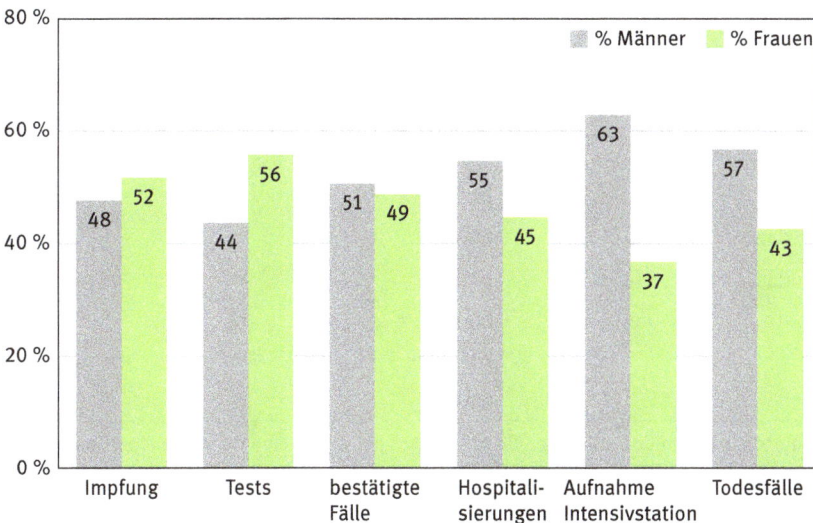

Abb. 4.5: Weltweite Geschlechterverteilung im Kontext COVID-19 (Stand: 11/2021 siehe Anlage). Modifiziert nach [15].

4.3.3 Genetik (unveränderliche Risikofaktoren)

Mithilfe von Genomstudien wurden genetische Varianten identifiziert, die mit einem erhöhten Risiko für eine Infektion und einen schweren Verlauf in Zusammenhang stehen (Tab. 4.1).

Tab. 4.1: Genvarianten mit erhöhtem Risiko (wichtige Abkürzungen: SLC: Solute Carrier; IFNAR: Interferon-α/β-Rezeptor; OAS: Oligoadenylat-Synthase; FOXP4: Forkhead-Box-Protein P4; DPP9: Dipeptidylpeptidase 9; TYK2: Tyrosinkinase-2) [20, dt. Bearbeitung].

Auswirkung auf die Erkrankung	Risikoerhöhung (in Prozent)*	mögliche genetische Ursache	Chromosomen
erhöhte Anfälligkeit	4–8↑	unklar	19
erhöhte Anfälligkeit	5–8↑	unklar	3
erhöhte Anfälligkeit	9–12↑	ABO (bestimme Blutgruppe)	9
erhöhte Anfälligkeit	13–18↑	*SLC6A20* (in Wechselwirkung mit dem ACE2-Rezeptor, der das Eindringen von SARS-CoV-2 vermittelt)	3
schwerer Verlauf	9–18↑	unklar	17
schwerer Verlauf	13–20↑	*IFNAR1/2* (Teil eines Zellrezeptors für das Immunprotein Interferon)	21
schwerer Verlauf	14–26↑	*OAS*-Familie (Enzyme, die virale RNA verdauen)	12
schwerer Verlauf	17–36↑	*FOXP4* (an Lungenerkrankungen beteiligtes Protein)	6
schwerer Verlauf	20–32↑	*DPP9* (an Lungenerkrankungen beteiligtes Protein)	19
schwerer Verlauf	24–52↑	unklar	8
schwerer Verlauf	28–64↑	unklar	17
schwerer Verlauf	29–59↑	*TYK2* (an Signalprozessen von Interferon beteiligtes Enzym)	19
schwerer Verlauf	56–74↑	unklar	3

*Die Risikoeinschätzungen der HGI gelten für Menschen, bei denen eine Genkopie eines Risikogens nachgewiesen wurde. Die Näherungswerte sind möglicherweise nicht direkt miteinander vergleichbar, andere Studien ermitteln abweichende Werte.

Zu diesen gehört die genetisch veranlagte Blutgruppe (ABO-System). Während Blutgruppe 0 protektiv wirkt, geht Blutgruppe A mit einem erhöhten Risiko einher. Ursächlich dafür sind u. a. die Anti-A- und Anti-B-Antikörper im Blutplasma der Blutgruppe 0, die Oberflächenstrukturen des SARS-CoV-2-Virus binden und dadurch neutralisieren.

Ein weiteres *gen* namens Oligoadenylat-Synthase (OAS) aktiviert Enzyme, die die virale RNA zerkleinern. Bei Genvarianten, die zu einem niedrigeren Spiegel dieser Enzyme in der Lunge führen, ist das Risiko für Infektionen, Krankenhausaufenthalte und kritische Verläufe erhöht.

Das *gen* namens Tyrosinkinase-2 (TYK2) fördert die immunstimulierende, antivirale Funktion des Interferons. Die entsprechende Genvariante führt auf hyperaktive Weise zu einer Überaktivierung des Immunsystems. Diese wird bei besonders schwer Erkrankten in der hyperinflammatorischen COVID-19-Phase beobachtet.

Bei vielen weiteren Genvarianten ist eine starke Risikoassoziation nachgewiesen, die Funktion dieser Gene aber weiterhin unklar.

Das Wissen über genetische Prädisposition hilft den Pathomechanismus der Krankheit besser zu verstehen und liefert eine Grundlage für neue Therapieansätze [19].

4.3.4 Beeinflussbare Begleiterkrankungen (veränderliche Risikofaktoren)

Die Mehrheit der aufgrund von COVID-19 hospitalisierten Patienten weist eine oder mehrere Begleiterkrankungen auf. Einige weitverbreitete Erkrankungen treten im Zusammenhang mit weiteren auf, z. B. beim metabolischen Syndrom, welches durch Fettleibigkeit, Bluthochdruck, einer Fettstoffwechselstörung und Diabetes Mellitus gekennzeichnet ist. Deshalb sind Risikopatienten häufig multimorbid, was das Risiko für einen schweren Krankheitsverlauf gegenüber dem bei nur einer Begleiterkrankung erhöht. Herz-Rhythmus-Störungen und -Insuffizienz, chronisch obstruktive Lungenerkrankungen, kardio-vaskuläre Herzerkrankungen und Nierenversagen zählen neben den genannten zu den häufigsten Begleiterkrankungen hospitalisierter COVID-19-Patienten [21]. Das Risiko für einen schweren Krankheitsverlauf ist besonders bei immungeschwächten Krebs- oder Autoimmunerkrankten erhöht – siehe Abb. 4.6.

Auch Fettleibigkeit (siehe Abb. 4.6) und der sie beschreibende BMI (body mass index) ist deutlich mit dem Risiko für eine Hospitalisierung und die Notwendigkeit einer maschinellen Beatmung assoziiert, welches sich bei einer Adipositas Grad I um ein Drittel, bei Grad II um die Hälfte und Grad III um fast Dreiviertel erhöht [65].

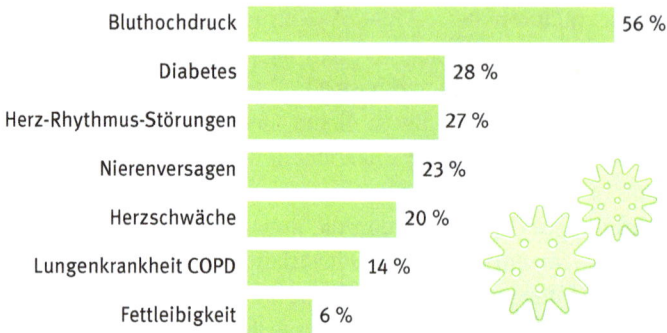

Abb. 4.6: Prozentuale Häufigkeiten von Vorerkrankungen bei einer Beobachtungsstudie [64] an 10.000 COVID-19-Patienten, die zwischen Februar und April 2020 in Deutschland hospitalisiert wurden. Modifiziert nach [18].

4.4 Schützende Faktoren

Harald Renz

Nicht alle Patienten mit (chronischen) Lungenerkrankungen sind gleichermaßen einem erhöhten SARS-CoV-2-Infektions- und COVID-19-Erkrankungsrisiko ausgesetzt. Eine Ausnahme bilden hier die (allergischen) Asthmatiker. Die Prävalenz von Asthmatikern bei den hospitalisierten COVID-19-Patienten (mittelschwer und schwer) ist in vielen Ländern signifikant niedriger als die Altersgruppen-Prävalenz in der jeweiligen Gesamtbevölkerung. Dies trifft für Länder wie China, Russland, Indien, Regionen in Süd- und Latein-Amerika, aber auch in Zentraleuropa, einschließlich Deutschland, zu. Andererseits gibt es Regionen (insbesondere in der englischsprachigen Welt: USA, Kanada, England und Australien), wo umgekehrte Assoziationen beobachtet wurden. Asthmatiker mit einer klassischen, sogenannten TH2-Inflammation (Produktion der Zytokine IL-4, IL-5, IL-13, Eosinophilie und Mastzellaktivierung) haben hier offenbar protektive Immunmechanismen, die z. B. die Expression des ACE-2-Rezeptors herunterregulieren und andere anti-virale Effekte ausüben. Wenn das Corona-Virus es allerdings schafft sich auch in diesen Patienten auszubreiten, dann haben die Allergiker ein erhöhtes Risiko für schwere Verläufe, da jetzt auch auf der Ebene des adaptiven Immunsystems ein Mangel anti-viraler Protektionsmechanismen greift.

Ferner ist entscheidend, welche weiteren Komorbiditäten ein Asthmatiker aufweist, die das Risiko, an schwerem COVID-19 zu erkranken, erhöhen. Diese Effekte der TH1-Immunität sind übrigens auch dafür mitverantwortlich, dass Kinder eine geringere Expression an ACE2 in den Atemwegen aufweisen, welches wiederum dafür mitverantwortlich ist, dass Kinder in der Regel leichtere Verläufe einer COVID-19-Erkrankung zeigen [61].

4.5 Klinische Verlaufsformen

4.5.1 Die asymptomatische Infektion

Der Anteil der Asymptomatischen an allen SARS-CoV-2-Infizierten schwankt stark von wenigen bis 35 %. Diese Schwankungen lassen sich durch erstens die Testdynamik, zweitens den Anteil der zirkulierenden Varianten und ihrer unterschiedlichen Infektiosität und drittens der Impfquote erklären. Zum Höhepunkt der ersten Pandemiewelle ist der Anteil der asymptomatischen Verläufe am niedrigsten. Als Reaktion auf die erste Welle wurde bundesweit die für Bürger kostenfreie Testinfrastruktur ausgebaut. Das hatte zur Folge, dass immer mehr asymptomatische Infizierte erkannt wurden. Im Sommer 2020 stieg der Anteil der Asymptomatischen auf > 25 % an. Mit Beginn der zweiten Pandemiewelle sank dieser Anteil auf ca. 15 %. Aufgrund der im Laufe des Jahres 2021 steigenden Impfquote und Einführung von „3- bzw. 2G-Maßnahmen" (vgl. Kapitel 9, Hygienemaßnahmen) ließen sich weniger Menschen testen, wodurch auch weniger asymptomatische Infizierte erkannt wurden. Von März 2020 bis September 2021 betrug der durchschnittliche Anteil asymptomatischer Infizierter 16 %. Diese Angabe beruht auf tatsächlich getesteten Infizierten und bezieht die Dunkelziffer nicht mit ein. Der in Studien geschätzte tatsächliche Anteil beträgt rund 25 %, wonach jeder vierte Infizierte einen asymptomatischen Verlauf aufweist [22].

Im Gegensatz zu SARS-CoV-1 kann SARS-CoV-2 auch von asymptomatischen bzw. präsymptomatischen Infizierten übertragen werden. Die Dynamik der Pandemie hängt demnach sehr stark von dem Anteil der Infizierten ab, die a- oder präsymptomatisch sind – siehe Abb. 4.7 [23].

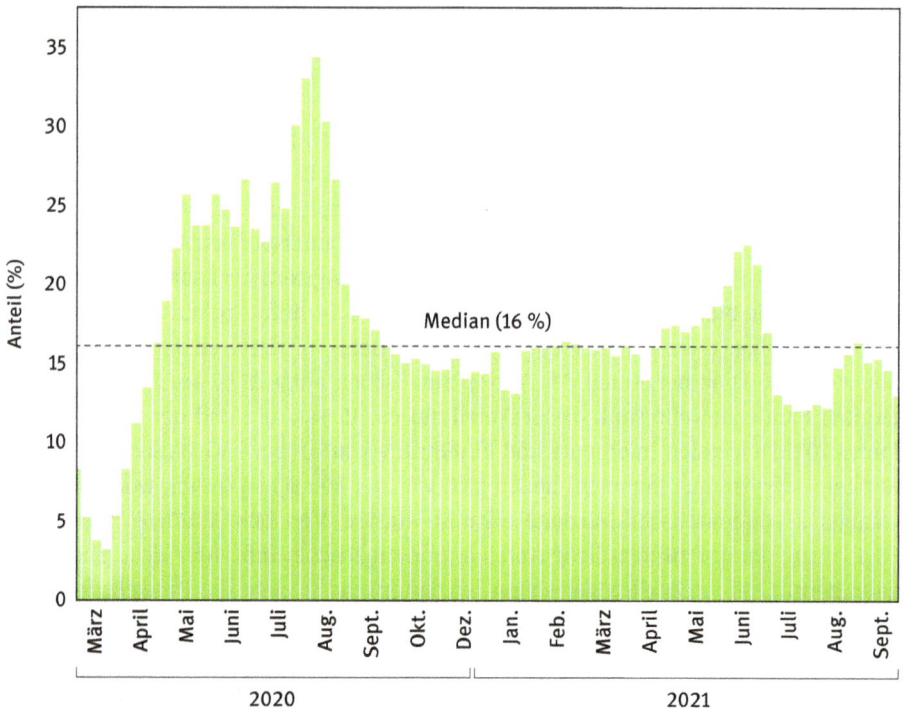

Abb. 4.7: Anteil der Personen mit keinen oder keinen für COVID-19 bedeutsamen Symptomen an allen SARS-CoV-2-positiv Getesteten nach Zahlen des RKI. Mit freundlicher Genehmigung von Dr. Li Zhang.

4.5.2 Die symptomatische Infektion mit dem Wildtyp – COVID-19-Erkrankung

Die COVID-19-Erkrankung lässt sich in drei Phasen unterteilen. Die Initialphase (I, mild) gleicht dem Bild eines viralen Infekts, der vor allem die oberen Atemwege betrifft. Zu den im deutschen Meldesystem am häufigsten erfassten Symptomen zählen laut RKI Husten (42 %), Fieber (26 %) und Schnupfen (31 %). Besonders hervorzuheben sind die für COVID-19 typischen Störungen des Geruchs- und Geschmackssinns (19 %) [2]. Weitere Symptome sind Halsschmerzen, Kopf- und Gliederschmerzen, Appetitlosigkeit, Gewichtsverlust, Übelkeit, Bauchschmerzen, Erbrechen und Durchfall. Die Art und Schwere der Symptome können dabei stark variieren. Während bei vier von fünf Patienten die Erkrankung einen leichten Verlauf (grüne Kurve) aufweist und nach etwa einer Woche abklingt, geht sie bei einem von fünf Patienten in eine zweite Phase über [24].

Gelangt SARS-CoV-2 in die tiefen Atemwege, beginnt durch die Virusreplikation (vgl. Kapitel 1.4) in der Lunge die pulmonale Phase (II, schwer). Der Virusbefall der alveolären Epithelzellen schädigt und/oder zerstört diese. Entzündliche Flüssigkeit gelangt ins Lungengewebe, stört dadurch die Blut-Luft-Schranke und führt zu einer Lungenentzündung. Im Schnitt 5 Tage nach Symptombeginn klagen die Patienten über Atemnot und Brustschmerzen, was in der Regel die stationäre Aufnahme zur Folge hat. Die entzündlichen Bereiche in der Lunge können radiologisch dargestellt werden. Laborchemisch ist häufig die für schwere virale Infekte typische Kombination aus einer Verminderung der weißen Blutzellen und einer Erhöhung der Entzündungsparameter festzustellen (vgl. Kapitel 4.6.2). Durch den eingeschränkten Gasaustausch an den Lungenbläschen nimmt die Sauerstoffsättigung im Blut und damit in den anderen Organen ab. In Stadium IIa ist die Sauerstoffversorgung noch gewährleistet, Stadium IIb ist durch Hypoxie (Sauerstoffmangel) gekennzeichnet. Die COVID-19-Pneumonie kann progressiv in ein ARDS (acute respiratory distress syndrome), ein akutes Lungenversagen, übergehen. Dieser Umstand ist namensgebend für den Erreger SARS (= schweres akutes respiratorisches Syndrom). Der Zustand der meisten Patienten mit einer schweren Infektion (violette Kurve) verbessert sich nach ungefähr 2 Wochen – siehe Abb. 4.8.

Bei einem sehr geringen Anteil der Patienten kommt es ca. am 10. Tag nach Symptombeginn zu einer unkontrollierten, systemischen Immunreaktion (vgl. Kapitel 5, Immunantwort). In der folgenden hyperinflammatorischen Phase (III) schüttet der Körper übermäßig Entzündungsmediatoren und Zytokine, genannt Zytokinsturm, aus – ein verzweifelter Versuch, der Lage noch Herr zu werden. Die fulminante Entzündungsreaktion führt zu einer kritischen Verlaufsverschlechterung (rote Kurve), die häufig einer intensivmedizinischen Behandlung bedarf. Zum einen bewirken die Entzündungsmediatoren zusammen mit einer gestörten Endothelfunktion eine Aktivierung der Gerinnung. Die Gerinnsel können sich z. B. durch tiefe Beinvenenthrombosen oder Lun-

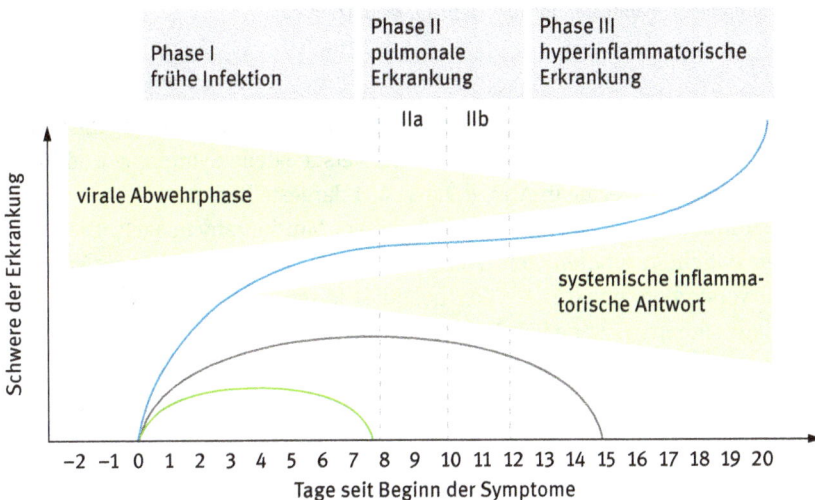

Abb. 4.8: Klinischer Verlauf von COVID-19 (grüne Linie: leicht; graue Linie: schwer; rote Linie: kritisch) [28]. Mit freundlicher Genehmigung des Georg Thieme Verlags.

Blut- und Gefäßsystem
· Hyperkoagulabilität
  (erhöhte Gerinnbarkeit
  des Blutes)
· tiefe Beinvenen-
  thrombose
· Lungenembolie

Endokrines System
· Diabetes
· Hyperglykämie
  (hoher Blutzucker)
· Nebennireninsuffizienz
· Thyreotoxikose (Schild-
  drüsenüberfunktion)

Magen-Darm-Trakt
· Übelkeit
· Erbrechen
· Bauchschmerzen
· Diarröh
· erhöhte Leberwerte

Herz
· Herzinfarkt
· Herzinsuffizienz
· Herzrhythmusstörungen
· Herzmuskelentzündung
· Herzmuskelschädigung

Haut
· Exanthem (Ausschlag)
· Papeln und Rötungen
· Petechien (stecknadel-
  kopfgroße Blutungen)
· Hautbläschen
· Frostbeulen
· Urtikaria (Nesselsucht)

Muskulatur
· Myalgie (Muskelschmerz)
· Myopathie
  (Muskelschwäche)

SARS-CoV-2

Nieren
· Nierenversagen
· akute Nierenschädigung
· Hämaturie (Blut in Urin)
· Proteinurie
  (Eiweiße im Urin)

Augen
· Bindehaut-
  entzündung

Geschlechtsorgane
· Hodenzellschaden

Nervensystem
· Neuralgie (Nervenschmerz)
· Epilepsie
· Kopfschmerzen
· Schwindel
· Schlaganfall
· Enzephalitis (Gehirnentzündung)
· Encephalopathie (krankhafte
  Gehirnveränderung)
· Geschmacksverlust
· Geruchsverlust
· Guillain-Barré-Syndrom
· Miller-Fisher-Syndrom

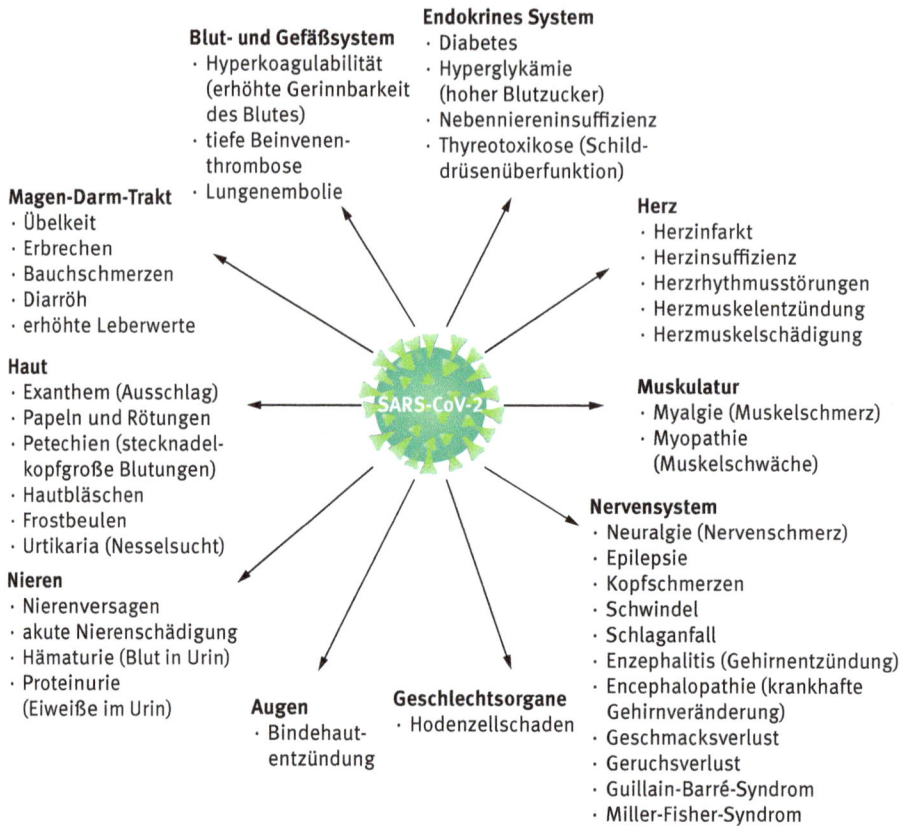

Abb. 4.9: Extrapulmonale Manifestation von COVID-19. Modifiziert nach [29].

genembolien manifestieren. Zum anderen kann die systemische Entzündung die Gewebe unterschiedlicher Organsysteme schädigen und verschiedene Symptome und Komplikationen hervorrufen, welche in Abb. 4.9 und 4.11 dargestellt sind.

Diese Beeinträchtigung führt potenziell zu einem Multiorganversagen. Die meisten kritischen Patienten erholen sich nach etwa 3–6 Wochen. Unabhängig von der Klinikstation versterben etwa 17 % der hospitalisierten COVID-19-Patienten [26]. Wird im Verlauf eine intensivmedizinische Behandlung notwendig, verstirbt etwa jeder dritte Patient [27].

Die Unterschiede der einzelnen Virusvarianten werden in Kapitel 1 im Detail dargestellt.

4.6 Untersuchungsmöglichkeiten im Krankheitsverlauf

4.6.1 Bildgebende Darstellung der COVID-19-Pneumonie

Zu den bildgebenden Verfahren, die im Rahmen der COVID-19-Diagnostik und Verlaufskontrollen eine wichtige Rolle spielen, zählen das Röntgen-Thorax sowie insbesondere die Computertomographie (CT). Während im konventionellen Röntgenbild bei 50–60 % der an COVID-19 erkrankten Untersuchten pathologische Veränderungen sichtbar sind, ist dies bei ca. 85 % im Rahmen der CT-Untersuchung der Fall [30].

Initial zeigen sich im CT-Thorax am häufigsten Milchglastrübungen. Die Ausdehnung und Dichte der Erscheinungen nehmen im Verlauf zu. Im fortgeschrittenen Stadium sind Konsolidierungsareale und gelegentlich verdickte intralobuläre Septen zu sehen, die in Kombination mit Milchglastrübungen auch als Pflastersteinmuster bezeichnet werden. Die Veränderungen treten typischerweise in beiden Lungen (bilateral) und in Form mehrerer Herde (multifokal) auf. Sie reichen von kleinen, rundlichen Arealen bis zu großflächigen Gewebeverdichtungen. Die maximale Ausprägung der Lungenbeteiligung wird meist zwischen dem 9. und 13. Tag nach Symptombeginn festgestellt. Eine vollständige Rückentwicklung ist nach frühstens 25 Tagen zu sehen. Bei schweren Verläufen kann häufig noch nach Monaten eine bindegewebige Verdichtung im CT-Bild zu sehen sein – siehe Tab. 4.2 [31].

Tab. 4.2: Radiologische Muster der COVID-19-Pneumonie [30–32].

Muster	Beschreibung
Milchglastrübungen (ground glass opacities)	= diffuse Verdichtung (Gefäße und Bronchien noch sichtbar) – vor allem in der Lungenperipherie und den Richtung Rücken liegenden Lungenabschnitten – Zeichen einer Erkrankung im Frühstadium
alveoläre Konsolidierungen	= stärkere Verdichtung des Lungengewebes (Gefäße und Bronchien nicht mehr sichtbar) – Zeichen für eine fortgeschrittene Erkrankung, vermutlich durch Austritt von Flüssigkeit aus den Zellen
Interlobärseptenverdickung	= sich heller darstellende Wand zwischen den kleinen Lungenläppchen – vermutlich durch eine vermehrte Einwanderung von weißen Blutzellen und Flüssigkeit
Pflastersteinmuster (crazy paving)	= Kombination aus Milchglastrübung und Verdickung der intra- und interlobulären Septen – hervorgerufen durch eine Flüssigkeitsansammlung in den Lungenbläschen und eine Entzündung im Gewebe

Die radiologischen Veränderungen bei einer COVID-19-Pneumonie sind nicht spezifisch. Identische Muster können auch bei anderen viralen Pneumonien, verursacht zum Beispiel durch Influenza- oder Herpes-simplex-Viren, auftreten. Auch die Abgrenzung zu einer primär bakteriellen Pneumonie ist manchmal nicht möglich. Aus diesem Grund ist der CT-Befund weder als Screening-Methode noch als Ersatz für den Nachweis per PCR-Test geeignet. Laut der Deutschen Röntgengesellschaft ist die CT-Untersuchung (siehe Abb. 4.10) vielmehr bei der Diagnose von pneumonieassoziierten Komplikationen (z. B. einer Lungenembolie) sowie der Bewertung des initialen Krankheitsausmaßes bzw. Schweregrads und der Verlaufskontrolle einzusetzen. Anhand des initialen Ausmaßes des Lungenbefalls kann der kurzfristige Krankheitsverlauf abgeschätzt werden, welcher gut mit der Dichte der Infiltrate, oft aber nicht mit der Initialsymptomatik korreliert [32,66].

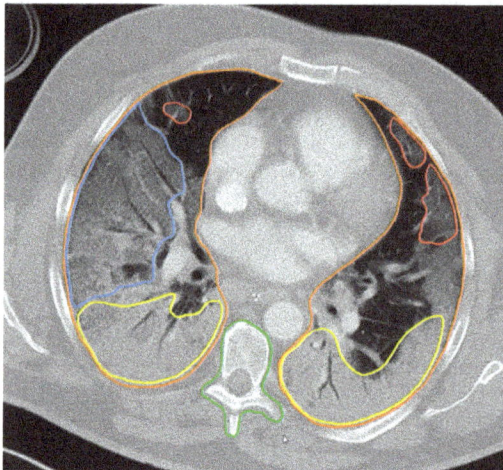

Lunge

Wirbelkörper

Pflastersteinmuster mit verdickten Inter- und Intralobulärsepten

Milchglastrübungen

Flüssigkeitsansammlungen im Bereich des Rückens beim liegenden Patienten

Abb. 4.10: Fortgeschrittene COVID-19-Pneumonie im der CT-Darstellung. Mit freundlicher Genehmigung von Hr. Dr. Figiel, stellv. Direktor der diagnostischen und interventionellen Radiologie, UKGM Standort Marburg. Abgebildet ist der Thorax eines auf dem Rücken liegenden Patienten in der Horizontalebene. Die ausgedehnte COVID-19-Pneumonie stellt sich durch mehrere milchglasgetrübte Areale, das Pflastersteinmuster und Ansammlung entzündlicher Flüssigkeit im Bereich des Rückens dar.

Abb. 4.11: Stadien einer COVID-19-Pneumonie. Mit freundlicher Genehmigung von Dr. Jens Figiel, Klinik für diagnostische und interventionelle Radiologie, UKGM Standort Marburg. Dargestellt sind links CT-Thorax-Aufnahmen und rechts die 3D-Rekonstruktion der jeweiligen Lunge in der Frontalebene. Gesunde Areale sind schwarz bzw. violett und pathologische weiß-grau gekennzeichnet. Die oberste Lunge (a) zeigt einen zum Vergleich dienenden Normalbefund eines gesunden 23-Jährigen. Die mittlere CT-Aufnahme (b) weist beidseits mehrere Areale von Milchglastrübungen in der Lunge eines 34-Jährigen auf. In den unteren Bildern (c) sind ausgedehnte entzündliche Veränderung und im CT-Bild das Pflastersteinmuster zu erkennen. Im rechten unteren Bild sind nur noch wenige nicht betroffene Areale dieser Lunge einer 26-jährigen Patientin zu sehen.

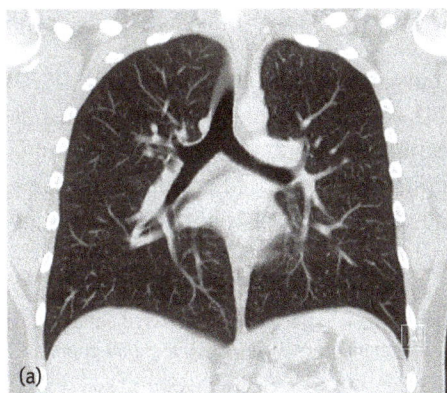
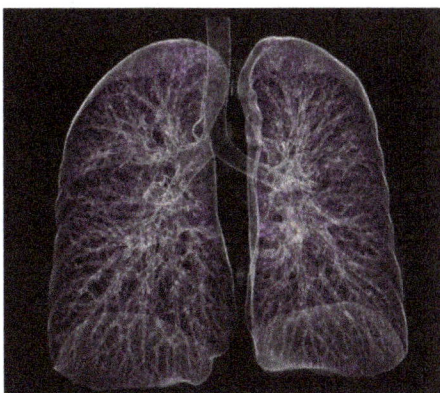

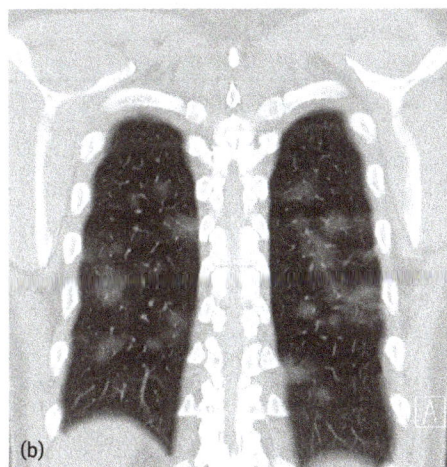
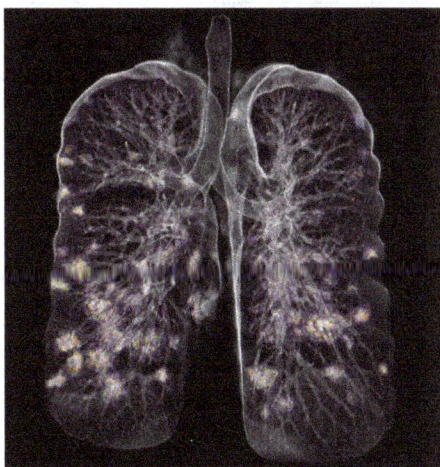

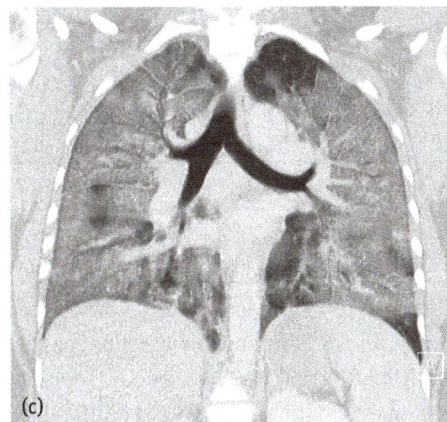
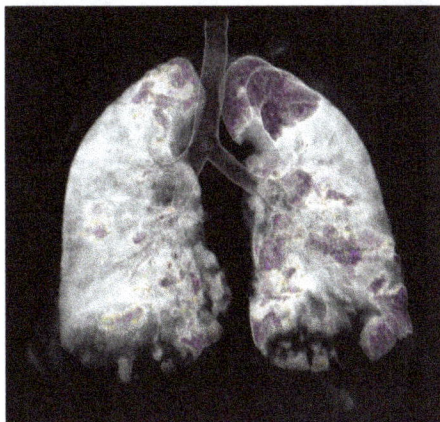

4.6.2 Labormedizinische Verlaufsdiagnostik

Zahlreiche Studien haben Laborparameter hinsichtlich ihrer Bedeutung bei COVID-19-positiven Patienten untersucht – siehe Tab. 4.3. Bestimmte Biomarker sind hinweisend für die Krankheitsprogression, Komplikationen und Prognose und werden deshalb bei der Basisdiagnostik und im stationären Verlauf als Kontrolle regelmäßig erhoben [33,34]. Im Folgenden werden ausgewählte wichtige Laborparameter erläutert.

Tab. 4.3: Ausgewählte Laborparameter und ihre Veränderung in der COVID-19-Verlaufsdiagnostik. Einheiten: µl: Mikroliter; mL: Milliliter; L: Liter; ng: Nanogramm; µg: Mikrogramm; mg: Milligramm; U: Units (Einheiten) [62].

Biomarker	Normbereich bei Erwachsenen	COVID-19-Befund
Leukozyten	4.000–10.000 pro µl	↓ Leukozytopenie auf Normalstation ↑ Leukozytose auf Intensivstation
C-reaktives Protein (CRP)	5 mg/L	↑ 10–40 mg/L bei Virusinfekten > 40 mg/L bei akuten Entzündungen
Procalcitonin (PCT)	< 0,1 µg/L	↔ > 0,5 µg/L bei systemischen Entzündungen
Lactatdehydrogenase (LDH)	135–220 U/L	> 245 U/L bei schweren Verläufen > 450 U/L pulmonaler und/oder Multiorganschädigung
D-Dimere	< 0,5 mg/L (D-Dimere-Test negativ)	> 0,5 mg/L (D-Dimere-Test positiv) bei schweren Verläufen
Interleukin-6 (IL-6)	0,001 ng/mL	bis zu 1 ng/mL bei schweren systematischen Infektionen
Ferritin	Frauen: 10–200 µg/L Männer 30–300 µg/L	> 300 µg/L bei schweren Verläufen

4.6.2.1 Leukozyten

Die auch als „weiße Blutkörperchen" bezeichneten Zellen bilden die Familie der immunologischen Blutzellen. Ihre Aufgabe besteht u. a. in der Erkennung körpereigener und körperfremder Strukturen, der Bildung von Antikörpern und der Phagozytose von Krankheitserregern und körpereigenen Abbauprodukten. Bei 20–30 % der Patienten besteht initial eine Leukozytopenie. Intensivpatienten entwickeln häufig eine Leukozytose, ein ungünstiger Prognoseparameter, der auf eine überschießende Immunreaktion hindeutet und mit einer höheren Sterblichkeit assoziiert ist.

4.6.2.2 C-reaktives Protein (CRP)

Das in der Leber gebildete Eiweiß zeigt Entzündungen im Körper an. Es ist Teil des Immunsystems und hilft dabei, abgestorbene Immunabwehrzellen und körperfremde Zellen (z. B. Mikroben) zu entfernen. Bei 90 % der Erkrankten ist der Wert erhöht. Sehr hohe Werte korrelieren mit einem Alveolarschaden (Entzündung der Lungen) und sind prädiktiv für schwere Verläufe. Eine sichere Unterscheidung zwischen viralen und bakteriellen Infektionen ist anhand des CRP-Wertes nicht möglich.

4.6.2.3 Procalcitonin (PCT)

Das Prohormon gilt als Marker für bakterielle Infektionen, weshalb es sich zur Differenzierung der Ursache einer Entzündung eignet. Bei 90 % der Patienten ist das PCT nicht erhöht. Ein Anstieg im Verlauf kann auf eine zusätzliche bakterielle Infektion hindeuten, wird aber auch im Rahmen der generalisierten Hyperinflammation beobachtet.

4.6.2.4 Lactatdehydrogenase (LDH)

Das ubiquitär vorkommende Enzym ist Bestandteil der Milchsäuregärung (anaerober Stoffwechsel) und ist beim Untergang von Zellen erhöht. Eine erhöhte LDH ist prognostisch ungünstig. Das Risiko für eine Intensivbehandlung, ein ARDS zu entwickeln sowie zu versterben ist erhöht.

4.6.2.5 D-Dimere

Die Spaltprodukte des Fibrins entstehen bei der körpereignen Auflösung von Blutgerinnseln. Anhaltend hohe oder zunehmende Erhöhungen der D-Dimere sind Hinweis für eine Gerinnungsaktivierung im Rahmen der immunologischen Dysregulation. COVID-19 ist mit thromboembolischen Ereignissen (z. B. Beinvenenthrombose oder Lungenembolie) assoziiert. D-Dimere können zum Ausschluss dieser gemessen werden, sind aber auch bei einem erhöhten CRP positiv. Die Höhe der D-Dimere korreliert mit der Schwere des Verlaufs und ist bei fatalen Verläufen signifikant höher als bei Überlebenden (Median 5,2 mg/L vs. 0,6 mg/L).

4.6.2.6 Zytokine: Beispiel Interleukin-6 (IL-6)

Zytokine sind verschiedene regulatorische Proteine, die der Signalübertragung zwischen den Zellen dienen. Der sogenannte Zytokinsturm, eine extreme Erhöhung proinflammatorischer Zytokine, wird bei COVID-19-Patienten mit schweren klinischen Verläufen beobachtet (siehe Kapitel 4.5.2). Bei IL-6 konnte eine Assoziation zwischen der Höhe des IL-6-Titers und der Schwere des Verlaufs bzw. der Mortalität festgestellt werden.

4.6.2.7 Ferritin

Ferritin ist ein Proteinkomplex, der beim Menschen vor allem in der Leber, Milz und dem Knochenmark als Speicherstoff für Eisen gilt. Eine Erhöhung kann u. a. auf Entzündungen, Infektionen und Gewebeverletzungen hinweisen. Die Höhe des Ferritins korreliert mit der Schwere des klinischen Verlaufs. Wird die Obergrenzen von > 300 µg/L überschritten, ist die Prognose schlecht und die statistisch ermittelte Wahrscheinlichkeit für ein Versterben gegenüber eines Ferritinwertes < 300 µg/L 9-fach erhöht [33,34].

4.7 Infektionsverlauf bei Kindern und Jugendlichen

Kinder und Jugendliche zeigen eher einen asymptomatischen oder milden Verlauf von COVID-19 (siehe Abb. 4.12). Mit etwa zwei von zehn ist der Anteil an Symptomfreien unter den jungen Infizierten deutlich höher als bei Erwachsenen [35]. Der tatsächliche Anteil ist aufgrund der hohen Dunkelziffer an nicht getesteten Erkrankten vermutlich viel höher.

Das häufigste Symptom bei Kindern und Jugendlichen ist Fieber. Eine Infektion der oberen Atemwege, welche sich z. B. durch Husten äußert, tritt etwa bei der Hälfte und eine untere Atemwegsinfektion bei einem Viertel der Minderjährigen auf. Schnupfen sowie Geruchs- und Geschmacksverlust kommen selten vor [36]. Auch vermehrte gastrointestinale Beschwerden wie Bauchschmerzen, Erbrechen und Durchfall sind ein deutlicher Unterschied zu Erwachsenen. Diese sind z. T. durch das kindliche Immunsystem (mehr Gedächtnis-B-Zellen, die breiter wirksame Antikörper vom IgM-Typ bilden) und die andersartige Expression von ACE2-Rezeptoren im Körper (bei Erwachsenen vermehrt auf dem Lungen- und Nasen-Rachen-Epithel, bei Kindern vermehrt auf dem Darmepithel) zu erklären (siehe Kapitel 1.3 und 5) [37]. Etwa ein Viertel der Kinder leiden unter Kopfschmerzen. Zu beachten ist außerdem,

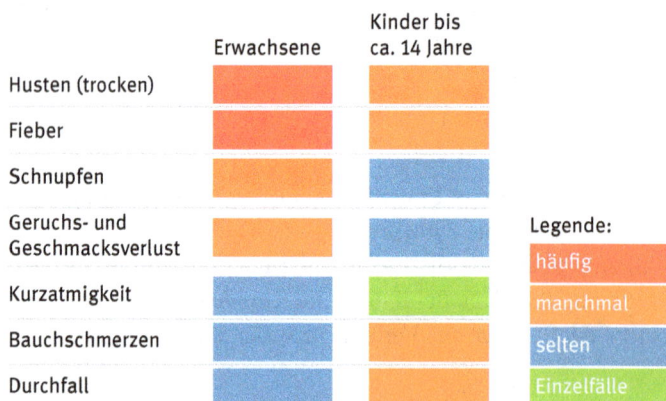

Abb. 4.12: Vergleich der COVID-19-Symptome bei Erwachsenen und Kindern. Modifiziert nach [39].

dass im Vergleich zu Erwachsenen Kinder und Jugendliche häufig nicht mehrere, sondern nur eines der beschriebenen Symptome haben.

Trotz des in der Regel bei Kindern und Jugendlichen milderen Verlaufs können im Einzelfall Komplikationen auftreten – siehe Abb. 4.13. In seltenen Fällen (von Mai 2020 bis September 2021 deutschlandweit 417 Fälle [38]) entwickeln Kinder 2– 6 Wochen nach einer COVID-19-Infektion ein Krankheitsbild, welches als **PIMS (Paediatric Inflammatory Multisystem Syndrome)** bezeichnet wird.

Dabei handelt es sich um eine überschießende Immunreaktion, die mehrere Organsysteme betreffen kann. Das PIMS ähnelt dem **Kawasaki-Syndrom**, das im Zusammenhang mit anderen Infektionskrankheiten beobachtet wird. Das Kawasaki-Syndrom äußert sich durch eine akute, fieberhafte, systemische Entzündungsreaktion im Kleinkindalter, die vor allem mit einer Gefäßentzündung einhergeht.

Zu den häufigsten Symptomen des PIMS zählen langanhaltendes Fieber (> 38,0 °C), Bindehautentzündungen, gastrointestinale Beschwerden, Hautausschlag und rote, rissige Lippen. Bei schweren Verläufen kann es zu einer kardiovaskulären Beteiligung und weiteren Organdysfunktionen kommen, die bis zum Schock führen. Die Sterblichkeit ist laut RKI sehr gering (1,7–3,5 %), aber dennoch höher als bei primär respiratorischen COVID-19-Verläufen. Das Krankheitsbild ist in der Regel gut behandelbar [40].

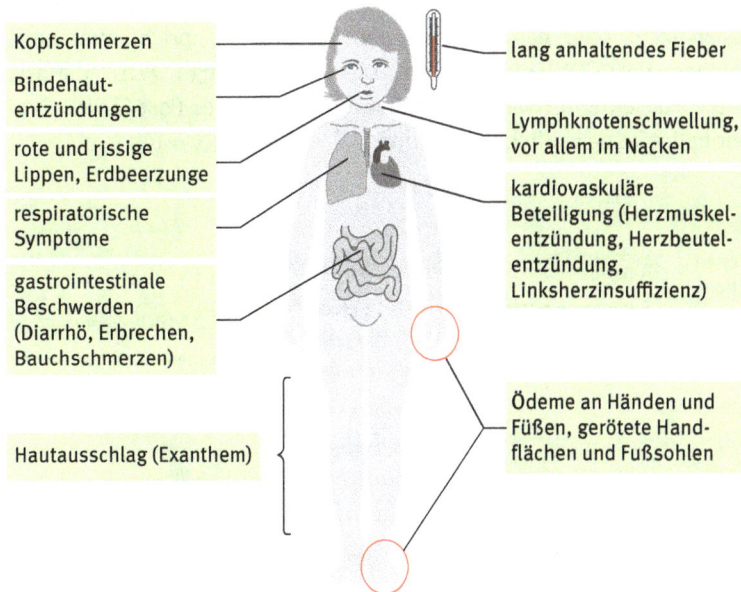

Kopfschmerzen

Bindehautentzündungen

rote und rissige Lippen, Erdbeerzunge

respiratorische Symptome

gastrointestinale Beschwerden (Diarrhö, Erbrechen, Bauchschmerzen)

Hautausschlag (Exanthem)

lang anhaltendes Fieber

Lymphknotenschwellung, vor allem im Nacken

kardiovaskuläre Beteiligung (Herzmuskelentzündung, Herzbeutelentzündung, Linksherzinsuffizienz)

Ödeme an Händen und Füßen, gerötete Handflächen und Fußsohlen

Abb. 4.13: Symptome des Pädiatrischen Inflammatorischen Multiorgan-Syndroms. Modifiziert nach [40].

4.8 Post-COVID

Ulf Seifart

Nachdem ab Frühjahr 2020 in Deutschland die ersten COVID-19-Überlebenden medizinisch behandelt wurden, wurde deutlich, dass viele Patienten oft sehr lange nach der Akutinfektion unter persistierenden Beschwerden leiden. Als Langzeitsymptome sind eine verminderte kardiopulmonale Belastbarkeit, eine rasche Ermüdbarkeit, Luftnot, Brustschmerzen, Kopfschmerzen sowie Konzentrations- und Gedächtnisstörungen zu nennen [41]. Diese schränken die Patienten in vielen, zum Teil alltäglichen Bereichen, aber auch in Bezug auf die Berufsausübung ein und haben häufig sehr lange Arbeitsunfähigkeitszeiten zur Folge. Neben körperlichen Einschränkungen leiden Patienten oft auch psychisch unter den Spätfolgen der Erkrankung.

4.8.1 Definition

Dieser longitudinale Verlauf der COVID-19-Erkrankung wird derzeit unterschiedlich eingeteilt. Die in der Klinik häufig verwendete Einteilung nach NICE (National Institute for Health and Care Excellence) verwendet drei unterschiedliche Begriffe:

Die Phase der Akutinfektion reicht über 4 Wochen, gefolgt von der fortwährend symptomatischen COVID-19-Erkrankung, welche zwischen 4 und 12 Wochen anhält. Bei Beschwerdepersistenz oder neu aufgetretenen Symptomen spricht man nach 12 Wochen von einem Post-COVID-19-Syndrom. Der Begriff „Long-COVID" umfasst beide Begriffe – die Phase der fortwährenden Erkrankung und des Post-COVID-Syndroms – und beinhaltet keine zeitliche Limitation [42] – siehe Abb. 4.14

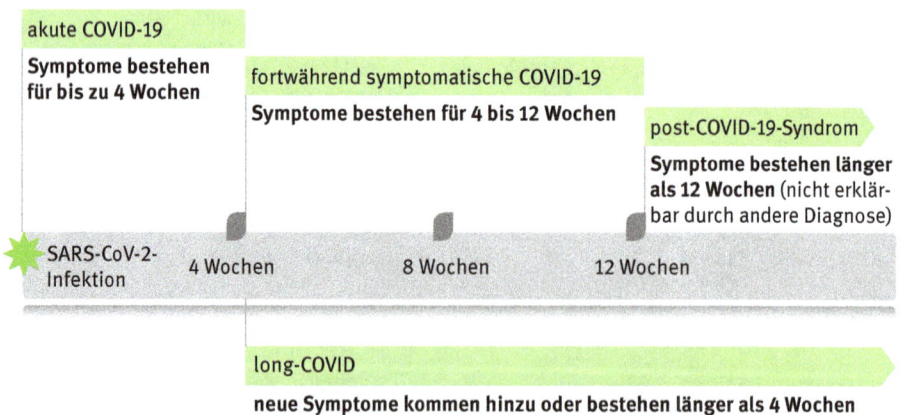

akute COVID-19
Symptome bestehen für bis zu 4 Wochen

fortwährend symptomatische COVID-19
Symptome bestehen für 4 bis 12 Wochen

post-COVID-19-Syndrom
Symptome bestehen länger als 12 Wochen (nicht erklärbar durch andere Diagnose)

SARS-CoV-2-Infektion   4 Wochen   8 Wochen   12 Wochen

long-COVID
neue Symptome kommen hinzu oder bestehen länger als 4 Wochen

Abb. 4.14: Definition der Begrifflichkeiten. Modifiziert nach [43].

4.8.2 Inzidenz

Die aktuelle Literatur beschreibt, dass ca. 15 % aller Patienten, die mit SARS-CoV-2 infiziert wurden, einen verlängerten Krankheitsverlauf bieten [44]. In dieser Untersuchung wurden 20.000 Personen, die positiv auf COVID-19 getestet wurden, zwischen dem 26. April 2020 und 6. März 2021 untersucht. 13,7 % zeigten über 12 Wochen Symptome.

Die Häufigkeit des Post-COVID-Syndroms tritt nach den derzeit vorliegenden Daten unabhängig von vorbestehenden Begleiterkrankungen auf [45]. Vergleichbare somatische oder psychosomatische Beschwerden in der Vorgeschichte bzw. eine hohe psychosoziale Belastung können aber die Manifestation eines Post-COVID-Syndroms begünstigen. Darüber sind die Diagnosekriterien nicht sauber definiert und werden in verschiedenen Studien unterschiedlich verwendet, sodass die Häufigkeit von Post-COVID durch das jeweilige Studiendesign, die Rekrutierungsstrategie, die eingesetzten Fragebögen und die Kriterien der Genesung beeinflusst wird [46].

Inwiefern die Schwere der COVID-19-Infektion ein Post- oder Long-COVID-Syndrom bedingt, ist Gegenstand aktueller Studien. Aus der eigenen klinischen Erfahrung scheinen Patienten mit mildem aber ebenso betroffen zu sein, wie Patienten mit schwerem Verlauf. Diese Beobachtung deckt sich auch mit den Aussagen der aktuellen S-1-Leitlinie zum Post-COVID-Syndrom der AWMF [43].

4.8.3 Ätiologie

Die Ursache des Post- oder Long-COVID-Syndroms ist bis dato nicht geklärt. Das Krankheitsbild ist aller Wahrscheinlichkeit nach durch verschiedene Faktoren bedingt und möglicherweise nicht bei jedem Patienten gleichen Ursprungs. Als mögliche Ursachen werden eine Persistenz des Virus bzw. von Virusbestandteilen über Wochen und Monate, mit wiederkehrenden, mehr oder weniger „stillen" Virusinfektionen, die das Gewebe direkt schädigen, postinfektiöse strukturelle Gewebeschäden, oder eine chronische Immundysregulation mit (Hyper-)Inflammation bzw. Autoimmunität diskutiert [47–52].

4.8.4 Symptome

Das Post- oder Long-COVID-Syndrom ist durch eine Vielzahl an Symptomen und Funktionseinschränkungen charakterisiert. In einer kürzlich publizierten Arbeit in Nature Medicine [58] wird von über 200 Symptomen gesprochen. Mögliche Symptome sind in der Abb. 4.15 illustriert.

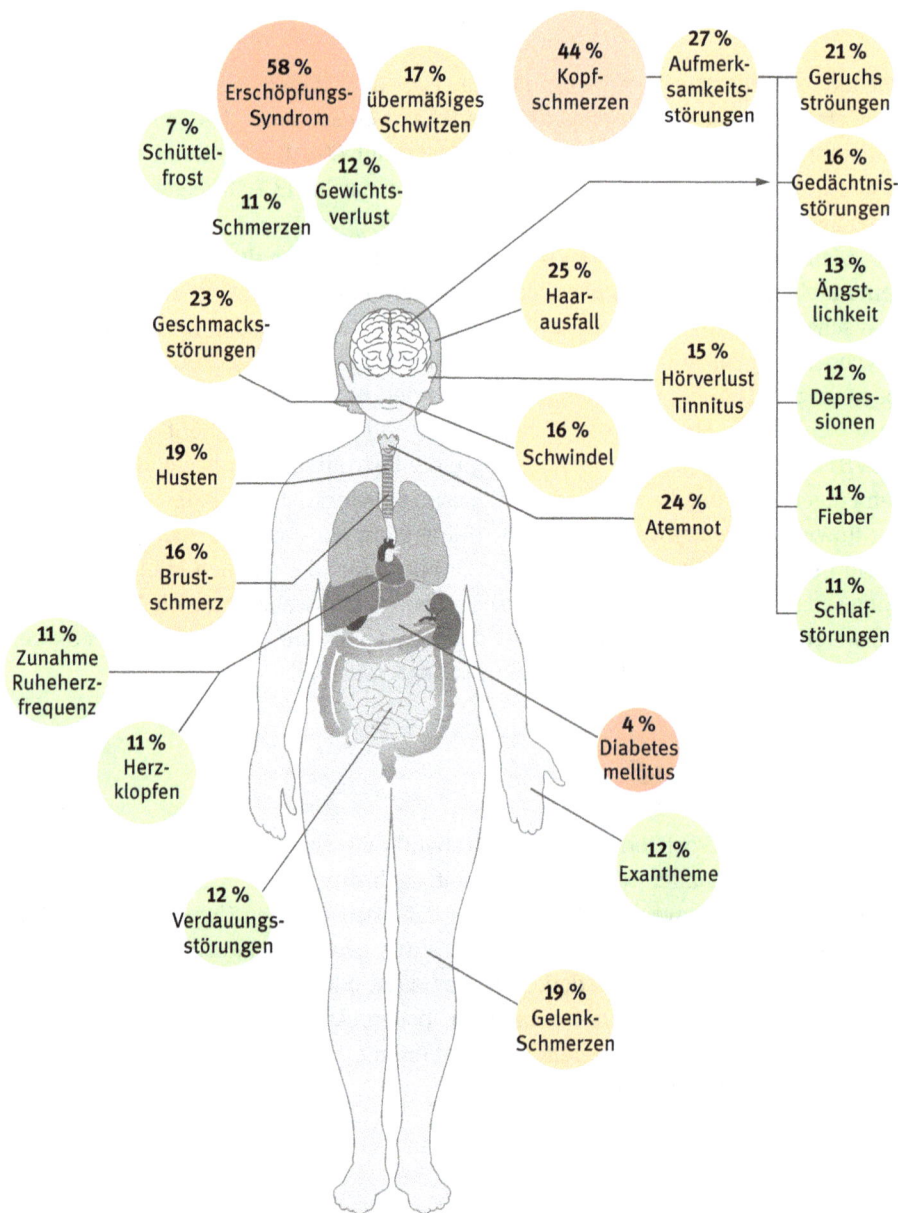

Abb. 4.15: Prozentuale Häufigkeit der Symptome beim Post- oder Long-COVID-Syndrom nach Infektionen mit Virusvarianten einschließlich der Delta-Variante. Auswertung einer Übersichtsarbeit [53], in welcher 47.910 COVID-19-Patienten auf Langzeit-Symptome untersucht worden. Das Erschöpfungssyndrom (rot) trat sehr häufig (bei mehr als der Hälfte der Patienten), gelb markierte Beschwerden häufig und grün markierte Symptome gelegentlich auf. Mit freundlicher Genehmigung von Dr. Sandra Lopez-Leon (Drug Development, Novartis Pharmaceuticals, New Jersey, USA).

Andauernde Symptome wie Fatigue, Kopfschmerzen, Aufmerksamkeitsdefizite, Haarausfall, Dyspnoe, Anosmie, Ageusie, Husten, Schmerzen bzw. Beklemmungen im Brustbereich, Gedächtnisschwierigkeiten, vermehrte Ängste und Depressivität weisen auf eine Beteiligung von anderen Organsystemen außerhalb des Respirationstraktes hin [53].

Ähnlich wie bei MERS gibt es bei SARS-CoV-2 extrapulmonale Manifestationen der Erkrankung, wie kardiale, renale, gastrointestinale und neurologische Erkrankungen. Diese lassen sich auf eine je nach Organsystem unterschiedlich hohe ACE-Expression zurückführen, die die Eintrittspforte für das Virus bildet [54]. Darüber hinaus wurden auch bei anderen Infektionserkrankungen wie z. B. dem Q-Fieber (20 % nach 6–12 Monaten) [55], der infektiösen Mononukleose (EBV-Infektionen [13 % nach 6 Monaten]) [56] oder MERS (46 nach 6 Monaten) [57] ein häufig lang andauerndes post-virales Fatigue-Symptom, welches Einfluss auf viele Lebensbereiche des Betroffenen hat, beschrieben.

Das mit Abstand häufigste Symptom ist eine Fatiguesymptomatik. Im eigenen Patientenkollektiv sehen wir bei 91 % der Patienten eine Fatiguesymptomatik, die bei uns mittels zweier standardisierten Fragebögen (A LQ-11 FS-T, A LQ-11 FS-S) erhoben wird.

4.8.5 Therapie

Bisher ist keine kausale Therapie des Post-COVID-Syndroms bekannt.

Aus anderen Bereichen der Medizin, z. B. Onkologie, ist bekannt, dass Sport und Bewegung eine Besserung eines tumorassoziierten Fatigue-Syndroms bewirken können. Ob dies auch für das Fatigue-Syndrom nach einer COVID-19-Infektion zutrifft, ist bis dato nicht bekannt. Eigene klinische Beobachtungen scheinen aber in diese Richtung zu gehen.

Die derzeit aktuelle S-1-Leitlinie der AWMF empfiehlt, da die Kausalität des Post-COVID-Syndroms nicht bekannt ist, eine symptomatische Therapie mit dem Ziel einer Symptomlinderung sowie die Vermeidung einer Chronifizierung der Beschwerden. Derzeit werden therapeutisch die Förderung des Schlafs, eine suffiziente Schmerztherapie, ein Herz-Kreislauftraining, Therapien zur Stressreduktion und Entspannung, Stärkung von persönlichen Ressourcen sowie die Unterstützung eines adäquaten Coping-Verhaltens (z. B. weder Überforderung noch Vermeidung von Aktivitäten) genutzt. Diese Therapien werden der individuellen Symptomatik der Patienten angepasst.

Im eigenen Patientenkollektiv liegt der Schwerpunkt auf der Anleitung zur körperlichen Aktivität, eine psychologische Unterstützung, ergotherapeutische Therapien inklusive eines Trainings der kognitiven Leistungsfähigkeit bzw. der Riechfähigkeit sowie eine Ernährungsberatung basierend auf einer BIA-Messung. Eine Überforderung auf körperlicher und/oder psychischer Ebene sollte vermieden werden, da diese häufig mit Symptomverschlechterung einhergehen kann. Eine Heilmittelversorgung sollte im Einzelfall geprüft werden. Eine frühzeitige (teil-)stationäre Rehabilitation mit dem individuell gestalteten, interdisziplinär ausgerichteten, indikationsspezifischen Behandlungsschwerpunkt sollte im Therapiekonzept diskutiert werden, insbesondere wenn ambulante Maßnahmen nicht ausreichend erscheinen. Abschließend sei aufgrund des schnell wachsenden Informationsgewinns auf die S-1-Leitlinie der AWMF zu diesem Thema verwiesen [43].

4.8.6 Forschungsbedarf

1. Eine Klärung der Ätiologie erscheint derzeit die vordringlichste Aufgabe weiterer Forschungsaktivitäten zu sein.
2. Derzeit ist nicht eruiert, welche Patienten von einem Post- oder Long-COVID-Syndrom betroffen sein könnten. Die Evaluation von Risikofaktoren, vergleichbar zur akuten Erkrankung, erscheint dringlich.
3. Die derzeit durchgeführten Therapien und deren Effektivität entbehren derzeit einer ausreichenden Evidenz. Diese zu schaffen, würde Patienten, Therapeuten, aber auch Kostenträgern eine wünschenswerte Sicherheit schaffen.
4. Ergänzend zu den physikalischen und psychologischen Therapieansätzen sollte die Entwicklung von Medikamenten zur Therapie des Post- oder Long-COVID-Syndroms Gegenstand wissenschaftlicher Untersuchungen sein.
5. Anhand der genannten langen Verläufe der COVID-19-Erkrankung wird deutlich, dass COVID-19 nicht nur hinsichtlich der Mortalität auch eine hohe sozioökonomische Bedeutung haben kann. So berichtet die deutsche Rentenversicherung über einen massiven Anstieg von Rehabilitationsanträgen von Post-COVID-Patienten und die Barmer Krankenkasse schätzt, dass derzeit 6,3 % der COVID-19-Patienten aufgrund von Post-COVID dauerhaft krankgeschrieben seien. Belastbare Langzeitdaten sind bislang wenig bekannt, insbesondere nicht in unserem sozialmedizinischen System. Das Ausmaß dieser „finanziellen Langzeitnebenwirkungen" sollte ebenfalls Gegenstand von Forschung sein.

Literatur

[1] Žatecky A. Ansteckungsrisiken durch Aerosole. https://www.rosenfluh.ch/ansteckungsrisiken-durch-aerosole (letzter Zugriff: 23.08.2021).

[2] RKI. Epidemiologischer Steckbrief zu SARS-CoV-2 und COVID-19. Stand: 14.7.2021 https://www.rki.de/DE/Content/InfAZ/N/Neuartiges_Coronavirus/Steckbrief.html;jsessionid=EBC20920F97ADE1718AE66F4223AF56D.internet061?nn=13490888#doc13776792bodyText2 (letzter Zugriff: 08.11.2021).

[3] Lednicky JA, Lauzardo M, Fan ZH, et al. Viable SARS-CoV-2 in the air of a hospital room with COVID-19 patients. Preprint. medRxiv. 2020;2020.08.03.20167395. Published 2020 Aug 4. doi:10.1101/2020.08.03.20167395.

[4]   Zock L. Allgemeine Hygiene-Tipps. igefa. https://www.igefa.de/wissenscenter/blog/allgemei-ne-hygiene-tipps (letzter Zugriff: 30.03.2021).

[5]   Adhikari EH, Moreno W, Zofkie AC, et al. Pregnancy Outcomes Among Women With and Without Severe Acute Respiratory Syndrome Coronavirus 2 Infection. JAMA Netw Open. 2020;3(11): e2029256. Published 2020 Nov 2. doi:10.1001/jamanetworkopen.2020.29256.

[6]   Vivanti AJ, Vauloup-Fellous C, Prevot S, et al. Transplacental transmission of SARS-CoV-2 infecti-on. Nat Commun. 2020(11):3572; https://doi.org/10.1038/s41467-020-17436-6.

[7]   Shi J, Wen Z, Zhong G, et al. Susceptibility of ferrets, cats, dogs, and other domesticated ani-mals to SARS-coronavirus 2. Science. 2020;368(6494):1016–1020. doi:10.1126/science. abb7015.

[8]   Deutscher Ärzteverlag GmbH, Redaktion Deutsches Ärzteblatt. WHO-Report: Herkunft von SARS-CoV-2 bleibt unklar. https://www.aerzteblatt.de/nachrichten/122563/WHO-Report-Herkunft-von-SARS-CoV-2-bleibt-unklar%20 (letzter Zugriff: 08.11.2021).

[9]   modifizierte nach Beltrán Bustamante AR, et al. TRANSMISIÓN VERTICAL ¿QUÉ DICE LA EVIDEN-CIA CIENTÍFICA? COVID19EC. https://uanalisis.uide.edu.ec/transmision-vertical-que-dice-la-evi-dencia-cientifica (letzter Zugriff: 08.11.2021).

[10] modifiziert nach Tiwari R, Dhama K, Sharun K, et al. COVID-19: animals, veterinary and zoonotic links. Vet Q. 2020;40(1):169–182. doi:10.1080/01652176.2020.1766725.

[11] science media center germany: Verlauf von COVID-19 und kritische Abschnitte der Infektion. 13.03.2020. https://www.sciencemediacenter.de/alle-angebote/fact-sheet/details/news/ver-lauf-von-covid-19-und-kritische-abschnitte-der-infektion (letzter Zugriff: 08.11.2021).

[12] modifiziert nach https://de.statista.com/statistik/daten/studie/1104173/umfrage/todesfaelle-aufgrund-des-coronavirus-in-deutschland-nach-geschlecht/#professional (letzter Zugriff: 30.11.2021),

[13] Tertilt M, Ophoven C. Wie viele Menschen sterben an Corona? Quarks. https://www.quarks.de/ gesundheit/medizin/wie-viele-menschen-sterben-an-corona (letzter Zugriff: 30.11.2021).

[14] Schetelig J, et al. Risk factors for a severe course of COVID-19 in persons aged 18 to 61. Deut-sches Ärzteblatt International. 2021;118:288–289. DOI: 10.3238/arztebl.m2021.0200.

[15] modifiziert nach Global Health 50/50: THE COVID-19 SEX-DISAGGREGATED DATA TRACKER. NOVEMBER UPDATE REPORT. https://globalhealth5050.org/wp-content/uploads/November-2021-data-tracker-update.pdf (letzter Zugriff: 30.11.2021).

[16] Meyer L. Corona: Darum erkranken Männer oft schwerer als Frauen. Quarks. 08.03.2021. https://www.quarks.de/gesundheit/corona-darum-erkranken-maenner-oft-schwerer-als-frauen (letzter Zugriff: 30.11.2021).

[17] Steck N, et al. COVID-19: ein geschlechtsbezogener Blick auf die Pandemie. Swiss Medical Fo-rum, 2021. https://medicalforum.ch/de/detail/doi/smf.2021.08713.

[18] modifiziert nach Suhr F. Diese COVID-19_PatientInnen sind besonders gefährdet. Quarks. 29.07.2020 https://de.statista.com/infografik/22408/anteil-der-covid-19-patienten-im-krankenhaus-mit-vorerkrankungen (letzter Zugriff: 08.11.2021).

[19] COVID-19 Host Genetics Initiative. Mapping the human genetic architecture of COVID-19. Nature (2021). https://doi.org/10.1038/s41586-021-03767-x.

[20] Callaway E. The quest to find genes that drive severe COVID. Nature. 2021;595(7867):346–348. doi: 10.1038/d41586-021-01827-w.

[21] Karagiannidis C, et al. Case characteristics, resource use, and outcomes of 10 021 patients with COVID-19 admitted to 920 German hospitals: an observational study. Lancet Respir Med. 2020;8(9):853–862. doi: 10.1016/S2213-2600(20)30316-7.

[22] Alene M, et al.: Magnitude of asymptomatic COVID-19 cases throughout the course of infection: A systematic review and meta-analysis. PLoS One. 2021;16(3):e0249090. doi: 10.1371/journal. pone.0249090.

[23] Deutsches Ärzteblatt: SARS-CoV-2: Studie schätzt den Anteil der asymptomatischen Erkrankungen neu ein. 24.09.2020.

[24] Wu Z, McGoogan JM. Characteristics of and Important Lessons From the Coronavirus Disease 2019 (COVID-19) Outbreak in China: Summary of a Report of 72 314 Cases From the Chinese Center for Disease Control and Prevention. JAMA. 2020;323(13):1239–1242. doi: 10.1001/jama.2020.2648.

[25] Pfeifer M, Hamer OW. COVID-19-Pneumonie [COVID-19 pneumonia] [published online ahead of print, 2020 Nov 11]. Gastroenterologe. 2020;1–11. doi:10.1007/s11377-020-00488-x.

[26] https://flexikon.doccheck.com/de/SARS-CoV-2#Pathophysiologie (letzter Zugriff: 11.08.2021).

[27] Deutsches Ärzteblatt: Registerdaten: Rund ein Drittel der COVID-19- Patienten stirbt auf der Intensivstation.

[28] modifiziert nach Pfeifer M, et al. Positionspapier zur praktischen Umsetzung der apparativen Differenzialtherapie der akuten respiratorischen Insuffizienz bei COVID-19 [Position Paper for the State of the Art Application of Respiratory Support in Patients with COVID-19 – German Respiratory Society]. Pneumologie. 2020;74(6):337–357. doi: 10.1055/a-1157-9976.

[29] modifiziert nach Sarkesh A, et al. Extrapulmonary Clinical Manifestations in COVID-19 Patients. Am J Trop Med Hyg. 2020;103(5):1783–1796. doi: 10.4269/ajtmh.20-0986.

[30] RKI: Hinweise zu Erkennung, Diagnostik und Therapie von Patienten mit COVID-19. Stand: 16.07.2021. https://www.rki.de/DE/Content/Kommissionen/Stakob/Stellungnahmen/Stellungnahme-Covid-19_Therapie_Diagnose.pdf?__blob=publicationFile (letzter Zugriff: 08.11.2021).

[31] Heidinger BH, Kifjak D, Prayer F, et al. Radiologische Manifestationen von Lungenerkrankungen bei COVID-19. Radiologe. 2020;60:908–915; https://doi.org/10.1007/s00117-020-00749-4.

[32] Lohöfer F, et al. CT-Diagnostik bei COVID-19: Nutzen und Limitationen im klinischen Alltag. Dtsch Arztebl 2020; 117(17): A-876 / B-734.

[33] Labor Dr. Wisplinghoff: COVID-19 | Bedeutung distinkter Laborparameter. https://www.wisplinghoff.de/das-labor/covid-19-laborparameter/ (letzter Zugriff: 13.09.2021).

[34] Deutsche Gesellschaft für Klinische Chemie und Laboratoriumsmedizin: Interpretationshilfe zu Laborwerten bei COVID-19. Stand: 27.03.2020. https://www.labor-gaertner.de/uploads/media/LaborAktuell_COVID-19-Interpretationshilfe-DGKL_03.2020_01.pdf (letzter Zugriff: 08.11.2021).

[35] Gaythorpe KAM, Bhatia S, Mangal T, et al. Children's role in the COVID-19 pandemic: a systematic review of early surveillance data on susceptibility, severity, and transmissibility. Sci Rep. 2021(11);13903. https://doi.org/10.1038/s41598-021-92500-9.

[36] Götzinger F, et al. COVID-19 in children and adolescents in Europe: a multinational, multicentre cohort study. Lancet Child Adolesc Health. 2020;4(9):653–661. doi: 10.1016/S2352-4642(20)30177-2.

[37] Zylka-Menhorn V, Grunert D. SARS-CoV-2-Infektion: Kinder reagieren auf Viren anders als Erwachsene. Deutsches Ärzteblatt. 2020;117(29–30):A-1435/B-1233.

[38] Deutsche Gesellschaft für Pädiatrische Infektiologie: PIMS Survey Update: 2021, Kalenderwoche 36. https://dgpi.de/pims-survey-update (letzter Zugriff: 13.09.2021).

[39] modifiziert nach Wolff K, Hawlin A. Corona-Infektionen – Wie die dritte Welle Kinder trifft. 27.03.2021 https://www.zdf.de/nachrichten/panorama/corona-kinder-eltern-pims-100.html (letzter Zugriff: 08.11.2021).

[40] modifiziert nach Pouletty M, et al. Paediatric multisystem inflammatory syndrome temporally associated with SARS-CoV-2 mimicking Kawasaki disease (Kawa-COVID-19): a multicentre cohort. Ann Rheum Dis. 2020;79(8):999–1006. doi: 10.1136/annrheumdis-2020-217960 (letzter Zugriff: 08.11.2021).

[41] Lenzen-Schulte M. Long COVID: Der lange Schatten von COVID-19. Dtsch Arztebl. 2020;117(49): A-2416/B-2036.

[42] Nacul L, Authier FJ, Scheibenbogen C, et al. European Network on Myalgic Encephalomyelitis/ Chronic Fatigue Syndrome (EUROMENE): Expert Consensus on the Diagnosis, Service Provision, and Care of People with ME/CFS in Europe. Medicina (Kaunas) 2021;57. DOI: 10.3390/medicina57050510.

[43] modifiziert nach Koczulla AR, Ankermann T, Behrends U, et al. S1-Leitlinie Post-COVID/Long-COVID [S1 Guideline Post-COVID/Long-COVID]. Pneumologie. 2021 Sep 2. German. doi: 10.1055/a-1551-9734.

[44] Sudre CH, Murray B, Varsavsky T, et al. Attributes and predictors of long COVID. NatureMedicine. 2021;27:626–631.

[45] Wong AW, Shah AS, Johnston JC, et al. Patient-reported outcome measures after COVID-19: a prospective cohort study. European Respiratory Journal. 2020;56(5):2003276. doi: 10.1183/13993003.03276-2020.

[46] Alwan NA, Johnson L. Defining long COVID: Going back to the start. Med. 2021;2:501–504.

[47] Carmo A, Pereira-Vaz J, Mota V, et al. Clearance and persistence of SARS-CoV-2 RNA inpatients with COVID-19. J Med Virol. 2020;92:2227–2231. DOI: 10.1002/jmv.26103.

[48] Kandetu TB, Dziuban EJ, Sikuvi K, et al. Persistence of Positive RT-PCR Results for Over 70 Days in Two Travelers with COVID-19. Disaster Med Public Health Prep. 2020;1–2. DOI: 10.1017/dmp.2020.450.

[49] Wang X, Huang K, Jiang H, et al. Long-Term Existence of SARS-CoV-2 in COVID-19 Patients: Host Immunity, Viral Virulence, and Transmissibility. Virol Sin. 2020;35:793–802.DOI: 10.1007/s12250-020-00308-0.

[50] Reuken PA, Stallmach A, Pletz MW, et al. Severe clinical relapse in animmunocompromised host with persistent SARS-CoV-2 infection. Leukemia. 2021;35:920–923. DOI: 10.1038/s41375-021-01175-8.

[51] Hirotsu Y, Maejima M, Shibusawa M, et al. Analysis of a persistent viral shedding patientinfected with SARS-CoV-2 by RT-qPCR, FilmArray Respiratory Panel v2.1, and antigendetection. J Infect Chemother. 2021;27:406–409. DOI: 10.1016/j.jiac.2020.10.026.

[52] Park SK, Lee CW, Park DI, et al. Detection of SARS-CoV-2 in Fecal Samples FromPatients With Asymptomatic and Mild COVID-19 in Korea. Clin Gastroenterol Hepatol. 2020. DOI: 10.1016/j.cgh.2020.06.005.

[53] Lopez-Leon S, Wegman-Ostrosky T, Perelman C, et al. More than 50 long-term effects of COVID-19: a systematic review and meta-analysis. Sci Rep. 2021(11):16144. https://doi.org/10.1038/s41598-021-95565-8.

[54] Behzad S, Aghaghazvini L, Radmard AR, Gholamrezanezhad A. Extrapulmonary manifestations of COVID-19: Radiologic and clinical overview. Clinical imaging. 2020;66:35–41. https://doi.org/10.1016/j.clinimag.2020.05.013.

[55] Morroy G, Keijmel SP, Delsing CE, et al. Fatigue following Acute Q-Fever: A Systematic Literature Review. PloS one. 2016;11(5):e0155884. https://doi.org/10.1371/journal.pone.0155884.

[56] Katz BZ, Shiraishi Y, Mears CJ, Binns HJ, Taylor R. Chronic fatigue syndrome after infectious mononucleosis in adolescents. Pediatrics. 2009;124(1):189–193. https://doi.org/10.1542/peds.2008-1879.

[57] Ahn SH, Kim JL, Kim JR, et al. Association between chronic fatigue syndrome and suicidality among survivors of Middle East respiratory syndrome over a 2-year follow-up period. Journal of psychiatric research. 2021;137:1–6.

[58] Nalbandian A, Sehgal K, Gupta A, et al. Post-acute COVID-19 syndrome. Nat Med. 2021;27 (4):601–615. doi: 10.1038/s41591-021-01283-z.

[59] Aktualisierte Stellungnahme von DGPM, DGGG, DGPGM, DGPI, GNPI und NSK zu SARS-CoV-2/COVID-19 und Schwangerschaft, Geburt und Wochenbett (Stand: 02.10.2020).

[60] Perl SH, Uzan-Yulzari A, Klainer H, et al. SARS-CoV-2-Specific Antibodies in Breast Milk After COVID-19 Vaccination of Breastfeeding Women. JAMA. 2021;325(19):2013–2014. doi:10.1001/jama.2021.5782.

[61] Skevaki C, Karsonova A, Karaulov A, et al. SARS-CoV-2 infection and COVID-19 in asthmatics: a complex relationship. Nat Rev Immunol. 2021;21:202–203.

[62] https://www.charite.de/fileadmin/user_upload/microsites/m_cc05/ilp/referenzdb/00Start.htm (letzter Zugriff: 05.10.2021).

[63] https://de.statista.com/statistik/daten/studie/1103905/umfrage/verteilung-der-corona-infektionen-in-deutschland-nach-geschlecht/#professional (letzter Zugriff: 05.02.2022).

[64] modifiziert nach Karagiannidis C, Mostert C, Hentschker C, et al. Case characteristics, resource use, and outcomes of 10 021 patients with COVID-19 admitted to 920 German hospitals: an observational study. Lancet Respir Med. 2020;8(9):853–862. doi: 10.1016/S2213-2600(20)30316-7.

[65] Kompaniyets L, Goodman AB, Belay B, et al. Body Mass Index and Risk for COVID-19-Related Hospitalization, Intensive Care Unit Admission, Invasive Mechanical Ventilation, and Death – United States, March-December 2020. MMWR Morb Mortal Wkly Rep. 2021;70(10):355–361. doi: 10.15585/mmwr.mm7010e4.

[66] Antoch G, Urbach H, Mentzel HJ, et al. SARS-CoV-2/COVID-19: Empfehlungen für die Radiologische Versorgung – Eine Stellungnahme der Deutschen Röntgengesellschaft (DRG), der Deutschen Gesellschaft für Neuroradiologie (DGNR), der Gesellschaft für Pädiatrische Radiologie (GPR), der Deutschen Gesellschaft für Interventionelle Radiologie (DeGIR), des Berufsverbands der Neuroradiologen (BDNR) und des Berufsverbands der Radiologen (BDR). Rofo. 2020;192(5):418–421. German. doi: 10.1055/a-1149-3625.

5 Immunantwort auf das SARS-CoV-2

Sarah Gruninger, unter Mitarbeit von Harald Renz

Im Folgenden soll dargestellt werden, wie das Immunsystem auf eine SARS-CoV-2-Infektion reagiert und wie das Virus selbst den Verlauf der Immunantwort so verändern kann, dass es zu immunsystemassoziierten Symptomen kommt. Dabei soll angemerkt werden, dass die Komplexität des Immunsystems in diesem Kapitel nicht im Ganzen erfasst werden kann und kein Anspruch auf Vollständigkeit erhoben wird.

Die Immunantwort auf eine Infektion mit dem SARS-CoV-2-Virus kann in verschiedene Phasen untergliedert werden, denen unterschiedliche Aufgaben und Funktionen im Rahmen der Abwehr zukommen. Wird das Virus eingeatmet, spielt die Schleimhaut der oberen Luftwege (Nasen, Nebenhöhlen, Rachenraum) eine erste zentrale Rolle. Auf der Oberfläche der Atemwege befinden sich Immunzellen (insbesondere Zellen der unspezifischen Abwehr), Schleimhaut-Antikörper sowie weitere lösliche Faktoren, die die Barrierefunktion stärken und unterstützen. Ferner ist die Zusammensetzung des Schleims selbst von immunologischer Bedeutung und die Epithelzellen der Schleimhaut besitzen Zilien, welche eine gerichtete Transportfunktion für Fremdpartikel ausüben. Schafft es das Virus dennoch, diese erste Barriere zu überwinden und dockt es an die passenden Moleküle auf der Oberfläche der Schleimhautzellen an (Schlüssel/Schloss-Prinzip) – im Falle des SARS-CoV-2 ist es der ACE2-Rezeptor (vgl. Kapitel 1.3, Viral Entry) – so ist der Weg gebahnt für das Eindringen des Virus in die Schleimhautzellen selbst. Hier sind die Zellen mit Molekülen ausgestattet, die sich sowohl auf der Oberfläche der Schleimhautzellen als auch in den Schleimhautzellen selbst befinden und deren vordringlichste Aufgabe es ist, mikrobielles Fremdmaterial (Proteine, Nukleinsäuren) zu erkennen und hier zu signalisieren, dass eine gefährliche Situation eingetreten ist. Diese Rezeptoren werden auch als sogenannte Pattern-Recognition-Rezeptoren (PRRs) bezeichnet, zu denen die sogenannten Toll-like Rezeptoren (TLRs) zählen.

Diese Erkennungsmechanismen setzen das unspezifische Immunsystem in Gang. Charakteristisch für das angeborenen Immunsystem ist seine Schnelligkeit auf der einen Seite und seine Unspezifität auf der anderen Seite. Wesentliche Komponenten der unspezifischen Immunität sind die Neutrophilen Granulozyten, die Makrophagen, die Eosinophilen Granulozyten und die Mastzellen, auf der Ebene der löslichen Komponenten zählt das Kompliment-System zu diesem Schenkel der Immunantwort (Abb. 5.2).

Eine wichtige Aufgabe des unspezifischen Immunsystems ist es somit, zunächst eine erste schnelle Abwehr-Reaktion in Gang zu setzen und dann auch das sogenannte spezifische Immunsystem auf die Reise zu schicken. Das spezifische Immunsystem besteht insbesondere aus den Lymphozyten, die wiederum in T- und B-Lymphozyten unterschieden werden können. Charakteristisch für die T- und B-Zellen ist ihr Rezeptor-Repertoire. Jede T-Zelle und jede B-Zelle hat einen eigenen individuell konfigurierten sogenannten Antigen-Rezeptor (T-Zell-Rezeptor, B-Zell-Rezeptor), mit

https://doi.org/10.1515/9783110752595-005

denen Antigene erkannt werden können. Im Normalfall handelt es sich hier um gefährliche Fremdantigene und nicht um harmlose Selbstantigene.

Damit steht ein quasi unerschöpfliches Repertoire an T-Zellen zur Verfügung, die vom Konzept her jedes nur erdenkliche Antigen erkennen können. Damit eine solche T-Zelle (oder B-Zelle) jetzt aktiviert wird, müssen der T-Zelle auf der einen Seite das entsprechende Antigen präsentiert werden, auf der anderen Seite bedarf es weiterer sogenannter costimulatorischer Signale, die ebenfalls von den antigenpräsentierenden Zellen zur Verfügung gestellt werden. Diese antigenpräsentierenden Zellen sind ebenfalls Bestandteil des unspezifischen Immunsystems.

Prominente Vertreter sind die Monozyten, Makrophagen und dendritischen Zellen. Ist eine T-Zelle erst einmal aktiviert, so teilt sie sich und es bildet sich ein sogenannter T-Zell-Klon. Parallel produzieren diese T-Zellen Mediatoren, die als „Dirigenten" der Immunantwort die weiteren nachgelagerten Effektor-Mechanismen dirigieren und kontrollieren. Je nachdem welches Muster an Mediatoren eine T-Zelle in diesem aktivierten Stadium ausschüttet, wird sie entweder als Th1, Th2, Th17 etc. T-Zell-Population bezeichnet.

Für die Virusantwort spielen insbesondere die Th1-Zellen mit der Produktion von Interleukin IL-2 und Interferon-γ eine wichtige Rolle. Eine Untergruppe der T-Zellen hat zudem zytotoxische Funktionen, sie können zielgerichtet fremde Zellen oder infizierte Zellen abtöten. Die B-Zellen werden von den T-Zellen instruiert, ihre Antikörper zu produzieren. Welche Antikörperklasse (**Isotyp**) produziert wird, wird über die Botenstoffe entschieden, die die T-Zelle an die B-Zelle aussendet. Damit zeichnet sich das adaptive Immunsystem durch (i) eine hochgradige Spezifität aus, (ii) eine gewisse Trägheit, denn das dauert natürlich einige Tage bzw. Wochen, bis diese adaptive Immunantwort voll ausgebildet ist (qualitativ und quantitativ), und (iii) diese Zellen verfügen über eine Gedächtnisfunktion. Diese Gedächtniszellen setzen sich in bestimmten Nischen des Immunsystems nieder. Hierzu zählen das Knochenmark, die Lymphknoten und andere „Ecken" (Abb. 5.1). So ist es zum Beispiel nach einer Impfung wichtig, solche Gedächtniszellen zu produzieren, die dann sehr rasch bei einer Zweitinfektion bzw. bei einem Zweitkontakt reaktiviert werden können. Das ist der Hauptsinn der Impfung.

Das Immunsystem kann eine direkte Erklärung für die Risikofaktoren liefern, die die Wahrscheinlichkeit erhöhen, an einem schwereren COVID-19-Verlauf zu erkranken (siehe Kapitel 7, Medikamentenentwicklung und Therapie). Dabei gehören zu den Immungeschwächten nicht nur Patienten mit Krankheiten, die direkt das Immunsystem beeinträchtigen, wie Autoimmunerkrankungen, entzündlichen chronischen Darmerkrankungen oder Rheuma, sondern auch Patienten mit Diabetes mellitus und Herzinsuffizienz [1]. Hier wird durch verschiedene Mechanismen wie Zuckerablagerungen in den Gefäßen oder schlechte Durchblutung eine geschwächte Immunantwort beobachtet. Auch Krebserkrankungen gehen mit einer Schwächung des Immunsystems einher. Dies kann einerseits durch direkten Befall der Blutzellen passieren (Blutkrebs) oder durch die zellschädigende Therapie ausgelöst werden.

Hämatopoese (Blutbildung)

Entstehung der Blutzellen: Erythrozyten, Thrombozyten, Leukozyten

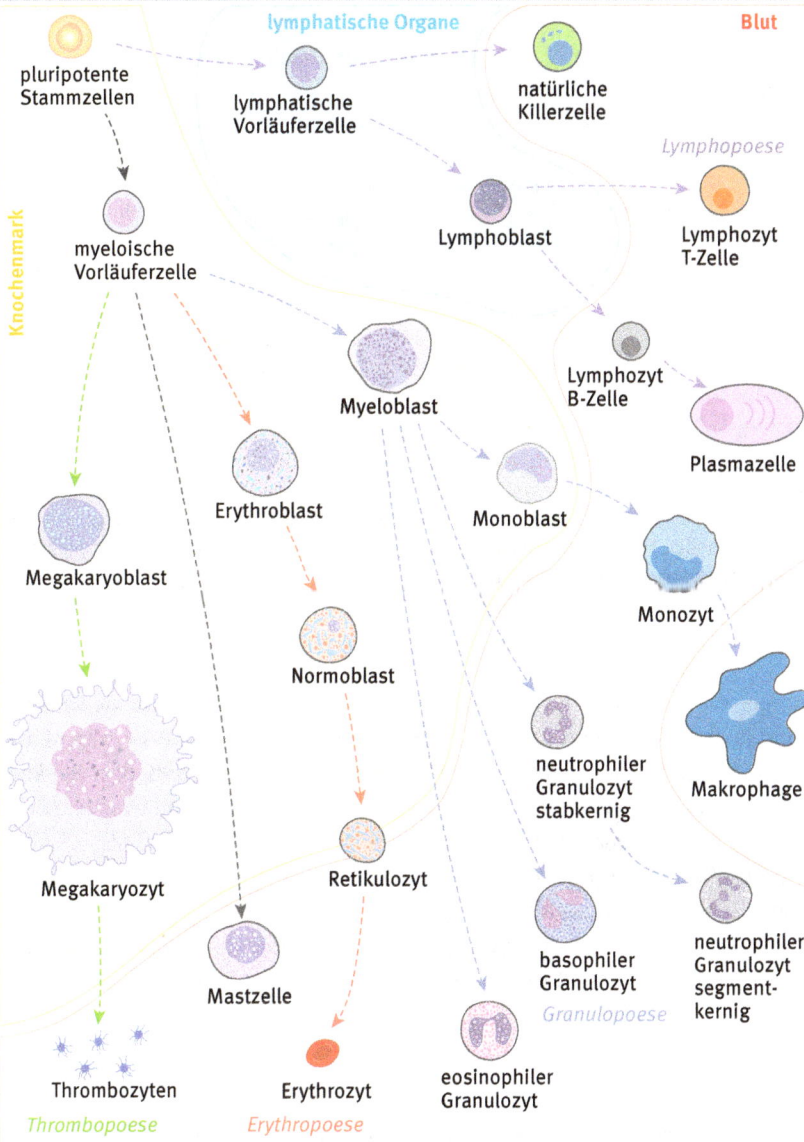

lymphatische Organe

Blut

pluripotente
Stammzellen

lymphatische
Vorläuferzelle

natürliche
Killerzelle

Lymphopoese

Knochenmark

myeloische
Vorläuferzelle

Lymphoblast

Lymphozyt
T-Zelle

Myeloblast

Lymphozyt
B-Zelle

Plasmazelle

Erythroblast

Monoblast

Megakaryoblast

Monozyt

Normoblast

neutrophiler
Granulozyt
stabkernig

Makrophage

Megakaryozyt

Retikulozyt

Mastzelle

basophiler
Granulozyt

neutrophiler
Granulozyt
segment-
kernig

Granulopoese

Thrombozyten

Erythrozyt

eosinophiler
Granulozyt

Thrombopoese

Erythropoese

Abb. 5.1: Aufteilung der im Knochenmark produzierten Zellen. Wichtig für die Immunantwort sind vor allem die weißen Blutkörperchen, die neben den roten Blutkörperchen und Blutplättchen im Knochenmark gebildet werden. Sie können weiter aufgeteilt werden in Granulozyten, Monozyten und Lymphozyten; Letztere zählen (mit Ausnahme der NK-Zellen) zum spezifischen Immunsystem. Diese reagieren nur auf Erreger, die an ihre spezifischen Rezeptoren binden. Modifiziert nach Martin Mißfeldt, www.blutwert.net.

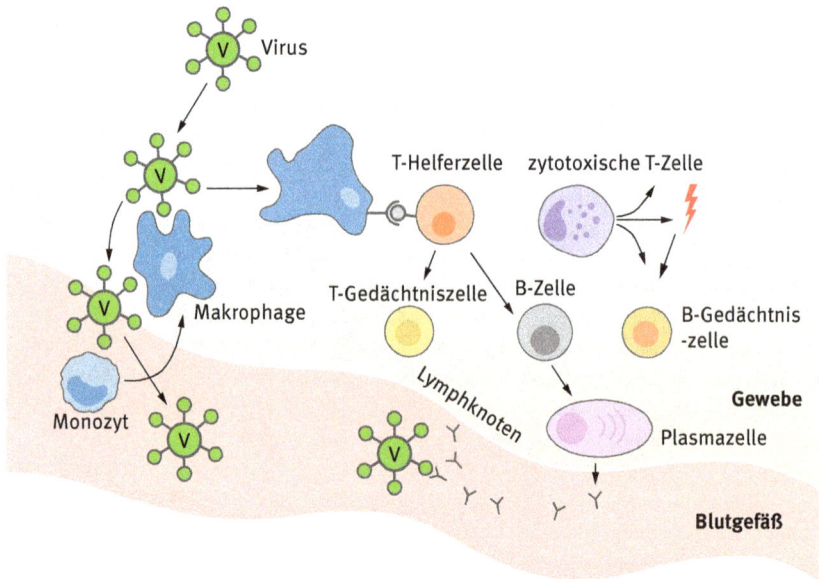

Abb. 5.2: Das menschliche Immunsystem. Das unspezifische und spezifische Immunsystem arbeiten eng verzahnt miteinander. Während das unspezifische Immunsystem unmittelbar und akut eingreift, reagiert das spezifische Immunsystem spezifisch auf die ihm präsentierten Erregerbruchstücke und ist in der Lage, ein Immungedächtnis zu bilden.

Menschen, die mit **Kortison** behandelt werden, zählen ebenfalls zu den Risikogruppen und auch „Alter" gilt als Risikofaktor für eine schwere COVID-19-Erkrankung (vgl. Kapitel 4.3.1, Klinik). Letzteres ist vor allem darauf zurückzuführen, dass bei älteren Menschen die Immunantwort weniger koordiniert stattfindet [2] und weniger spezifische Immunzellen verfügbar sind [3]. Im Hinblick auf die Impfung sind diese Risikogruppen von großer Bedeutung. Auf der einen Seite wurden sie priorisiert, als Impfstoffknappheit herrschte und sie als erstes geschützt werden mussten. Auf der anderen Seite reagiert ihr Immunsystem weniger stark auf die Impfung, weshalb eine dritte Impfung in dieser Gruppe beschlossen wurde [4] (vgl. Kapitel 8, Impfung).

5.1 Die Immunantwort in den Eintrittszellen

Wie in Kapitel 1.3 (Viral Entry) dargestellt, tritt das SARS-CoV-2-Virus zunächst hauptsächlich in die Zellen des oberen Nasen-Rachenraums ein. Bei den befallenen Zellen handelt es sich um Barriere-Zellen, die eine erste Hürde für Erreger darstellen sollen. Auf diesen Zellen befinden sich allerdings nicht nur die ACE2-**Rezeptoren**, die den Viruseintritt erleichtern, sondern auch **Rezeptoren**, die wie Sensoren fungieren und der Virusabwehr dienen. Diese erkennen bestimmte Muster, die nicht nur von Viren, sondern auch von Bakterien und Pilzen getragen werden und werden deshalb Pattern-Recognition-Rezeptoren (deutsch: Mustererkennungsrezeptoren) genannt. Im Falle von SARS-CoV-2 handelt es sich dabei um rasch reagierende Toll-like Rezeptoren [5]. Sie erkennen Genom-Bruchstücke von SARS-CoV-2 und befinden sich auf der Oberfläche und in den Zellen der Atemwege und Immunzellen. Die Aktivierung dieser **Rezeptoren** führt über mehrere Wege zu einer Aktivierung des Immunsystems und Ausschüttung von Botenstoffen. Im Zuge der frühen Immunantwort spielen sie eine wichtige Rolle und funktionieren wie eine Art Frühwarnsystem, mit dem andere Zellen gewarnt und Immunzellen rekrutiert werden. Bei Kindern wurde eine erhöhte Aktivität von den **Pattern-Recognition-Rezeptoren** festgestellt. Da bei ihnen generell mildere Verläufe von COVID-19 beobachtet wurden, wird davon ausgegangen, dass ein funktionierender, früher Einsatz dieses Abwehrsystems vor schwereren Krankheitsverläufen schützen kann [8].

In Studien konnte allerdings herausgefunden werden, dass das SARS-CoV-2-Virus mehrere Mechanismen besitzt, um dieses System zu überlisten und so eine schnelle Bekämpfung des Virus verhindern zu können (Anknüpfpunkte siehe Abb. 5.3). So kann es sich weiter in den Zellen ausbreiten [6,9]. Es besteht also ein ständiger Wettlauf zwischen dem sich zu vermehren wollenden Virus und den Eintritts- und Immunzellen, die das Virus so schnell wie möglich bekämpfen wollen. Gewinnt das Immun-

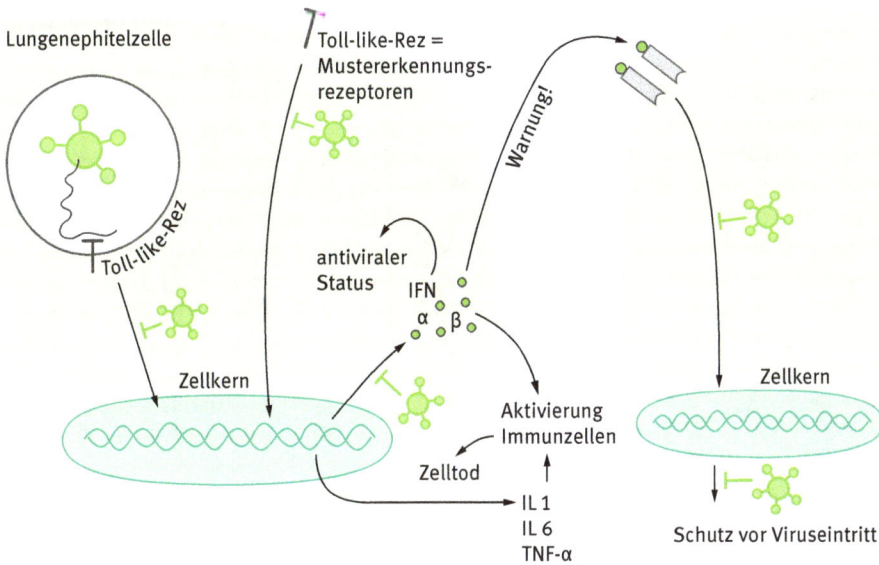

Abb. 5.3: Die intrazelluläre Immunantwort und Unterdrückung durch das SARS-CoV-2. (1) Nach Erkennen des Virus führt die Aktivierung der Mustererkennungsrezeptoren (Toll-like Rezeptoren) zu einer (2) vermehrten Bildung von Botenstoffen, wie Interferonen und Zytokinen (3). Diese aktivierten Immunzellen warnen andere Zellen vor dem Virus. Das SARS-CoV-2-Virus kann an verschiedenen Stellen der Signalwege ansetzen und eine Weiterleitung der Information verhindern. So ist das Frühwarnsystem gestört und das Virus kann sich vermehren.

system diesen Wettkampf schon früh in der Infektionsphase, kann es sogar sein, dass der infizierte Mensch die Infektion gar nicht bemerkt und asymptomatisch bleibt. Ist das Immunsystem jedoch nicht in der Lage, diesen Wettkampf zu gewinnen, kommt es zu symptomatischen Erkrankungen – teils mit schweren Verläufen.

5.2 Die unspezifische Immunantwort

Durch inflammatorische Signale in der infizierten Zelle (zum Beispiel durch Aktivierung der Toll-like Rezeptoren) kommt es zu der Bildung eines Eiweißkomplexes, dem **Inflammasom** [11]. Als wichtiger Teil der unspezifischen Immunantwort bildet es Interleukine (vor allem IL-1 und IL-18). Sie gehören zu der Gruppe der Zytokine, die als Botenstoffe fungieren. Zusammen mit den ebenfalls gebildeten **Interferonen (Typ I, α und β)** (IFN) signalisieren sie anderen Immunzellen die Gefahr und führen zur Verstärkung der Immunantwort. Bei starker Vermehrung des Virus und ständigem Kontakt zwischen SARS-CoV-2 und den Immunzellen wurde allerdings eine so stark erhöhte Produktion von **Zytokinen** beobachtet, dass von einem „Zytokinsturm" gesprochen wird (Abb. 5.4). Während die genaue Ursache des „Zytokinsturms" unklar

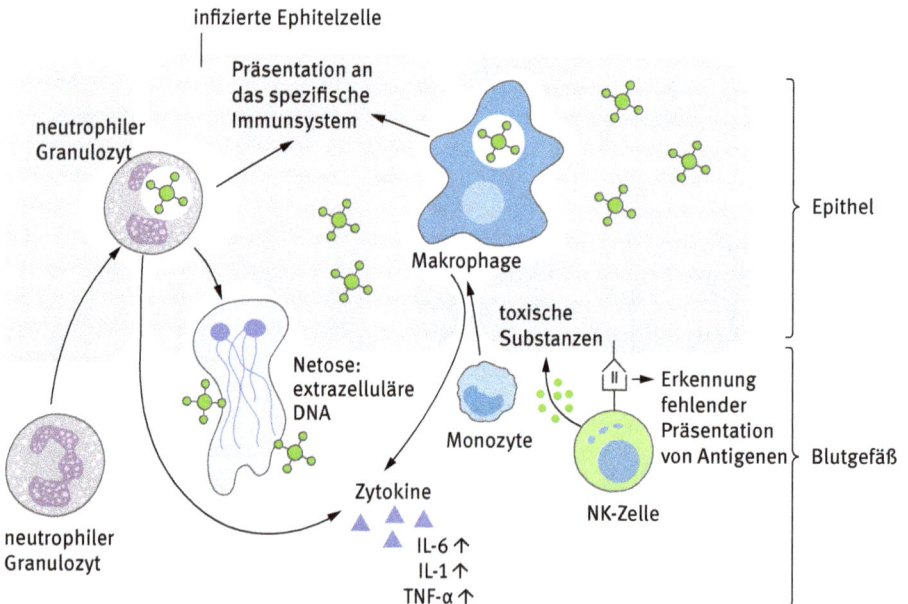

Abb. 5.4: Reaktion des unspezifischen Immunsystems auf das SARS-CoV-2. Im Bild zu sehen sind im Blut zirkulierende neutrophile Granulozyten, Monozyten und NK-Zellen. Nach Eintritt ins Gewebe differenzieren die Monozyten zu Makrophagen und nehmen zusammen mit den neutrophilen Granulozyten das Virus auf und präsentieren es den Zellen des spezifischen Immunsystems. Die NK-Zellen detektieren virusinfizierte Zellen und töten sie ab. Die Vorgänge werden durch Zytokine (IL-1, -6, TNFα) reguliert.

bleibt, ist sicher, dass zu viele **Zytokine** ab einem gewissen Zeitpunkt toxisch wirken. Denn eine vermehrte Freisetzung dieser Botenstoffe triggert weitere Immunzellen, die nicht nur das Virus bekämpfen, sondern auch zu Symptomen wie Fieber, **Blutgerinnseln** und einer Lungenentzündung führen können [12].

Weiterhin besitzt das SARS-CoV-2-Virus mehrere Strategien, das unspezifische Immunsystem zu manipulieren. Zum Beispiel erschwert es den ins Gewebe eingewanderten **neutrophilen Granulozyten** und **Makrophagen** (im Blut zirkulieren sie als Monozyten) das Virus zu phagozytieren (also zu „fressen"). So können weniger Komponenten des Virus, so genannte **Antigene**, von den antigenpräsentierenden Zellen an das spezifische Immunsystem präsentiert werden. Auch die infizierten Zellen präsentieren solche Antigene über bestimmte Eiweiße. Allerdings fährt das SARS-CoV-2-Virus die Produktion dieser Moleküle so herunter, dass das spezifische Immunsystem nicht mehr an ihnen binden und so die Zelle nicht erkennen kann [9]. Eigentlich greifen hier dann die **natürlichen Killerzellen** (NK-Zellen) ein und die Zellen werden abgetötet. Die NK-Zellen gehören zwar (wie auf Abb. 5.1 zu sehen) zu den Lymphozyten, reagieren aber schnell und unspezifisch und werden als eine Schnittstelle zwischen dem unspezifischen und spezifischen Immunsystem angesehen.

Bei SARS-CoV-2-infizierten Patienten wurde jedoch eine verringerte Konzentration dieser Zellen beobachtet, die mit schweren Verläufen von COVID-19 assoziiert waren [5]. Dies wird vor allem auf eine generelle Erschöpfung der übermäßig aktivieren **NK-Zellen** [13] und auf eine gehemmte Ausschüttung ihrer toxischen Substanzen durch das **Zytokin IL-6** zurückgeführt [14]. Eine Therapie mit zytokinhemmenden Medikamenten (vor allem gegen **IL-6**) scheint deshalb und zur Unterdrückung des „Zytokinsturms" vielversprechend [13,15] (vgl. Kapitel 7, Medikamentenentwicklung und Therapie) – Tab. 5.1.

Tab. 5.1: Übersicht und Wirkungsweise von Zytokinen [10].

Gewebshormon	bildende Zelle	Zielzelle	Wirkung
Interleukin 1 (IL-1)	Eintrittszelle, Immunzellen	T-Zellen Gefäßzellen	führt zur Bildung weiterer Zytokine, aktiviert T-Lymphozyten, führt zu Adhäsionsmolekülbildung
Interleukin 2 (IL-2)	T-Zellen	Lymphozyten	Aktivierung Lymphozyten
Interleukin 6 (IL-6)	Eintrittszelle	B- und T-Zellen	Stimulation Immunzellen
Interferon Typ I (α und β)	Eintrittszelle	alle Zellen	antiviraler Status
Interferon Typ II (γ)	TH1-Zellen	Makrophagen, Gefäßzellen	Regulierung
TNFα	Eintrittszelle, Immunzellen	alle Zellen	Aktivierung Immunzellen, erleichtertes Eindringen dieser in die Gefäße

5.3 Die Aktivierung des Gerinnungssystems

Aufgrund von veränderten Beschaffenheiten der Blutgefäße, der Blutzusammensetzung oder Strömungsänderungen des Blutes kann es zur Bildung von **Blutgerinnseln** kommen. Diese verschließen die Gefäße und führen zu einer Unterversorgung des Gewebes mit Nährstoffen und Sauerstoff. Auch bei COVID-19 wurden Gefäßverschlüsse beobachtet. Dies ist auf die enge Verzahnung zwischen dem Immun- und Gerinnungssystem zurückzuführen.

Zum Beispiel führen **Zytokine** zu einer Regulation von **Adhäsionsmolekülen**, die im Blut vorbeischwimmende Immunzellen binden und ins Gewebe lotsen sollen. Es kommt zu einem Verlust des Zusammenhaltes zwischen den einzelnen Zellen der Gefäßwand (Endothel) und die Durchlässigkeit der Gefäße wird erhöht. So wandern die Immunzellen zusammen mit Flüssigkeit vom Blut ins Gewebe [17]. Allerdings können Gefäße mit kleinem Durchmesser schnell durch hohe Konzentrationen an Immunzellen verstopfen [18] (Abb. 5.5).

Des Weiteren wurde bei aktivierten **neutrophilen Granulozyten** ein Mechanismus beobachtet, der in kleinen Mengen protektiv, in großen Mengen jedoch schädlich ist. Dabei handelt es sich um **NETose**. Dabei steht NET für „**N**eutrophile **e**xtrazelluläre Fallen (englisch: **T**raps)" [16], die aus antimikrobiellen Proteinen und eigenem Erbgut, der **Desoxyribonukleinsäure (englisch „deoxyribonucleic acid",
DNA)**, bestehen und wie Fangarme ausgeworfen werden. Extrazellulär befindliche

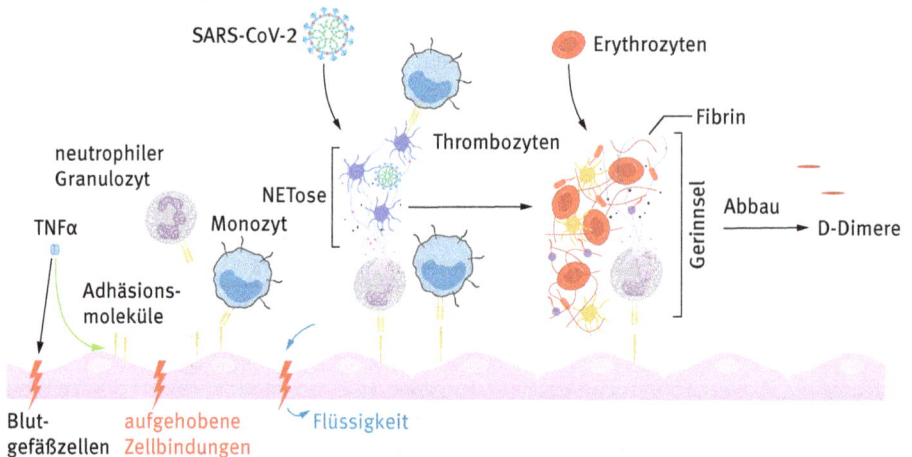

Abb. 5.5: Die Aktivierung des Gerinnungssystems bei SARS-CoV-2-Infektion. Damit Immunzellen ins Gewebe übertreten können, vermitteln Zytokine eine Durchlässigkeit der Blutgefäßzellen und eine verstärkte Bildung von Adhäsionsmolekülen an den Zellwänden. An diese binden die Immunzellen, aber auch Thrombozyten, Erythrozyten und Teile des Virus. Es kommt zur Bildung von Gerinnseln und Verstopfung von Blutgefäßen, die durch die NETose der neutrophilen Granulozyten verstärkt wird. Beim Abbau der Gerinnsel werden Fibrinstücke frei, die im Blut als D-Dimere detektiert werden können.

Erreger können so gebunden, immobilisiert und abgetötet werden. Durch die Freisetzung hoher Konzentrationen dieser Substanzen wird allerdings auch die **Bildung von Gerinnsel** in den Gefäßen angeregt und kann schädlich wirken [19]. Tatsächlich wurden vermehrt erhöhte Konzentrationen an **neutrophilen Granulozyten** und extrazellulärer DNA in schwer erkrankten, beatmeten COVID-19-Patienten gefunden [7].

Der Körper versucht den Verschluss der Gefäße wieder aufzulösen. Dadurch entstehen Bruchstücke des Fibrin-Gerinnsels. Ein Marker für abgebaute Gerinnsel sind **D-Dimere**. Hohe Konzentration wird im Rahmen von COVID-19 als Prognose für einen schlechten Verlauf gewertet [20]. Eine niedrige Konzentration der **D-Dimere** kann aber auch einen fehlenden Abbau des Gerinnsels bedeuten und ist deshalb nicht unbedingt mit einer guten Prognose verbunden [21].

Der beschriebene Vorgang geschieht zuerst nur in der Lunge, breitet sich dann aber systemisch aus [22]. Es kommt vermehrt zur Bildung von Gerinnseln in den Gefäßen, wobei **Blutkörperchen** und Gerinnungseiweiße, die zur Gerinnung gebraucht werden, verbraucht werden. Kommt es nun an anderer Stelle zu einer Blutung, kann diese nicht mehr gestillt werden und es kann kein **Gerinnsel** aufgebaut werden. Dies wird **Verbrauchskoagulopathie** genannt und kann bei COVID-19-Patienten beobachtet werden [20]. Deshalb wird allen hospitalisierten Patienten eine prophylaktische **Antikoagulation** empfohlen [23] (vgl. Kapitel 7, Medikamentenentwicklung und Therapie).

5.4 Die T-Zellantwort

Durch Präsentation von **Antigenen** des SARS-CoV-2-Virus durch antigenpräsentierende Zellen werden diejenigen spezifischen Immunzellen mit jeweils genau passendem **Rezeptor** aktiviert. Sechs bis zehn Tage nach der Infektion sind sie erstmals im Blut nachweisbar [7]. Dabei lösen einige Proteine von SARS-CoV-2 eine stärkere Immunantwort aus als andere. Vor allem wurden Immunzellen gefunden, deren Rezeptoren auf die Epitope nsps, N, M und S reagieren [24]. Bei einer Impfung mit den bis jetzt zugelassenen Impfstoffen (Stand: 09/2021) wird den spezifischen Immunzellen allerdings nur das S-Protein präsentiert und so werden alleinig Gedächtniszellen und Antikörper gegen dieses **Antigen** erzeugt [25] (vgl. Kapitel 8, Impfung). Die Erkennung einer breiten Palette von **Antigenen** ist allerdings vor allem in Bezug auf eine Mutation hilfreich: Bei nur einer Mutation in einem der Virusbestandteile kann das Immunsystem das Virus dann immer noch anhand anderer, nicht mutierter Bestandteile weiterhin erkennen [7,26] und abwehren (vgl. Kapitel 1.5, Mutation).

Nach einem Kontakt mit SARS-CoV-2 wurde eine breite T-Zellantwort beobachtet. Die T-Zellen können anhand ihrer Rezeptoren in verschiedene Untergruppen eingeteilt werden. Der Einfachheit halber wird im Folgenden zwischen zwei Untergruppen unterschieden: die **T-Helferzellen (mit CD4-Rezeptoren)** und die zytotoxischen **T-Zellen (mit CD8-Rezeptoren)**. Angemerkt sei hier jedoch, dass innerhalb dieser Untergruppen anhand der Funktionen weitere Unterteilungen möglich sind [27] (Abb. 5.6).

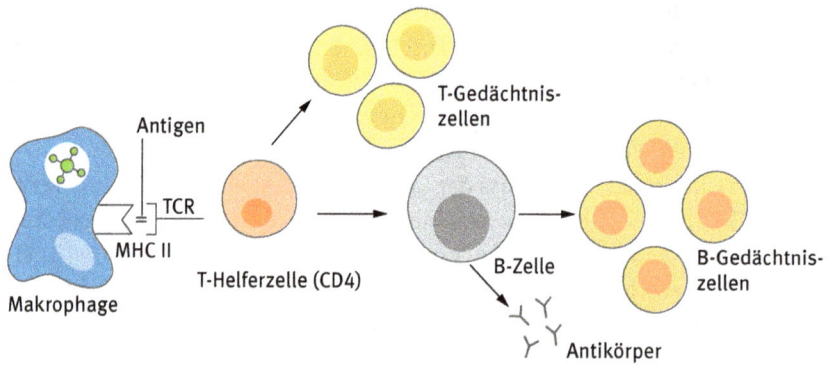

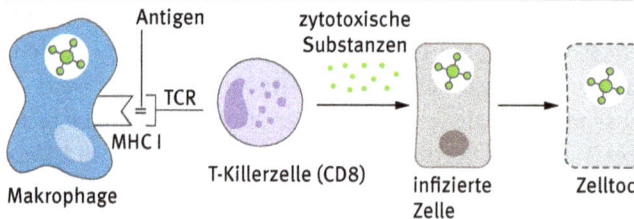

(a)

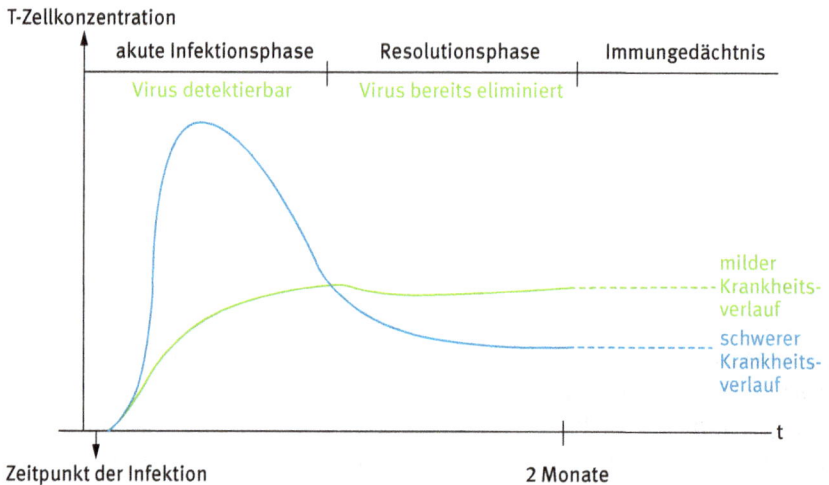

(b)

Abb. 5.6: Die T-Zellantwort nach Kontakt mit SARS-CoV-2. (a) Die Funktionsweise der T-Zellen ist komplex. Vereinfacht wird von T-Helfer- und zytotoxischen T-Zellen ausgegangen. Sie werden nur aktiviert, wenn das ihnen präsentierte Antigen in ihren spezifischen T-Zell-Rezeptor passt. T-Helferzellen helfen B-Zellen in ihrer Funktion (siehe Kapitel 5.5) und produzieren IL-2 und IFN-γ, welches zytotoxische T-Zellen aktiviert, die mithilfe des spezifischen Antigens infizierte Zellen erkennen und ihren Zelltod einleiten. Beide T-Zellarten entwickeln Gedächtniszellen. (b) Die Koordination der T-Zellsubtypen ist im Krankheitsverlauf von großer Bedeutung. Steigt die Konzentration der T-Zellen am Anfang der Infektion stark an, so werden sie im Verlauf schnell verbraucht und garantieren keinen längeren Schutz gegen das Virus. Es kommt zu einem schweren Krankheitsverlauf.

Unter den **T-Helferzellen** können bei einer Infektion mit SARS-CoV-2 vor allem **TH1-Zellen** und **follikuläre T**-Zellen nachgewiesen werden, die bei Infektionen mit Viren oft vermehrt vorliegen. Die **T-Helferzellen** unterstützen die **B-Zellen** beim Heranreifen und der Antikörperproduktion [28]. **TH1-Zellen** produzieren **Zytokine** wie **IFN Typ II (γ)** und **IL-2**. Eine frühe Bildung von **IFN γ** produzierenden **T-Helferzellen** in COVID-19-Patienten ist mit milderen Verläufen und einer kürzeren Krankheitsdauer assoziiert [29]. Bei milden Verläufen wird außerdem eine hohe Konzentration der zytotoxischen **T-Zellen** beobachtet, deren Aufgabe vor allem die Beseitigung infizierter Zellen ist [26,30].

Wichtig ist hier die Koordination der T-Zellen. Bei schweren Verläufen kann eine massive überschießende **T-Helferzell-**Antwort direkt am Anfang der Infektion nachgewiesen werden [26]. So kommt es im Verlauf zu einer Erschöpfung der T-Zellen, sodass am Ende keine funktionellen Immunzellen (vor allem keine zytotoxischen **T-Zellen**) mehr vorhanden sind, um die Infektion effektiv zu bekämpfen [3,26].

Dies scheint eine Erklärung für die **Lymphopenie** – also einer Verminderung der **Lymphozyten** (der **T- und B-Zellen**) im Blut – zu sein, die in schweren Verläufen häufiger auftritt [5,28] (vgl. Kapitel 6, labordiagnostische Möglichkeiten). Allerdings werden hier auch hohe Konzentrationen an **IL-6** und **TNF-α** gefunden und ein pathologischer Zusammenhang mit dem schon angesprochenen **„Zytokinsturm“**, ausgelöst durch das unspezifische Immunsystem, vermutet [31] (vgl. Kapitel 5.2, Immunantwort).

5.5 Die B-Zellantwort und Antikörperbildung

Wie schon erwähnt, reagieren auch die **B-Zellen** spezifisch nur nach Erkennung von **Antigenen** und passender Bindung mit ihrem B-Zell-**Rezeptor** und produzieren **Antikörper**, die gegen genau diese eine passende Erkennungsstruktur gerichtet sind. Soll die Immunantwort routinemäßig überprüft werden, werden diese löslichen Antikörper im Blut des Patienten gemessen, die auf eine spezifische B-Zellantwort zurückgeführt werden können (vgl. Kapitel 6, labordiagnostische Möglichkeiten). Da die verfügbaren Antikörpertests vor allem die Antikörperantwort gegen das S-Protein und das N-Protein anzeigen, sind viele Daten über spezifische Antikörper gegen S1/S2, die Rezeptorbindungsdomäne oder das N-Protein verfügbar. Aber auch gegen das M-Protein wurde eine robuste Antikörperantwort gefunden [32]. Die **Antikörper** binden an die verschiedenen Stellen des SARS-CoV-2-Virus, markieren das Virus zum Abbau vom unspezifischen Immunsystem und induzieren den Zelltod von infizierten Zellen (Abb. 5.7).

Unter den **Antikörpern** gibt es verschiedene Klassen, sogenannte Isotypen. Bei einer SARS-CoV-2-Infektion spielen vor allem die Klassen **Immunglobulin A** (IgA), **Immunglobulin G** (IgG) und **Immunglobulin M** (IgM) eine entscheidende Rolle. **IgA** fungiert als erste Barriere gegen das SARS-CoV-2-Virus, welches über Zellen des

Nasenrachenraumes eintritt, da es sich vor allem in Körperflüssigkeiten und auf der Schleimhaut (Schleimhaut-Immunglobulin) befindet. **IgG** und **IgM** zirkulieren überwiegend im Blut. Bei einer viralen Infektion werden im Rahmen des schnellen Immunschutzes des spezifischen Immunsystems typischerweise zuerst **IgA** und **IgM** produziert. **IgG** ist erst zu einem späteren Zeitpunkt, aber dann über einen längeren (teils lebenslangen) Zeitraum nachweisbar. Im Falle einer Infektion mit dem SARS-CoV-2-Virus wird dieser zeitliche Ablauf so „lehrbuchmäßig" allerdings nicht einge-

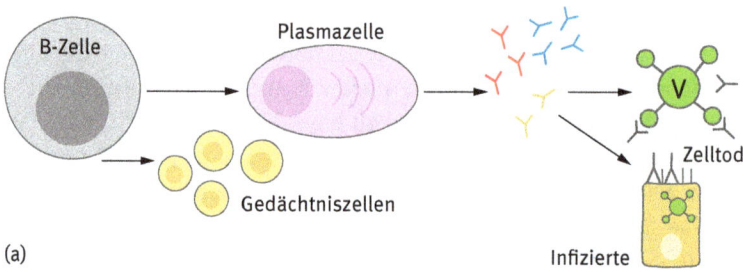

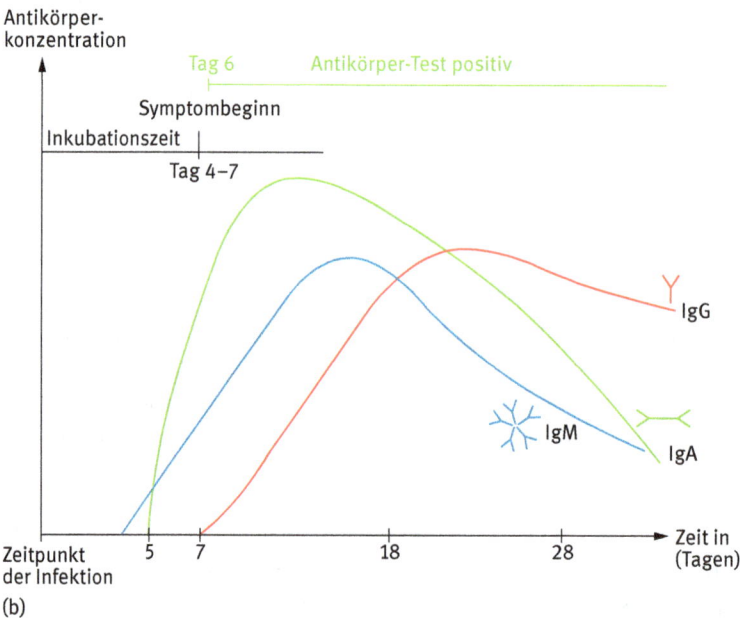

Abb. 5.7: B-Zellantwort und Antikörperbildung bei SARS-CoV-2. (a) Nach Aktivierung der B-Zelle wandelt sie sich in eine Plasmazelle um, die spezifische Antikörper produziert. Die Antikörper markieren das Virus zum Abbau, behindern es in seiner Fortbewegung und führen zum Zelltod von infizierten Zellen. Auch B-Zellen bilden Gedächtniszellen aus. (b) Anders als bei einem typischen Verlauf der Antikörperbildung bei Virusinfektion, steigt im Falle der SARS-CoV-2-Infektion sowohl die Konzentration der IgA und IgM, aber auch der IgG innerhalb weniger Tage. Während die Konzentrationen von IgA und IgM schon nach wenigen Wochen wieder sinken, können IgG auch noch nach 8 Monaten nachgewiesen werden.

halten, zwischen einem ersten Nachweis von **IgM** und **IgG** liegen teilweise nur wenige Tage [33].

Sind nach einer Infektion oder Impfung das erste Mal erregerspezifische **Antikörper** im Blut des Patienten nachweisbar, wird dies **Serokonversion** genannt. Bei
SARS-CoV-2 findet dies im Zeitraum von 2 Wochen nach der Infektion statt [33]. In
milden oder asymptomatischen Fällen kann dies länger dauern [34]. In mehreren
Fällen war zu keinem Zeitpunkt ein Antikörpernachweis möglich [35]. Bei einem einzelnen Patienten kann anhand der Höhe der **Antikörper** keine Aussage über den
Verlauf der Krankheit gemacht werden, werden die Gruppen der schwer erkrankten
und die der mild erkrankten COVID-19-Patienten miteinander verglichen, lässt sich
ein Zusammenhang zwischen hohen Antikörpern und einem schweren Verlauf herstellen [36]. Zudem lässt sich eine höhere Konzentration an **IgG** bei symptomatischen
Patienten (als bei asymptomatischen) finden. Geringere Antikörperproduktion konnten bei Rauchern beobachtet werden, obwohl die Krankheitsdauer sich nicht von der
der Nichtraucher unterschied [36].

5.6 Das Immungedächtnis

Eine der wesentlichen Eigenschaften der spezifischen Immunität ist das „Immungedächtnis". Die (antigen- oder) virusspezifischen (aktivierten) T-Zellen nehmen einen schicksalshaften Verlauf. Wenn es gelungen ist, das Antigen oder das Virus zu
eliminieren, werden die aktivierten Lymphozyten wieder abgeschaltet, viele von ihnen gehen zugrunde und sterben ab. Einige wenige überleben und entwickeln sich
in sogenannte Gedächtniszellen. Diese Gedächtniszellen gibt es in allen Typen der
adaptiven Lymphozyten-Antwort. Hierzu zählen vordringlich die T-Zellen (grob differenziert in CD4-Helfer- und CD8-zytotoxische T-Zellen) und die B-Zellen als die Fa-
brik für die Antikörperproduktion [37].

Im Rahmen der Abwehr hat sich ein breites Repertoire an spezifischen T-Zellen
und B-Zellen entwickelt, die alle wesentlichen Antigeneigenschaften des Virus erfassen können. Diese Gedächtniszellen ziehen sich nunmehr aus dem infizierten Gewebe in die lymphatischen Organe zurück (Lymphknoten, Milz und Knochenmark), wo
sie in bestimmten „Nischen" Jahre und Jahrzehnte überleben können. Kommt es nun
zu einem Zweitkontakt (also in unserem Fall zu einer wiederholten Infektion mit
dem Corona-Virus), so stehen diese Gedächtniszellen parat, um sehr schnell, und
zwar schneller als unter den Bedingungen der Erstinfektion, aktiviert zu werden und
sich zu teilen. D. h., der Erfolg der Überwindung der Zweitinfektion hängt ganz maßgeblich von dem Vorhandensein dieses Immungedächtnisses ab [38] (Abb. 5.8).

Dabei gibt es auch hier Kreuzreaktionen mit verwandten Virus-Antigenen. D. h.,
bestimmte andere Corona-Viren (wie HCoV-OC43 und HCoV-NL63) haben bestimmte
Antigen-Eigenschaften, die verwandt sind mit dem SARS-CoV-2-Virus [24]. Eine Ge-
dächtniszelle, die nach einer Infektion mit HCoV-OC43 gebildet worden ist, kann also

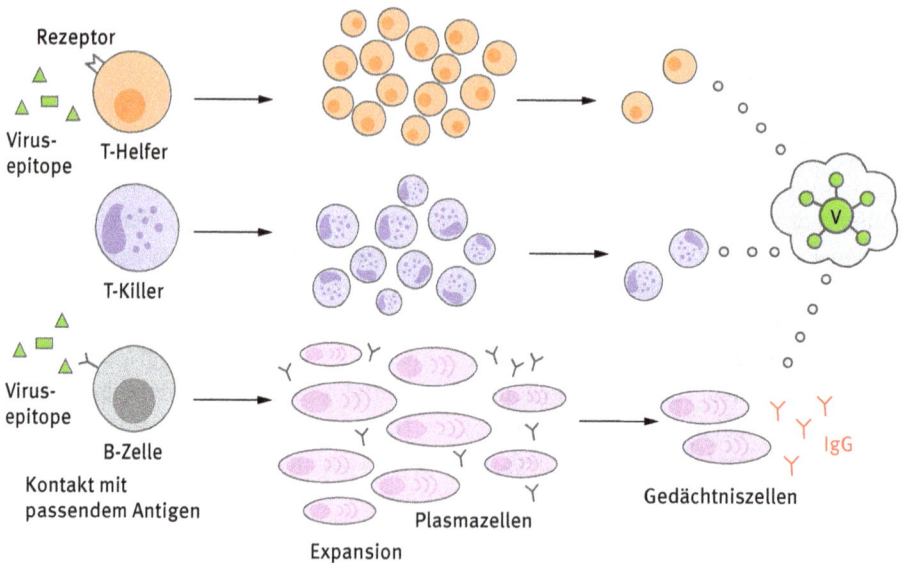

Abb. 5.8: Das Immungedächtnis nach Kontakt mit SARS-CoV-2. Nach Aktivierung der spezifischen Immunzellen durch Kontakt mit dem passenden Antigen vermehren sie sich (Expansion). Nach erfolgreicher Immunantwort bleiben einige als Gedächtniszellen mit „Recall"-Funktion zurück. Bei erneutem Kontakt mit dem gleichen Virus können sie schneller reagieren.

unter Umständen reaktiviert werden, um gegen das SARS-CoV-2-Virus die Abwehrfunktionen zu entwickeln. Ähnliche Kreuzrektionen sind auch zwischen verschiedenen Virusfamilien bekannt und auch zwischen Viren und Bakterien oder auch Viren und Allergien, wie kürzlich gezeigt werden konnte [30,39].

Auch der Impferfolg basiert ganz maßgeblich auf der Ausbildung dieses Immungedächtnisses.

Da die Forschung zu der Immunität nach SARS-CoV-2-Infektion erst auf eine kurze Zeit zurückblicken kann, ist die Lebenszeit der Gedächtnis-Immunzellen und Antikörper nicht endgültig erfasst. Hier sei angemerkt, dass im Falle des ähnlichen **SARS-CoV-1 T-Gedächtnis-Immunzellen** und **Antikörper** bis zu 11 Jahre lang nachgewiesen werden konnten [5].

Die folgenden Aussagen können derzeit über das Immungedächtnis im Falle einer Infektion mit dem SARS-CoV-2-Virus gemacht werden:
- das gebildete Immungedächtnis reagiert genauso breitgefächert auf mehrere Komponenten des Virus wie die primäre Immunantwort,
- **IgA-** und **IgM-Antikörper** [40] sinken schon nach Monaten unter nachweisbare Bereiche,
- **IgG-Antikörper** werden nach 8 Monaten in geminderter Anzahl nachgewiesen [38],

- **T-Helfer und zytotoxischen T-**Gedächtniszellen wird eine Halbierung ihrer Anzahl nach 3–5 Monaten beobachtet, wobei weniger Gedächtniszellen der zytotoxischen T-Zellen als der T-Helferzellen nachgewiesen wurden [41],
- die Anzahl der B-**Gedächtniszellen** lag nach 6 Monaten sogar noch höher als nach einem Monat [38].

Da nach 5–8 Monaten bei 95 % der Infizierten mindestens drei der vier Komponenten (T-Helfer-, zytotoxische T-, B-Gedächtniszellen und Antikörper) des Immungedächtnisses immer noch nachgewiesen werden konnten, kann von einem länger anhaltenden Immungedächtnis nach SARS-CoV-2-Infektion ausgegangen werden [38]. Diese Informationen sind vor allem bei der Diskussion über weitere nötige Impfungen gegen SARS-CoV-2 in Betracht zu ziehen (vgl. Kapitel 8, Impfung).

Literatur

[1]   Robert Koch-Institut (RKI). Epidemiologisches Bulletin 19/2021.

[2]   Rydyznski Moderbacher C, et al. Antigen-Specific Adaptive Immunity to SARS-CoV-2 in Acute COVID-19 and Associations with Age and Disease Severity. Cell. 2020;183:996–1012.e19; 10.1016/j.cell.2020.09.038.

[3]   Jarjour NN, Masopust D, Jameson SC. T Cell Memory: Understanding COVID-19. Immunity. 2021;54:14–18; 10.1016/j.immuni.2020.12.009.

[4]   Beschlüsse – Gesundheitsministerkonferenz (GMK). Available at https://www.gmkonline.de/Beschluesse.html?uid=219&jahr=2021 (2021). (letzter Zugriff: 10.09.21).

[5]   Vabret N, et al. Immunology of COVID-19: Current State of the Science. Immunity. 2020;52:910–941; 10.1016/j.immuni.2020.05.002.

[6]   Taefehshokr N, Taefehshokr S, Hemmat N, Heit B (2020): Covid-19: Perspectives on Innate Immune Evasion. In: Frontiers in immunology 11, S. 580641. DOI: 10.3389/fimmu.2020.580641.

[7]   Sette A, Crotty S. Adaptive immunity to SARS-CoV-2 and COVID-19. Cell. 2021;184:861–880; 10.1016/j.cell.2021.01.007.

[8]   Loske J, et al. Pre-activated antiviral innate immunity in the upper airways controls early SARS-CoV-2 infection in children. Nature biotechnology. 2021; 10.1038/s41587-021-01037-9.

[9]   Hayn M, et al. Systematic functional analysis of SARS-CoV-2 proteins uncovers viral innate immune antagonists and remaining vulnerabilities. Cell reports. 2021;35:109126; 10.1016/j.celrep.2021.109126.

[10] Costela-Ruiz VJ, Illescas-Montes R, Puerta-Puerta JM, Ruiz C, Melguizo-Rodríguez L (2020): SARS-CoV-2 infection: The role of cytokines in COVID-19 disease. In: Cytokine & growth factor reviews 54, S. 62–75. DOI: 10.1016/j.cytogfr.2020.06.001.

[11] Brodin P. Immune determinants of COVID-19 disease presentation and severity. Nature medicine. 2021;27:28–33; 10.1038/s41591-020-01202-8.

[12] Yang L, et al. The signal pathways and treatment of cytokine storm in COVID-19. Signal transduction and targeted therapy. 2021;6,255; 10.1038/s41392-021-00679-0.

[13] Masselli E, et al. NK cells: A double edge sword against SARS-CoV-2. Advances in biological regulation. 2020;77:100737; 10.1016/j.jbior.2020.100737.

[14] Fajgenbaum DC, June CH. Cytokine Storm. The New England journal of medicine. 2020;383,2255–2273; 10.1056/NEJMra2026131.

[15] Hojyo S, et al. How COVID-19 induces cytokine storm with high mortality. Inflammation and regeneration. 2020;40:37; 10.1186/s41232-020-00146-3.

[16] Zuo Y, et al. Neutrophil extracellular traps in COVID-19. JCI insight. 2020;5; 10.1172/jci.in-sight.138999.

[17] O'Donnell JS, Peyvandi F, Martin-Loeches I. Pulmonary immuno-thrombosis in COVID-19 ARDS pathogenesis. Intensive care medicine. 2021;47:899–902; 10.1007/s00134-021-06419-w.

[18] Bonaventura A, et al. Endothelial dysfunction and immunothrombosis as key pathogenic mechanisms in COVID-19. Nature reviews. Immunology. 2021;21:319–329; 10.1038/s41577-021-00536-9.

[19] Leppkes M, et al. Vascular occlusion by neutrophil extracellular traps in COVID-19. EBioMedicine. 2020;58:102925; 10.1016/j.ebiom.2020.102925.

[20] Teuwen L-A, Geldhof V, Pasut A, Carmeliet P. COVID-19: the vasculature unleashed. Nature reviews. Immunology. 2020;20:389–391; 10.1038/s41577-020-0343-0.

[21] Asakura H, Ogawa H. COVID-19-associated coagulopathy and disseminated intravascular coagulation. International journal of hematology. 2021;113:45–57; 10.1007/s12185-020-03029-y.

[22] Spiekermann K, Subklewe M, Hildebrandt M, Humpe A, von Bergwelt-Baildon M. COVID-19 aus Sicht der Hämatologie und Hämostaseologie. Transfusionsmedizin – Immunhämatologie · Hämotherapie · Transplantationsimmunologie · Zelltherapie. 2021;11:25–31; 10.1055/a-1309-7275.

[23] Nopp S, Ay C. COVID-19-assoziierte Koagulopathie. Dtsch Med Wochenschr. 2021;146:944–949; 10.1055/a-1497-9028.

[24] Grifoni A, et al. Targets of T Cell Responses to SARS-CoV-2 Coronavirus in Humans with COVID-19 Disease and Unexposed Individuals. Cell. 2020;181:1489–1501.e15; 10.1016/j.cell.2020.05.015.

[25] Robert Koch-Institut (RKI). Epidemiologisches Bulletin 16/2021.

[26] Swadling L, Maini MK. T cells in COVID-19 – united in diversity. Nature immunology. 2020;21:1307–1308; 10.1038/s41590-020-0798-y.

[27] Hanna SJ, et al. T cell phenotypes in COVID-19 – a living review. Oxford open immunology. 2021;2:iqaa007; 10.1093/oxfimm/iqaa007.

[28] Cox RJ, Brokstad KA. Not just antibodies: B cells and T cells mediate immunity to COVID-19. Nature reviews. Immunology. 2020;20:581–582; 10.1038/s41577-020-00436-4.

[29] Tan AT, et al. Early induction of functional SARS-CoV-2-specific T cells associates with rapid viral clearance and mild disease in COVID-19 patients. Cell reports. 2021;34:108728; 10.1016/j.celrep.2021.108728.

[30] Tarke A, et al. Comprehensive analysis of T cell immunodominance and immunoprevalence of SARS-CoV-2 epitopes in COVID-19 cases. Cell reports. Medicine. 2021;2:100204; 10.1016/j.xcrm.2021.100204.

[31] Diao B, et al. Reduction and Functional Exhaustion of T Cells in Patients With Coronavirus Disease 2019 (COVID-19). Frontiers in immunology. 2020;11:827; 10.3389/fimmu.2020.00827.

[32] Lopandić Z, et al. IgM and IgG Immunoreactivity of SARS-CoV-2 Recombinant M Protein. International journal of molecular sciences. 2021;22;10.3390/ijms22094951.

[33] Zhao J, et al. Antibody Responses to SARS-CoV-2 in Patients With Novel Coronavirus Disease 2019. Clinical infectious diseases: an official publication of the Infectious Diseases Society of America. 2020;71:2027–2034; 10.1093/cid/ciaa344.

[34] Long Q-X, et al. Antibody responses to SARS-CoV-2 in patients with COVID-19. Nature medicine. 2020;26,845–848; 10.1038/s41591-020-0897-1.

[35] Xu G, et al. Evaluation of Orthogonal Testing Algorithm for Detection of SARS-CoV-2 IgG Antibodies. Clinical chemistry. 2020;66:1531–1537; 10.1093/clinchem/hvaa210.

[36] Schaffner A, et al. Characterization of a Pan-Immunoglobulin Assay Quantifying Antibodies Directed against the Receptor Binding Domain of the SARS-CoV-2 S1-Subunit of the Spike Protein: A Population-Based Study. Journal of clinical medicine. 2020;9:3989; 10.3390/jcm9123989.

[37] Ärzteblatt. COVID-19: Auch milde Erkrankungen könnten zu langdauernder Immunität führen. Available at https://www.aerzteblatt.de/nachrichten/124174/COVID-19-Auch-milde-Erkrankungen-koennten-zu-langdauernder-Immunitaet-fuehren (2021). (letzter Zugriff: 11.08.21).

[38] Dan JM, et al. Immunological memory to SARS-CoV-2 assessed for up to 8 months after infection. Science. 2021;371; 10.1126/science.abf4063.

[39] Balz K, et al. Homologies between SARS-CoV-2 and allergen proteins may direct T cell-mediated heterologous immune responses. Scientific reports. 2021;11:4792; 10.1038/s41598-021-84320-8.

[40] Hou H, et al. Detection of IgM and IgG antibodies in patients with coronavirus disease 2019. Clinical & translational immunology. 2020;9:e01136; 10.1002/cti2.1136.

[41] Breton G, et al. Persistent cellular immunity to SARS-CoV-2 infection. The Journal of experimental medicine. 2021;218; 10.1084/jem.20202515.

6 Nachweis einer SARS-CoV-2-Infektion

Rieke Reiter

Ein wichtiger Baustein für die Bekämpfung von Infektionskrankheiten ist die Identifizierung und Charakterisierung des Erregers sowie der Immunantwort gegen diesen. Kann ein Erreger in einem sehr frühen Stadium der Infektion erkannt werden, ist es möglich, Ansteckungen zu verhindern. Eine Analyse der Immunantwort gibt Auskunft über den Schutz vor einer Re-Infektion. Die Diagnostik stellt somit eine tragende Säule im Pandemie-Management dar.

6.1 Kenngrößen diagnostischer Tests

Wichtig in der Diagnostik ist die Frage nach der Zuverlässigkeit eines Testergebnisses. Hierfür sind Sensitivität und Spezifität eines Tests (Abb. 6.1) und die Vortestwahrscheinlichkeit entscheidend.

6.1.1 Sensitivität

Grundsätzlich hat jeder diagnostische Test zwei Kenngrößen, mit denen man seine Zuverlässigkeit abschätzen kann. Diese Kenngrößen werden als Sensitivität und Spezifität bezeichnet. **Sensitivität** beschreibt, wie viele der SARS-CoV-2-Infizierten von einem Test als solche erkannt werden. Hat ein Test eine geringe Sensitivität, dann werden viele erkrankte Personen fälschlicherweise als gesund bewertet (Testergebnis: falsch-negativ).

6.1.2 Spezifität

Die **Spezifität** gibt hingegen eine Antwort auf die Frage: Wie viele der in Wahrheit gesunden Personen bewertet der Test tatsächlich als gesund? Bei einer guten Spezifität werden nur wenige Gesunde fälschlicherweise als infiziert bewertet (Testergebnis: falsch-positiv).

Beide Kenngrößen werden in Prozent angegeben, d. h., eine Sensitivität und Spezifität von jeweils 100 % bedeuten, dass alle Kranken von dem Test erkannt werden und kein Gesunder als krank bewertet wird. Alle Testergebnisse sind richtig.

https://doi.org/10.1515/9783110752595-006

	Sensitivität	**Spezifität**
Frage	Wie viele der in Wahrheit Gesunden bewertet der Test als gesund?	Wie viele der in Wahrheit Kranken bewertet der Test als krank?
Antwort	*richtig-negativ:* Gesunde, die als gesund bewertet werden *falsch-negative:* Kranke, die als gesund bewertet werden	*richtig-positiv:* Kranke, die als krank bewertet werden *falsch-positiv:* Gesunde, die als krank bewertet werden

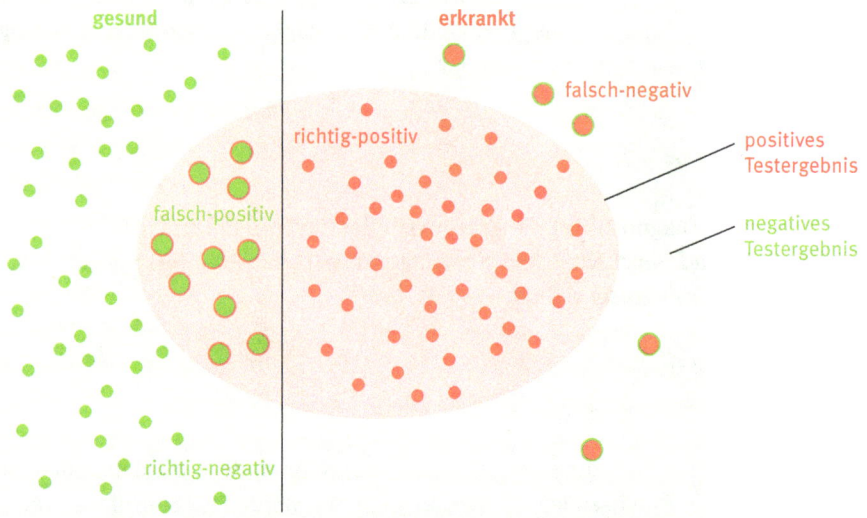

Beispiel	40 von 50 Gesunden Personen werden ● richtig-negativ getestet. 5 werden ◉ falsch-negativ getestet.	45 von 50 Erkrankten Personen werden ● richtig-positiv getestet. 10 werden ◉ falsch-positiv gestestet.
	80 % Testspezifität	90 % Testspezifität

Abb. 6.1: Sensitivität und Spezifität eines diagnostischen Tests. Die Sensitivität eines diagnostischen Tests beschreibt, wie viele der tatsächlich Infizierten als krank bewertet werden, während die Spezifität die Menge an tatsächlich Gesunden beschreibt, die als gesund erkannt werden. Falsch-positiv Getestete sind solche, die gesund sind, aber vom Test als krank identifiziert werden. Falsch-negativ beschreibt Kranke, die als gesund bewertet werden.

6.1.3 Vortestwahrscheinlichkeit

Sensitivität und Spezifität sind gute Richtwerte, vernachlässigen aber die **Vortest-wahrscheinlichkeit** [1].

Diese beantwortet folgende Fragen:

– Wie wahrscheinlich ist es, dass ich bei einem positiven Testergebnis mit SARS-CoV-2 infiziert bin?

– Wie wahrscheinlich ist es, dass ich bei einem negativen Testergebnis nicht infiziert bin?

Die Vortestwahrscheinlichkeit bringt den Faktor **Prävalenz** in die Interpretation eines Testergebnisses ein. Prävalenz beschreibt die Häufigkeit einer Krankheit in der Bevölkerung zu einem bestimmten Zeitpunkt. Die Vortestwahrscheinlichkeit erklärt somit, wie sich die Antwort auf die oben genannten Fragen verändert, wenn sich die Prävalenz verändert [1]. Bei niedriger Prävalenz sind positive Testergebnisse mit höherer Wahrscheinlichkeit falsch als bei hoher Prävalenz [2].

In einer ungezielten Massentestung der Bevölkerung sind daher rein statistisch eine große Menge an positiven Testergebnissen zu erwarten, die sich nicht bestätigen. Bei einer gezielten Testung von Personen mit z. B. Risikokontakt ist die Aussagekraft eines positiven Ergebnisses deutlich höher [1].

6.2 Probenmaterialien

Die Untersuchung auf eine SARS-CoV-2-Infektion kann mit unterschiedlichen Materialien durchgeführt werden. Wichtig ist bei der Diagnostik einer SARS-CoV-2-Infektion, dass das Probenmaterial ausreichend Virusmaterial enthält, damit der Nachweis möglichst genau ist. Am zuverlässigsten sind daher in der Frühphase der Infektion Materialien, die vom Ort der viralen Vermehrung, dem oberen Atemtrakt, stammen. Es müssen bei Abnahme der Probe jedoch nicht nur die Sensitivität, sondern auch die Praktikabilität und der Zeitpunkt der Infektion beachtet werden.

Proben aus den oberen Atemwegen sind vergleichsweise leicht zu gewinnen, oft können sie sogar von dem Patienten selbst abgenommen werden. Ihre Sensitivität ist vergleichsweise gut, da sie vom Ort der Virus-Vermehrung stammen.

Der tiefe Rachen-Nasen-Abstrich ist am verlässlichsten, da er am nächsten am Ort der viralen Vermehrung liegt und gilt daher als Goldstandard.

Gaumen- und vordere Nasen-Abstriche enthalten tendenziell weniger virales Material, sind aber leichter zu gewinnen und eignen sich v. a. für die schnelle Diagnostik außerhalb von medizinisch-diagnostischen Laboren, d. h. beispielsweise zu Hause oder am Arbeitsplatz [3].

Es konnte gezeigt werden, dass bei Verwendung von Abstrichen aus dem vorderen Nasenbereich eine 4–13 % geringere Sensitivität zu erwarten ist als bei der

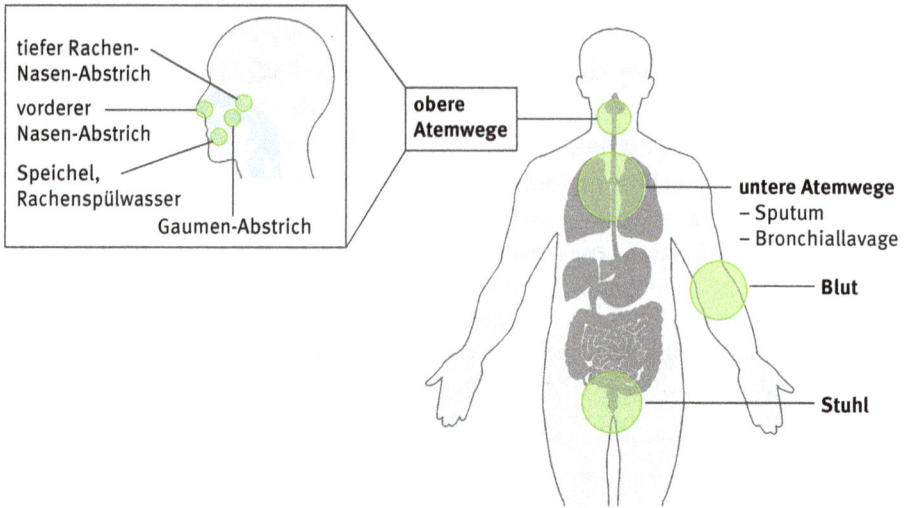

Abb. 6.2: Mögliche Probenmaterialien für einen SARS-CoV-2-Test. Proben für einen diagnostischen Test können aus den oberen Atemwegen (vorderer Nasen-Abstrich, Speichel, Gaumen-Abstrich, tiefer Rachen-Nasen-Abstrich oder Rachenspülwasser (Gurgel-Test) gewonnen werden. Die Abnahme aus diesen Bereichen ist vergleichsweise einfach und nicht sonderlich belastend für den Patienten. Aus den unteren Atemwegen können Sputum oder Bronchiallavage-Proben gewonnen werden. Aufgrund der Komplexität der Probenabnahme wird dies nur selten gemacht. Darüber hinaus können Blutproben und Stuhlproben verwendet werden.

Verwendung tiefer Rachen-Nasen-Abstriche [4–6]. Zu beachten ist aber, dass sich der Unterschied bei steigender Viruslast zunehmend verringert [7].

Speichelproben wurden zu Beginn der Pandemie nur selten verwendet, rückten jedoch im 2. Quartal 2020 zunehmend in den Fokus der Fachpresse und Öffentlichkeit. Sie bieten einige Vorteile, so z. B. eine leichte Entnahme durch untrainiertes Personal, was eine Arbeitserleichterung für Testzentren darstellt. Bei sorgfältiger Sammlung können in symptomatisch Infizierten Sensitivitätswerte von 95 % (PCR-Test) erreicht werden, sowie eine exzellente Spezifität von 99,9 % [8]. Bei einer Kombination von Speichelprobe und PCR-Test können asymptomatische Personen alternativ zu einem Antigentest getestet werden. Ein Problem bei der Verwendung von Speichelproben sind jedoch Verdünnungseffekte. Die Konzentration evtl. vorliegender viraler Partikel kann durch den Speichel reduziert werden.

Die Abnahme von Proben aus den unteren Atemwegen ist deutlich schwieriger als aus den oberen und wird daher nur äußerst selten durchgeführt. Besondere Umstände, z. B. bei Intensivpatienten, können dies notwendig machen. Der relativ große Zeitaufwand macht die Abnahme darüber hinaus äußerst unpraktikabel für eine Anwendung in größerem Stil.

Die Abnahme von Probenmaterial aus dem Atemtrakt geht immer mit der Gefahr der Aerosolbildung einher. Es ist daher notwendig, spezielle Schutzkleidung zu tragen, wie Masken, Augenschutz und Handschuhe (Kapitel 9.2) [9].

Ein Nachweis des Virus im Blut von Patienten bei einer systemischen Verbreitung ist bei besonders schwerem COVID-19-Krankheitsverlauf möglich, bringt aber wenig Erkenntnisgewinn für den Mediziner. Ein Antigennachweis oder eine PCR aus Blutproben wird daher nicht gemacht, ist aber prinzipiell möglich. Ebenso kann das Virus in Muttermilch nachgewiesen werden.

Da das Virus bei manchen Patienten nicht nur im Atemtrakt, sondern auch im Verdauungssystem nachweisbar ist, kann das Virus auch in Stuhlproben gefunden werden. Die Ausscheidung erfolgt jedoch nur in einem sehr kurzen Zeitfenster. Auch dieses Probenmaterial ist wenig praktikabel für diagnostische Zwecke, kann aber grundsätzlich zur medizinischen Bewertung der Situation herangezogen werden [10].

6.3 PCR-Tests

PCR-Tests sind der Goldstandard in der SARS-CoV-2-Diagnostik, da sie die von allen diagnostischen Tests höchste analytische Sensitivität aufweisen. Alle anderen Tests müssen sich an der Qualität der PCR-Tests orientieren (Abb. 6.3) [11]. Grundsätzlich ist die PCR eine gut etablierte Methode, mit deren Hilfe eine enorme Anzahl Kopien der viralen Erbsubstanz (RNA) hergestellt werden kann [12]. Die Kopien werden in einem sich widerholenden Kreislauf, in so genannten Zyklen, erzeugt. Mit jedem Zyklus wächst die Menge an Kopien.

Mit einer PCR-Testung wird nicht das gesamte virale Erbgut, sondern immer nur ein Abschnitt nachgewiesen; welcher Abschnitt hängt von dem Test ab.

Häufige Zielgene sind: N-Gen, Orf1-Gen und S-Gen (Kapitel 1.2.2), aber auch das M-Gen oder das Gen des Envelope-Proteins können nachgewiesen werden.

Obwohl PCR-Tests bevorzugt eingesetzt werden, sind auch andere Nukleinsäure-Amplifikationstechniken verfügbar, wie z. B. Schleifen-vermittelte isothermale DNA-Amplifikation. Diese Tests sind weniger akkurat als eine PCR, bisweilen jedoch noch schneller. Die Zeitersparnis der Nukleinsäure-Schnelltests kommt allerdings auf Kosten der Aussagekraft des Tests, sodass mit Nukleinsäure-Schnelltests vor allem qualitative Bewertungen getroffen werden.

Antigentest Indikation für einen genaueren diagnostischen Test

Antikörpertest Überprüfung vergangener Infektionen und des Infektionsschutzes

Rezeptor-bindung

Virus Freisetzung

ACE2

Endozytose

Virus Zusammen-setzung

Was weist ein PCR Test nach?
Ein PCR Test zeigt das Vorhandensein bestimmter viraler Gensequenzen an. Häufige Zielsequenzen sind die Gene des N-Protein, M-Protein, S-Protein und Envelope-Protein oder das Orf Gen des Virus.

Genom Freisetzung

Replikation

PCR-Test
Akut-Diagnostik

N-Protein

M-Protein

Envelope-Protein

S-Protein
(v. a. für Mutanten)

Orf Gen

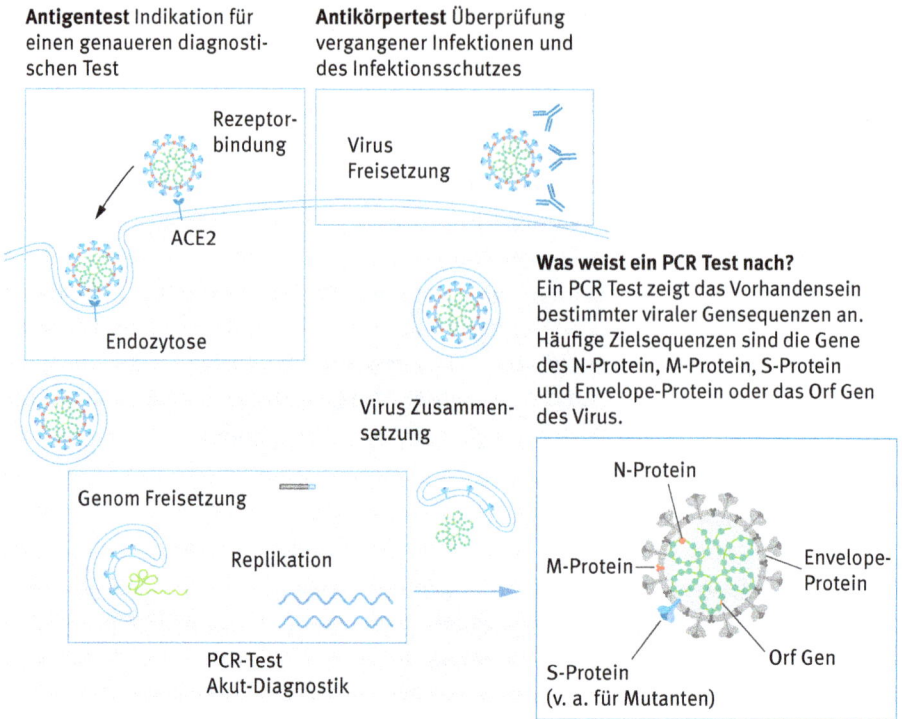

Abb. 6.3: Mögliche Tests zur Diagnose einer SARS-CoV-2-Infektion. Unterschiedliche Tests greifen zu unterschiedlichen Stadien des viralen Vermehrungszyklus an. Ihre Zielsetzung unterscheidet sich: Antigentests werden präventiv verwendet und müssen durch eine PCR bestätigt werden, PCR-Tests eignen sich besonders für die Akut-Diagnostik und Antikörpertests überprüfen den Infektionsschutz. Mit einem PCR-Test können unterschiedliche Anteile des viralen Erbgutes nachgewiesen werden: N-Protein, Envelope-Protein, S-Protein, Orf-Gen oder M-Protein. PCR: Polymerase-Kettenreaktion.

6.3.1 Interpretation des C_T-Wertes

Einer der wichtigsten Kennwerte einer PCR ist der Cycling Threshold, der **C_T-Wert** (Abb. 6.4).

Während das Erbgut kopiert wird, kann über lichtbasierte Detektionssysteme in Echtzeit beobachtet werden, wie viele Kopien des Erbgutes bereits entstanden sind [13,14]. Da aber kein Detektionssystem perfekt ist, muss erst eine bestimmte Menge an Kopien vorliegen, bevor diese detektiert werden können. Das Level, ab dem das kopierte Erbgut detektierbar ist, wird als Schwellenwert (engl. Threshold) bezeichnet [15,16]. Der Vermehrungszyklus der PCR, in dem die Menge an Kopien diesen Schwellenwert übersteigt, wird als C_T-Wert bezeichnet. Der Schwellenwert ist schneller erreicht, wenn zu Beginn der PCR-Testung bereits viele Viren in der Probe vorhanden waren.

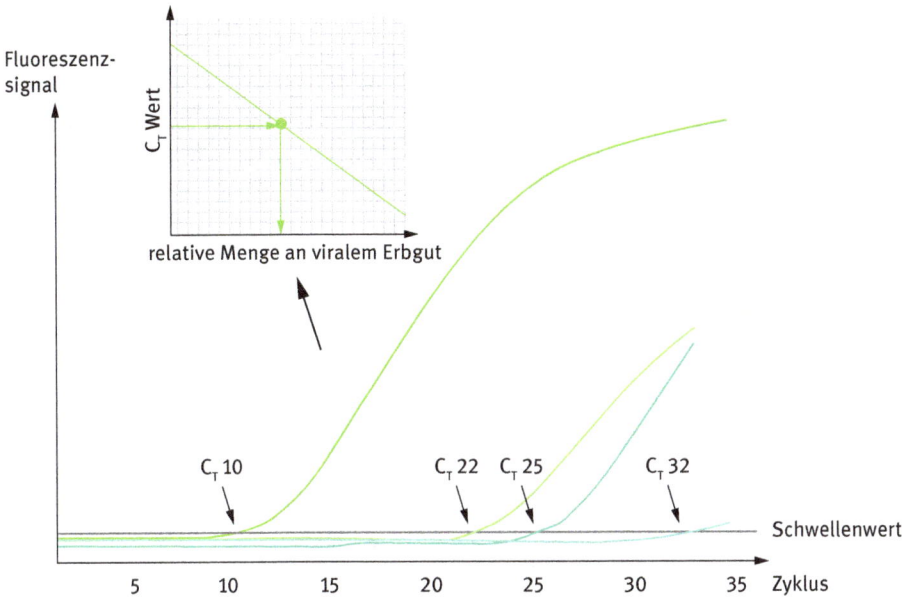

Abb. 6.4: Interpretation des C_T-Wertes einer PCR. Während einer PCR kann mittels Fluoreszenzlicht verfolgt werden, wie die Menge an produzierten Kopien des viralen Erbgutes ansteigt. Der PCR-Zyklus, während dem das Fluoreszenzsignal einen zuvor definierten Schwellenwert übersteigt, wird als C_T-Wert bezeichnet. Je mehr virale Erbsubstanz in einer Probe enthalten ist, umso niedriger ist der C_T-Wert, d. h., anhand des C_T-Wertes kann die relative Menge an viraler RNA in der Probe abgeschätzt werden (hohe oder niedrige Viruslast). C_T: Cycling Threshold, PCR: Polymerase-Kettenreaktion.

Sprich, je niedriger der C_T-Wert, umso mehr Viren enthielt eine Patientenprobe. Der C_T-Wert ist hilfreich, um zu bewerten, ob ein Patient ansteckend ist, da für eine Ansteckung eine relativ hohe Menge an Virus im Probenmaterial vorhanden sein muss. C_T-Werte, die zeigen, dass ein Patient nicht mehr ansteckend ist, können sich von Labor zu Labor unterscheiden. Die meisten Labore verwenden C_T-Werte zwischen 31 und 34 [17,18].

6.3.2 Nachweis einer SARS-CoV-2-Infektion mittels PCR-Test

Die ersten PCR-Tests zum Nachweis des COVID-19-Erregers kamen bereits Februar 2020 in Deutschland auf den Markt – siehe Tab. 6.1 [19]. Die Bedeutung der PCR-Diagnostik in der COVID-19-Bekämpfung lässt sich daran veranschaulichen, dass seit Februar 2020 bis dato 250 PCR-Tests von verschiedenen Anbietern (Stand: Februar 2022) bei den deutschen Behörden registriert wurden [19].

Wöchentlich können über zwei Millionen SARS-CoV-2-PCR-Tests durchgeführt werden [20]. Anfang 2020 waren es noch 350.000.

Indiziert ist ein PCR-Test, wenn die Symptome oder eine Ersttestung mit einem anderen Test, in der Regel einem Antigentest (Kapitel 6.4), Anlass zu der Vermutung geben, dass eine Infektion vorliegt oder wenn eine Person Kontakt zu einer infizierten Person hatte. Ein positives PCR-Testergebnis ist namentlich meldepflichtig [21].

Tab. 6.1: In Deutschland zugelassene SARS-CoV-2-Tests. Diagnostische Tests können außerhalb von Laboren als „Vor-Ort-Diagnostik" durchgeführt werden oder in diagnostischen Laboren. Im Labor erfolgt die Analyse zumeist vollautomatisch durch Maschinen, d. h. automatisiert. PCR: Polymerase-Kettenreaktion, RNA: Ribonukleinsäure. Stand: Februar 2022 [19].

	Nachweis von	zugelassene Tests
PCR-Test	virale RNA	250
Antikörpertest	Antikörper	240
Antigentest	virale Antigene	377

6.3.3 Detektion von Virusvarianten

Mit dem Aufkommen neuer Virusvarianten tritt die Mutations-Diagnostik in den Vordergrund. Für die Detektion von Mutationen und Virusvarianten steht zum einen das schnelle und verhältnismäßig kostengünstige Mutationsscreening mittels PCR-Test zur Verfügung. Mit einer PCR kann *gezielt* eine bekannte Mutation nachgewiesen und so die Virusvariante identifiziert werden. Das PCR-Mutationsscreening betrachtet somit nicht das gesamte Erbgut, sondern nur einen kleinen Ausschnitt.

Ebenfalls kann für die Mutations-Diagnostik die teure und langwierige Genom-Sequenzierung verwendet werden. Hierbei wird das *gesamte* virale Erbgut aufgeschlüsselt und mit dem Erbgut des Wildtyp verglichen, um Mutationen zu identifizieren und zu charakterisieren. Auf diesem Weg können nicht nur bekannte Mutationen nachgewiesen, sondern auch neue entdeckt werden. Um einen besseren Überblick über die in Deutschland zirkulierenden Virusvarianten zu gewinnen, wurden spezielle Regelungen für die Genom-Sequenzierung implementiert (Coronavirus-Surveillanceverordnung). Nach Empfehlungen des RKI werden 5 % (bzw. 10 % bei bundesweit weniger als 70.000 Neuinfektionen pro Woche) der in der jeweiligen Woche untersuchten Proben mit einem C_T-Wert über 25 sequenziert.

Wenn ein epidemiologischer/labordiagnostischer Verdacht auf das Vorliegen einer Variant of Concern vorhanden ist (z. B. ein erhöhtes Übertragungspotential, Impfdurchbrüche oder eine unerwartete Krankheitsschwere), sollte unabhängig davon eine Sequenzierung erfolgen. Sequenzierungen können auch für Forschungsfragen interessant sein [22].

6.3.4 Einschränkungen der PCR Diagnostik

Als limitierte Ressource ist die PCR einigen Einschränkungen unterworfen, beispielsweise einem hohen Zeitaufwand. Zudem kann es bei extensiver Verwendung zu Lieferengpässen der Verbrauchsmaterialien kommen. Ebenso steht nur eine begrenzte Menge an Fachpersonal für die Testdurchführung zur Verfügung. Eine Bereitstellung der Testergebnisse kann Stunden bis Tage dauern [23,24].

6.3.4.1 Schwankungen der Viruslast

Die Menge an viralem Erbgut kann während des Infektionsverlaufes im oberen Atemtrakt erheblich schwanken, sodass der Entnahmezeitpunkt der Probe entscheidend ist [25]. Auch erfordert ein valides Ergebnis die sachgerechte Abnahme eines Abstriches an der richtigen Stelle. Vordere Nasen-Abstriche sind weniger verlässlich als Rachen-Nasen-Abstriche, die in der SARS-CoV-2-Diagnostik als Goldstandard gelten (Kapitel 6.2) [26–28].

6.3.4.2 Analytische Sensitivität

Da die analytische Sensitivität eines PCR-Tests höher ist als die Sensitivität eines Antigentests, stellt sich die Frage: Warum werden PCR-Tests nicht flächendeckend zum Screening eingesetzt [29]? Kontra-Intuitiv ist die hohe analytische Sensitivität bei asymptomatischen SARS-CoV-2-Infizierten ein Problem für das SARS-CoV-2-Management (Abb. 6.5) [30,31]. Eine PCR detektiert eine Infektion bereits wenige Tage bevor ein Antigentest positiv wird und bevor die infizierte Person ansteckend ist. Allerdings kann der PCR-Test auch nach Abklingen der Infektiosität noch über Wochen oder Monate hinweg positiv bleiben. Ein Antigentest liefert zu diesem Zeitpunkt schon ein negatives Ergebnis. Erkrankte, die in diesem späten Stadium durch eine PCR erkannt werden, müssen in Quarantäne, auch wenn keine Gefahr der Ansteckung mehr besteht. Dieses Vorgehen hat sowohl persönliche wie auch gesellschaftliche Konsequenzen.

Statistisch gesehen wird bei Verwendung flächendeckender PCR-Tests häufiger eine Person nach Genesung PCR-positiv bleiben als Personen vor dem infektiösen Stadium detektiert werden, da das prä-infektiöse Fenster, in dem eine PCR bereits ein positives Ergebnis liefern kann, sehr schmal ist, eine Person jedoch nach Abklingen der Infektiosität noch sehr lange PCR-positiv bleibt [32].

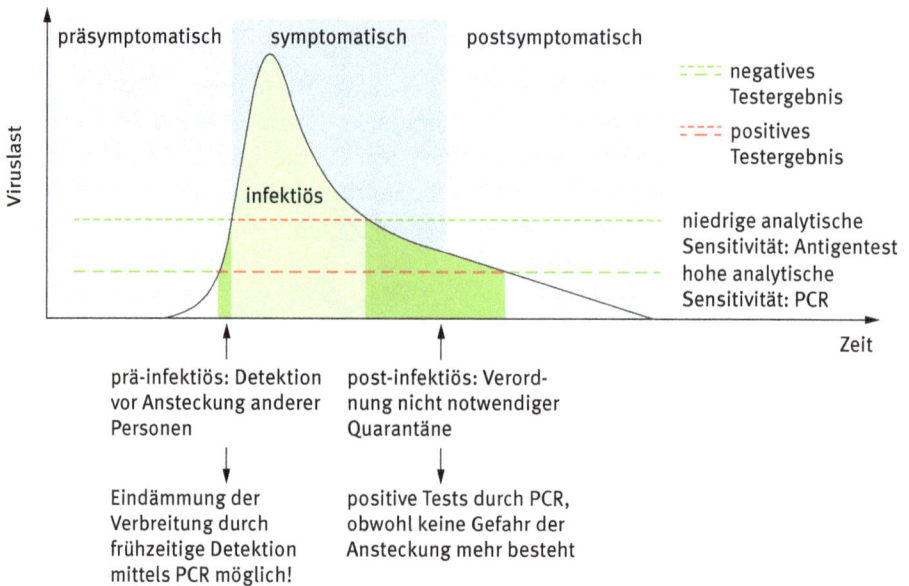

Abb. 6.5: Einfluss der analytischen Sensitivität auf die SARS-CoV-2-Diagnostik. Nur die hochanalytische PCR kann eine Infektion in dem kurzen Zeitfenster vor Auftreten der Symptome verlässlich nachweisen. Sie bleibt jedoch auch lange nach Abklingen der Infektiosität bisweilen noch positiv. Antigentests hingegen verpassen das kurze prä-infektiöse Zeitfenster, bleiben aber nicht lange über Ende der Infektiosität hin positiv. Antigentests sind daher zum Screening geeignet, PCR-Tests für die Bestätigung einer Infektion oder den Nachweis nach Risikokontakt.

6.3.4.3 Die Perfektion des PCR-Tests!?

Auch wenn der PCR-Test das diagnostische Mittel der Wahl ist, darf nicht vergessen werden, dass es im biologischen Kontext keine Perfektion gibt. Auch ein negatives PCR-Testergebnis kann eine Infektion nicht grundsätzlich ausschließen [29,33]. Es kommt in der Labordiagnostik daher auf eine wohl überlegte Kombination verschiedener diagnostischer Tests an und nicht auf das blinde Vertrauen auf einzelne Systeme.

6.4 Antigentests

Im Verlauf des Jahres 2021 rückten **Antigentests** in den Fokus der Diagnostik. Während PCR-Tests das Viruserbgut nachweisen, bestimmen Antigentests Eiweißstrukturen (Proteine) des Virus. Die Zulassung von Antigentests für das häusliche und berufliche Umfeld veränderte das SARS-CoV-2-Management beträchtlich (Abb. 6.6). Sie lassen sich mit weniger Infrastruktur und Aufwand als eine PCR-Testung durchführen, unterliegen aber Sensitivitäts-Einschränkungen [34]. In einer Studie von November 2021 konnte gezeigt werden, dass rund 21 % von 122 geprüften Antigen-Schnell-

Nukleocapsid Protein

Spike Protein

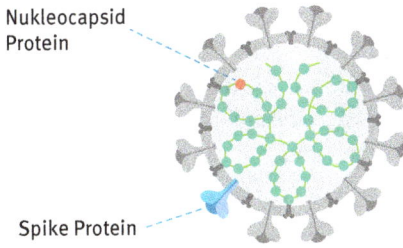

Antigentests detektieren verschiedene virale Proteine

Anwendungsgebiete:
· Selbsttest (vorderer Nasenbereich): Selbstständige, präventive Testung
· Schnelltest (Rachen-Nasen-Abstrich): Screening, insbesondere in Firmen, Wohngemeinschaften, Bildungseinrichtungen u. a.
· Verdacht auf Re-Infektion wenn der vorherige Test ≤ 3 Monaten zurückliegt
· Quantifizierung durch automatisierte Antigentests möglich

Antigentest

zu beachten bei der **Probenentnahme:**
· Entnahmeort (Ort der viralen Vermehrung): vorderer Nasenabstrich, Rachen-Nasen-Abstrich
· Entnahmezeitpunkt: starke Schwankungen in der ersten Woche nach Infektion
· korrekte Durchführung
· ggf. korrekte Lagerung der Probe

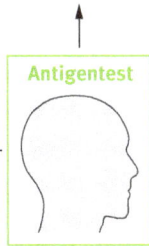

Testergebnis

C
T

S

negativ

negatives Ergebnis
· kein grundsätzlicher Ausschluss einer Infektion
· 24 h gültig
· falsch-negative Ergebnisse können durch PCR-Nachtestung oder hochfrequente Antigentests entkräftet werden

positives Ergebnis
· frühzeitige Identifizierung und Isolierung infektiöser Personen verhindert weitere Ansteckungen
· Meldepflichtig bei einem Schnelltest, nicht aber bei einem Selbsttest
· Nachtestung mit einer PCR erforderlich

C
T

S

positiv

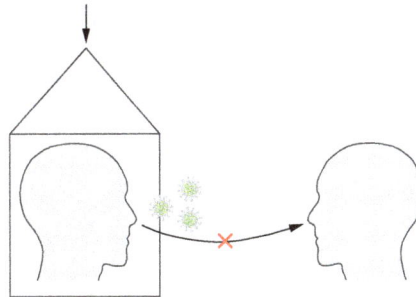

positive PCR: Quarantäne

Abb. 6.6: Einsatz der Antigentests im SARS-CoV-2-Management. Antigentests detektieren das N- oder S-Protein des Virus. Proben für diese Tests müssen am Ort der viralen Vermehrung (Atemtrakt) und korrekt entnommen werden. Sie können eigenverantwortlich zu Hause oder im beruflichen Umfeld zum Screening verwendet werden. Ein negatives Ergebnis schließt eine Infektion nicht grundsätzlich aus und ist 24 h gültig. Ein positives Ergebnis muss durch einen PCR-Test bestätigt werden.

tests (bei einem C_T-Wert von < 25) eine Sensitivität von 75 % nicht erreichten [35]. Automatisierte Antigentests, die in Laboren durchgeführt werden, weisen jedoch eine wesentlich bessere Sensitivität auf, sodass auch in einem CT-Bereich von 25–30, in dem Schnelltests nur unzuverlässig eine Infektion nachweisen, eine gute Nachweissensitivität angenommen werden kann.

6.4.1 Der Antigennachweis als Werkzeug

Bei einer viralen Infektion lassen sich Virus-Antigene im Körper der erkrankten Person nachweisen. Für die Diagnostik ist es wichtig, die Probe an der Position zu entnehmen, an der eine Vermehrung des Virus erwartet wird. Das hat folgenden Grund: Antigennachweise haben eine niedrigere analytische Sensitivität als PCR-Tests. Für einen positiven Antigennachweis wird daher eine große Menge an Virus benötigt, die nur am Ort der Vermehrung vorliegt.

Das Ergebnis eines Antigentests hängt auch von dem Zeitpunkt der Probenentnahme ab. In der ersten Woche nach Infektion schwankt die Viruslast in den oberen Atemwegen sehr stark. Die Sensitivität des Antigentests steigt mit fortschreitender Infektion an [7,36]. Es hängt also entscheidend davon ab, das richtige Zeitfenster für die Durchführung des Antigentests zu finden. Das ist aber sehr schwierig, da der genaue Infektionszeitpunkt meistens nicht bekannt ist. Am besten können Antigentests eine Infektion erkennen, wenn sie kurz vor oder nach Auftreten der Symptome eingesetzt werden [33].

Nachgewiesen werden entweder das S-Protein in der Hülle des Virus oder das N-Protein, das die virale Erbsubstanz bedeckt.

6.4.2 Wofür wird ein SARS-CoV-2-Antigentest verwendet?

Die Stärke der Antigentests liegt in ihrer Schnelligkeit und Einfachheit. Das Ergebnis eines Antigen-Schnelltests ist in 15 Minuten verfügbar. Aufgrund ihrer Einfachheit können die meisten Tests zu Hause oder im beruflichen Umfeld ohne geschulte Hilfe verwendet werden.

Ein positives Testergebnis löst den Verdacht auf eine infektiöse Krankheit aus [23]. Ein positives Antigenergebnis muss aber immer durch einen PCR-Test bestätigt werden. Wenn ein selbst durchgeführter Test positiv ist, sollte sich die Person eigenverantwortlich absondern und telefonisch mit dem Hausarzt/einem Testzentrum Kontakt aufnehmen. Eine Meldepflicht tritt aber erst ein, wenn final ein positives PCR-Ergebnis vorliegt. Bei Positivtestung durch einen professionell durchgeführten Antigentest besteht eine sofortige Meldepflicht [20].

Ein negatives Testresultat schließt eine Infektion nicht grundsätzlich aus [37]. Es ist lediglich weniger wahrscheinlich, dass eine Person ansteckend ist. Die Aussagekraft des Testergebnisses ist zeitlich begrenzt.

Des Weiteren können mittels Pool-Testungen mehrere Personen gleichzeitig getestet werden, was eine Prozess-Beschleunigung zur Folge hat. Dabei werden alle Proben von z. B. einer Schulklasse gemischt. Diese gepoolte Probe wird dann getestet. Eine Testung der Einzelproben ist nur notwendig, wenn eine gepoolte Probe positiv ist. Nachteilig ist dabei, dass durch die Verdünnung schwach-positiver Proben ein falsch-negatives Ergebnis vorliegen kann.

6.4.3 Funktionsprinzip

Ende Februar 2021 erteilte das deutsche Bundesministerium für Arzneimittel und Medizinprodukte die erste Zulassung für drei **Antigen-Selbsttests** [38]. Derzeit können Hersteller ihre Antigentests selbst überprüfen und dann eigenständig für den Markt freigeben. Ab Mai 2022 ist geplant, dass die Überprüfung der Antigentests für Markteinführung durch ein unabhängiges Referenzlabor durchgeführt werden muss (Stand: November 2021).

Antigen-Schnelltests bestehen in der Regel aus einer Plastikkassette, in der ein Teststreifen enthalten ist, einem Testreagenz und einem Tupfer für die Probenentnahme. Die Probe wird auf dem dafür vorgesehenen Pad auf der Testkassette aufgetragen. Nach 15–20 Minuten kann das Ergebnis direkt auf dem Teststreifen abgelesen werden.

Die verfügbaren Antigen-Selbsttests werden als **Lateral-Flow-Tests** bezeichnet (Abb. 6.7). In der Testkassette befindet sich eine Membran, auf der sich eine Kontrolllinie und eine Testlinie befinden. Der Bereich um die Testlinie ist mit Antikörpern beschichtet, die SARS-CoV-2-Antigene festhalten können. Die gleichen Antikörper befinden sich lose verteilt in dem Pad, auf das die Probe aufgetragen wird – nur, dass diese mit kleinen Farbpartikeln markiert sind. Wenn Virusantigene in der Probe sind, kommt es schlussendlich zu einer Anreicherung dieser Farbpartikel im Bereich der Testlinie: Ein Streifen wird sichtbar. Wenn kein Antigen in der Probe enthalten ist, erscheint kein farbiger Streifen.

Jeder Antigen-Selbsttest verfügt über eine Kontrolle, die bei allen Herstellern nach einem ähnlichen Prinzip aufgebaut ist. Grundsätzlich lässt sich aber sagen: Die farbig markierten Antikörper können sich im Bereich der Testlinie, unabhängig von der Präsenz des Virusantigens, anreichern. Somit sollte auf jeden Fall ein Streifen dort entstehen. Erscheint die farbige Kontrolllinie nicht, so ist anzunehmen, dass der Test nicht funktioniert hat. Statt Farbe kann auch Licht zur Detektion der Antigene verwendet werden.

Mit automatisierten Antigentests können mehrere hundert Proben in einem Durchlauf abgearbeitet werden. Durch den Einsatz mehrerer monoklonaler Antikörper kann eine Sensitivität erreicht werden, die fast so gut ist wie die eines PCR-Testes.

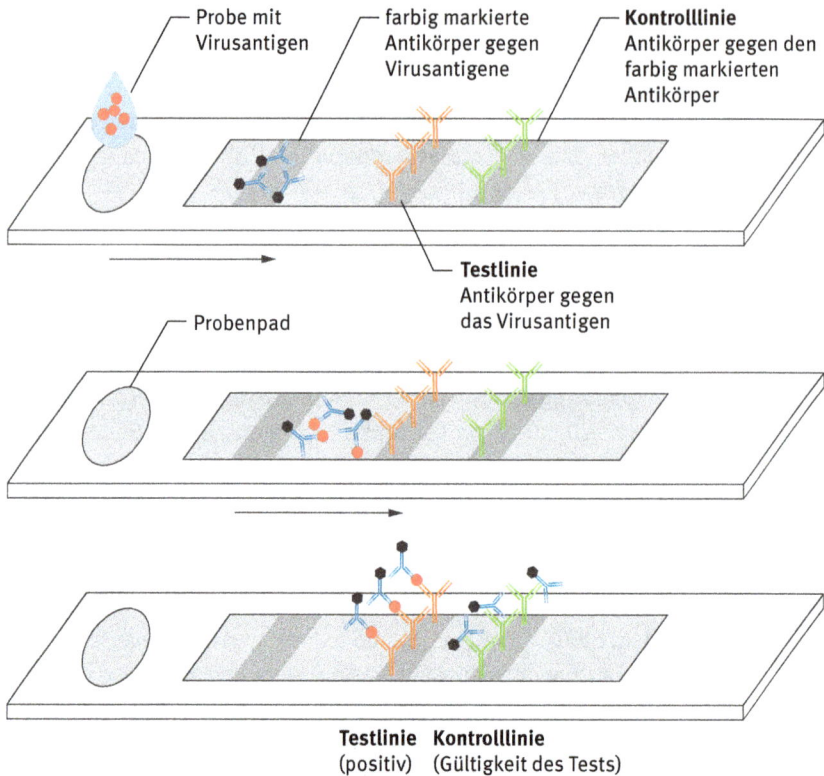

Abb. 6.7: Prinzip eines Antigen-Schnelltests. Eine Probe, die potenziell SARS-CoV-2-Antigen enthält, wird auf das Probenpad aufgetragen. Auf Grund kapillarer Kräfte wandert die Flüssigkeit über die Membran des Teststreifens, in der farbig markierte Antikörper gegen das Virusantigen eingebettet sind. Diese Binden an das Virusantigen in der Probe. Im Bereich der Testlinie wird das Antigen zusätzlich von den dort fest gebundenen Antikörpern abgefangen. Auf Höhe der Kontrolllinie befinden sich Antikörper, die die farbig markierten Anti-SARS-CoV-2-Antikörper erkennen und festhalten. Es entsteht eine farbige Linie. Fehlt diese, so ist der Test ungültig.

6.4.4 Die Qual der Wahl: Selbsttest oder professionell durchgeführter Antigentest?

Alle dem aktuellen Stand nach angebotenen Antigen-Tests basieren auf demselben Funktionsprinzip, unterscheiden sich aber in den untersuchten Proben sowie der Automatisierung des Vorganges (Abb. 6.8). Selbsttests sind nicht für eine Automatisierung geeignet, das Testergebnis ist dafür aber schnell verfügbar. Als Goldstandard für einen Antigentest gelten Rachen-Nasen-Abstriche (Kapitel 6.2). Der Rachen-Nasen-Abstrich ist der „Test der Wahl", wenn kein PCR-Test zur Verfügung steht. Laien können diesen aber kaum selbst durchführen, daher wird hierfür speziell geschultes Personal benötigt.

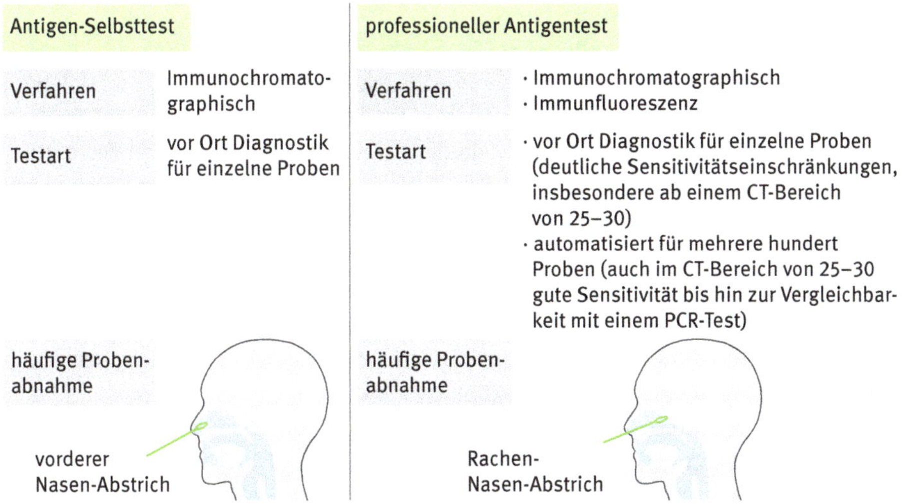

Antigen-Selbsttest		professioneller Antigentest	
Verfahren	Immunochromato-graphisch	Verfahren	· Immunochromatographisch · Immunfluoreszenz
Testart	vor Ort Diagnostik für einzelne Proben	Testart	· vor Ort Diagnostik für einzelne Proben (deutliche Sensitivitätseinschränkungen, insbesondere ab einem CT-Bereich von 25–30) · automatisiert für mehrere hundert Proben (auch im CT-Bereich von 25–30 gute Sensitivität bis hin zur Vergleichbarkeit mit einem PCR-Test)
häufige Proben-abnahme		häufige Proben-abnahme	
vorderer Nasen-Abstrich		Rachen-Nasen-Abstrich	

Abb. 6.8: Unterschiede zwischen einem Antigen-Selbsttest und einem professionellen Antigentest. Für einen Selbsttest werden Nasen-Abstriche verwendet, wohingegen Rachen-Nasen-Abstriche für professionelle Tests zum Einsatz kommen. Selbsttest dienen der „vor Ort"-Diagnostik, professionelle Tests können viele Proben parallel verarbeiten.

Viele Antigentests, die auf dem Markt verfügbar sind, weisen laut Herstellerangaben hohe Sensitivitätswerte von > 95 % auf. Die Sensitivität eines Tests hängt jedoch stark von der gewählten Patientengruppe ab. Hoch-symptomatische Patienten werden mit höherer Frequenz einen positiven Antigentest haben als asymptomatisch infiziert oder mild erkrankte. Auch die Wahl der Referenzmethode beeinflusst die Sensitivität eines Antigentests erheblich.

Es sind des weiteren auch vollautomatische Antigentests verfügbar, die eine höhere Sensitivität als Selbsttests oder professionell händisch durchgeführte Tests aufweisen.

6.5 Antikörpertests

Für das Pandemie-Management ist die Frage nach dem Infektionsschutz von erheblicher Bedeutung. Antikörper sind ein Bestandteil des Immunsystems, der zu diesem Schutz beiträgt. Antikörpertests unterscheiden sich nur wenig im Funktionsprinzip zu Antigen-Tests, detektieren aber verschiedene Antikörper gegen unterschiedliche Bestandteile des Virus. Das ist relevant, da sich die Antikörper im Verlauf der Erkrankung verändern (Kapitel 5.5).

6.5.1 Der Einsatz von Antikörpertests

Auch in Fällen, in denen eine SARS-CoV-2-Infektion ohne oder mit nur leichten Symptomen verlief, kann ein Antikörpertest eine überstandene Infektion nachweisen (Abb. 6.9). Sie bilden damit einen wichtigen Baustein in der Patientenversorgung und der Bekämpfung sowie Überwachung des COVID-19-Erregers. Antikörpertests können maßgeblich zur Beurteilung des Immunstatus der Bevölkerung beitragen und damit die Wiederherstellung des öffentlichen Lebens fördern [39–41].

Für einen Einsatz in der Akut-Diagnostik sind Antikörpertests aufgrund der besonderen Dynamik beim SARS-CoV-2-Erreger nicht geeignet (Kapitel 5.5). Überprüft werden kann mit serologischen Tests ein zurückliegender Kontakt mit dem Virus bzw. die Spätphase einer akuten Infektion, wodurch sowohl der persönliche Infektionsschutz als auch die Krankheitsprävalenz innerhalb der Bevölkerungsgruppe bewertet werden kann [20]. Im Rahmen der zunehmenden COVID-19-Impfungen kann eine serologische Untersuchung hilfreich für die Ermittlung der Wirksamkeit einer erfolgten Impfung sein.

Im Kampf gegen Infektionserreger konnte gezeigt werden, dass bei einigen Erkrankungen, z. B. das Tollwutvirus, die Gabe von Antikörpern, die synthetisch produziert oder aus dem Blut ehemals erkrankter Personen gewonnen wurden, den Krankheitsverlauf vermindern können. Nach Ausheilung einer SARS-CoV-2-Infektion können die betroffenen Personen daher Plasma spenden.

Antikörpertests haben eine wichtige Funktion bei der Identifizierung geeigneter Spender [42,43].

Epidemiologie

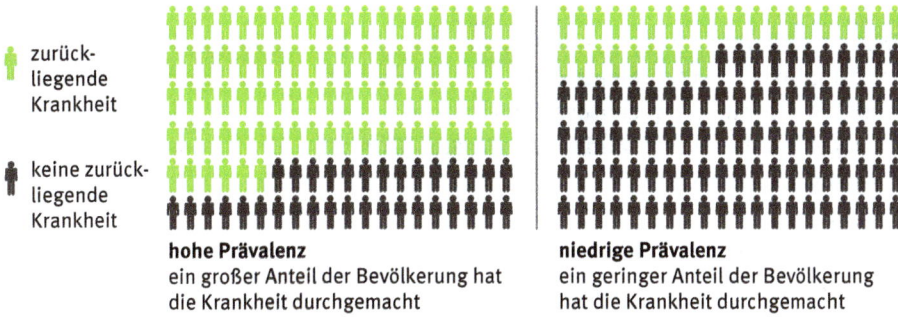

zurück-liegende Krankheit

keine zurück-liegende Krankheit

hohe Prävalenz
ein großer Anteil der Bevölkerung hat
die Krankheit durchgemacht

niedrige Prävalenz
ein geringer Anteil der Bevölkerung
hat die Krankheit durchgemacht

Bedeutung: Screening der Bevölkerung für epidemiologische Fragestellungen wie die Untersuchung von Infektionsketten und Überwachung des Infektionsstatus einer Bevölkerungsgruppe

Schutz vor (Re-)Infektion

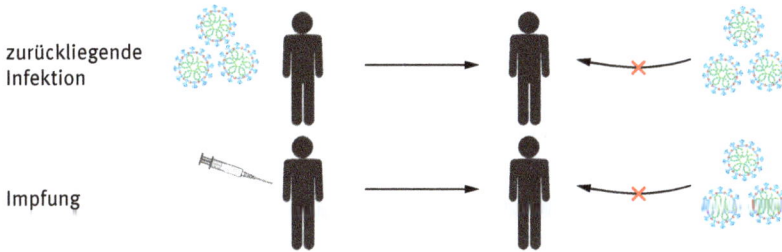

zurückliegende
Infektion

Impfung

Bedeutung: Überprüfung des Immunstatus nach einer durchlaufenden Infektion oder Impfung, um den Schutz gegen eine (erneute) Infektion zu bewerten

Therapie

Spende von
Antikörpern

genesene
Person

schwer erkrankte
Person

Erholung der
erkrankten Person

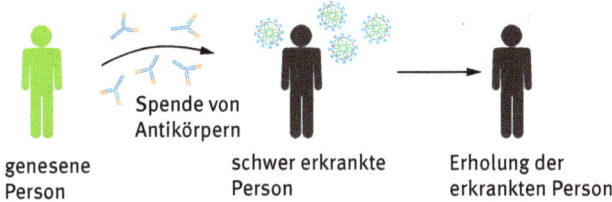

Bedeutung: Identifizierung geeigneter Spender für Blutplasma, das spezifische Antikörper gegen SARS-CoV-2 enthält und für die Therapie von Patienten mit schwerem Krankheitsverlauf eingesetzt werden kann

Abb. 6.9: Einsatzgebiete von Antikörpertests. Antikörpertests sind nicht verwendbar für die Akut-Diagnostik, helfen aber einzuschätzen, welcher Anteil der Bevölkerung bereits infiziert wurde. Sie weisen einen Infektionsschutz nach und helfen, Personen zu identifizieren, aus deren Blut SARS-CoV-2-Antikörper isoliert werden können, um diese zur Therapie schwer erkrankter Patienten einzusetzen.

6.5.2 Verfügbare Antikörpertests

Derzeit vermarktete Antikörpertests konzentrieren sich auf die Detektion des N-Proteins und/oder des S-Proteins (Abb. 6.10). Viele Antikörpertests weisen dabei alle Antikörper nach, die gegen das Protein gebildet werden. Andere fokussieren sich hingegen auf bestimmte **Antikörperklassen** (Isotypen), die sich im Verlauf der Infektion verändern (siehe Kapitel 5.5). Erhältlich sind Tests für:
- nur IgG
- IgG und IgA
- IgG und IgM
- Gesamt-Antikörper

Der Nachweis ausschließlich folgender Antikörper/Antikörperkombinationen hat sich im Verlauf der Pandemie nicht bewährt:
- nur IgA
- nur IgM
- IgA und IgM

IgA und IgM werden während der Frühphase der Infektion detektiert. Die Konzentration dieser Antikörper sinkt danach unter die Nachweisgrenze der Antikörpertests.

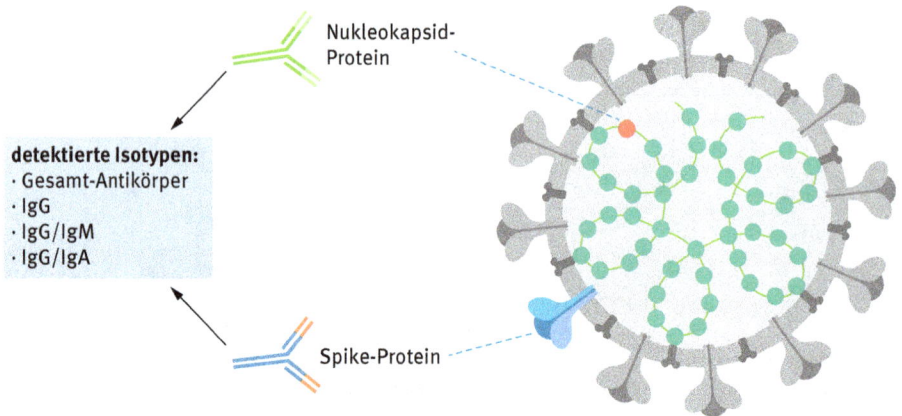

Abb. 6.10: Antikörpertests weisen das Nukleokapsid Protein oder das Spike Protein nach.

6.5.3 Limitationen der Antikörper-Diagnostik und die Frage nach dem Infektionsschutz

Man hat einen positiven Antikörpertest. Ist man also geschützt? In der Diagnostik begegnet man dieser Frage sehr häufig. Die Antwort darauf hängt von drei Fragen ab (Abb. 6.11) [44].

1. Schützen Antikörper vor einer erneuten Infektion?

Studien zeigen, dass ein hoher Antikörpertiter vor einer Infektion schützt [45]. Wichtig ist hierbei zu beachten, dass in diesen Studien i. d. R. Gruppen miteinander verglichen werden, sodass gesagt werden kann, dass eine Gruppe mit Personen mit einem hohen Titer durchschnittlich eher geschützt ist als eine Gruppe mit Personen mit einem niedrigen Titer. Eine Aussage für einzelne Individuen kann aufgrund dieser Studienlage nur schwer getroffen werden. Auch bleibt die Frage wie lange dieser hohe Titer Bestand hat. Ebenso ist eine Infektion mit einer Virusvariante bei einem robusten Antikörpertiter gegen das ursprüngliche Virus durchaus möglich.

Eine besondere Bedeutung kommt dem Anteil an Antikörpern zu, der neutralisierend wirkt. Viele Antikörpertests können jedoch nicht zwischen neutralisierenden und nicht-neutralisierenden Antikörpern unterscheiden. Es ist möglich, einen speziellen Neutralisationsassay durchzuführen, der aber zeitaufwendig ist und unter hohen Sicherheitsmaßnahmen durchgeführt werden muss [46–48].

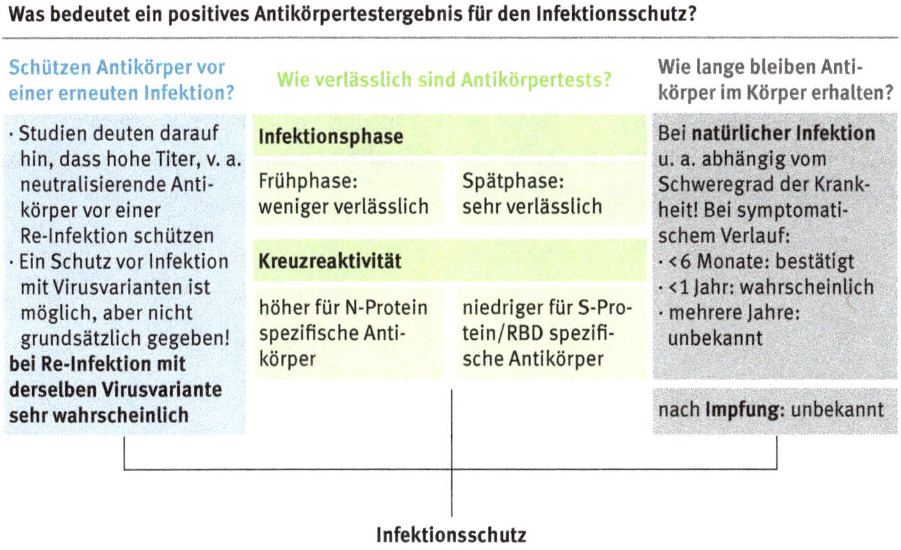

Was bedeutet ein positives Antikörpertestergebnis für den Infektionsschutz?

Schützen Antikörper vor einer erneuten Infektion?	Wie verlässlich sind Antikörpertests?		Wie lange bleiben Antikörper im Körper erhalten?
· Studien deuten darauf hin, dass hohe Titer, v. a. neutralisierende Antikörper vor einer Re-Infektion schützen · Ein Schutz vor Infektion mit Virusvarianten ist möglich, aber nicht grundsätzlich gegeben! **bei Re-Infektion mit derselben Virusvariante sehr wahrscheinlich**	**Infektionsphase** Frühphase: weniger verlässlich **Kreuzreaktivität** höher für N-Protein spezifische Antikörper	Spätphase: sehr verlässlich niedriger für S-Protein/RBD spezifische Antikörper	**Bei natürlicher Infektion** u. a. abhängig vom Schweregrad der Krankheit! Bei symptomatischem Verlauf: · < 6 Monate: bestätigt · < 1 Jahr: wahrscheinlich · mehrere Jahre: unbekannt nach **Impfung**: unbekannt

Infektionsschutz

Abb. 6.11: Was bedeutet ein Antikörpertest in Hinsicht Infektionsschutz? Drei Fragen müssen zur Bewertung des Infektionsschutzes mittels Antikörpertest beantwortet werden: Schützen Antikörper vor Infektionen? Sind die Tests verlässlich? Wie lange bleiben die Antikörper erhalten? RBD: Rezeptor-Bindungsdomäne.

2. Wie verlässlich sind Antikörpertests?

Die Sensitivität von Antikörpertests variiert im Verlauf der Infektion. In der Frühphase der Infektion (erste Woche) werden nur Werte von 30 % erreicht, während in der dritten Woche nach Symptombeginn über 94 % Sensitivität möglich sind [49].

Die Spezifität von Antikörpertests kann durch Kreuzreaktivität limitiert sein [50,51]. Das Phänomen der Kreuzreaktivität beschreibt, dass verschiedene Viren ähnliche Antigene besitzen. Antikörper, die gegen ein solches „geteiltes" Antigen gebildet werden, können daher auch andere Viren erkennen und ggf. bekämpfen. Das ist aus immunologischer Sicht ein großer Vorteil, kann aber für den Schutznachweis gegen ein bestimmtes Virus problematisch sein, weil dadurch falsch-positive Testergebnisse entstehen.

3. Wie lange bleiben Antikörper im Blut nachweisbar?

Die Halbwertszeit von Antikörpern ist ca. 4 Wochen. Ohne Re-Stimulation sinkt die Antikörper-Konzentration daher relativ schnell innerhalb von Monaten deutlich ab. Es verbleiben jedoch auch bei sinkendem Antikörpertiter Gedächtnis-B-Zellen (Kapitel 5.6), die bei einer Re-Infektion sehr schnell hohe Mengen an Antikörpern neu produzieren können. In seltenen, aber messbaren Fällen kommt es trotz Infektion zu keiner detektierbaren Antikörperantwort [52]. Das kann zum einen mit einer mangelhaften Sensitivität des Tests oder auch mit einer ausbleibenden Serokonversion zusammenhängen, insbesondere bei mildem Krankheitsverlauf. In solchen Fällen können Personen mit Antikörpertests falsch-negativ getestet werden.

Es ist wichtig zu berücksichtigen, dass eine effektive adaptive Immunantwort gegen Viren nicht nur auf der Produktion von Antikörpern basiert, sondern auch andere Immunmechanismen einschließt, insbesondere T-Zellen, die nicht durch Antikörpertests abgebildet werden. Inwieweit bei Personen mit gesicherter Diagnose und negativem Antikörperergebnis dennoch eine (partielle) Immunität vorhanden ist, kann noch nicht abschließend beantwortet werden.

6.6 Ein Überblick der labordiagnostischen Möglichkeiten im Kampf gegen SARS-CoV-2

Wie in diesem Kapitel beschrieben wurde, ist der Markt an Labordiagnostika im Wettstreit mit der COVID-19-Pandemie sehr breit und vielfältig aufgestellt (Tab. 6.2).

Tab. 6.2: Verfügbare SARS-CoV-2-Tests. Zum Nachweis einer SARS-CoV-2-Infektion sind verschiedene Tests verfügbar, die nach viralem Erbgut, viralen Antigenen oder Antikörpern gegen das Virus schauen. Sie unterscheiden sich in Aufwand, Geschwindigkeit, Probenmaterial und Konsequenzen des Testergebnisses. PCR: Polymerase-Kettenreaktion.

	Nukleinsäurenachweis (z. B. PCR-Test	Automatisierter Antigentest	Antigen-Schnelltest	Antikörpertest
alternative Begriffe	molekularbiologische Testung	Quantitativer Antigentest, automatisierter Antigentest	Vor-Ort-Test	serologische Testung
Was wird nachgewiesen?	Erbmaterial (RNA)	Antigene (ähnlich sensitiv wie PCR, auch im Bereich CT > 25–30)	Antigene (weniger sensitiv als der automatisierte Antigentest, nicht im Bereich CT > 25–30)	Antikörper (Unterscheidung zwischen Impfung und Genesung möglich)
Labor notwendig?	ja	ja	nein	ja
Ergebnistyp	quantitativ (PCR Test, CT Wert) oder qualitativ (andere Nukleinsäurenachweisverfahren)	quantitativ	qualitativ	quantitativ
gängiges Probenmaterial	tiefer Nasopharynx-Abstrich, Gurgellösung	diverse Abstriche	vorderer Nasen-Abstrich (Selbsttest), Speichel (Selbsttest), tiefer Nasopharynx-Abstrich (professioneller Test)	Blut, Serum, Plasma
Wer entnimmt die Probe?	medizinisches oder geschultes Personal	geschultes Personal	die Person selbst	medizinisches Personal
Meldepflicht	ja	ja	nein, erst nach positiver PCR	ja
Maßnahmen bei positivem Ergebnis	Quarantäne, Isolation	vorsorgliche Absonderung und PCR-Test	vorsorgliche Absonderung und PCR-Test	PCR-Test zur Abklärung der Infektiosität

Dem geneigten Leser mag nun folgende Frage in den Sinn kommen: Wie entscheide ich, welchen Test ich aus diesem umfangreichen Menü auswählen soll? Ansätze einer Antwort wurden in diesem Kapitel bereits gegeben, es soll an dieser Stelle aber etwas umfangreicher auf diese Frage eingegangen werden.

Vor der Auswahl eines diagnostischen Tests müssen zwei wichtige Fragen gestellt werden:

1. **Wofür braucht man den Test?**
   – Nachweis einer möglichen Infektion ohne Risikokontakt (präventiver Test), d. h., es gibt keinen konkreten Verdacht für eine Ansteckung
   – Nachweis einer möglichen Infektion nach Risikokontakt, d. h., es gibt den konkreten Verdacht, dass eine Ansteckung erfolgt ist
   – Wird der Test schnell benötigt oder können ein paar Tage vergehen, bis das Ergebnis vorliegt?
   – Muss ein Infektionsschutz nachgewiesen werden?
2. **In welchem Stadium der Infektion befindet man sich?**
   – Hat man Symptome?
   – Wenn ja, wie lange bestehen diese bereits?
   – Wenn es ein Risikokontakt gab, wie lange liegt dieser zurück?

Zusätzlich hängt die Wahl des Testes von dem vorhandenen Probenmaterial ab, da nicht jede Probe für jeden Test verwendet werden kann.

Grundsätzlich gilt:

– PCR-Test: nach Risikokontakt, dauert länger, vor und nach Symptombeginn einsetzbar
– Antigentest: ohne Risikokontakt, schnell, deutlich verlässlicher nach Symptombeginn
– Antikörpertest: Überprüfung des Infektionsschutzes, i. d. R. dauert der Test länger, Schnelltests sind weniger verlässlich, ab 2 Wochen nach Symptombeginn sinnvoll

Literatur

[1] RKI – Archiv 2021 – Was ist bei Antigentests zur Eigenanwendung (Selbsttests) zum Nachweis von SARS-CoV-2 zu beachten? Available at https://www.rki.de/DE/Content/Infekt/EpidBull/Archiv/2021/08/Art_01.html (2021). (letzter Zugriff: 11.08.21).

[2] Stites EC, Wilen CB. The Interpretation of SARS-CoV-2 Diagnostic Tests. Med. 2020;1:78–89; 10.1016/j.medj.2020.08.001.

[3] Moreira VM, et al. Diagnosis of SARS-Cov-2 Infection by RT-PCR Using Specimens Other Than Naso- and Oropharyngeal Swabs: A Systematic Review and Meta-Analysis. Diagnostics. 2021;11:363; 10.3390/diagnostics11020363.

[4] Lindner AK, et al. Head-to-head comparison of SARS-CoV-2 antigen-detecting rapid test with self-collected nasal swab versus professional-collected nasopharyngeal swab. European Respiratory Journal. 2021;57; 10.1183/13993003.03961-2020.

[5] Berenger BM, Fonseca K, Schneider AR, Hu J, Zelyas N. Sensitivity of Nasopharyngeal, Nasal and Throat Swab for the Detection of SARS-CoV-2. medRxiv, 2020.05.05.20084889; 10.1101/2020.05.05.20084889 (2020).

[6] Kojima N, et al. Self-Collected Oral Fluid and Nasal Swab Specimens Demonstrate Comparable Sensitivity to Clinician-Collected Nasopharyngeal Swab Specimens for the Detection of SARS-CoV-2. Clinical Infectious Diseases: An Official Publication of the Infectious Diseases Society of America; 10.1093/cid/ciaa1589 (2020).

[7] Lindner AK, et al. SARS-CoV-2 patient self-testing with an antigen-detecting rapid test: a head-to-head comparison with professional testing. medRxiv, 2021.01.06.20249009; 10.1101/2021.01.06.20249009 (2021).

[8] Schwob JM, et al. Antigen rapid tests, nasopharyngeal PCR and saliva PCR to detect SARS-CoV-2: a prospective comparative clinical trial (2020).

[9] Ogata AF, et al. Ultra-Sensitive Serial Profiling of SARS-CoV-2 Antigens and Antibodies in Plasma to Understand Disease Progression in COVID-19 Patients with Severe Disease. Clin Chem. 2020;66:1562–1572; 10.1093/clinchem/hvaa213.

[10] Zhang Z, et al. Insight into the practical performance of RT-PCR testing for SARS-CoV-2 using serological data: a cohort study. The Lancet Microbe. 2021;2:e79–e87; 10.1016/S2666-5247(20)30200-7.

[11] WHO Headquarters. Laboratory testing for 2019 novel coronavirus (2019-nCoV) in suspected human cases. World Health Organization (2020). .

[12] Deutscher Ärzteverlag GmbH, Redaktion Deutsches Ärzteblatt. Der Stellenwert der Polymerase-Kettenreaktion (PCR) für die klinische Diagnostik von Infektionskrankheiten: Pertussis-Diagnostik mit der. Available at https://www.aerzteblatt.de/archiv/87032/Der-Stellenwert-der-Polymerase-Kettenreaktion-(PCR)-fuer-die-klinische-Diagnostik-von-Infektionskrankheiten-Pertussis-Diagnostik-mit-der-PolymeraseKettenreaktion (1994). (letzter Zugriff: 01.09.21).

[13] Heid CA, Stevens J, Livak KJ, Williams PM. Real time quantitative PCR. Genome research. 1996;6:986–994; 10.1101/gr.6.10.986

[14] LeBlanc JJ, et al. Real-time PCR-based SARS-CoV-2 detection in Canadian laboratories. Journal of clinical virology: the official publication of the Pan American Society for Clinical Virology. 2020;128:104433; 10.1016/j.jcv.2020.104433.

[15] Binnicker MJ. Can the Severe Acute Respiratory Syndrome Coronavirus 2 Polymerase Chain Reaction Cycle Threshold Value and Time From Symptom Onset to Testing Predict Infectivity? Clinical Infectious Diseases: An Official Publication of the Infectious Diseases Society of America. 2020(71):2667–2668; 10.1093/cid/ciaa735.

[16] Buchan BW, et al. Distribution of SARS-CoV-2 PCR Cycle Threshold Values Provide Practical Insight Into Overall and Target-Specific Sensitivity Among Symptomatic Patients. American Journal of Clinical Pathology. 2020;154:479–485; 10.1093/ajcp/aqaa133.

[17] Arons MM, et al. Presymptomatic SARS-CoV-2 Infections and Transmission in a Skilled Nursing Facility. N Engl J Med. 2020;382:2081–2090; 10.1056/NEJMoa2008457.

[18] La Scola B, et al. Viral RNA load as determined by cell culture as a management tool for discharge of SARS-CoV-2 patients from infectious disease wards. Eur J Clin Microbiol Infect Dis. 2020;39:1059–1061; 10.1007/s10096-020-03913-9.

[19] Angezeigte Tests zum neuartigen Coronavirus (SARS-CoV-2) in Deutschland. Available at https://www.dimdi.de/dynamic/de/medizinprodukte/datenbankrecherche/corona-tests-tabelle/ (2021). (letzter Zugriff: 12.08.21).

[20] RKI – Coronavirus SARS-CoV-2 – Nationale Teststrategie – wer wird in Deutschland auf das Vorliegen einer SARS-CoV-2 Infektion getestet? Available at https://www.rki.de/DE/Content/InfAZ/N/Neuartiges_Coronavirus/Teststrategie/Nat-Teststrat.html (2021). (letzter Zugriff: 03.08.21).

[21] RKI – Coronavirus SARS-CoV-2 – COVID-19: Meldepflicht. Available at https://www.rki.de/DE/Content/InfAZ/N/Neuartiges_Coronavirus/Meldepflicht.html (2021). (letzter Zugriff: 03.08.21).

[22] RKI – Coronavirus SARS-CoV-2 – Handlungsanleitung für primärdiagnostizierende Labore zur Auswahl von SARS-CoV-2-positiven Proben für die Sequenzierung im Rahmen der Coronavirus-Surveillanceverordnung (CorSurV). Available at https://www.rki.de/DE/Content/InfAZ/N/Neu-artiges_Coronavirus/DESH/Handlungsanleitung_Labore.html (2021). (letzter Zugriff: 27.09.21).

[23] Preparedness E. Antigen-detection in the diagnosis of SARS-CoV-2 infection using rapid immu-noassays. World Health Organization (2020).

[24] Sheridan C. Fast, portable tests come online to curb coronavirus pandemic. Nature biotechnolo-gy. 2020;38:515–518; 10.1038/d41587-020-00010-2.

[25] Zheng S, et al. Viral load dynamics and disease severity in patients infected with SARS-CoV-2 in Zhejiang province, China, January-March 2020: retrospective cohort study. BMJ. 2020;369: m1443; 10.1136/bmj.m1443.

[26] Wang W, et al. Detection of SARS-CoV-2 in Different Types of Clinical Specimens. JAMA. 2020;323:1843–1844; 10.1001/jama.2020.3786.

[27] Zhang W, et al. Molecular and serological investigation of 2019-nCoV infected patients: implica-tion of multiple shedding routes. Emerging Microbes & Infections. 2020;9:386–389; 10.1080/22221751.2020.1729071.

[28] Zou L, et al. SARS-CoV-2 Viral Load in Upper Respiratory Specimens of Infected Patients. N Engl J Med. 2020;382:1177–1179; 10.1056/NEJMc2001737.

[29] Watson J, Whiting PF, Brush JE. Interpreting a covid-19 test result. BMJ. 2020;369:m1808; 10.1136/bmj.m1808.

[30] Mina MJ, Parker R, Larremore DB. Rethinking Covid-19 Test Sensitivity – A Strategy for Contain-ment. N Engl J Med. 2020;383:e120; 10.1056/NEJMp2025631.

[31] He X, et al. Temporal dynamics in viral shedding and transmissibility of COVID-19. Nat Med. 2020;26:672–675; 10.1038/s41591-020-0869-5.

[32] Paltiel AD, Zheng A, Walensky RP. Assessment of SARS-CoV-2 Screening Strategies to Permit the Safe Reopening of College Campuses in the United States. JAMA Netw Open. 2020;3: e2016818; 10.1001/jamanetworkopen.2020.16818.

[33] RKI – Coronavirus SARS-CoV-2 – Hinweise zur Testung von Patienten auf Infektion mit dem neu-artigen Coronavirus SARS-CoV-2. Available at https://www.rki.de/DE/Content/InfAZ/N/Neuarti-ges_Coronavirus/Vorl_Testung_nCoV.html;jsessionid=26A122491185E24B43394E8F1C1EC50A. internet052?nn=13490888#doc13490982bodyText4 (2021). (letzter Zugriff: 03.08.21).

[34] Krüger LJ, et al. Evaluation of the accuracy, ease of use and limit of detection of novel, rapid, antigen-detecting point-of-care diagnostics for SARS-CoV-2. medRxiv, 2020.10.01.20203836; 10.1101/2020.10.01.20203836 (2020).

[35] Scheiblauer H, et al. Comparative sensitivity evaluation for 122 CE-marked rapid diagnostic tests for SARS-CoV-2 antigen, Germany, September 2020 to April 2021. Eurosurveillance. 2021;26; 10.2807/1560-7917.es.2021.26.44.2100441.

[36] Weitzel T, et al. Head-to-head comparison of four antigen-based rapid detection tests for the diagnosis of SARS-CoV-2 in respiratory samples. bioRxiv, 2020.05.27.119255; 10.1101/2020.05.27.119255 (2020).

[37] Jarvis KF, Kelley JB. Temporal dynamics of viral load and false negative rate influence the levels of testing necessary to combat COVID-19 spread. Sci Rep. 2021;11:9221; 10.1038/s41598-021-88498-9.

[38] Bundesregierung. Zulassung von Laien-Schnelltests durch BfArM. Available at https://www.bundesregierung.de/breg-de/themen/coronavirus/zulassung-schnell-test-1861354 (2021). (letzter Zugriff: 11.08.21).

[39] Augustine R, et al. Rapid Antibody-Based COVID-19 Mass Surveillance: Relevance, Challenges, and Prospects in a Pandemic and Post-Pandemic World. Journal of Clinical Medicine. 2020;9:3372; 10.3390/jcm9103372.

[40] Plebani M. SARS-CoV-2 antibody-based SURVEILLANCE: New light in the SHADOW. EBioMedicine. 2020;61:103087; 10.1016/j.ebiom.2020.103087.

[41] Guo L, et al. Profiling Early Humoral Response to Diagnose Novel Coronavirus Disease (COVID-19). Clinical Infectious Diseases: An Official Publication of the Infectious Diseases Society of America. 2020;71:778–785; 10.1093/cid/ciaa310.

[42] Harvala H, et al. Convalescent plasma treatment for SARS-CoV-2 infection: analysis of the first 436 donors in England, 22 April to 12 May 2020. Eurosurveillance. 2020;25:2001260; 10.2807/1560-7917.ES.2020.25.28.2001260.

[43] Benner SE, et al. SARS-CoV-2 Antibody Avidity Responses in COVID-19 Patients and Convalescent Plasma Donors. The Journal of Infectious Diseases. 2020; 222, 12; 1974–1984 (2020).

[44] Katz MH. How to Advise Persons Who Are Antibody Positive for SARS-CoV-2 About Future Infection Risk. JAMA Intern Med. 2021;181:679; 10.1001/jamainternmed.2021.0374.

[45] Harvey RA, et al. Association of SARS-CoV-2 Seropositive Antibody Test With Risk of Future Infection. JAMA Intern Med. 2021;181:672–679; 10.1001/jamainternmed.2021.0366.

[46] Meschi S, et al. Performance evaluation of Abbott ARCHITECT SARS-CoV-2 IgG immunoassay in comparison with indirect immunofluorescence and virus microneutralization test. Journal of clinical virology: the official publication of the Pan American Society for Clinical Virology. 2020;129:104539; 10.1016/j.jcv.2020.104539.

[47] Ausschuss für Biologische Arbeitsstoffe (ABAS) – Begründung zur Einstufung des Virus SARS-CoV-2 in Risikogruppe 3 und der Kennzeichnung mit „Z". Available at https://www.baua.de/DE/Aufgaben/Geschaeftsfuehrung-von-Ausschuessen/ABAS/pdf/SARS-CoV-2.html (2021). (letzter Zugriff: 11.08.21).

[48] Abe KT, et al. A simple protein-based surrogate neutralization assay for SARS-CoV-2. JCI Insight. 2020;5; 10.1172/jci.insight.142362

[49] Zhao J, et al. Antibody Responses to SARS-CoV-2 in Patients With Novel Coronavirus Disease 2019. Clinical Infectious Diseases: An Official Publication of the Infectious Diseases Society of America. 2020;71:2027–2034; 10.1093/cid/ciaa344.

[50] Bates TA, et al. Cross-reactivity of SARS-CoV structural protein antibodies against SARS-CoV-2. Cell Reports. 2021;34:108737; 10.1016/j.celrep.2021.108737.

[51] Ou X, et al. Characterization of spike glycoprotein of SARS-CoV-2 on virus entry and its immune cross-reactivity with SARS-CoV. Nat Commun. 2020;11:1620; 10.1038/s41467-020-15562-9.

[52] Xu G, et al. Evaluation of Orthogonal Testing Algorithm for Detection of SARS-CoV-2 IgG Antibodies. Clin Chem. 2020;66:1531–1537; 10.1093/clinchem/hvaa210. (letzter Zugriff: 31.03.2021).

7 Medikamentenentwicklung und Therapie von COVID-19

Lara Kümmel

Die Therapie von COVID-19 stellt eine große Herausforderung dar. Seit Beginn der Pandemie wurden zahlreiche klinische Studien begonnen, und es kommen täglich neue dazu. Nach dem aktuellen Stand vom 11.09.2021 sind allein in dem amerikanischen Studienregister ClinicalTrials.gov über 7.000 Studien registriert.

In den Studien werden Medikamente als Mono- oder Kombinationstherapien getestet, zur Vorbeugung oder zur Behandlung von COVID-19. Es werden neu entwickelte Medikamente erforscht (Neuzulassungen) oder die Wirkung von Medikamenten, die bereits zur Behandlung anderer Erkrankungen zugelassen sind, an COVID-19-Patienten untersucht (Indikationserweiterung) [1].

Die Ergebnisse dieser Studien haben Einfluss auf die Entwicklung neuer Leitlinien und können zeigen, wie die Therapie von COVID-19-Patienten in Zukunft aussehen wird. Normalerweise dauert dieser Prozess der Medikamentenentwicklung und -zulassung mehrere Jahre bis Jahrzehnte, in Fall von COVID-19 läuft er so schnell wie nie zuvor ab. Bis es eine effektive Therapie zur Behandlung von COVID-19 geben wird, bedarf es weiterer intensiver Forschung, die im großen Rahmen gefördert und koordiniert werden muss, um dieses Ziel in naher Zukunft zu erreichen.

Zwei Medikamente wurden bereits in Europa durch die EMA (European Medicines Agency) zugelassen, weitere durch die FDA in den USA. Laut der Europäischen Kommission sind im Jahr 2021 noch fünf weitere Zulassungen zu erwarten, vielversprechende Therapeutika zur Behandlung von COVID-19-Patienten [2].

Auf der Grundlage von Phase-II- und Phase-III-Studien (vgl. Kapitel 8.1, Impfungen), publizierten Ergebnissen in renommierten Journalen und Empfehlungen von Arzneimittelbehörden wie der EMA und FDA geben die folgenden Seiten einen Überblick über symptomatische und spezifische Therapieansätze zur Behandlung von COVID-19.

7.1 Überblick über die COVID-19-Verläufe und ihre Therapien

Die Therapie richtet sich individuell nach den Verläufen und Symptomausprägungen, auf die im Kapitel 4 bereits ausführlich eingegangen wurde. Hier steht die Behandlung der COVID-19-Patienten im Vordergrund, bei der allgemeine und unterstützende Maßnahmen eine besonders große Rolle spielen, während spezifische Therapieansätze gegen das Virus noch intensiv in klinischen Studien erforscht werden.

Die frühen Krankheitsphasen zeichnen sich durch eine hohe Virusvermehrung und -ausscheidung aus, sodass in diesen Stadien eine antivirale Therapie effizient sein kann. Diese kann die Verbreitung des Virus im Körper und somit auch in der

https://doi.org/10.1515/9783110752595-007

Bevölkerung verhindern, wenn sie früh genug erfolgt. In späteren Phasen können dagegen anti-inflammatorische und entzündungshemmende Ansätze wirksamer sein (Abb. 7.1).

Milde Krankheitsverläufe gehen mit grippeähnlichen Symptomen wie Fieber und Husten einher. In dieser Phase der Erkrankung sollte eine rein symptomatische Therapie erfolgen, während der sich die Betroffenen zu Hause isolieren.

In moderaten Fällen sind die unteren Atemwege zunehmend von der Infektion betroffen. Je nach Ausprägung können die Betroffenen zu Hause genesen oder müssen

	asymptomatischer Verlauf	milder Verlauf	moderater Verlauf	schwerer Verlauf	kritischer Verlauf	Long-Covid
Symptome	keine	Fieber, Husten, Geruchsstörung	Atemwegserkrankung	schwere Atemwegserkrankung mit Lungenbefall	respiratorisches Versagen, Schockzustand, Organschäden	sehr unterschiedliche Ausprägung
Pathogenese	Viruseintritt und Vermehrung			Inflammation mit Zytokinsturm		?
mögliche Therapie	antivirale Therapie			Anti-inflammatorische Therapie		Rehabilitation
	Antikörper Therapie					
Versorgung	Beobachtung des Verlaufs	symptomatische Behandlung	ggf. stationäre Betreuung	stationäre Betreuung	intensivmedizinische Betreuung	Rehabilitation und fachärztliche Betreuung
mögliche Medikamente	monoklonale neutralisierende Antikörper bei Risikofaktoren		Dexamethason bei Sauerstoffbedarf			?
			JAK-Inhibitoren oder Tocilizumab			
		Remdesivir				
Sauerstoffversorgung	keine respiratorische Unterstützung	keine respiratorische Unterstützung	bei Bedarf Sauerstoff über Nasensonde oder Maske und Bauchlagerung	Sauerstoff mit High-Flow oder CPAP-Therapie und Bauchlagerung	ggf. invasive Beatmung über Intubation oder Luftröhrenschnitt oder ECMO und Bauchlagerung	bei Bedarf
Antikoagulation		bei erhöhtem Thromboserisiko	bei Krankenhausaufenthalt	ja	ja	
Isolation	ja	ja	ja	ja	ja	nein

Abb. 7.1: Überblick über Therapie und Verläufe von COVID-19.

in einer Klinik behandelt werden [3]. Bei Bedarf kann hier eine Sauerstoffgabe über eine Nasensonde oder Maske erfolgen und eine Antikoagulation (vgl. Kapitel 7.3.1) mit Gerinnungshemmern begonnen werden.

Bei schweren Verläufen werden die Lungen von der SARS-CoV-2-Infektion zunehmend geschädigt, sodass die Betroffenen unter einer Hypoxie leiden können. Diese Patienten müssen stationär mindestens auf einer Normalstation behandelt werden, wo sie je nach Bedarf Sauerstoff und Medikamente erhalten. Hier kann eine High-Flow-Therapie mit erhöhter Sauerstoff-Flussrate oder eine Überdruck-Therapie (CPAP) erwogen werden.

Kritische Krankheitsverläufe zeichnen sich durch das Versagen einzelner Organe, wie das der Lunge, aus. Es kann auch zum Multiorganversagen bis hin zum Schockzustand des Körpers kommen, Zustände, die leider nicht selten einen tödlichen Ausgang nehmen. Die Patienten werden intensivmedizinisch betreut, während eine invasive Beatmung über einen Tubus oder über einen Luftröhrenschnitt erfolgen kann. Zur Unterstützung der Lungenfunktion können die Patienten zusätzlich zur künstlichen Beatmung in die Bauchlage gebracht und ihr Kreislauf durch entsprechende Therapiemaßnahmen stabilisiert werden [4,5]. Im letzten Schritt wird die Sauerstoffversorgung durch die ECMO-Therapie gewährleistet (vgl. Kapitel 7.6).

Long-COVID: Verläufe können sehr verschieden sein und erfordern entsprechend der jeweiligen Symptome unterschiedliche Therapien wie Atemübungen oder Geruchstrainings. Wichtig sind eine individuell angepasste Betreuung, eine frühzeitige Rehabilitation und psychologische Unterstützung durch Ärzte oder auch Selbsthilfegruppen zur Bewältigung von Ängsten und Emotionen [6,7].

7.2 Medikamentöse Therapie bei COVID-19

Es werden zahleiche Medikamente mit unterschiedlichen Wirkmechanismen auf das Virus, die Virusvermehrung und das Immunsystem zur Therapie von COVID-19 erforscht, von denen hier einige aufgeführt und genauer erläutert werden (Abb. 7.2).

Eine direkt gegen das Virus wirksame Therapie ist der Einsatz von neutralisierenden Antikörpern oder Nanobodies. Auch die Transfusion von Rekonvaleszentenplasma, welches ebenso Antikörpergemische gegen SARS-CoV-2 enthält, wird an COVID-19-Patienten getestet.

Indirekte Wirkung auf das Virus haben Medikamente, die das Eindringen des Virus in die Zelle beeinflussen. Dazu zählen blutdrucksenkende Medikamente wie ACE-Hemmer und Sartane. Diese können die Expression von ACE2-Rezeptoren erhöhen, ein Schlüsselpunkt in der Kontaktaufnahme zwischen Virus und menschlicher Zelle. Es wurde vermutet, dass durch die Einnahme dieser Medikamente das Infekti-

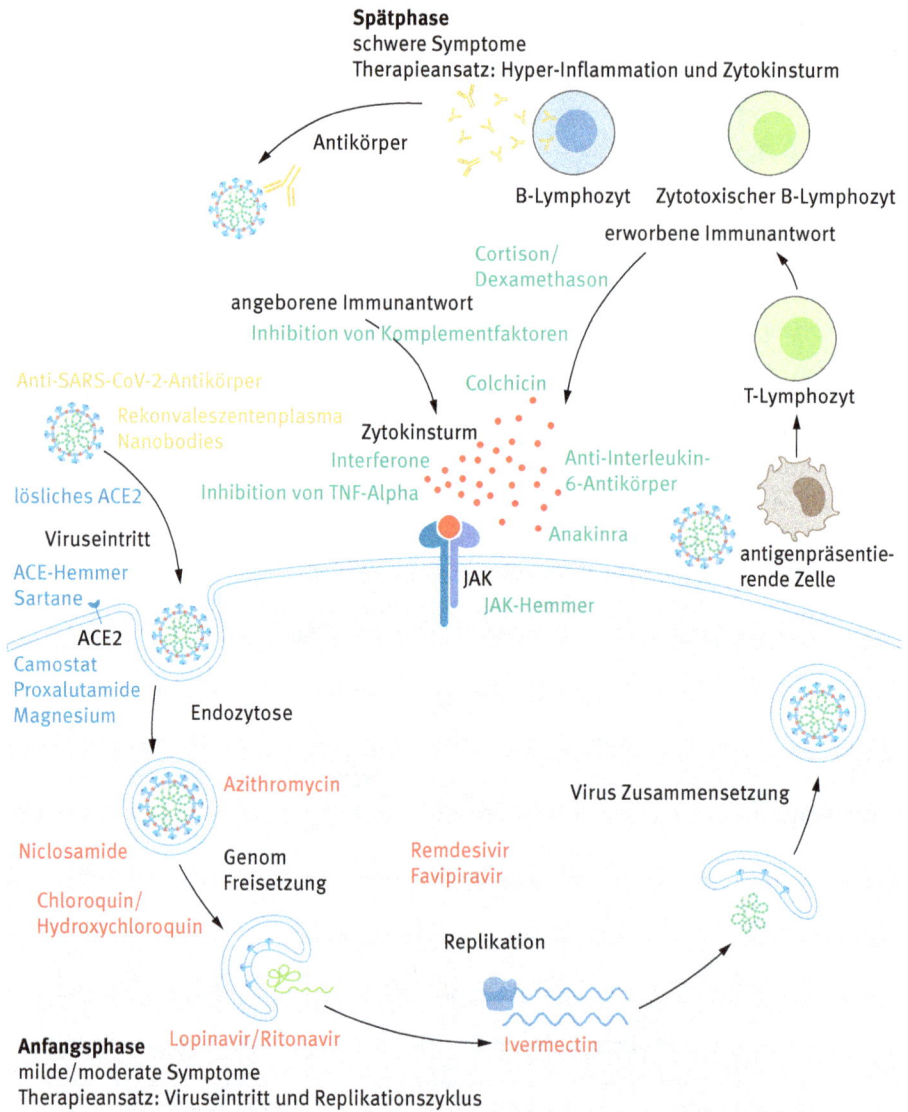

Abb. 7.2: Überblick über verschiedene Therapieansätze. Während einige Medikamente in den Anfangsphasen der Erkrankung (blau) eingesetzt werden, um das Eindringen des Virus und die Virusreplikation zu stören, werden andere Medikamente bevorzugt in der Spätphase verabreicht (orange). Diese haben hauptsächlich Einfluss auf das Immunsystem und den Zytokinsturm. So lassen sich verschiedene Medikamentengruppen einteilen: Medikamente zur Blockierung des Viral Entry (blau), zur Hemmung der Replikation (rot), mit Einfluss auf die Immunreaktion (grün) und antikörperbasierte Therapieansätze gegen SARS-CoV-2 (gelb).

onsrisiko, durch die erhöhte ACE2-Expression, steigen würde. Studien haben jedoch gezeigt, dass das Absetzen von ACE-Hemmern und Sartanen keinen Nutzen hat, die Einnahme zur Senkung des Blutdrucks aber von entscheidender Bedeutung ist, da arterielle Hypertonie ein Risikofaktor für einen schweren COVID-19-Verlauf ist [8–11]. Die Funktion der TMPRSS2-Protease beim Eindringen des Virus in die Zelle (vgl. Kapitel 1.3) wird durch Medikamente wie Camostat, Proxalutamid und das Mineral Magnesium beeinflusst, sodass diese ebenfalls untersucht werden, mit der Hoffnung, das Eindringen des Virus in die Zelle zu verhindern.

Eine weitere große Medikamentengruppe stellen die antiviralen Wirkstoffe dar, zu denen Virostatika wie Remdesivir, Lopinavir und Ritonavir gehören. Auch einige Medikamente, die bereits zu Behandlung anderer Erkrankungen zugelassen sind, zeigten in Versuchen antivirale Eigenschaften. So zum Beispiel das Malaria-Medikament Chloroquin, das Antibiotikum Azithromycin oder auch das Wurmmittel Ivermectin, das in vitro die Replikation von SARS-CoV-2 hemmen kann. In vielen Ländern, besonders in ärmeren Regionen, wird Ivermectin zur Prävention und Therapie in frühen Phasen der Erkrankung verabreicht. In Deutschland wird der Einsatz von Ivermectin jedoch nicht empfohlen [5,12].

Neben diesen Therapieansätzen werden zahlreiche immunmodulatorische beziehungsweise entzündungshemmende Medikamente an COVID-19-Patienten getestet. Dazu zählen das bereits zur Behandlung zugelassene Dexamethason und andere Cortison Therapien, aber auch Medikamente wie Interleukin-6- und JAK-Inhibitoren, die den Signalweg und die Bildung von Zytokinen stören. Colchicin, einem Zellgift aus der Pflanze der Herbstzeitlosen, wird ebenso die Eigenschaft zugesprochen, den Zytokinsturm unterdrücken zu können. Allerdings konnte in Studien keine geringere Mortalität beobachtet werden.

Weitere Ansätze sind die Gabe von antiviralen Interferonen, die die körpereigene Virusabwehr initiieren, oder die Hemmung von Komplementfaktoren des Immunsystems [13,14].

7.3 Symptomatische Therapie bei COVID-19

7.3.1 Antikoagulation zur Vorbeugung und Behandlung von Komplikationen

Zu den häufigsten Komplikationen einer COVID-19-Erkrankung zählen Blutgerinnsel, die meist das venöse Gefäßsystem betreffen und zu Lungenembolien (Gefäßverschlüssen) führen können [5]. Sie sind ein charakteristischer Befund beim COVID-19-assoziierten Lungenversagen, indem sie Mikro- oder Makrothromben im Gefäßsystem der Lungen bilden (vgl. Kapitel 5.3).

Wie aus Studiendaten hervorgeht, konnte durch die Gabe von Gerinnungshemmern die Mortalität von COVID-19 vermindert werden [15]. Aus diesem Grund gibt es eine Empfehlung für die Therapie mit Antikoagulantien bei COVID-19-Patienten, um

Heparin ⟶ Hemmung der Blutgerinnung ⟶ vermindertes Risiko für Thrombosen und Embolien Behandlung von Thrombosen und Embolien

Abb. 7.3: Heparin. Zur Vorbeugung und Therapie von Blutgerinnseln.

diese thrombotischen Ereignisse vorzubeugen und zu behandeln, mit dem Ziel, die Lungenfunktion zu erhalten und die Sterberaten zu senken [16].

Unter Antikoagulation versteht man die Gabe von Gerinnungshemmern, die die plasmatische Gerinnung hemmen. Diese Wirkweise wird bereits seit Jahren bei anderen Krankheitsbildern standardmäßig angewendet, um beispielsweise Lungenembolien und tiefe Beinvenenthrombosen zu behandeln.

Prinzipiell kann eine Therapie mit antikoagulatorisch wirkenden Medikamenten bei jeder COVID-19-Infektion in Erwägung gezogen werden, die Empfehlung richtet sich aber primär an hospitalisierte Patienten oder Patienten mit einer Thromboseneigung. Sie soll zur Vorbeugung dienen und somit das Auftreten von Thrombosen im Verlauf einer COVID-19-Infektion verhindern.

Liegen keine Kontraindikationen vor, kann die Therapie mit **Heparin** (Abb. 7.3) begonnen werden. Heparin ist eine Substanz, die vom menschlichen Körper selbst gebildet und zur Hemmung der Gerinnung verabreicht wird. In der Regel wird Heparin als Spritze oder per Infusion gegeben.

Liegen bei den Patienten weitere Risikofaktoren für eine Thrombosebildung vor, sollte eine intensivierte Antikoagulation erwogen werden. Zu den klassischen Risikofaktoren gehören Adipositas (Fettleibigkeit), Immobilisierung wie Bettlägerigkeit oder die Ruhigstellung von Körperpartien beispielsweise im Gips. Auch aktive Krebserkrankungen, der Zustand nach einer Thrombose und schwere Infekte können zu einer gesteigerten Gerinnung führen und damit das Risiko für die Bildung eines Blutgerinnsels erhöhen.

Sobald eine Thrombose oder Lungenembolie bei einem Patienten nachgewiesen werden konnte, ist eine therapeutische Antikoagulation indiziert, um diese wirksam zu behandeln [5].

Neben Heparinen werden neuere Medikamente wie Rivaroxaban oder die altbekannte Acetylsalicylsäure (ASS) zur Antikoagulation bei COVID-19-Patienten getestet, aktuell jedoch noch nicht empfohlen.

7.3.2 Glukokortikoide wie Dexamethason, Hydrocortison und weitere

Glukokortikoide sind Hormone, die der Körper physiologisch produziert, zu therapeutischen Zwecken werden sie synthetisch hergestellt. Als sogenannte Kortison-Therapien werden sie zur Behandlung vieler Krankheitsbilder eingesetzt, da sie ein

Glukokortikoide

· rezeptorvermittelte Genregulation u. a. von NF-kB
und AP-1
· verminderte Freisetzung von Zytokinen wie TNF-alpha,
Interleukinen und Interferonen
· Hemmung der Synthese von Prostaglandinen und
Histamin-Freisetzung
· Einfluss auf Immunzellen und ihre Aktivität

Abb. 7.4: Glukokortikoide. Verschiedene Einflüsse auf das Immunsystem durch Glukokortikoide wie Dexamethason.

breites Wirkspektrum haben. Sie beeinflussen Stoffwechselfunktionen des Körpers und wirken zusätzlich als Immunsuppressoren anti-inflammatorisch beziehungsweise entzündungshemmend (Abb. 7.4).

Über spezifische Rezeptoren können sie die Expression von Genen beeinflussen, die Synthese anti-entzündlicher Faktoren wird gesteigert und über die Regulation von NF-kB oder AP-1 können sie die Bildung von Zytokinen wie TNF-alpha, Interleukinen und Interferonen hemmen. Über andere Signalwege kann die Prostaglandin-Synthese blockiert und die Histamin-Ausschüttung gehemmt werden. Außerdem wird die Anzahl der im Blut zirkulierenden Immunzellen reguliert, die Lymphozytenanzahl sinkt und die Gewebeinfiltration der Granulozyten wird verhindert [17].

Diese Effekte wurden schon in den Anfängen der Pandemie an Coronapatienten beobachtet und die Wirksamkeit verschiedener Kortisone differenziert untersucht, besonders in Bezug auf die schweren COVID-19-Verläufe, die durch die Hyperinflammation geprägt sind. Dazu zählt zum einen das Hydrocortison, welches dem natürlichen vom Körper gebildeten Hormon entspricht. Zum anderen wurden den Patienten synthetische Glukokortikoide wie **Dexamethason**, Betamethason oder Prednisolon verabreicht, die einen stärkeren Effekt auf den Körper haben.

Dexamethason zeigte in Studien die besten Ergebnisse, besonders bei schwer Erkrankten, die bereits beatmet werden mussten [18]. Dort konnte die Behandlung die Mortalität signifikant senken, mit einer dokumentierten Sterblichkeitsreduktion von bis zu 12 %. Aber auch Patienten mit nicht-invasiver Sauerstofftherapie oder ganz ohne Sauerstoffbedarf konnten von der Therapie profitieren. In anderen Studien konnte jedoch bei Patienten ohne Sauerstoffbedarf keine Wirksamkeit nachgewiesen werden.

Da Dexamethason außerdem ein günstiges, einfach erhältliches Medikament ist, wird die Gabe bei schweren Verläufen empfohlen, sowohl in Deutschland als auch in anderen Ländern [5,19].

Ein weiterer Wirkstoff ist das **Budesonid**, ein Glukokortikoid zur Inhalation, das vor allem zur Behandlung von Asthma eingesetzt wird. Anfang 2021 schaffte es das Asthmaspray in die Medien, nachdem aus Studienergebnissen hervorgegangen war, dass das Mittel COVID-19-Symptome lindern und die Krankheitsdauer verkürzen könne. Allerdings war die Qualität der Studie nicht ausreichend, um eine Anwendung empfehlen zu können. Dennoch kam es zu Versorgungsengpässen in einigen Regionen [20,21].

7.4 Antivirale Medikamente

Eine große Hoffnung zur Behandlung von COVID-19 liegt in den antiviral wirkenden Medikamenten. Diese können spezifisch gegen SARS-CoV-2 gerichtet sein oder eine sogenannte Breitbandwirkung haben, sodass sie besonders in Kombination gegen verschiedene Virusvarianten oder -familien wirksam sind. Dies könnte nicht nur eine Lösung der aktuellen Problematik sein, mit ständig neu auftretenden Mutationen, sondern auch bei zukünftigen Pandemien die Therapie erleichtern.

7.4.1 Remdesivir

Remdesivir ist ein virushemmendes Medikament (Virostatikum), welches ursprünglich zur Behandlung von Ebola-Infektionen (Marburgvirus) entwickelt wurde. Es inhibiert die Virusvermehrung, indem es die Bildung des neuen RNA-Strangs durch die Hemmung der RNA-Polymerase stört, die SARS-CoV-2 zur Replikation benötigt.

Im Juli 2020 wurde Remdesivir als erstes Medikament zur Behandlung von COVID-19 durch die EMA in der EU bedingt zugelassen. Diese Empfehlung bezieht sich auf Patienten, die stationär behandelt, aber nicht invasiv beatmet werden und beruht auf Studiendaten zur Wirksamkeit gegen SARS-CoV-2, die weiterhin erhoben und aktualisiert werden. Eine dieser Studien war das große „Adaptive COVID-19 Treatment Trial" [22]. Hier konnte unter der Behandlung mit Remdesivir eine schnellere Erholung als in der Kontrollgruppe beobachtet werden. Die Kontrollgruppe bestand aus COVID-19-Erkrankten, die ein Placebo erhielten und im Durchschnitt erst 5 Tage später als die Remdesivir-Gruppe genesen waren [22]. In einer großen Studie der WHO (Solidarity-Trial) [23] zeigte sich jedoch kein Vorteil in der Remdesivir-Behandlung. Neue Untersuchungen durch das Institut für Qualität und Wirtschaftlichkeit im Gesundheitswesen ergab einen Nutzen bezüglich Genesung und Sterblichkeit von Remdesivir im frühen Krankheitsverlauf, bei schweren Erkrankungen zeigte sich dieser Nutzen jedoch nicht. Ergebnisse weiterer Studien stehen noch aus und können Einfluss auf die zukünftige Therapieempfehlungen haben [24].

In den deutschen Leitlinien zur Therapie von COVID-19 wird Remdesivir nicht empfohlen, aber auch nicht von einer Behandlung abgeraten. So müssen die behandelnden Ärzte individuell entscheiden. In diese Entscheidung fließen nicht nur die Unsicherheit bezüglich der Wirkung mit ein, sondern auch die hohen Kosten und die Verfügbarkeit des Medikaments [5].

7.4.2 Weitere Virostatika

Neben Remdesivir gibt es einige andere Virostatika, die zur Behandlung anderer Virusinfekte entwickelt wurden und womöglich eine Indikationserweiterung zur Therapie von COVID-19 erhalten könnten (Abb. 7.5). Dazu zählen **Lopinavir** und **Ritonavir**, die als Kombinationstherapie zur Behandlung von HIV verwendet werden. Sie wirken, indem sie virale Protease und somit die Virusvermehrung hemmen [25]. Weder in einer kleinen chinesischen Studie noch in dem größeren RECOVERY-Trial hat sich die Medikamentenkombination als wirksam erweisen können [26,27].

Favipiravir ist ein weiteres Virostatikum, welches als potenzielles Therapeutikum an COVID-19-Patienten getestet wird und in einigen Studien vielversprechende Effekte, aber auch Nebenwirkungen zeigte [28,29].

Als vielversprechende antivirale Option wird außerdem **Molnupiravir** diskutiert, ein Breitspektrum-Nukleosidanalogon [30] – der Hersteller hat in der EU und USA die Zulassung beantragt.

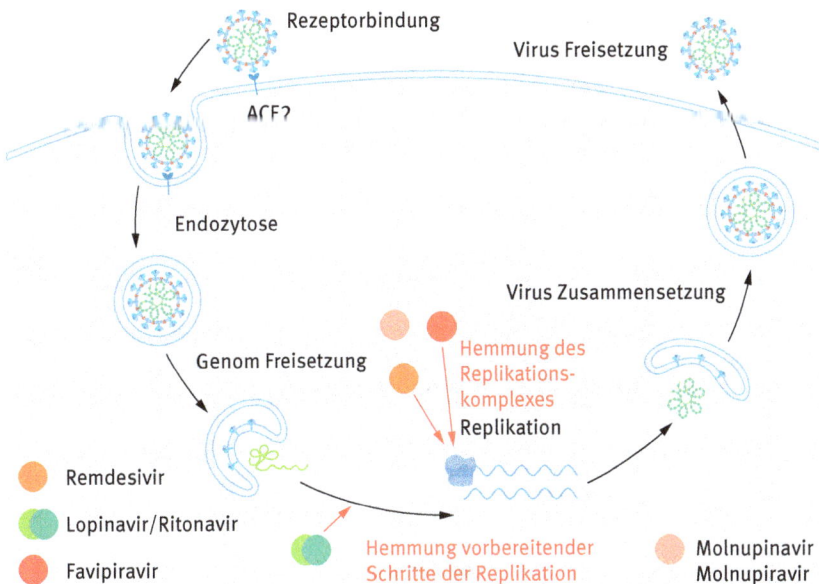

Abb. 7.5: Angriffspunkte einzelner Virostatika. Virostatika stören die virale Replikation. Dabei können sie an unterschiedlichen Punkten den Zyklus der Virusvermehrung hemmen. Remdesivir, Favipiravir und Molnupiravir wirken direkt auf den Replikationskomplex ein, wodurch keine neuen RNA-Stränge gebildet werden. Die Kombination aus Lopinavir und Ritonavir hemmt bereits vorherige Schritte, was letztendlich dieselbe Folge hat: Es können keine neuen Virionen von SARS-CoV-2 gebildet werden.

7.4.3 Chloroquin und Hydroxychloroquin

Zu den Medikamenten mit bekannter antiviraler Wirkung gehören Chloroquin, ein bereits sehr alter Wirkstoff, und Azithromycin. In der Vergangenheit konnte diesen Medikamenten bereits in Bezug auf andere Viruserkrankungen und in vitro in Laborversuchen eine virushemmende Eigenschaft nachgewiesen werden. Mit Ausbruch der Pandemie rückten sie erneut in den Fokus der Wissenschaft, als mögliche Therapeutika zur Behandlung von COVID-19 (Abb. 7.6).

Die Diskussion um **Chloroquin** und **Hydroxychloroquin** als Medikamente zur Vorbeugung und Therapie von COVID-19 wurde nicht nur von Wissenschaftlern lange aufrechterhalten. Im Frühjahr 2020 wurde diese Diskussion durch den ehemaligen US-Präsidenten Donald Trump erneut entfacht, als dieser öffentlich bekannt gab, dass er das Antimalariamittel Hydroxychloroquin zur Prophylaxe gegen COVID-19 einnehme [31].

Hydroxychloroquin und Chloroquin sind zwei sehr ähnliche Wirkstoffe, die zur Therapie von Malaria zugelassen sind und auch bei rheumatischen Erkrankungen eingesetzt werden können. Allerdings können beide Medikamente mit einigen Nebenwirkungen verbunden sein, wie zum Beispiel mit Magen-Darm-Beschwerden oder Herzrhythmusstörungen [32].

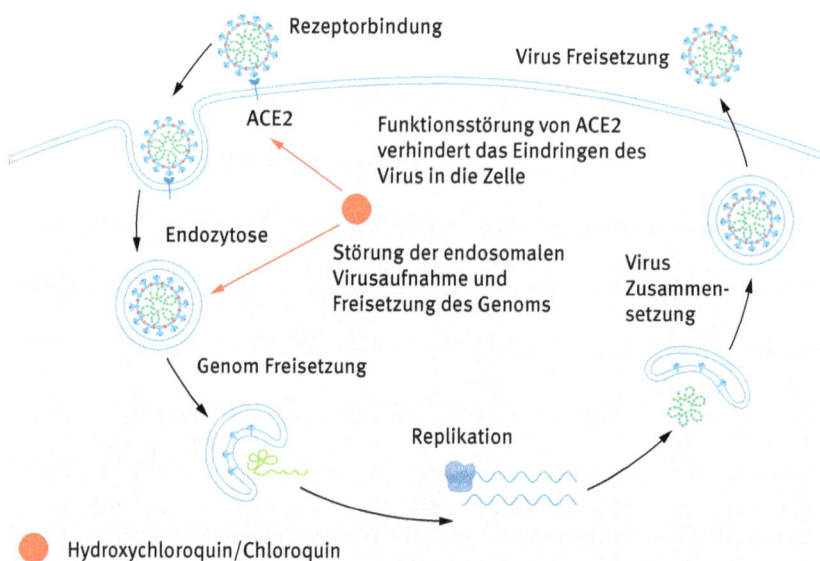

Abb. 7.6: Angriffspunkte von Chloroquin und Hydroxychloroquin. Chloroquin und Hydroxychloroquin haben antivirale Eigenschaften, indem sie zum einen das Eindringen von SARS-CoV-2 in die Zelle stören. Zum anderen verhindern sie nach der erfolgten Endozytose die Freisetzung des Virions in der Zelle.

In den USA wurden Chloroquin und Hydroxychloroquin im März 2020 durch die US-amerikanische Arzneimittelbehörde FDA unter bestimmten Bedingungen zur Prävention und Therapie von COVID-19 als eine Indikationserweiterung zugelassen. Nach nur wenigen Monaten wurde die Zulassung jedoch wieder zurückgenommen, nachdem neue Daten zur Unwirksamkeit veröffentlicht worden waren.

Durch erste Studien zu Beginn der Pandemie wurden Chloroquin und Hydroxychloroquin in Zusammenhang mit dem Coronavirus untersucht. In In-vitro Studien konnte eine antivirale Wirksamkeit gegen das Virus festgestellt werden, in Studien am Menschen fielen die Ergebnisse jedoch anders aus [33]. Weder als Prophylaxe vor noch nach einem Kontakt zu einem Infizierten konnte Hydroxychloroquin sich als wirksam erweisen [34,35]. Als Therapeutikum bei nachgewiesener SARS-CoV-2-Infektion konnte auch keine Wirksamkeit bestätigt und keine geringere Mortalität beobachtet werden [36].

Außerdem wurde Hydroxychloroquin in Kombination mit **Azithromycin** untersucht. Azithromycin ist ein Antibiotikum und wird in der Regel bei bakteriellen Infektionen der Atemwege angewendet. Neben seiner antibakteriellen Wirkung konnten auch immunmodulatorische Effekte beobachtet werden, indem es die Zytokinproduktion beeinflusst [37], zudem werden antivirale Aktivitäten gegen einige RNA-Viren, zu denen auch SARS-CoV-2 gehört, vermutet [38]. Allerdings konnte in klinischen Studien wie dem großen RECOVERY-Trial [39], in dem keine höhere Überlebensrate beobachtet werden konnte, kein Nutzen der Kombinationstherapie nachgewiesen werden [5].

7.4.4 Passive Immunisierung mit Immunglobulinen und monoklonale Antikörper

7.4.4.1 Rekonvaleszentenplasma und Hyperimmunglobuline

Aus dem Blut Genesener, die eine SARS-CoV-2-Infektion durchgemacht haben, lassen sich Antikörper gegen das Virus isolieren. Über eine Blutspende kann das Plasma, der zellfreie Anteil mit den Antikörpern, derjenigen gewonnen und zu therapeutischen Zwecken genutzt werden [40]. Dazu muss dieses aufbereitet und anschließend COVID-19-Erkrankten transfundiert werden. Zuerst muss das Plasma allerdings separiert und von den Zellen im Blut getrennt sein. Das Plasma beinhaltet dabei polyklonale Antikörper, die gegen viele verschiedene Virusstrukturen gerichtet sind und diese unterschiedlich stark binden können. Auf diese Weise markieren sie das Virus für das eigene Immunsystem und unterstützen die Abwehrfunktion des Erkrankten.

Außerdem können die Antikörper als passive Immunisierung in höheren Konzentrationen verabreicht werden. Passive Immunisierung bedeutet, dass den Patienten direkt Antikörper gegen das Virus verabreicht werden. Im Gegensatz dazu dient die Impfung der aktiven Immunisierung, wobei der Körper zur Bildung von Antikörpern angeregt wird (vgl. Kapitel 8). Zur passiven Immunisierung müssen die Antikör-

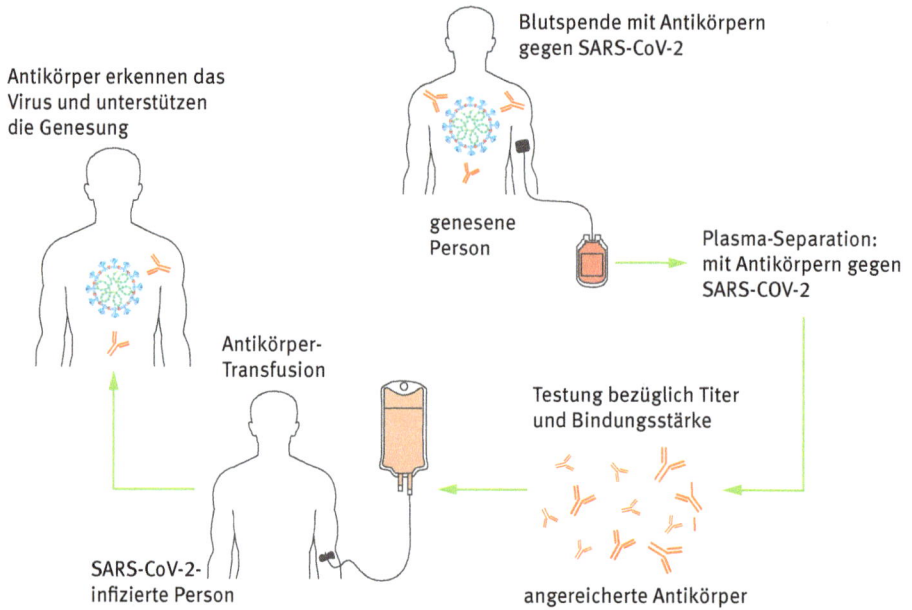

Abb. 7.7: Das Prinzip von Rekonvaleszentenplasma. Zur Gewinnung von Rekonvaleszentenplasma müssen die Blutspenden von bereits genesenen Personen aufgearbeitet werden. Dazu wird das Plasma separiert und die darin befindlichen Antikörper bezüglich ihrer Eigenschaften getestet. Hat das Spenderplasma einen entsprechend hohen Titer an Antikörpern, die wirksam SARS-CoV-2-Viren erkennen, kann es einer neu infizierten Person verabreicht werden, um seine Genesung zu fördern.

per in komplexen biochemischen Prozessen aufbereitet werden und einen bestimmten Titer (Antikörperkonzentration) an Antikörpern beinhalten, um als Prophylaxe oder nach Infektionen wirksam zu sein (Abb. 7.7).

Diese Art der Therapie wurde bereits zur Behandlung von anderen Coronaviren wie MERS und SARS erprobt und wird nun im Zusammenhang mit SARS-CoV-2 erforscht [40].

Bis jetzt konnten nur geringe Vorteile der Therapie mit dem sogenannten Rekonvaleszentenplasma festgestellt werden. Aus diesem Grunde gibt es in Deutschland eine Empfehlung gegen diese Therapiemethode, zumal es in einigen Fällen zu Nebenwirkungen kam und die Herstellung sehr aufwendig ist [5].

Die Ergebnisse der Studien zu SARS-CoV-2 unterscheiden sich allerdings immens. Eine große internationale Studie zeigte zum Beispiel keine besseren Überlebensraten [41], während eine andere Studie ein geringeres Sterberisiko bei einer Therapie mit hohen Antikörper-Konzentrationen aufwies [42]. Außerdem konnten in einer weiteren Untersuchung durch die Therapie mit Rekonvaleszentenplasma weniger schwere Krankheitsverläufe beobachtet werden, nachdem die Patienten bereits in einem frühen Krankheitsstadium Antikörper transfundiert bekommen hatten [43].

Somit wäre es möglich, dass die Plasma-Therapie bei milden Symptomen und bestehendem Risiko für einen schweren Verlauf einen Nutzen zeigen könnte. Mit dieser Annahme und entsprechend der damaligen Datengrundlage war die Therapie in den USA für einige Zeit in Einzelfällen zugelassen. Diese eingeschränkte Zulassung wurde jedoch 2021 wieder zurückgenommen, nachdem neue Erkenntnisse gewonnen wurden [44].

In Bezug auf die COVID-19-Therapie bei Krebserkrankten gibt es vielversprechende Ergebnisse, die von einem signifikant geringerem Sterberisiko berichten. Ob die Therapie bei Krebspatienten mit COVID-19 empfohlen werden kann, bleibt jedoch abzuwarten [45].

7.4.4.2 Monoklonale Antikörper gegen SARS-CoV-2

Eine weitere Therapieoption ist die Behandlung mit sogenannten monoklonalen Antikörpern (Abb. 7.8). Diese werden auf der Basis von Antikörpern genesener Personen hergestellt, indem deren Plasma gewonnen und ein einzelner darin befindlicher Antikörper kopiert wird. Dieser muss zuvor hinsichtlich seiner Eigenschaften

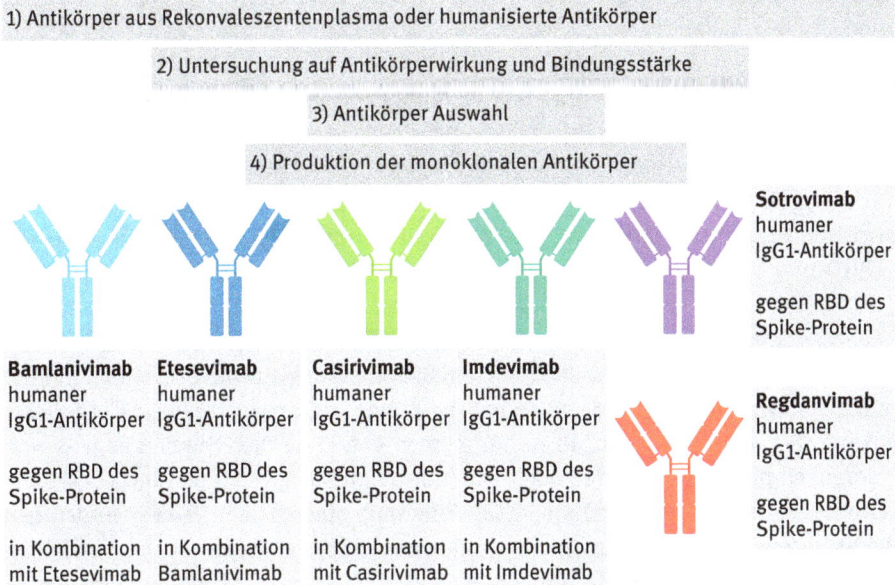

1) Antikörper aus Rekonvaleszentenplasma oder humanisierte Antikörper

2) Untersuchung auf Antikörperwirkung und Bindungsstärke

3) Antikörper Auswahl

4) Produktion der monoklonalen Antikörper

Sotrovimab
humaner
IgG1-Antikörper

gegen RBD des
Spike-Protein

Bamlanivimab
humaner
IgG1-Antikörper

gegen RBD des
Spike-Protein

in Kombination
mit Etesevimab

Etesevimab
humaner
IgG1-Antikörper

gegen RBD des
Spike-Protein

in Kombination
mit Bamlanivimab

Casirivimab
humaner
IgG1-Antikörper

gegen RBD des
Spike-Protein

in Kombination
mit Casirivimab

Imdevimab
humaner
IgG1-Antikörper

gegen RBD des
Spike-Protein

in Kombination
mit Imdevimab

Regdanvimab
humaner
IgG1-Antikörper

gegen RBD des
Spike-Protein

Abb. 7.8: Überblick über monoklonale Antikörper gegen SARS-CoV-2. Die Antikörper zur Therapie von COVID-19 werden aus dem Plasma bereits genesener Personen gewonnen (Rekonvaleszentenplasma) oder es werden humanisierte Antikörper verwendet. Diese müssen hinsichtlich ihrer Eigenschaften und ihrer Bindungsstärke getestet werden, bevor entschieden werden kann, welche Antikörper zur Therapie geeignet sind. Hat sich ein Antikörper als wirksam erwiesen, kann dieser anschließend kopiert werden, um identische monoklonale Antikörper zu erhalten. Die folgenden Medikamente geben einen Überblick über monoklonale Antikörper zur Therapie von COVID-19. RBD = Rezeptor-Bindungs-Domäne.

untersucht werden. Die hergestellten Antiköper sind anschließend genetisch identisch und können auf dieselbe Weise das Virus binden, die Infektion von Zellen stören und die Immunabwehr unterstützen.

Bamlanivimab & Etesevimab: Der Antikörper, auf deren Basis Bamlanivimab hergestellt wurde, stammt aus dem Blut eines US-Amerikaners und ist gegen das Spike-Protein gerichtet. Er kann bei leichten Krankheitsverläufen die Viruslast und Symptome vermindern [46], bei schwer kranken Patienten ist er jedoch nur gering wirksam [47]. Neben diesen therapeutischen Ansätzen wird auch die Wirksamkeit in Bezug auf die Prävention und Vorbeugung von COVID-19 untersucht. Dabei kann Bamlanivimab in einigen Fällen nicht nur den Verlauf mildern, sondern symptomatische Erkrankungen ganz verhindern [48].

Mit Etesevimab als Kombinationstherapie ist vermutlich auch das Erkennen von Virusstrukturen mit Mutationen möglich, sodass sie bei Varianten wirksam sein könnten. Dies geht zumindest aus tierexperimentellen Studien hervor, in denen die einzelnen Antikörper allein eine abgeschwächte Wirkung gegen Virusvarianten hatten, sie in Kombination jedoch volle Wirksamkeit aufwiesen [49]. Seit dieser Erkenntnis soll Bamlanivimab in Deutschland nur noch in Kombination verabreicht werden.

Casirivimab & Imdevimab: REGN-COV ist eine Kombination aus diesen zwei monoklonalen Antikörpern. Sie konnte laut vorläufigen Ergebnissen eine verminderte Viruslast bei COVID-19-Patienten bewirken, was besonders bei einem frühen Therapiebeginn beobachtet wurde [50]. In späteren Phasen der Erkrankung wurde auch bei Patienten, die selbstständig keine Antikörper gegen SARS-CoV-2 gebildet hatten, von positiven Ergebnissen berichtet. Die neue S3-Leitlinie (13.10.2021) zur Therapie von COVID-19 empfiehlt, dass seronegative Patienten, die also keine Antikörper gegen SARS-CoV-2 besitzen, in frühen Krankheitsphasen mit Casirivimab und Imdevimab behandelt werden sollen [51].

In Deutschland gibt es jedoch noch keine Zulassung für die oben aufgeführten monoklonalen Antikörper, dennoch hat die Bundesregierung 200.000 Dosen dieser gekauft. Sie dürfen an Unikliniken im Rahmen von klinischen Studien angewendet werden, empfohlen bei milden oder moderaten Krankheitsverläufen, um vor schweren Erkrankungen zu schützen [5,52,53]. Innerhalb eines halben Jahres wurden erst 3.600 Dosen verbraucht. Ein Hauptgrund für die geringe Anzahl der verabreichten monoklonalen Antikörper ist, dass die wenigsten Patienten mit milden Symptomen stationär behandelt werden und somit für die Therapie nicht infrage kommen [54].

Zahlreiche weitere Antikörper wie zum Beispiel **Sotrovimab** und **Regdanvimab** werden in klinischen Studien intensiv erprobt und könnten als neue Therapieansätze in Frage kommen und zur Behandlung von COVID-19 zugelassen werden. Damit wären sie die ersten neu entwickelten Medikamente zur Therapie von COVID-19, die eine Neuzulassung erhalten würden [55].

7.5 Weitere anti-inflammatorische Strategien

7.5.1 Anti-IL-6: Tocilizumab, Sarilumab und Siltuximab

Neben den bereits oben aufgeführten Glukokortikoiden gehören die monoklonalen Antikörper, die sich gegen den humanen Interleukin-6-Rezeptor richten, zur Gruppe der Immunmodulatoren. Sie verhindern die Bindung von Interleukin-6 an den Rezeptor, wodurch sie den Signalweg und die Immunreaktion stören. Alternativ können die Wirkstoffe direkt das Zytokin binden, sodass ebenso die Bindung an den Rezeptor gestört wird [56]. Interleukin-6 zählt als proinflammatorisches Interleukin zu den Botenstoffen der Entzündungsreaktion des Körpers und aktiviert Signalkaskaden, die zur Freisetzung weiterer Zytokine führen (Abb. 7.9).

Zu dieser Gruppe zählt **Tocilizumab**, das seit Mai 2021 zur Behandlung von schweren, rasch progredienten COVID-19-Erkrankungen in Kombinationen mit Dexamethason in den deutschen Leitlinien empfohlen wird [5]. In einer placebokontrol-

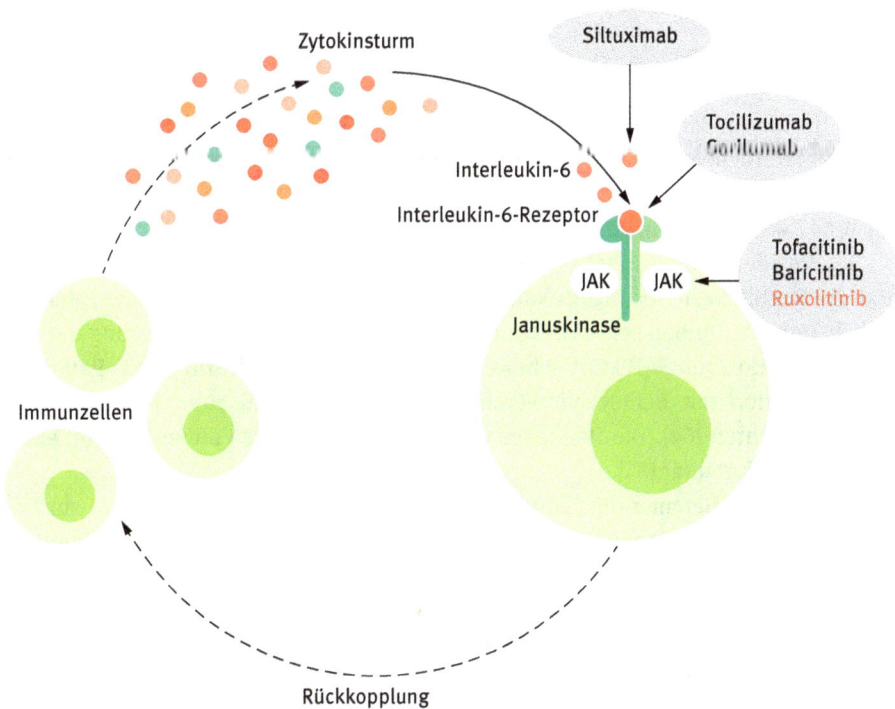

Abb. 7.9: Angriffspunkte zur Blockade der Hyper-Inflammation. Diese Medikamente wirken an unterschiedlichen Punkten auf die Signalwege von Zytokinen ein, wodurch die Rückkopplung und damit die Ausschüttung weiterer Zytokine gehemmt und der Zytokinsturm verhindert werden kann. Siltuximab wirkt direkt auf Interleukin-6, während Tocilizumab und Sarilumab den Interleukin-6-Rezeptor blockieren. Die intrazelluläre Signalvermittlung durch den Janus-Kinase-Signalweg wird durch Tofacitinib, Baricitinib und auch durch Ruxolitinib gestört.

lierten Studie konnte Tocilizumab zwar keine signifikante Reduktion des Sterberisikos oder der Schwere des Krankheitsverlaufes bewirken, in einem am selben Tag in der amerikanischen Fachzeitschrift NEJM veröffentlichten Zwischenbericht wurde jedoch von einer eindeutig höheren Überlebensrate berichtet [57]. Neben Tocilizumab wurde auch die Wirksamkeit von Sarilumab an COVID-19-Patienten untersucht, das ebenso zu einer höheren Überlebensrate unter schwer oder kritisch Erkrankten führte [58].

Der Zytokinsturm und die Wirkungen dieser Botenstoffe können durch die verschiedensten Medikamente unterdrückt werden. Neben dem oben aufgeführten Interleukin-6-Hemmern gibt es potenzielle Therapiemöglichkeiten durch die Inhibition von Interleukin-17 [59,60]. Auch der Interleukin-1-Blocker **Anakinra**, eine weitere Option, kann bei COVID-19-Patienten den Zytokinsturm vermindern und führte zu einer höheren Überlebensrate [61]. Aufgrund dieser und weiterer positiver Studienergebnisse könnte Anakinra durch die EMA eine Zulassungserweiterung erhalten [30].

7.5.2 JAK-Inhibitoren: Baricitinib, Tofacitinib, Ruxolitinib

Durch Hemmung der Janus-Kinase (JAK) kann der Signalweg der Zytokine an anderer Stelle unterbrochen und die Immunreaktion gebremst werden. Dies bewirkt nicht nur die Hemmung eines Zytokins, sondern hat Einfluss auf die Wirkung weiterer Signalstoffe und Zytokine in der Immunreaktion.

In Brasilien konnte nachgewiesen werden, dass **Tofacitinib** Lungenversagen und die Sterblichkeit verringern kann [62]. Tofacitinib ist ein JAK-Inhibitor, der bereits in anderen Studien seine Wirksamkeit zur Behandlung und Vorbeugung der Hyperinflammation von SARS-CoV-2 beweisen konnte [63]. **Baricitinib** wurde Patienten in Kombination mit Remdesivir verabreicht und konnte zu einer Besserung der Symptome führen [64]. Die Hersteller von Baricitinib berichten außerdem von einer verringerten Mortalität [65].

Ein weiterer Hemmer der Janus-Kinase ist **Ruxolitinib**, ein Medikament zur Behandlung maligner Erkrankungen wie Leukämien. Im Rahmen von COVID-19 gilt es als ein weiterer Hoffnungsträger und konnte in einer Studie aus Marburg die Mortalität unter den behandelten Patienten senken [66].

Mit zunehmender Evidenz für eine reduzierte Sterblichkeit wird die Gabe von JAK-Inhibitoren in frühen Krankheitsphasen durch die S3-Leitlinie (13.10.2021) empfohlen, allerdings nicht in Kombination mit Tocilizumab.

7.6 ECMO: Extrakorporale Membranoxygenierung

Bei Patienten mit Lungenversagen und erfolglosen Therapieversuchen mit anderen Methoden kann eine ECMO-Therapie erfolgen. Diese kann sowohl die Lungen- als auch die Herzfunktion unterstützen oder ganz übernehmen. Insofern kann sie bei Atemversagen infolge von Infektionen oder Verletzungen der Lunge, bei schwerer pulmonaler Hypertonie (hoher Blutdruck in den Lungen) oder Herzversagen angewendet werden – wenn alle anderen Therapieoptionen ausgeschöpft sind (Abb. 7.10).

Das Verfahren beruht auf der Anreicherung des Blutes mit Sauerstoff außerhalb des Körpers, also extrakorporal, wodurch der Gasaustausch in den Lungen ersetzt wird. Dazu wird das Blut über einen Katheter aus einer Vene, alternativ aus einer Arterie, abgeleitet und anschließend wieder über eine Vene dem Körperkreislauf zugeführt. Das Blut durchläuft dabei kontinuierlich einen sogenannten Oxygenator mit speziellen Membranen, über die der Gasaustausch stattfindet. Es wird das Kohlenstoffdioxid (CO_2) aus dem Blut entfernt und gleichzeitig wird dieses mit Sauerstoff (O_2) angereichert.

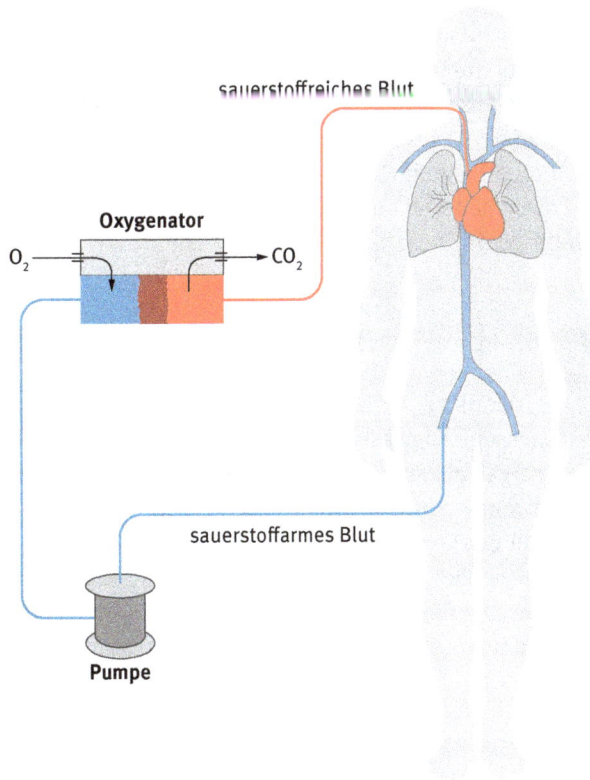

Abb. 7.10: Das Prinzip der ECMO-Therapie. Die ECMO kann den Gasaustausch der Lunge außerhalb des Körpers ersetzen. Dazu verlässt das sauerstoffarme Blut (blau) den Körper über eine große Vene und fließt mit Hilfe einer Pumpe durch den sogenannten Oxygenator. Dort erfolgt über eine spezielle Membran der Gasaustausch, indem aus dem Blut Kohlenstoffdioxid (CO_2) entfernt und es mit Sauerstoff (O_2) angereichert wird. Das nun sauerstoffreiche Blut (rot) wird dem Körper über eine andere Vene wieder zugeführt.

Bei COVID-19-Patienten wird die ECMO eingesetzt, um den Gasaustausch in den Lungen zu ersetzen. Dazu wird eine veno-venöse ECMO verwendet, wobei die Pumpfunktion des Herzens vorausgesetzt sein muss. Veno-venös beutet bei diesem Verfahren, dass das Blut den Körper über eine Vene verlässt und über eine Vene wieder dem Körper zugeführt wird. Dazu werden die großen venösen Gefäße der Leiste und am Hals punktiert, sodass auf diese Weise das Blut die Lunge umgeht und diese entlastet wird und sich erholen kann [5].

Das ECMO-Verfahren kommt als letzte Option in Frage, wenn alle anderen Therapieoptionen keine Besserung gebracht haben und keine Kontraindikationen vorliegen. Dazu zählen u. a. schwere neurologische Störungen, Krebserkrankungen im Endstadium und akute Hirnblutungen. Unter diesen Bedingungen darf keine ECMO-Therapie stattfinden [67]. Außerdem muss der Patient dem Verfahren zustimmen und über Risiken aufgeklärt werden. Bei COVID-19-Patienten wurden in Studien häufiger als bei anderen Patienten Lungenentzündungen und Lungenembolien beobachtet, wobei diese nicht eindeutig auf die ECMO-Therapie zurückzuführen waren [68,69].

Zu den vorher ausgeschöpften Therapiemöglichkeiten, bevor die ECMO-Therapie erwogen wird, zählt die Bauchlagerung in der sogenannten **Prone-Position**. Dabei werden die Patienten für mindestens 16 Stunden am Tag auf dem Bauch gelagert, sodass sich die hinteren Lungenabschnitte besser entfalten können. Dadurch werden mehr Alveolen, in denen der Gasaustausch stattfindet, mit Sauerstoff belüftet und die Lungenfunktion kann sich verbessern. Dies kann bei nicht-invasiv beatmeten Patienten die Notwendigkeit einer Intubation reduzieren. Bei invasiv beatmeten Patienten kann sie zu einem besseren Krankheitsverlauf führen und unter Umständen die Notwendigkeit einer ECMO-Therapie verhindern [5,70].

7.7 Sonderfall: Therapie bei Schwangeren und Kindern

Die Therapie von an COVID-19 erkrankten Schwangeren gestaltet sich äußerst schwierig. Wirkstoffe, die für Erwachsene zugelassen sind, dürfen Frauen während einer Schwangerschaft oft nicht verabreicht werden, da es an Daten über Auswirkungen von Medikamenten auf die Schwangere und das Neugeborene fehlt. Schwangere und auch stillende Frauen werden in der Regel aus klinischen Studien ausgeschlossen, sodass keine Aussagen zu Wirksamkeit und schädlichen Nebenwirkungen gemacht werden können [71]. So gibt es zum Beispiel so gut wie keine Daten zur Sicherheit von Tocilizumab bei Schwangeren [5]. Aber eine kleine Beobachtungsstudie mit 12 Frauen zeigte keine schädlichen Folgen bei Mutter und Kind [72]. Zu dem Virostatikum Remdesivir fehlen ebenso Daten, weshalb es nicht für Schwangere zugelassen ist und nur im Einzelfall gegeben werden darf.

Anders sieht es bei dem Glukokortikoid Prednisolon aus. Dieses darf bei gegebener Indikation in allen Phasen der Schwangerschaft verabreicht werden, da die Sicherheit im Rahmen anderer Erkrankungen bereits an Schwangeren untersucht wurde. Aktuell wird es in einer großen Studie hinsichtlich seiner Wirksamkeit bei COVID-19-Erkrankten erforscht, inklusive schwangerer Frauen [73].

Insgesamt spielt die Prävention in der Schwangerschaft eine besonders große Rolle, damit Frauen sich nicht infizieren und sich und das Ungeborene vor Folgen durch die COVID-19-Erkrankung oder Medikamentennebenwirkungen schützen.

Die Daten zur Behandlung von Kindern mit SARS-CoV-2-Infektionen sind ebenso gering. Zum einen sind Kinder seltener betroffen oder weisen einen nur milden, nicht therapiebedürftigen Verlauf auf. Zum anderen gibt es nur wenige Studien zur Wirksamkeit bei Kindern, da Medikamente zuerst an Erwachsenen untersucht werden, bevor Jugendliche und Kinder in Studien aufgenommen werden dürfen [74].

Durch die geringe Datengrundlage orientieren sich Empfehlungen teilweise an der Erwachsenenmedizin, sie können aber nicht ohne weiteres auf Kinder übertragen werden. In einer COVID-19-Studie zur Sicherheit von Remdesivir bei Kindern wurde das Medikament gut vertragen [75]. Die Leitlinien zur Therapie von COVID-19 sprechen jedoch keine Empfehlung für die Behandlung mit Remdesivir aus, obwohl es durch die EMA bereits ab einem Alter von 12 Jahren in der EU zugelassen ist (für Erwachsene ebenfalls nicht empfohlen) [5,76].

Bei schweren oder kritischen Verläufen ist je nach Bedarf die adäquate Sauerstoffversorgung über eine Maske, Tubus oder als letzte Alternative die ECMO möglich und die Gabe von Dexamethason und Blutverdünnern wie Heparin empfohlen [5].

Die Therapie von Schwangeren und Kindern stellt somit eine noch größere Herausforderung dar als die Versorgung Erwachsener und bedarf weiterer Forschung, um diese Fragen in naher Zukunft klären zu können.

Literatur

[1]   https://clinicaltrials.gov (letzter Zugriff: 11.09.2021).
[2]   https://ec.europa.eu/germany/news/20210629-coronavirus-therapeutika_de (Stand: 29.06.2021).
[3]   https://www.nejm.org/doi/full/10.1056/NEJMcp2009249 (letzter Zugriff: 01.05.2021).
[4]   https://www.nejm.org/doi/pdf/10.1056/NEJMcp2009575 (letzter Zugriff: 01.05.2021).
[5]   S3-Leitlinie – Empfehlungen zur stationären Therapie von Patienten mit COVID-19, Stand: 13.10.2021.
[6]   S1-Leitlinie Post-COVID/Long-COVID, Stand: 12.07.2021.
[7]   https://www.bmj.com/content/370/bmj.m3026 (letzter Zugriff: 01.08.2021).
[8]   https://www.aerzteblatt.de/nachrichten/sw/COVID-19?s=ace+hemmer&p=1&n=1&aid=213329 (letzter Zugriff: 20.06.2021).
[9]   https://www.aerzteblatt.de/nachrichten/124674/COVID-19-Erholen-sich-Patienten-ohne-ACE-Hemmer-oder-Angiotensin-Rezeptorblocker-schneller (letzter Zugriff: 10.07.2021).
[10] https://www.aerzteblatt.de/nachrichten/115913/Meta-Analyse-RAAS-Inhibitoren-koennten-Ueberlebenschancen-bei-COVID-19-verbessern (letzter Zugriff: 10.07.2021).
[11] https://www.nejm.org/doi/full/10.1056/NEJMe2012924 (letzter Zugriff: 20.06.2021).

[12] https://www.sciencedirect.com/science/article/pii/S0166354220302011?via%3Dihub (letzter Zugriff: 20.06.2021).

[13] https://www.pharmazeutische-zeitung.de/positive-klinische-daten-zu-colchicin-123343/ (letzter Zugriff: 20.06.2021).

[14] https://www.medrxiv.org/content/10.1101/2021.05.18.21257267v1 (letzter Zugriff: 10.07.2021).

[15] https://www.rki.de/DE/Content/InfAZ/N/Neuartiges_Coronavirus/COVRIIN_Dok/Therapieuebersicht.pdf?__blob=publicationFile, Stand: 08.07.2021.

[16] https://www.aerzteblatt.de/nachrichten/116051/COVID-19-Antikoagulanzien-koennten-Sterberisiko-halbieren (letzter Zugriff: 10.05.2021).

[17] Deutzmann R. Glukokortikoide. In: Behrends et al., Duale Reihe Physiologie, 4. Auflage, Stuttgart, Thieme 2021.

[18] https://www.nejm.org/doi/full/10.1056/NEJMoa2021436 (letzter Zugriff: 15.05.2021).

[19] https://www.nature.com/articles/s41577-020-00421-x (letzter Zugriff: 15.05.2021).

[20] https://www.aerzteblatt.de/nachrichten/123422/Hype-um-Asthmaspray-als-COVID-19-Mittel-koennte-zu-Versorgungsengpaessen-fuehren (letzter Zugriff: 15.05.2021).

[21] https://www.aerzteblatt.de/nachrichten/121073/SARS-CoV-2-Asthmaspray-mit-Budesonid-verhindert-schwere-Verlaeufe (letzter Zugriff: 15.05.2021).

[22] https://www.nih.gov/news-events/news-releases/nih-clinical-trial-shows-remdesivir-accelerates-recovery-advanced-covid-19 (letzter Zugriff: 15.06.2021).

[23] https://www.nejm.org/doi/full/10.1056/NEJMoa2023184 (letzter Zugriff: 15.05.2021).

[24] https://www.aerzteblatt.de/nachrichten/125220/COVID-19-IQWiG-bestaetigt-Remdesivir-betraechtlichen-Zusatznutzen-bei-moderater-Erkrankung (letzter Zugriff: 10.07.2021).

[25] https://www.aerzteblatt.de/nachrichten/117180/COVID-19-Lopinavir-Ritonavir-auch-in-der-RECOVERY-Studie-ohne-Wirkung (letzter Zugriff: 10.07.2021).

[26] https://www.nejm.org/doi/full/10.1056/NEJMoa2001282 (letzter Zugriff: 10.07.2021).

[27] https://www.thelancet.com/article/S0140-6736(20)32013-4/fulltext (letzter Zugriff: 10.07.2021).

[28] https://www.nature.com/articles/s41598-021-90551-6 (letzter Zugriff: 30.07.2021).

[29] https://bmcinfectdis.biomedcentral.com/articles/10.1186/s12879-021-06164-x (letzter Zugriff: 30.07.2021).

[30] https://www.aerzteblatt.de/pdf.asp?id=221130 (letzter Zugriff: 02.10.2021).

[31] https://www.aerzteblatt.de/nachrichten/113002/US-Praesident-Trump-nimmt-Hydroxychloroquin-als-Prophylaxe-ein (letzter Zugriff: 20.07.2021).

[32] https://www.bfarm.de/SharedDocs/Risikoinformationen/Pharmakovigilanz/DE/RI/2020/RI-hydroxychloroquin2.html (letzter Zugriff: 20.07.2021).

[33] https://www.nature.com/articles/s41421-020-0156-0 (letzter Zugriff: 20.07.2021).

[34] https://academic.oup.com/cid/article/72/11/e835/5929230 (letzter Zugriff: 20.07.2021).

[35] https://www.nejm.org/doi/full/10.1056/nejmoa2016638 (letzter Zugriff: 20.07.2021).

[36] https://www.nejm.org/doi/full/10.1056/NEJMoa2022926 (letzter Zugriff: 05.05.2021).

[37] https://pubmed.ncbi.nlm.nih.gov/28116959/ (letzter Zugriff: 20.07.2021).

[38] https://www.thelancet.com/article/S0140-6736(20)31863-8/fulltext (letzter Zugriff: 20.07.2021).

[39] https://www.thelancet.com/article/S0140-6736(21)00461-X/fulltext (letzter Zugriff: 20.07.2021).

[40] https://www.cochranelibrary.com/cdsr/doi/10.1002/14651858.CD013600.pub4/full (letzter Zugriff: 30.07.2021).

[41] https://www.thelancet.com/journals/lancet/article/PIIS0140-6736(21)00897-7/fulltext (letzter Zugriff: 30.07.2021).

[42] https://www.nejm.org/doi/pdf/10.1056/NEJMoa2031893?articleTools=true (letzter Zugriff: 17.05.2021).

[43] https://www.nejm.org/doi/full/10.1056/NEJMoa2033700 (letzter Zugriff: 17.05.2021).

[44] https://www.fda.gov/news-events/fda-brief/fda-brief-fda-updates-emergency-use-authorizati-on-covid-19-convalescent-plasma-reflect-new-data (letzter Zugriff: 30.07.2021).

[45] https://www.aerzteblatt.de/nachrichten/124857/COVID-19-Serumtherapie-kann-bei-haemato-logischen-Krebspatienten-erfolgreich-sein (letzter Zugriff: 10.07.2021).

[46] https://www.nejm.org/doi/full/10.1056/nejmoa2029849 (letzter Zugriff: 30.07.2021).

[47] https://www.nejm.org/doi/full/10.1056/NEJMoa2033130 (letzter Zugriff: 30.07.2021).

[48] https://www.aerzteblatt.de/nachrichten/120427/SARS-CoV-2-Antikoerper-erzielt-primaerprae-ventive-Wirkung-bei-Bewohnern-und-Mitarbeitern-von-Pflegeheimen (letzter Zugriff: 30.07.2021).

[49] https://www.aerzteblatt.de/nachrichten/124938/COVID-19-Duale-Antikoerpertherapie-vermut-lich-auch-gegen-Varianten-wirksam (letzter Zugriff: 30.07.2021).

[50] https://www.nejm.org/doi/full/10.1056/NEJMoa2035002 (letzter Zugriff: 30.07.2021).

[51] https://www.aerzteblatt.de/nachrichten/124761/Monoklonale-Antikoerper-senken-Sterberisiko-von-seronegativen-COVID-19-Patienten (letzter Zugriff: 30.07.2021).

[52] https://www.zdf.de/nachrichten/politik/corona-spahn-medikament-antikoerper-100.html (letz-ter Zugriff: 30.07.2021).

[53] https://www.pei.de/DE/newsroom/dossier/coronavirus/coronavirus-inhalt.html?cms_pos=4 (letzter Zugriff: 25.08.2021).

[54] https://www.pharmazeutische-zeitung.de/bislang-nur-3600-von-200000-dosen-genutzt-127390/ (letzter Zugriff: 26.08.2021).

[55] https://www.vfa.de/de/arzneimittel-forschung/woran-wir-forschen/therapeutische-medika-mente-gegen-die-coronavirusinfektion-covid-19 (letzter Zugriff: 30.08.2021).

[56] https://link.springer.com/article/10.1007/s40259-020-00430-1 (letzter Zugriff: 30.07.2021).

[57] https://www.nejm.org/doi/full/10.1056/NEJMoa2028700 (letzter Zugriff: 15.06.2021).

[58] https://www.nejm.org/doi/full/10.1056/NEJMoa2100433#article_references (letzter Zugriff: 30.07.2021).

[59] https://www.ncbi.nlm.nih.gov/pmc/articles/PMC7547786/ (letzter Zugriff: 30.07.2021).

[60] https://www.nature.com/articles/s41577-020-0328-z (letzter Zugriff: 30.07.2021).

[61] https://www.aerzteblatt.de/nachrichten/112693/COVID-19-Rheumamittel-Anakinra-erzielt-in-Beobachtungsstudie-klinische-Verbesserungen (letzter Zugriff: 30.07.2021).

[62] https://www.nejm.org/doi/full/10.1056/NEJMoa2101643 (letzter Zugriff: 30.07.2021).

[63] https://www.aerzteblatt.de/nachrichten/124822/COVID-19-JAK-Inhibitor-Tofacitinib-verbessert-Prognose-von-hospitalisierten-Patienten (letzter Zugriff: 30.07.2021).

[64] https://www.nejm.org/doi/full/10.1056/NEJMoa2031994 (letzter Zugriff: 30.07.2021).

[65] https://link.springer.com/article/10.1007/s15006-021-9953-0 (letzter Zugriff: 30.07.2021).

[66] https://www.aerzteblatt.de/nachrichten/126353/Krebsmedikament-reduziert-in-kleiner-Studie-Mortalitaet-bei-COVID-19-bedingtem-Lungenversagen (letzter Zugriff: 30.07.2021).

[67] https://www.ncbi.nlm.nih.gov/pmc/articles/PMC7286215/ (letzter Zugriff: 05.05.2021).

[68] https://www.thelancet.com/journals/lanres/article/PIIS2213-2600(21)00096-5/fulltext (letzter Zugriff: 05.05.2021).

[69] https://www.aerzteblatt.de/nachrichten/123149/COVID-19-Ueberleben-mit-ECMO-Therapie-ha-engt-von-der-Erfahrung-des-Aerzteteams-ab (letzter Zugriff: 05.05.2021).

[70] https://pubmed.ncbi.nlm.nih.gov/33595960/ (letzter Zugriff: 05.05.2021).

[71] https://www.covid19treatmentguidelines.nih.gov/special-populations/pregnancy/ (letzter Zu-griff: 30.07.2021).

[72] https://onlinelibrary.wiley.com/doi/10.1111/jcpt.13394 (letzter Zugriff: 30.07.2021).

[73] https://www.dovepress.com/corticosteroids-use-in-pregnant-women-with-covid-19-recommen-dations-fr-peer-reviewed-fulltext-article-JMDH (letzter Zugriff: 30.07.2021).

[74] https://www.covid19treatmentguidelines.nih.gov/special-populations/children/ (letzter Zu-griff: 30.07.2021).

[75] https://pediatrics.aappublications.org/content/147/5/e2020047803 (letzter Zugriff: 30.07.2021).

[76] https://www.ema.europa.eu/en/medicines/human/EPAR/veklury (letzter Zugriff: 30.07.2021).

8 SARS-CoV-2-Impfungen – Wettlauf gegen die Zeit/mit der Zeit

Harald Renz

Bis vor wenigen Jahren hätte die Zeitspanne von der Virusanalyse bis zur Zulassung eines Impfstoffes bis zu 15 oder 20 Jahre betragen. Durch neue Technologien, langjährige Expertise mit Impfstoffprojekten gegen verwandte Viren sowie die Priorisierung aller Genehmigungs- und Zulassungsverfahren durch die Arzneimittelbehörde war eine enorme Beschleunigung bei der Entwicklung eines SARS-CoV-2-Impfstoffes möglich.

Die Bundesregierung förderte seit dem 1.8.2020 mit einem Sonderprogramm (Teil des Rahmenprogramms Gesundheitsforschung der Bundesregierung, insbesondere das Handlungsfeld 1: „Forschungsförderung – Krankheiten vorbeugen und Heilen") in Höhe von € 740 Mio. drei Impfstoffentwickler.

Ziel war es, die Impfstoffentwicklung zu beschleunigen, um eine frühe und umfangreiche Bereitstellung eines wirksamen und sicheren Impfstoffes in Deutschland zu ermöglichen. Bis Ende 2021 sollte ein wirksamer Impfstoff entwickelt sein und pharmazeutisch in großem Umfang produziert werden.

Gefördert wurden Einzelvorhaben der forschenden pharmazeutischen und biotechnologischen Industrie der u. a. nachstehenden Unternehmen:

1. BioNTech aus Mainz mit ca. € 375 Mio.
2. CureVac aus Tübingen erhielt ca. € 251 Mio. und
3. IDT Biologika GmbH aus Dessau ca. € 114 Mio.

Diese Unternehmen wurden zudem bei der Durchführung der erforderlichen klinischen Prüfungen der Impfstoffkandidaten gegen SARS-CoV-2, dem Ausbau von Studienkollektiven und der Erhöhung der Produktionskapazitäten für die zu prüfenden Impfstoffkandidaten unterstützt [1].

Wie gestaltet sich die Entwicklung eines Impfstoffes – welche Phasen müssen durchlaufen werden und welche Hürden genommen werden?

Bereits im Januar 2020, als das Corona-Virus, das damals in China grassierte, in Europa noch nicht im öffentlichen Bewusstsein war, begann das Unternehmen BioNTech mit seinen Forschungen nach einem Impfstoff. Noch vor dem ersten Shutdown im März 2020 hatte BioNTech bereits 20 Impfstoff-Kandidaten und präsentierte im Februar seinen Plan dem Paul-Ehrlich-Institut. Das Unternehmen erhielt für seinen Impfstoff die erste, bedingte Zulassung in der EU im Dezember 2020 – 12 Monate nach dem Start der Forschungs- und Entwicklungsaktivitäten. Dabei nutzte die Firma ihre Erkenntnisse aus der Krebsforschung. Denn auch dort wird mit Medikamenten und Impfstoffen gearbeitet, die Immunreaktionen auf genetischer Basis (mRNA) bewirken sollen [2].

https://doi.org/10.1515/9783110752595-008

8.1 Phasen der Impfstoffentwicklung

8.1.1 Screening/präklinische Phase

Bevor ein Wirkstoffkandidat in Studien Menschen verabreicht werden darf, durchläuft er ein sogenanntes präklinisches Entwicklungsprogramm. Dabei wird die Substanz auf mögliche schädliche Wirkungen getestet, zum Beispiel darauf, ob sie giftig ist, Krebs auslöst oder das Erbgut verändert. Für diese Tests wird die Substanz an Zellkulturen und später auch in Tierversuchen getestet (Abb. 8.1).

Im Fokus der präklinischen Untersuchungen stehen primäre pharmakologische Studien, aus denen sich die Dosis-Wirkungs-Beziehung („Pharmakodynamik") und erste Erkenntnisse über ein möglicherweise für den Menschen geeignetes Impfschema gewinnen lassen. Umfangreiche sekundäre pharmakologische Studien zur systemischen Verträglichkeit und Organstudien zur Ermittlung der Antigenverteilung bzw. -anreicherung (Pharmakokinetik) werden für Impfstoffe im Allgemeinen nicht verlangt.

Darüber hinaus ist die mit wenigen Impfdosen verabreichte Substanzmenge sehr gering, sodass Anreicherungseffekte nicht zu erwarten sind. Bei lebend attenuierten Impfstämmen ist allerdings die Kenntnis des Ausscheidungsprofils nach der Verabreichung wichtig.

Für Impfstoffe sind von vordringlichem Interesse Studien zur lokalen und systemischen Toxizität nach einer und mehreren Impfungen:
- pharmakologische Studien
- allgemeine Toxizitätsstudien
- toxikokinetische und pharmakokinetische Studien
- Wiederholungsdosis-Toxizitätsstudien
- Mögliche weitere präklinische Studien werden je nach Fall gemäß den spezifischen Bedingungen durchgeführt, wie etwa die Beurteilung der Phototoxizität (Auslösung einer Hautreaktion bei Lichteinfall).

Für Impfstoffe, die auch an Schwangere verabreicht werden können, müssen in aller Regel Untersuchungen zur embryofötalen und perinatalen Toxizität durchgeführt werden. Mutagenitäts- und Karzinogenitätsstudien sind dagegen für die meisten Impfstoffe entbehrlich, da von keinem der Bestandteile von Impfstoffen mutagene oder karzinogene Wirkungen bekannt sind und die applizierte Substanzmenge niedrig ist. Werden bei der Impfstoffformulierung jedoch neue Substanzen wie Adjuvanzien oder Trägersubstanzen verwendet oder neuartige Verabreichungswege (z. B. intranasale oder intradermale Applikation) untersucht, so ist der Antragsteller verpflichtet, ein deutlich aufwendigeres präklinisches Untersuchungsprogramm zu absolvieren, das den potenziellen Gefahren angemessen Rechnung trägt und auch solche Untersuchungen einschließt, die für konventionelle Impfstoffe nicht gefordert werden. Hierzu zählen beispielsweise spezielle Toxizitätsuntersuchungen zu dem

Adjuvans oder der Trägersubstanz, Verteilungs- bzw. Anreicherungsstudien der Substanzen im Organismus, aber auch Reproduktions-, Genotoxizitäts- oder Karzinogenitätsstudien, falls erforderlich [3].

Ein Impfstoff/Stoff darf nur dann an Menschen erprobt werden, wenn ein Stoff alle vorgeschriebenen vorklinischen Versuche bestanden hat. Dazu muss er sich an Zellkulturen und später auch in Tierversuchen als unbedenklich erwiesen haben. Dabei werden international akzeptierte Richtlinien (ICH Guidelines) befolgt, die nach den 3R-Prinzipien (replace, reduce, refine) ausgerichtet sind.

8.1.2 Klinische Phasen

Die klinischen Studien an immer freiwilligen Probanden in drei Phasen sind gesetzlich geregelt. Sofern die Ergebnisse eines Impfstoffkandidaten nicht ausreichend und zufriedenstellend sind, erhält der Impfstoffe keine Zulassung. Je weiter die Testung voranschreitet, desto mehr Menschen werden in den Studienphasen eingeschlossen.

8.1.3 Phase I

Der Impfstoff wird an einer kleinen Gruppe (10–30 Probanden), die keiner Risikogruppe angehören, meist im Alter von 18–90 Jahren, getestet. Es wird der vorläufige Nachweis geführt, dass der Impfstoff auch für den Menschen sicher ist. Die Studien werden immer mit einer Kontroll- oder Vergleichsgruppe durchgeführt, die eine bereits verfügbare Impfung oder aber eine genauso harmlose wie wirkungslose Kochsalzlösung gespritzt bekommt, ein sogenanntes Placebo.

Die Probanden gehen zu regelmäßigen Untersuchungsterminen. Analog den Tierversuchen in der präklinischen Phase zeigen Blutproben der Probanden einige Wochen nach der Impfung, ob die Personen tatsächlich Antikörper produziert haben und somit ein Schutz vor Infektionen besteht. Letztlich werden vor allem die Sicherheit, Verträglichkeit und die Fähigkeit, eine Immunabwehr hervorzurufen, überprüft.

8.1.4 Phase II

Diese Phase dient primär der Dosisfindung – der Impfstoff wird bereits an einer größeren Gruppe (50–100 Personen) getestet, u. a. werden erstmals auch unterschiedliche Impfdosen getestet, um die beste Wirkung zu erzielen. Dies geschieht stufenweise, d. h., es wird zunächst zuerst die niedrigste Dosis verabreicht und wenn diese gut vertragen wird, testet man die nächsten Probanden mit einer höheren Dosis – so wird die Sicherheit der Probanden nicht gefährdet. Letztlich wird die exakte Dosis ermittelt und geprüft, ob eine einmalige Impfung ausreichend Schutz bietet oder ob mehrere Teilimpfungen notwendig sind. Seltene Nebenwirkungen werden ausgeschlossen.

8.1.5 Phase III

In dieser Phase wird die „Zulassungsstudie" durchgeführt, d. h., in der abschließenden klinischen Phase III wird der Impfstoff an mehreren tausend Probanden unterschiedlichen Alters, Geschlechts, mit und ohne etwaigen Vorerkrankungen, Immunsupprimierten etc. über einen längeren Zeitraum getestet – im Fall von SARS-CoV2-Impfstoffkandidaten im Schnitt an 30.000 Freiwilligen.

Im Vordergrund steht, den genauen Wirksamkeitsgrad zu ermitteln und auch ggfs. seltene Nebenwirkungen zu erkennen. Schützt der Impfstoff vor einer natürlichen Infektion? Ist er wirksamer als bereits zugelassene Impfstoffe, dem sogenannten „Standard of Care"? Treten Wechselwirkungen mit anderen Impfungen oder sehr seltene Nebenwirkungen auf? Hierfür dokumentieren die Hersteller die Impfreaktionen, wie etwa Schmerzen an der Einstichstelle oder Rötungen, die meist nach ein bis zwei Tagen wieder verschwinden, aber auch weitere Nebenwirkungen wie bspw. Fieber, Schüttelfrost und andere Beschwerden, die nach einer Impfung auftreten können.

8.1.6 Zulassung

Wenn ein Impfstoff die drei klinischen Phasen erfolgreich absolviert hat, alle Bedingungen erfüllt und sein individueller und Public-Health-Nutzen gegenüber seinen Risiken überwiegt, können die Daten für eine Zulassung bei den Gesundheitsbehörden eingereicht werden. Ein Zulassungsantrag kann nur gestellt werden, wenn alle Ergebnisse der präklinischen und klinischen Prüfungen vorliegen (vgl. Kapitel 8.3).

In Deutschland ist das PEI (Paul-Ehrlich-Institut) für eine Zulassung auf nationaler Ebene zuständig, in den USA übernimmt diese Aufgabe die FDA (Federal Drug Association), in der EU ist es die EMA (Europäische Arzneimittel-Agentur).

Wenn Wirksamkeit und Sicherheit überprüft wurden, erfolgt die Zulassung. In Europa gibt es drei Verfahren, die jeweils unter bestimmten Voraussetzungen eine **frühzeitige Zulassung** ermöglichen [4]:
– das beschleunigte Bewertungsverfahren (accelerated assessment)
– die bedingte Zulassung (conditional marketing authorisation)
– die Zulassung unter außergewöhnlichen Umständen (authorisation under exceptional circumstances)

8.1.7 Phase IV – Postmarketing-Studie

Der zugelassene Impfstoff kann vermarktet und am Menschen angewendet werden. Auch nach der Zulassung unterliegen die Impfstoffe einer regelmäßigen Kontrolle und Überwachung und es werden Nebenwirkungsmeldungen genauestens untersucht. An dieser Stelle ist die Mitarbeit jeder Person gefragt, die die Impfung erhalten hat. Nebenwirkungen, die auftreten, sollten von jedem unverzüglich dem Hausarzt gemeldet werden, damit eine umfassende Datenlage für die Bewertung der Phase IV vorliegt.

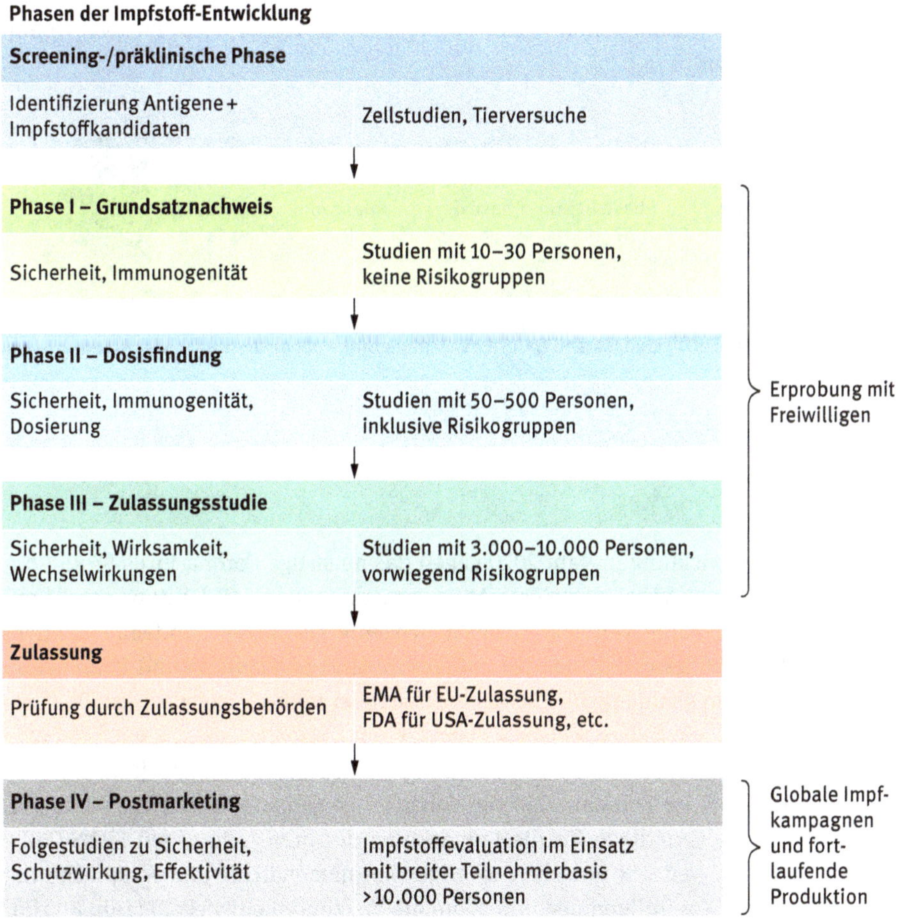

Phasen der Impfstoff-Entwicklung

Screening-/präklinische Phase		
Identifizierung Antigene + Impfstoffkandidaten	Zellstudien, Tierversuche	
Phase I – Grundsatznachweis		
Sicherheit, Immunogenität	Studien mit 10–30 Personen, keine Risikogruppen	
Phase II – Dosisfindung		
Sicherheit, Immunogenität, Dosierung	Studien mit 50–500 Personen, inklusive Risikogruppen	Erprobung mit Freiwilligen
Phase III – Zulassungsstudie		
Sicherheit, Wirksamkeit, Wechselwirkungen	Studien mit 3.000–10.000 Personen, vorwiegend Risikogruppen	
Zulassung		
Prüfung durch Zulassungsbehörden	EMA für EU-Zulassung, FDA für USA-Zulassung, etc.	
Phase IV – Postmarketing		
Folgestudien zu Sicherheit, Schutzwirkung, Effektivität	Impfstoffevaluation im Einsatz mit breiter Teilnehmerbasis >10.000 Personen	Globale Impfkampagnen und fortlaufende Produktion

Abb. 8.1: Phasen der Impfstoffentwicklung.

8.1.8 Stand der Impfstoffentwicklung per 11. Oktober 2021

Bis Oktober 2021 hatte die EMA insgesamt vier Impfstoffe in der EU zugelassen (Abb. 8.2). 193 Impfstoffkandidaten befanden sich im Oktober 2021 in klinischen Studien [5]. Im Detail gestaltete sich dies folgendermaßen:
- Phase I beinhaltete 37 Studien (10–30 Probanden)
- Phase II beinhaltete 38 Studien (50–500 Probanden)
- Phase III OHNE Rolling Review beinhaltete 24 Studien (10.000–60.000 Probanden)
- Phase III MIT Rolling Review beinhaltete 4 Studien (10.000–60.000 Probanden)
- Zulassungsphase: keine weiteren Impfstoffkandidaten
- Zugelassen: vier Impfstoffe (BioNTech/Pfizer, Moderna, AstraZeneca, Johnson & Johnson)

| Präklinik 193 | Phase I 37 | Phase II 38 | Phase III 28 | EMA Zulassungs-verfahren 0 | EMA Zulassung 4 |

Abb. 8.2: Aktueller Entwicklungsstand SARS-CoV-2-Impfstoffe – modifiziert nach vfa, Stand: 15.10.2021 [5].

8.2 Übersicht SARS-CoV-2-Impfstoffe und ihre bekannten Nebenwirkungen

Die Impfstoffentwicklung im Jahr 2020 gegen das neuartige Corona-Virus SARS-CoV-2 und die durch das Virus ausgelöste Atemwegserkrankung COVID-19 war nicht nur ein Wettlauf gegen die Zeit und damit gleichzeitig gegen die Pandemie, sondern auch ein Wettlauf verschiedenster Forschergruppen, Universitäten und Pharmakonzerne um die schnellstmögliche Entwicklung sicherer und effektiver Wirkstoffe (Vakzine, Impfstoffe).

Nachdem das SARS-CoV-2-Virus erstmalig im Dezember 2019 in China entdeckt wurde, lag bereits im Februar 2020 die vollständige Genomsequenz des Virus vor. Diese bildete die Grundlage für die Entwicklung der Impfstoffe gegen SARS-CoV-2 und so starteten weltweit Forscher, in enger Zusammenarbeit und Absprache mit den zuständigen Kontrollgremien, um adäquate Vakzine zu entwickeln (Tab. 8.1) [6].

Impfstoffplattformen für SARS-CoV-2-Impfstoffe (Tab. 8.1).

Tab. 8.1: Übersicht ausgewählter Impfstoffplattformen. Stand: 01. Oktober 2021.

Prinzip des Impfstoffes	Forschungsstand	Entwicklungsfirmen	Vergleichbare Impfstoffe dieses Verfahrens
mRNA-basiert	Zulassungen in Europa, USA, Südamerika, Australien	BioNTech/Pfizer (D/USA) Moderna (USA)	mRNA-Therapeutika, keine Impfstoffe
RNA-Impfstoff	im Okt. 2021 Zulassungsantrag bei EMA zurückgenommen	Curevac (D)	
vektorbasiert	Zulassungen in Europa, USA, Südamerika	AstraZeneca (GB) Johnson & Johnson (USA)	Ebola, Dengue Fieber
Totimpfstoff	Notfallzulassung	Sinovac (China) Sinopharm (China)	Influenza, Poliomyelitis
	Phase III	Valneva (FR)	Japanische Enzephalitis
Lebendimpfstoff	Phase I	Codagenix (USA)	Masern, Mumps
proteinbasiert	Phase III	Novavax (USA)	Influenza

Wichtig war und ist es, dass SARS-CoV-2-Impfstoffe von entscheidender Bedeutung für die Verringerung der Morbidität und Mortalität innerhalb der Bevölkerung sind.

Die beteiligten Unternehmen und Forschungsinstitute setzten auf unterschiedliche Impfstofftypen, vor allem Vektorviren-, Subunit- und genbasierte (mRNA)-Impfstoffe. Deutsche Unternehmen und Forschungsinstitute entwickelten 15 eigene Impfstoffe und weitere 19 Unternehmen wirkten unterstützend bei der Impfstoffentwicklung oder -produktion mit [7] (Abb. 8.3).

8.2.1 mRNA: Herstellung – Studien – Wirksamkeit

Bei diesen neuen, mRNA-basierten Impfstoffen soll der menschliche Körper das Protein selbst herstellen, gegen das dann eine Immunantwort gebildet werden soll. Hingegen werden bei den herkömmlichen Impfungen z. B. inaktivierte Komponenten des echten Krankheitserregers gespritzt. Bei der neuen Methode wird stattdessen nur eine Art Bauanleitung gespritzt, die sogenannte mRNA, mit der der Körper die Virusteile selbst baut und so lernt, wie sie aussehen. Ähnlich der Infektion mit einem Virus beginnt die Zelle nach dem Bauplan der mRNA mit der Produktion von Proteinen, die als Antigene dem Immunsystem präsentiert werden und eine Immunantwort auslösen. Da es sich nur um einzelne Proteine handelt, die von den Zellen hergestellt werden, ist mit dieser Methode keinerlei Infektionsrisiko verbunden (dies gilt im Übrigen auch für Totimpfstoffe bzw. Subunit-Impfstoffe). Bei der mRNA handelt es sich

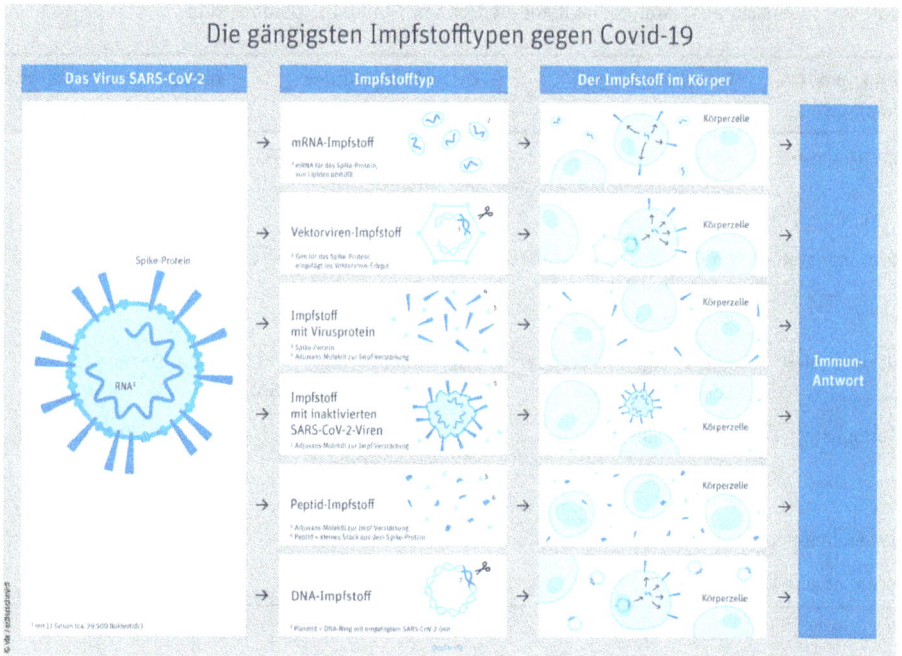

Abb. 8.3: Übersicht über die wichtigsten Impfstoff-Typen. Mit freundlicher Genehmigung der vfa [21].

um ein Botenmolekül, das nicht in die DNA einer Zelle eingebaut werden kann und relativ schnell vom Körper wieder abgebaut wird. Eine Veränderung des Erbguts im Sinne einer Beeinträchtigung der Keimzellen kann damit nicht stattfinden [8]. Das Immunsystem wird auf diese Art und Weise trainiert, um den Erreger zu erkennen, sodass bei Exposition des Erregers seine Replikation und Ausbreitung im menschlichen Körper verhindert werden kann. mRNA-Impfstoffe haben den Vorteil, dass das Herstellungsverfahren unabhängig vom jeweiligen Erreger immer gleich ist, sodass eine enorme Entwicklungszeit für das Produktionsverfahren eingespart wird.

Einer multinationalen, zulassungsrelevanten Wirksamkeitsstudie mit > 40.000 Teilnehmern zufolge (randomisiert, davon erhielten > 20.000 eine Injektion mit BNT162b2 [BioNTech mRNA-Impfstoff] und > 20.000 mit einem Placebo), bot ein 2-Dosen-Regime von BNT162b2 zu 95 % Schutz vor einer COVID-19-Erkrankung bei Personen ab 16 Jahren. Die Sicherheit über einen Median von 2 Monaten war ähnlich wie bei anderen viralen Impfstoffen.

Ähnliche Impfstoffwirksamkeit (in der Regel 90 bis 100 %) wurde in Untergruppen beobachtet, die nach Alter, Geschlecht, Rasse, ethnischer Zugehörigkeit, Basis-Body-Mass-Index und dem Vorhandensein koexistierender Bedingungen definiert wurden [9].

Zu bemerken ist, dass die Beurteilung der Wirksamkeit eines Impfstoffes davon abhängt, welches Kollektiv untersucht wird (z. B. Gesunde oder chronisch kranke Personen, ältere Menschen oder Jugendliche/Kinder).

Einen weiteren Impfstoff aus der Gruppe der mRNA-Impfstoffe entwickelte das Biotechnologieunternehmen Moderna, den sog. Corona-Impfstoff mRNA-1273, der am 06.01.2021 eine bedingte EU-Zulassung erhielt.

Eine randomisierte, beobachterblinde, placebokontrollierte Phase-III-Studie mit > 30.000 Probanden in den USA zeigte nach Impfungen mit mRNA-1273 im Abstand von 28 Tagen eine Wirksamkeit von 94,1 % bei der Prävention von COVID-19-Erkrankungen, einschließlich schwerer Erkrankungen [10].

Alle mRNA-Impfstoffe sehen ein 2-Dosen-Impfschema im Abstand zwischen Tag 0 und Tag 21 bzw. Tag 0 und Tag 28 vor.

Eine weitere EU-Impfstoffzulassung aus dieser Gruppe wurde von dem deutschen Biotechunternehmen CureVac im 3. Quartal 2021 erwartet, jedoch im Juli 2021 wurde bekannt, dass der Impfstoff nur zu 48 % wirksam ist – somit wurde keine Zulassung seitens EMA erteilt und das Unternehmen zog ebenfalls im Oktober 2021 seinen Zulassungsantrag bei der EMA zurück.

8.2.2 Vektorbasierter Impfstoff: Herstellung – Studien – Wirksamkeit

Vektorbasierte Impfstoffe bestehen aus für den Menschen harmlosen Viren, die gentechnisch so verändert sind, dass sie in ihrem Genom die genetische Sequenz mit dem Bauplan für einen oder mehrere Bestandteile des Erregers (Antigen) enthalten, gegen den der Impfstoff gerichtet ist. Die COVID-19-Vektorimpfstoffe enthalten ungefährliche, gut untersuchte Trägerviren, in deren Genom ein Gen eingebaut wurde, das den Bauplan für das SARS-CoV-2-Oberflächenprotein, das Spikeprotein, enthält [11].

Diese Vektorviren bilden eine „Hülle", die an sich nicht vermehrungsfähig ist, welche das Material des Zielvirus (in diesem Fall SARS-CoV-2) aber umschließt und so in die Zellen hinein transportieren kann. Auch wenn diese „Hülle" nicht vermehrungsfähig ist, kann auch gegen ihre Komponenten eine Immunantwort ausgebildet werden – es kommt aber nicht zu einer Erkrankung. Nachdem die genetischen Informationen des Zielvirus mit Hilfe des Vektorvirus durch die Impfung in einige Körperzellen des Geimpften gelangt sind, werden sie (wie auch die genetische Information der Körperzellen selbst) in den Zellen als Boten-RNA abgelesen und die entsprechenden kodierten Proteine des Virus werden hergestellt. Das Immunsystem reagiert auf dieses gebildete Fremd-Protein und bildet dagegen eine Immunantwort (unter anderem Antikörper).

Bei einem späteren Kontakt der geimpften Person mit SARS-CoV-2 erkennt das Immunsystem die Oberflächenstruktur wieder und soll eine schwere COVID-19-Erkrankung mindern oder verhindern und möglicherweise sogar die Weitergabe von SARS-CoV-2 von Mensch zu Mensch reduzieren.

Ein Beispiel ist der in Deutschland seit 29.01.2021 bedingt zugelassene Vektorimpfstoff **Vaxzevria**, den Forscher der Universität Oxford gemeinsam mit dem schwedischen Unternehmen AstraZeneca entwickelten – dieser basiert auf modifizierten Adenoviren [12].

Am 23.11.2020 informierte AstraZeneca über Zwischenergebnisse zweier in Brasilien und Großbritannien laufender Phase-III-Studien, nachdem insgesamt 131 COVID-19-Fälle aufgetreten waren. In einer Gruppe von 2.741 Probanden, die eine halbe und eine ganze Dosis im Abstand von wenigstens einem Monat erhalten hatten, wurde eine Wirksamkeit von 90 % ausgewiesen. In einer Gruppe von 8.895 Probanden, die zwei volle Dosen im Abstand von wenigstens einem Monat erhalten hatten, wurde die Wirksamkeit mit 62 % angegeben. Daraus wurde eine Wirksamkeit von insgesamt 70 % berechnet. Einschließlich der Kontrollgruppen wurden mehr als 23.000 Probanden in die Studien eingeschlossen [13].

Ein weiterer Impfstoff aus dieser Gruppe von dem Pharmaunternehmen Johnson & Johnson wurde bedingt am 11.03.2021 in der EU zugelassen und war dahingehend vielversprechend, dass das Impfschema **nur eine Impfung vorsah**. Das COVID-19 Vaccine Janssen® zeigte in den Zulassungsstudien durchschnittlich einen zu etwa 65 % wirksamen Schutz vor einer COVID-19-Infektion. Zudem schützt der Impfstoff nahezu vollständig vor schweren Erkrankungen mit Krankenhausaufenthalt [14].

Zudem startete die Europäische Arzneimittelbehörde EMA seit Anfang März 2021 ein Prüfverfahren für Sputnik V im Zuge eines sogenannten „Rolling Review". Dabei wurden Testergebnisse bereits geprüft, auch wenn noch nicht alle Daten vorlagen und noch kein Zulassungsantrag gestellt wurde. Sputnik ist bereits in > 60 Ländern registriert.

8.2.3 Proteinbasierter Impfstoff: Herstellung – Studien – Wirksamkeit

Diese sog. Subunit-Impfstoffe zählen zu den „Totimpfstoffen", denn sie enthalten keine lebenden Viren, sondern vielmehr einige Mikrogramm eines ausgewählten Proteins von SARS-CoV-2.

Der Impfstoff der Firma Novavax wird bspw. hergestellt, indem ein technisch hergestelltes Baculovirus erzeugt wird, das ein Gen für ein modifiziertes SARS-CoV-2-Spike-Protein enthält. Das Spike-Protein wurde modifiziert, indem zwei Prolin-Aminosäuren eingebaut wurden, um die Vorfusionsform des Proteins zu stabilisieren. Das Baculovirus wird hergestellt, um eine Kultur von Sf9-Mottenzellen zu infizieren, die dann das Spike-Protein erzeugen und es auf ihren Zellmembranen anzeigen. Die Spike-Proteine werden geerntet und zu einem synthetischen Lipid-Nanopartikel mit einem Durchmesser von etwa 50 Nanometern zusammengefügt, das jeweils bis zu 14 Spike-Proteine aufweist [15].

Dieses Prinzip des Novavax-Impfstoffs ist bereits von Vakzinen gegen andere Erkrankungen bekannt, beispielsweise den Grippeimpfstoffen.

Zur Stärkung der Immunantwort auf den Impfstoff enthält die Formulierung ein Adjuvans (einen Hilfsstoff, den proteinbasierte Vakzine als Hilfsstoff in der Regel benötigen, um die gewünschte Immunantwort zu erzielen) auf Saponinbasis.

In einer klinischen Phase-III-Studie mit fast 30.000 Erwachsenen in den Vereinigten Staaten und Mexiko hat NVX-CoV2373 einen 100-prozentigen Schutz vor mittelschweren und schweren COVID-19-Infektionen und eine Gesamtwirksamkeit von 90,4 % gezeigt [16].

Der US-Hersteller ist im Zulassungsprozess unter den proteinbasierten Impfstoffen am weitesten fortgeschritten, in der EU läuft das Zulassungsverfahren im Rolling-Review-Prozess seit Februar 2021. Die EU-Kommission hat sich für den Fall der Zulassung 200 Millionen Dosen gesichert [17].

8.2.4 Impfstoffe mit inaktiviertem SARS-CoV-2-Virus: Herstellung – Studien – Wirksamkeit

Diese Impfstoffe enthalten abgetötete, also nicht mehr vermehrungsfähige Krankheitserreger. Hierzu zählt man auch solche Impfstoffe, die nur Komponenten oder einzelne Moleküle dieser Erreger enthalten. Je nach Art der Herstellung und dem Grad der Aufreinigung spricht man von Ganzvirus-, Spalt- oder Untereinheiten-(Subunit-)Impfstoffen.

Beispiele sind Impfstoffe gegen Hepatitis A (Ganzvirus-) und Influenza (Spalt- und Subunit-Impfstoffe).

Im August 2021 begann das Unternehmen Valneva mit der rollierenden Einreichung für die erste Zulassung von dem Ganzvirus-SARS-CoV-2-Impfstoff VLA2001 bei der Medicines and Healthcare products Regulatory Agency (MHRA) im Vereinigten Königreich (UK).

Valneva vermehrt das SARS-CoV-2-Virus in Vero-Zellen – das ist eine Zelllinie, die sich von Nieren-Zellen der grünen Meerkatze ableitet. Danach inaktiviert das Unternehmen das Virus und produziert damit den Impfstoff. VLA2001 ist derzeit der einzige inaktivierte, adjuvantierte Impfstoffkandidat gegen COVID-19 in klinischen Studien in Europa. Es ist für die aktive Immunisierung von Risikopopulationen vorgesehen, um eine Beförderung und symptomatische Infektion mit COVID-19 während der anhaltenden Pandemie und möglicherweise später für die Routineimpfung zu verhindern [18].

Bei einer Phase-III-Studie erreichte der Impfstoff VLA2001 beide co-primären Endpunkte erfolgreich: einen überlegenen, neutralisierenden Antikörpertiterspiegel im Vergleich zum dem vektorbasierten Vergleichsimpfstoff AZD1222 (ChAdOx1-S) von AstraZeneca sowie eine neutralisierende Antikörper-Serokonversionsrate > 95 %.

Ein EU-Zulassungsantrag ist für 2022 geplant.

8.2.5 Peptid-Impfstoffe: Herstellung – Studien – Wirksamkeit

Solche Impfstoffe ähneln den Impfstoffen mit Virusprotein – sie enthalten beispielsweise kein genetisches Material, aber einen Wirkverstärker (Adjuvans). Anstelle ganzer Proteine enthalten sie kleine Bruchstücke davon, die sich besonders gut dafür eignen, nach dem Impfen eine schützende Abwehrreaktion durch T-Zellen (einem bestimmten Typ von Immunzellen) zu stimulieren. Die Universität Tübingen arbeitet an der Herstellung eines solchen Impfstoffes, CoVac-1. In einer offenen Phase-I-Studie zeigte CoVac-1 ein günstiges Sicherheitsprofil und induzierte breite, potente und VOC-unabhängige T-Zell-Antworten, was die derzeit laufende Evaluierung in einer Phase-II-Studie für Patienten mit B-Zell-/Antikörpermangel unterstützt [19].

8.2.6 DNA-Impfstoffe: Herstellung – Studien – Wirksamkeit

Ähnlich wie mRNA-Impfstoffe sollen auch DNA-Impfstoffe funktionieren. Bei ihnen ist das Gen für ein Virusprotein auf einem Stück DNA enthalten (beispielsweise auf einem DNA-Ring [= Plasmid]). Nach dem Impfen muss das DNA-Stück in Zellen gelangen; und die Zellen müssen daraufhin davon ausgehend Abschriften in mRNA erstellen, die wiederum zur Herstellung von Virusprotein dienen, das dann wie bei einem Impfstoff mit Virusprotein wirkt. Es sind hier also noch mehr Schritte zum Erzielen der Impfwirkung nötig als bei mRNA-Impfstoffen; und damit die DNA überhaupt in die Zellen gelangt, sind besondere Impfgeräte erforderlich. Ein Vorteil gegenüber mRNA-Impfstoffen ist aber, dass DNA stabiler ist und DNA-Impfstoffe deshalb weniger stark gekühlt werden müssen. In Indien hat das Unternehmen Zydus Cadila die Zulassung für den ersten DNA-Impfstoff gegen COVID-19 erhalten, genannt ZyCoV-D (es ist damit sogar der weltweit erste DNA-Impfstoff überhaupt); bislang wurde aber noch keine EU-Zulassung beantragt. Daneben sind weitere DNA-Impfstoffe gegen COVID-19 in Entwicklung. So erprobt das Unternehmen INOVIO seinen DNA-Impfstoff derzeit in einer Phase-III-Studie der WHO und bereitet eine eigene Phase-III-Studie (INNOVATE) vor. Das OpenCorona-Konsortium unter Führung des schwedischen Karolinska-Instituts und Mitwirkung der Universitäten Gießen und Tübingen arbeitet ebenfalls an einem DNA-Impfstoff [20].

8.2.7 Adjuvantien

Ein Adjuvans ist **ein Hilfsstoff, der die Wirkung eines Reagenzes (in der Labor-medizin) oder eines Arzneistoffes (in der Pharmakologie) verstärkt.** Chemisch-physikalisch handelt es sich häufig um Lösungsvermittler, Emulsionen oder Mi-schungen daraus.

Ein Einsatzgebiet für Adjuvantien ist die Immunologie, um die Immunantwort auf eine verabreichte Substanz unspezifisch zu steigern. Das heißt, dass für die spe-zifische Immunantwort das Antigen, für die Stärke der Antwort im Wesentlichen das Adjuvans verantwortlich ist.

Die ersten in der EU zugelassenen Impfstoffe gegen COVID-19 basieren auf mRNA- oder Vektorviren. Unter den Impfstoffen, die noch in Entwicklung sind, fin-den sich neben Impfstoffen des gleichen Typs auch solche, die noch von anderem Typ sind.

8.2.8 Risiken, allergische Reaktionen und Nebenwirkungen der SARS-CoV-2-Impfstoffe

Nach der Impfung mit den COVID-19-Impfstoffen kann es als Ausdruck der Auseinan-dersetzung des Körpers mit dem Impfstoff zu Lokal- und Allgemeinreaktionen kom-men. Sie klingen für gewöhnlich innerhalb weniger Tage nach der Impfung wieder ab. Bei den mRNA-Impfstoffen wurden in sehr seltenen Fällen Herzmuskel- und Herzbeutelentzündungen (Myokarditis und Perikarditis) berichtet. Diese Fälle traten hauptsächlich innerhalb von 14 Tagen nach der Impfung und häufiger nach der zweiten Impfstoffdosis auf (Tab. 8.2 und 8.3 [22–25]).

Bei den vektorbasierten Impfstoffen wurden sehr seltene, schwere Fälle von Blut-gerinnseln (Thrombosen), verbunden mit einer Verringerung der Blutplättchen-anzahl (Thrombozytopenie), sowie das Guillain-Barré-Syndrom nach Vaxzevria be-obachtet [26] (vgl. Tab. 8.4).

Tab. 8.2: Mögliche Nebenwirkungen laut Herstellern nach einer SARS-CoV-2-Impfung mit einem mRNA-Impfstoff.

Impfstoff	sehr häufig auftretende NW > 1 von 10 Behandelten	häufig auftretende NW bei bis zu 1 von 10 Behandelten	gelegentlich auftretende NW bei bis zu 1 von 100 Behandelten	selten auftretende NW bis zu 1 von 1.000 Behandelten	nicht bekannt*
Comirnaty (BioNTech/Pfizer)	– an der Injektionsstelle: Schmerzen, Schwellung – Müdigkeit – Kopfschmerzen – Muskelschmerzen – Schüttelfrost – Gelenkschmerzen – Durchfall – Fieber – Einige dieser NW traten bei jugendlichen zwischen 12 und 15 Jahren etwas häufiger auf als bei Erwachsenen.	– Rötung an der Injektionsstelle – Übelkeit – Erbrechen	– vergrößerte Lymphknoten – Unwohlsein – Armschmerzen – Schlaflosigkeit – Juckreiz an der Injektionsstelle – allergische Reaktionen wie Ausschlag oder Juckreiz	– vorübergehendes, einseitiges Herabhängen des Gesichtes – allergische Reaktionen wie Nesselsucht oder Schwellung des Gesichts	– schwere allergische Reaktionen
Spikevax (Moderna)	– Schwellung/Schmerzempfindlichkeit in der Achselhöhle – Kopfschmerzen – Übelkeit – Erbrechen – Muskelschmerzen, Gelenkschmerzen und -steife – Schmerzen oder Schwellung an der Injektionsstelle – sehr starke Müdigkeit – Schüttelfrost – Fieber	– Diarrhö – Hautausschlag – Hautausschlag, Rötung oder Nesselsucht an der Injektionsstelle (die zum Teil im Median 4 bis 11 Tage nach der Injektion auftreten können)	– Juckreiz an der Injektionsstelle	– vorübergehende einseitige Gesichtslähmung (Fazialisparese, Bell's Palsy) – Schwellung des Gesichts (Eine Schwellung des Gesichts kann bei Personen auftreten, die kosmetische Injektionen	– schwere allergische Reaktionen mit Atembeschwerden (Anaphylaxie) – Reaktion in Form einer durch das Immunsystem ausgelösten verstärkten Empfindlichkeit oder Unverträglichkeit (Überempfindlichkeit)

Tab. 8.2: (fortgesetzt)

Impfstoff	sehr häufig auftretende NW > 1 von 10 Behandelten	häufig auftretende NW bei bis zu 1 von 10 Behandelten	gelegentlich auftretende NW bei bis zu 1 von 100 Behandelten	selten auftretende NW bis zu 1 von 1.000 Behandelten	nicht bekannt*
				im Gesicht erhalten haben.) – Schwindelgefühl – vermindertes Berührungs- oder Druckempfinden	– Entzündung des Herzmuskels (Myokarditis) oder Entzündung des Herzbeutels (Perikarditis), die zu Atemnot, Herzklopfen oder Schmerzen in der Brust führen können. – eine Hautreaktion, die rote Flecken oder Stellen auf der Haut verursacht, die wie ein Ziel oder eine Zielscheibenmitte mit einer Mitte aussehen können, das von hellroten Ringen umgeben ist (Erythema multiforme)

* Häufigkeit auf Grundlage der verfügbaren Daten nicht abschätzbar

Tab. 8.3: Mögliche Nebenwirkungen laut Herstellern nach einer SARS-CoV-2-Impfung mit einem vektorbasierten Impfstoff.

Impfstoff	sehr häufig auftretende NW bei NW > 1 von 10 Geimpften	häufig auftretende NW bei bis zu 1 von 10 Geimpften	gelegentlich auftretende NW bei bis zu 1 von 1.000 Geimpften	selten auftretende NW bei bis zu 1 von 1.000 Geimpften	sehr selten auftretende NW bei bis zu 1 von 10.000 Geimpften	nicht bekannt*
Vaxzevria AstraZeneca	– Druckschmerz, Schmerzen, Wärme, Juckreiz oder blauer Fleck an der Injektionsstelle – Müdigkeitsgefühl (Fatigue) oder allgemeines Unwohlsein – Schüttelfrost oder fiebriges Gefühl – Kopfschmerzen – Übelkeit – Gelenk- oder Muskelschmerzen	– Rötung oder Schwellung an der Injektionsstelle – Fieber (≥ 38 °C) – Erbrechen oder Durchfall – leicht und vorübergehend verminderte Blutplättchenzahl (Laborbefunde) – Schmerzen in den Beinen oder Armen – grippeähnliche Symptome wie erhöhte Temperatur, Halsschmerzen, laufende Nase, Husten und Schüttelfrost – körperliche Schwäche oder Energiemangel	– Schläfrigkeit, Schwindelgefühl oder ausgeprägte Teilnahmslosigkeit und Inaktivität – Bauchschmerzen oder verminderter Appetit – vergrößerte Lymphknoten – übermäßiges Schwitzen, juckende Haut, Ausschlag oder Nesselsucht – Muskelkrämpfe	– einseitiges Herabhängen des Gesichtes	– Blutgerinnsel, häufig an ungewöhnlichen Stellen (z. B. Hirn, Darm, Leber, Milz) zusammen mit niedriger Blutplättchenzahl – schwere Nervenentzündung, die zu Lähmungen und Atemnot führen kann (Guillain- Barré-Syndrom [GBS])	– schwere allergische Reaktion (Anaphylaxie) – Überempfindlichkeit – schnell auftretende Schwellung unter der Haut in Bereichen wie z. B. Gesicht, Lippen, Mund und Rachen (die zu Schluck- oder Atembeschwerden führen könnte) – Kapillarlecksyndrom (eine Erkrankung, bei der die Flüssigkeit aus kleinen Blutgefäßen austritt) – sehr niedrige Blutplättchenzahl (Immunthrombozytopenie), die mit Blutungen einhergehen kann

Tab. 8.3: (fortgesetzt)

Impfstoff	sehr häufig auftretende NW bei > 1 von 10 Geimpften	häufig auftretende NW bei bis zu 1 von 10 Geimpften	gelegentlich auftretende NW bei bis zu 1 von 1.000 Geimpften	selten auftretende NW bei bis zu 1 von 1.000 Geimpften	sehr selten auftretende NW bei bis zu 1 von 10.000 Geimpften	nicht bekannt*
COVID-19 Vaccine Janssen John-son & John-son	– Kopfschmerzen – Übelkeit – Muskelschmerzen – Schmerzen an der Injektionsstelle – starkes Müdig-keitsgefühl	– Rötung an der In-jektionsstelle – Schwellung an der Injektions-stelle – Schüttelfrost – Gelenkschmerz – Husten – Fieber	– Hautausschlag – Muskelschwäche – Schmerzen in Ar-men oder Beinen – Schwächegefühl – allgemeines Un-wohlsein – Niesen – Halsschmerzen – Rückenschmerzen – Zittern – übermäßiges Schwitzen – ungewöhnliches Gefühl auf der Haut, z. B. Krib-beln oder Ame-senhaufen (Paräs-thesie) – Durchfall – Schwindelgefühl	– allergische Reaktion – Nesselsucht – geschwollene Lymphknoten (Lymphadeno-pathie) – vermindertes Gefühl oder Empfindlich-keit, insbeson-dere der Haut (Hypoästhesie) – anhaltendes Klingeln in den Ohren (Tinnitus) – Erbrechen – Blutgerinnsel in Venen (ve-nöse Throm-boembolie [VTE])	– Blutgerinnsel, häufig an unge-wöhnlichen Stel-len (z. B. Hirn, Leber, Darm, Milz) zusammen mit niedrigem Blutplättchen-spiegel – schwere Nerven-entzündung, die Lähmungen und Atemnot verur-sachen kann (Guillain-Barré-Syndrom [GBS])	– schwere allergische Reaktion – Kapillarlecksyndrom (eine Erkrankung, bei der Flüssigkeit aus kleinen Blutge-fäßen austritt) – eine niedrige Anzahl von Blutplättchen (Immunthrombozy-topenie), die mit Blutungen einher-gehen kann

* Häufigkeit auf Grundlage der verfügbaren Daten nicht abschätzbar

Seit September 2021 empfiehlt die US-Gesundheitsbehörde CDC allen Personen, die in der Vergangenheit allergisch auf eine der Komponenten eines mRNA-Impfstoffs reagiert haben oder bei denen eine schwere allergische Reaktion auf die erste Impfdosis aufgetreten ist, sich nicht erneut mit einem mRNA-Impfstoff gegen COVID-19 impfen zu lassen. Vor diesem Hintergrund untersuchten Wissenschaftler, welche Risikofaktoren und Mechanismen dazu beitragen könnten, allergische Reaktionen auf einen der zugelassenen mRNA-COVID-19-Impfstoffe zu erklären.

Einer der Kandidaten, die als Quelle für allergische Reaktionen infrage kommen, ist Polyethylenglykol (PEG). In früheren Arbeiten war gezeigt worden, dass dieses nicht ionische Detergens sowohl lokale als auch systemische allergische Reaktionen, einschließlich Immunglobulin-E- (IgE)- und nicht IgE-vermittelter Anaphylaxien, auslösen kann. Da PEG nicht nur in pharmazeutischen Produkten zum Einsatz kommt, sondern beispielsweise auch in vielen Lebensmittel vorhanden ist, liegt es nahe, schwere allergische Reaktionen auf PEG mit beispielsweise bereits vorhandenen Anti-PEG-Antikörpern in Verbindung zu bringen, deren Bildung beispielsweise durch PEG-haltige Haushaltsprodukte induziert wurde [27].

8.3 Zulassungsverfahren – drei Möglichkeiten in Europa

Die Europäische Arzneimittel-Agentur (EMA), mit Sitz in Amsterdam (NL) schützt und fördert die Gesundheit von Menschen und Tier durch die Bewertung und Überwachung von Arzneimitteln innerhalb der Europäischen Union (EU) und des Europäischen Wirtschaftsraums (EWR). Ihre wichtigsten Aufgaben sind die Zulassung und Überwachung von Arzneimitteln in der EU. Unternehmen beantragen dort eine einzige Genehmigung für das Inverkehrbringen, die von der Europäischen Kommission ausgestellt wird. Wird die Genehmigung erteilt, kann das Arzneimittel in der gesamten EU und im EWR vertrieben werden. Angesichts des breiten Anwendungsbereichs des zentralisierten Verfahrens werden die meisten in Europa vermarkteten Arzneimittel von der EMA zugelassen [28].

Die EMA erleichtert die Entwicklung und Zugänglichkeit von Arzneimitteln, bewertet Anträge auf Genehmigung für das Inverkehrbringen, überwacht die Sicherheit von Arzneimitteln während ihres Lebenszyklus und informiert Beschäftigte im Gesundheitswesen und Patienten.

Das Paul-Ehrlich-Institut (PEI) in Langen ist das deutsche Bundesinstitut für Impfstoffe und biomedizinische Arzneimittel – das PEI ist eine Bundesbehörde und ihm obliegt u. a. die Zulassung eines neuen Impfstoffes, zusammen mit der Überwachung auf aussagekräftige Studien sowie die finale Chargenfreigabe für den Markt. Dabei stehen die Kriterien Sicherheit, Wirksamkeit und Qualität des Impfstoffes im Fokus (Abb. 8.4/Tab. 8.4).

nationales Zulassungs-verfahren in Deutschland Dauer 7 Monate (nur gültig für Deutschland)	zentrales Zulassungs-verfahren in Europa (EMA) Dauer 7 Monate (nur gültig in Europa)	Verfahren zur gegenseitigen Anerkennung (MRF) Dauer 10 Monate

Prüfbehörde PEI* – 3 Varianten: 1. Prüfung des eingereichten Produkt-Monographen 2. eigene materielle Prüfung 3. Prüfung direkt beim Hersteller	EMA ist ausnahmslos die Prüfbehörde für ALLE Präparate, die ein oder mehrere gentechnologisch hergestelltes Antigen enthalten – z. B. mRNA-Impfstoffe	Prüfbehörde EMA/MRFG: 1. Durchführung des nationalen Zulassungsverfahrens für das Präparat 2. Einreichung der Unterlagen des Antragstellers und RMS sowie Angabe der beteiligten CMS 3. Abschluss des Verfahrens durch RMS ODER Widerspruchs-verfahren

die Ständige Impfkommission (STIKO)
· entwickelt Impfempfehlungen für Deutschland unter Berücksichtigung der Nutzen für das geimpfte Individuum und der gesamten Bevölkerung (vgl. Impfkalender STIKO)
· orientiert sich dabei an den Kriterien der evidenzbasierten Medizin
· entwickelt Kriterien zur Abgrenzung einer üblichen Impfreaktion von einer über das übliche Ausmaß einer Impfreaktion hinausgehenden gesundheitlichen Schädigung
STIKO-Empfehlungen gelten als medizinischer Standard

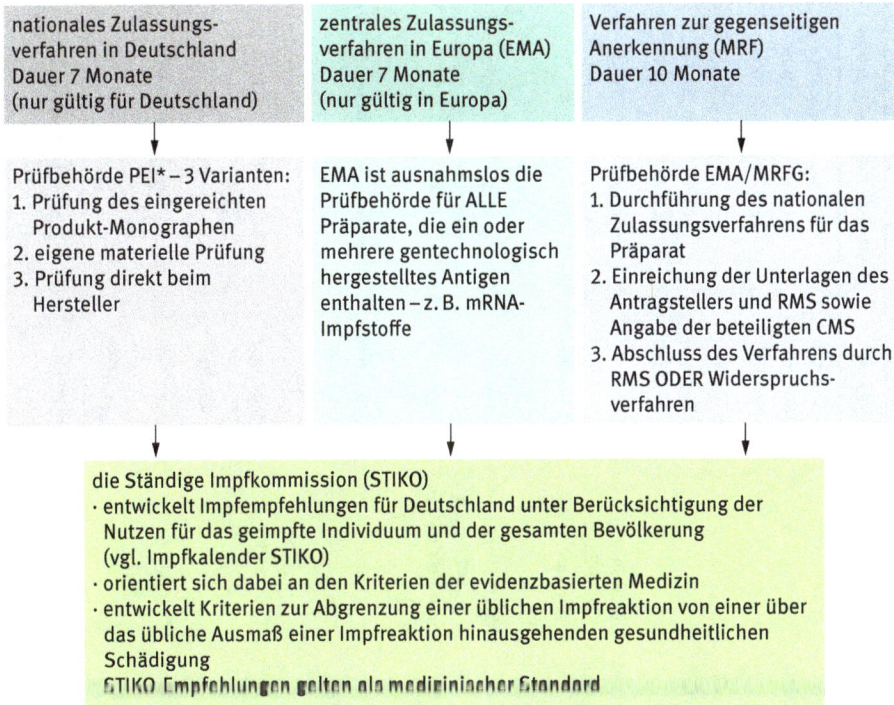

Abb. 8.4: Zulassungsverfahren von Impfstoffen in Deutschland und der EU – *Die Zulassung eines neuen Impfstoffes in Deutschland, zusammen mit der Überwachung auf aussagekräftige Studien, obliegt dem Paul-Ehrlich-Institut (PEI).

Tab. 8.4: Übersicht der meist verabreichten zugelassenen SARS-CoV-2-Impfstoffe – Stand: Oktober 2021.

Impfstoffname	Impfstoff-Klasse	Entwickler	Zulassung in	Altersgruppen	Impfschema	bekannte Nebenwirkungen
Comirnaty® (BNT162b2)	liposomumhüllte mRNA	BioNTech/Pfizer/Fosun Pharma	> 100 Staaten inkl. EU am 21.12.2020	ab 12 Jahren	2 Dosen mit Abstand von 3–6 Wochen	– normale Impfreaktion* – Verdachtsfälle von Herzmuskelentzündungen
Spikevax® (MRNA-1273)	liposomumhüllte mRNA	Moderna	> 50 Staaten inkl. EU am 06.01.2021	ab 12 Jahren	2 Dosen mit Abstand von 4–6 Wochen	– normale Impfreaktion* – Verdachtsfälle von Herzmuskelentzündungen
Vaxzevria®/Covishield® (AZD1222)	nicht replizierender, viraler Vektor (Adenovirus)	AstraZeneca/University of Oxford/Vaccitech	> 170 Staaten inkl. EU am 29.01.2021	ab 18 Jahren (STIKO-Empfehlung ab 60+ Jahren)	2 Dosen mit Abstand von 4–12 Wochen	– normale Impfreaktionen* – mögliche Thrombosen
COVID-19 Vaccine Janssen® (Ad26.COV2.S)	nicht replizierender viraler Vektor (Adenovirus)	Janssen Pharmaceuticals (Johnson & Johnson)	> 25 Staaten inkl. EU am 11.03.2021	ab 18 Jahren (STIKO Empfehlung ab 60+ Jahren)	2 Dosen mit Abstand von 3 Wochen	– normale Impfreaktionen* – mögliche Thrombosen
Sputnik V® (Gam-COVID-Vac)	nicht replizierender, viraler Vektor (Adenovirus)	Gamaleja-Institut für Epidemiologie und Mikrobiologie	> 65 Staaten, September 2020	ab 18 Jahren	2 Dosen mit Abstand von 3 Wochen	normale Impfreaktionen*
Covilo® (BBIBP-CorV)	inaktiviertes Virus (Totimpfstoff)	Beijing Institute of Biological Products (Sinopharm)	> 60 Staaten, Dezember 2020	ab 3 Jahren	2 Dosen mit Abstand von 3–4 Wochen	normale Impfreaktionen*
CoronaVac®	inaktiviertes Virus (Totimpfstoff)	Sinovac/Biotech	> 30 Staaten, Januar 2021	ab 3 Jahren	2 Dosen mit Abstand von 2 Wochen	normale Impfreaktionen*

* Als „normale" Impfreaktionen bezeichnet man Schmerzen an der Einstichstelle, Müdigkeit, Kopfschmerzen, Muskelschmerzen und Schüttelfrost, Gelenkschmerzen, Fieber und Schwellung der Einstichstelle.

8.3.1 Ständige Impfkommission (STIKO) – Empfehlungen – Stand: Oktober 2021

Die Ständige Impfkommission (STIKO, angesiedelt am Robert Koch-Institut) erstellt für Deutschland auf der Grundlage der Daten zu Wirksamkeit und Sicherheit der jeweiligen zugelassenen Impfstoffe seitens des PEI und der EMA die Impfempfehlungen mit dem Ziel, Impfstoffe optimal einzusetzen.

Rechtsgrundlage für die Einrichtung der STIKO ist das Infektionsschutzgesetz (§ 20 Abs. 2 IfSG), sie wurde damit 2001 dort verankert. An den Sitzungen der Kommission dürfen neben den Mitgliedern der STIKO auch Experten des Bundes- und der Landesgesundheitsministerien, des RKI und des PEI in beratender Funktion teilnehmen.

Der Bundesgerichtshof entschied 2017, dass die STIKO Nutzen und Risiken von Impfungen beurteilen könne, die Impfempfehlungen gelten als „medizinischer Standard" [29].

Die Mitglieder der STIKO im Ehrenamt werden für jeweils 3 Jahre in die Kommission berufen. Alle einberufenen Mitglieder haben ein Stimmrecht. Obwohl die Koordination der STIKO vom Robert Koch-Institut (RKI) übernommen wird, dürfen Vertreter des RKI nur beratend, aber ohne Stimmrecht an den Sitzungen teilnehmen. Ebenfalls ohne Stimmrecht nehmen Vertreter des PEI an den Sitzungen teil. Insgesamt lässt sich sagen, dass es so einige „Berater" ohne Stimmrecht in den Sitzungen gibt. Dazu zählen Gesandte des Bundesministeriums für Gesundheit, der obersten Landesgesundheitsbehörde, des PEI und des RKI [30].

Am 17. Dezember 2020 sprach die STIKO ihre erste Empfehlung zur Impfung gegen COVID-19 aus – diese sollte in Kraft treten, sobald ein erster Impfstoff zum Schutz vor COVID-19 zugelassen und in Deutschland verfügbar ist.

Aufgrund begrenzter Impfstoffverfügbarkeit sollte die Impfung zunächst nur Personengruppen angeboten werden, die ein besonders hohes Risiko für schwere oder tödliche Verläufe einer COVID-19-Erkrankung haben oder die beruflich entweder besonders exponiert sind oder engen Kontakt zu vulnerablen Personengruppen haben (vgl. Kapitel 8.4.1, Tab. 8.5 Stufenplan zur Impf-Priorisierung).

Für die Umsetzung der Empfehlung waren die Bundesländer bzw. die von ihnen beauftragten Stellen verantwortlich [31].

Für die Impfung gegen COVID-19 wurde zu diesem Zeitpunkt die Zulassung und Verfügbarkeit eines ersten Impfstoffs (BNT162b2 der Firma BioNTech/Pfizer) bis spätestens Ende 2020 erwartet. Für eine vollständige Impfserie waren bei diesem mRNA-Impfstoff zwei intramuskulär (i. m.) zu applizierende Impfstoffdosen in einem Mindestabstand von 21 Tagen notwendig. Sobald weitere Impfstoffe zugelassen und verfügbar waren oder neue relevante Erkenntnisse mit Einfluss auf diese Empfehlung bekannt wurden, aktualisierte die STIKO ihre COVID-19-Impfempfehlung [32].

Am 7. Oktober 2021 empfahl die STIKO eine COVID-19-Auffrischimpfung für selektierte Personengruppen, denn es zeigte sich, dass der Impfschutz mit der Zeit insbesondere in Bezug auf die Verhinderung asymptomatischer Infektionen und milder Krankheitsverläufe nachließ. Im höheren Alter fiel die Immunantwort nach der Impfung insgesamt geringer aus und Impfdurchbrüche konnten häufiger auch zu einem schweren Krankheitsverlauf führen.

Daher wurde folgenden Personengruppen eine Auffrischimpfung angeboten:
- Personen im Alter von ≥ 70 Jahren
- Bewohner und Betreute in Einrichtungen der Pflege für alte Menschen. Aufgrund des erhöhten Ausbruchspotenzials sind hier auch Bewohner im Alter von < 70 Jahren eingeschlossen.
- Pflegepersonal und andere Tätige mit direktem Kontakt mit den zu Pflegenden in ambulanten, teil- oder vollstationären Einrichtungen der Pflege für (i) alte Menschen oder (ii) für andere Menschen mit einem erhöhten Risiko für schwere COVID-19-Krankheitsverläufe
- Personal in medizinischen Einrichtungen mit direktem Patientenkontakt

Des Weiteren empfahl die STIKO, dass eine Auffrischimpfung mit einem mRNA-Impfstoff frühestens 6 Monate nach Abschluss der Grundimmunisierung erfolgen sollte, unabhängig davon, welcher Impfstoff zuvor verwendet wurde. Bei mRNA-Impfstoffen sollte möglichst der bei der Grundimmunisierung verwendete Impfstoff verwendet werden.

Die STIKO äußerte sich zudem zu einer Optimierung der Grundimmunisierung mit der COVID-19 Vaccine Janssen, denn im Verhältnis zur Anzahl der verabreichten Impfstoffdosen wurden in Deutschland die meisten COVID-19-Impfdurchbruchserkrankungen bei Personen beobachtet, die mit der COVID-19 Vaccine Janssen geimpft worden waren. Weiterhin wurde für den Janssen-Impfstoff im Unterschied zu den anderen zugelassenen Impfstoffen eine vergleichsweise geringe Impfstoffwirksamkeit gegenüber der Delta-Variante beobachtet. Aufgrund des ungenügenden Impfschutzes nach der bislang bei diesem Impfstoff nur einen empfohlenen Impfstoffdosis empfahl die STIKO den Personen, die eine Impfstoffdosis der COVID-19 Vaccine Janssen erhalten hatten, eine zusätzliche mRNA-Impfstoffdosis ab 4 Wochen nach der Janssen-Impfung [33] (vgl. Kapitel 8.3.5, Durchbruchsinfektionen).

8.3.2 STIKO-Empfehlung für Kinder und Jugendliche – Stand: August 2021

Am 16. August 2021 sprach die STIKO eine allgemeine COVID-19-Impfempfehlung für alle 12- bis 17-Jährigen aus – es wurden zwei Dosen eines mRNA-Impfstoffs im Abstand von 3–6 (Comirnaty) bzw. 4–6 Wochen (Spikevax) empfohlen. Jugendliche ab 12 Jahren erhalten – wie Erwachsene – zwei Dosen mit je 30 µg des mRNA-Impfstoffes Comirnaty®. Jüngere Kinder zwischen 5 und 11 Jahren hingegen erhalten nur ein Drittel der Erwachsenendosis, sprich zwei Impfdosen zu je 10 µg mRNA.

Nach sorgfältiger Bewertung dieser neuen wissenschaftlichen Beobachtungen und Daten kam die STIKO zu der Einschätzung, dass nach gegenwärtigem Wissensstand die Vorteile der Impfung gegenüber dem Risiko von sehr seltenen Impfnebenwirkungen überwiegen. Daher hatte die STIKO entschieden, ihre bisherige Einschätzung zu aktualisieren und eine allgemeine COVID-19-Impfempfehlung für 12- bis 17-Jährige auszusprechen.

Diese Empfehlung zielte in erster Linie auf den direkten Schutz der geimpften Kinder und Jugendlichen vor COVID-19 und den damit assoziierten psychosozialen Folgeerscheinungen ab. Unverändert sollte die Impfung nach ärztlicher Aufklärung zum Nutzen und Risiko erfolgen. Die STIKO spricht sich ausdrücklich dagegen aus, dass bei Kindern und Jugendlichen eine Impfung zur Voraussetzung sozialer Teilhabe gemacht wird.

Seit dem 29. Oktober 2021 können in den USA Kinder ab 5 Jahren gegen Corona geimpft werden. Die US-Arzneimittelbehörde FDA gewährte dem Vakzin von BioNTech die Notfallzulassung. Damit konnte die Impfkampagne für etwa 28 Mio. Kinder starten [34].

8.3.3 STIKO-Empfehlung für Schwangere und Stillende – Stand: September 2021

Am 17. September 2021 empfahl die STIKO eine COVID-19-Impfung mit mRNA-Impfstoffen auch für Schwangere, da eine Schwangerschaft als solche ein Risikofaktor für einen schweren Verlauf ist und schwere Impfnebenwirkungen in der Schwangerschaft nicht gehäuft vorkommen. Ungeimpfte Schwangere sollten ab dem 2. Trimenon die Impfung gegen COVID-19 mit zwei Dosen eines mRNA-Impfstoffs im Abstand von 3–6 (Comirnaty) bzw. 4–6 Wochen (Spikevax) erhalten. Die Impfung erzeugt in gleichem Maße bei Schwangeren wie bei Nicht-Schwangeren eine sehr gute Schutzwirkung vor Infektion und schweren COVID-19-Verläufen [35].

Die passive und aktive Immunitätsübertragung durch Muttermilch stellt ein Schlüsselelement für die sich entwickelnde Immunität eines Säuglings dar. Eine Studie zum Nachweis von SARS-CoV-2-Antikörpern in der Muttermilch nach der Impfung zeigte einen klaren Zusammenhang zwischen der COVID-19-Impfung und spezifischen Immunglobulin-Konzentrationen in der Muttermilch. Dieser Effekt war ausgeprägter, wenn die Stillzeit 23 Monate überstieg. Der Einfluss der Stillzeit auf Immunglobuline war spezifisch und unabhängig von anderen Variablen [36].

8.3.4 Impfschutz

Das Robert Koch-Institut (RKI) ist das nationale Public-Health-Institut für Deutschland – Public Health bezeichnet hierbei die Gesundheit der Bevölkerung. Die wichtigsten Arbeitsbereiche des Robert Koch-Instituts sind:
- die Bekämpfung von Infektionskrankheiten
- die Analyse langfristiger gesundheitlicher Trends in der Bevölkerung
- das Erkennen neuer gesundheitlicher Risiken (Funktion eines „Frühwarnsystems")

Laut RKI boten nach Kenntnisstand Ende November 2021 die COVID-19-mRNA-Impfstoffe Comirnaty (BioNTech/Pfizer) und Spikevax (Moderna) sowie der Vektor-Impfstoff Vaxzevria (AstraZeneca) eine hohe Wirksamkeit von etwa 90 % gegen eine schwere COVID-19-Erkrankung (z. B. Behandlung im Krankenhaus) und eine Wirksamkeit von etwa 75 % gegen eine symptomatische SARS-CoV-2-Infektion mit Delta.

Die Wahrscheinlichkeit, schwer an COVID-19 zu erkranken, ist bei den vollständig gegen COVID-19 geimpften Personen um etwa 90 % geringer als bei den nicht geimpften Personen [37].

Diese Angaben zur Wirksamkeit basierten auf einem „Living systematic Review", das seit Januar 2021 von der Geschäftsstelle der STIKO durchgeführt wurde. Im Rahmen des Reviews wurde u. a. die Evidenz zur Effektivität der Impfung gegen Infektionen mit der Delta-Variante und gegen die COVID-19-Erkrankung fortlaufend systematisch recherchiert, aufgearbeitet und aktualisiert.

Daraus ergaben sich folgende Erkenntnisse in Bezug auf die Effektivität der COVID-19-Impfstoffe (Abb. 8.5):

– Sowohl nach **mRNA-Impfung** als auch nach der Impfung mit **vektorbasierten Impfstoffen** war der Schutz vor schwerer Erkrankung höher als vor jeglicher symptomatischen Infektion.
– Die Wirksamkeit beider Impfstofftypen gegen eine schwere Erkrankung war sowohl bei Vorherrschen der Alpha- als auch Delta-Variante sehr gut. Allerdings wurde eine um 10–20 % geringere Wirksamkeit gegen symptomatische Infektion durch Delta im Vergleich zu Alpha beobachtet.
– Der Impfschutz war bei Jüngeren ausgeprägter als bei älteren Menschen, unabhängig von Impfstofftyp und Virusvariante.
– Es gab eindeutige Hinweise für einen mit der Zeit nachlassenden Impfschutz [38].

In den Zulassungsstudien zeigte sich bei **COVID-19 Vaccine Janssen** eine Wirksamkeit zur Verhinderung von COVID-19 von etwa 65 % nach einer Impfung.

Im Verlauf des Jahres deuteten Studien jedoch darauf hin, dass für den Janssen-Impfstoff – im Unterschied zu den anderen zugelassenen Impfstoffen – eine vergleichsweise geringe Impfstoffwirksamkeit **gegenüber der Delta-Variante** bestand. Eine schwere, durch die Delta-Variante verursachte Erkrankung, die eine Behandlung im Krankenhaus erforderte, konnte eine einzelne Dosis dieses Impfstoffs nur zu ca. 70 % verhindern.

Aufgrund des ungenügenden Impfschutzes sah es die STIKO als notwendig an, die Grundimmunisierung mit der COVID-19 Vaccine Janssen mit einem mRNA-Impfstoff als weitere Dosis zu optimieren. Sie empfahl daher für Personen, die bisher eine Impfstoffdosis der COVID-19 Vaccine Janssen erhalten hatten, eine zusätzliche mRNA-Impfstoffdosis ab 4 Wochen nach der Janssen-Impfung [39].

Wie lange hält der Impfschutz an?

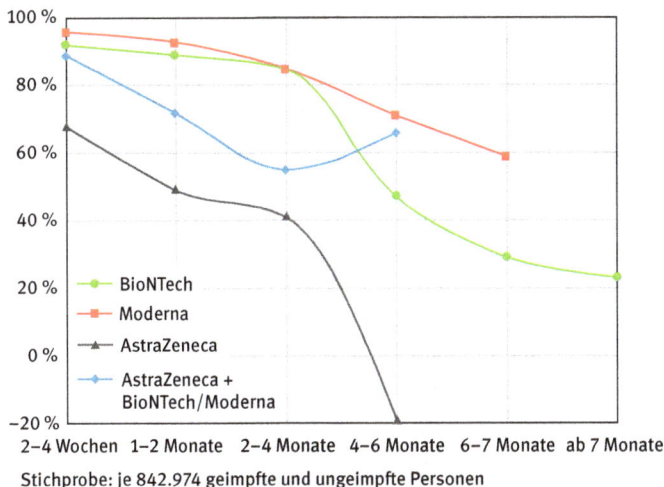

Stichprobe: je 842.974 geimpfte und ungeimpfte Personen

© https://www.spektrum.de/news/wie-lange-schuetzt-der-impfstoff-von-biontech-moderna-astrazeneca/1945216 erstellt mit Datawrapper; Quelle: Nordström, P. et al.: Effectiveness of Covid-19 Vaccination Against Risk of Symptomatic Infection, Hospitalization, and Death Up to 9 Months: A Swedish Total-Population Cohort Study. The Lancet (preprint), http://dx.doi.org/10.2139/ssrn.3949410; Nutzung mit frdl. Gen. der Spektrum der Wissenschaft Verlagsgesellschaft mbH Heidelberg, 2021

Abb. 8.5: Einige Monate nach der zweiten Dosis der Schutz vor einer symptomatischen Covid-19-Erkrankung je nach Impfstoff mehr oder weniger stark. Die Prozentwerte bilden die Effektivität der Impfstoffe nicht exakt ab; sie hängen auch von möglichen Unterschieden im Verhalten von Geimpften und Ungeimpften ab. Während der Impfschutz nach einer 2-fach-Impfung mit dem Präparat von BioNTech i. d. R. auch nach mehr als 7 Monaten noch bei über > 20 % liegt, scheint der Impfschutz mit dem Präparat von Moderna nach spätestens 7 Monaten zu enden. Der Impfschutz nach einer 2-fach-Impfung mit dem Präparat von AstraZeneca fällt nach dem 4. Monat rapide ab, eine Kombinations-Impfung von AstraZeneca und als Zweitimpfung BioNTech scheint i. d. R. 4–6 Monate Impfschutz von ca. 60 % zu bieten [40].

Bei anderen Impfstoffen gegen COVID-19 zeigte sich diese Reduktion der Wirksamkeit gegen die Delta-Variante im Vergleich zu den bisher zirkulierenden Varianten nicht in diesem Maße.

8.3.5 Durchbruchsinfektionen

Die in Deutschland zugelassenen COVID-19-Impfstoffe wiesen eine hohe Wirksamkeit auf. Diese Impfstoffe schützen vor der durch das neue SARS-Coronavirus-2 (SARS-CoV-2) verursachten COVID-19-Erkrankung. Bei einem kleinen Teil der Geimpften konnte es im Verlauf trotzdem zu einer SARS-CoV-2-Infektion kommen (sog. Durchbruchsinfektion).

Ein Impfdurchbruch liegt vor, wenn bei einer vollständig geimpften Person eine PCR-bestätigte SARS-CoV-2-Infektion mit Symptomatik festgestellt wird [41].
Die Ursachen hierfür können durch den Erreger selbst (Veränderungen des Virus, sog. Virusvarianten), die meistens als ansteckender gelten als der Wildtyp oder individuelle Faktoren (z. B. bestimmte Grunderkrankungen, medikamentöse Hemmung des Immunsystems oder genetische Veranlagung), z. B. bei Immunsupprimierten begründet sein. Am besten gelang es, die Ursachen für solche Durchbruchsinfektionen zu verstehen, indem man im Rahmen einer Studie den Infektionsverlauf bei geimpften Personen und nicht geimpften Personen verglich.

Außerdem konnte geklärt werden, ob möglicherweise Virusvarianten in der Bevölkerung vorhanden waren, die durch bestimmte Impfstoffe nicht erfasst wurden. Auf dieser Grundlage konnte die Impfstrategie für die Bevölkerung und für den Einzelnen (z. B. Auswahl der Impfstoffe) verbessert werden. Zudem konnte untersucht werden, ob eine vorherige COVID-19-Impfung den Erkrankungsverlauf einer SARS-CoV-2-Infektion beeinflusst hatte. Dabei wurde überprüft, ob eine vorherige Impfung häufiger zu einem leichteren Erkrankungsverlauf führte oder ob die Symptome und Komplikationen der COVID-19-Erkrankung verändert waren [42].

Der Impfstoff von BioNTech/Pfizer hatte in den klinischen Studien eine Schutzwirkung von etwa 95 % bei der Prävention von symptomatischem COVID-19 [43]. Dies bedeutete, dass die übrigen 5 % auch nach der zweiten Dosis erkranken konnten. Auch in Israel, wo 60 % der Bevölkerung vollständig geimpft waren, kam es immer wieder zu Erkrankungen bei durchgeimpften Personen [44].

Bei dem Impfstoff von Johnson & Johnson wurden laut RKI bis Mitte September 2021 wahrscheinlich ca. 40.000 Impfdurchbrüche festgestellt – davon erkrankten über 6.000 Fälle trotz vollständigem Impfschutz durch den Einmal-Impfstoff von Johnson & Johnson. Ca. 3 Mio. Menschen hatten bis zu diesem Zeitpunkt eine Impfung mit dem Johnson & Johnson-Präparat erhalten – auf eine Million Geimpfte kämen demnach ca. 2.000 Impfdurchbrüche. Im Vergleich: Bei Personen, die als zweite Dosis den Impfstoff von BioNTech/Pfizer erhalten hatten, waren es diesen Zahlen zufolge 675 Impfdurchbrüche pro eine Million vollständig Geimpfte; bei AstraZeneca ca. 830 und bei der zweiten Dosis Moderna ca. 400 Personen.

Die Gründe der Impfdurchbrüche bei dem Präparat von Johnson & Johnson waren zum einen auf das Ein-Dosis-Impfschema zurückzuführen – zum anderen entwickelten die Über-60-Jährigen nach Impfungen im Vergleich zu jungen Menschen eine geringere und weniger langanhaltende Immunantwort – zudem trug die hochinfektiöse Delta-Variante zu diesen Impfdurchbrüchen bei [45].

Patienten, die sich trotz doppelter Impfung mit der Delta-Variante von SARS-CoV-2 infizierten, hatten in den ersten Tagen der Erkrankung vermutlich eine ähnlich hohe Viruslast wie ungeimpfte Personen mit COVID-19. Dies ging aus Zahlen von Public Health England (PHE) hervor. Eine Studie aus Singapur zeigte jedoch, dass die Viruslast bei einer Durchbruchinfektion mit der Delta-Variante nach einigen Tagen rasch zurückging.

In England war die Delta-Variante im Juli 2021 für 99 % der sequenzierten und 98 % der genotypisierten Fälle verantwortlich. Die gute Nachricht daran war, dass es zu diesem Zeitpunkt keine weitere Variante gab, die sich noch schneller ausbreitete, obwohl das Virus munter weiter mutierte, wie die im „Technical briefing 20" von Public Health England vorgestellten Daten zeigten.

Irritierend war allerdings, dass die C_T-Werte, die ein Marker für die Viruslast im Abstrich und damit für die Infektiosität sind, bei einer Durchbruchinfektion mit der Delta-Variante ebenso niedrig waren wie bei einer Infektion einer ungeimpften Person. Der Ct-Wert gibt an, wie viele Zyklen bei der Polymerasekettenreaktion (PCR) bis zum Nachweis des gesuchten Virusgens notwendig sind. Bei einer hohen Viruslast ist dies bei einem niedrigen C_T-Wert der Fall.

Bei der Alpha-Variante war dies weniger, doch anders. Doppelt Geimpfte hatten bei einer Durchbruchinfektion einen hohen C_T-Wert und waren damit nicht so ansteckend. Bei der Delta-Variante sind auch Geimpfte bei einer Durchbruchinfektion zumindest in den ersten Tagen hoch ansteckend.

Eine Studie, die vom National Centre for Infectious Diseases in Singapur Ende Juli vorveröffentlicht wurde [46], ließ allerdings hoffen, dass der C_T-Wert nach den ersten Tagen einer Durchbruchinfektion schneller zurückgeht als bei einer Infektion von nicht geimpften Personen [47].

8.3.6 BOOSTER-Impfung

Am 7. Oktober 2021 sprach die STIKO ihre Empfehlung für eine COVID-19-Auffrischimpfung mit einem mRNA-Impfstoff für Personen ≥ 70 Jahre und für bestimmte Indikationsgruppen aus. Die Auffrischimpfung sollte frühestens 6 Monate nach der aus zwei Impfstoffdosen bestehenden Grundimmunisierung verabreicht werden. Es sollte dafür ein mRNA-Impfstoff verwendet werden. Zudem **empfahl sie Personen, die mit der COVID-19 Vaccine Janssen geimpft wurden, eine zusätzliche mRNA-Impfstoffdosis** [48].

Am 18.11.2021 empfahl die STIKO eine Auffrischungsimpfung nicht nur für besonders gefährdete Menschen, sondern für alle ab 18 Jahren. Die dritte Impfung soll in der Regel 6 Monate nach der Zweitimpfung erfolgen.

8.4 Impfstoffstrategie

Eine breite Palette aussichtsreicher Impfstoffkandidaten auf der Grundlage unterschiedlicher technologischer Ansätze steigert die Chancen auf Entwicklung und Bereitstellung sicherer und wirksamer Vakzine. Vor diesem Hintergrund stellte die EU-Kommission am 17. Juni die EU-Impfstoffstrategie zur raschen Entwicklung, Herstellung und Verbreitung eines Corona-Impfstoffs vor (Abb. 8.6).

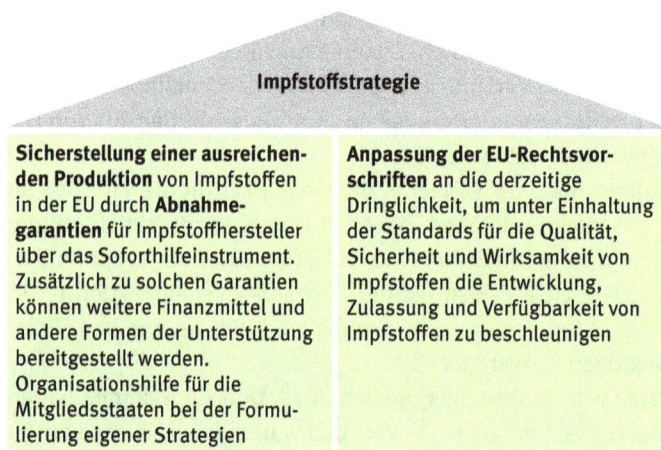

Impfstoffstrategie	
Sicherstellung einer ausreichenden Produktion von Impfstoffen in der EU durch **Abnahmegarantien** für Impfstoffhersteller über das Soforthilfeinstrument. Zusätzlich zu solchen Garantien können weitere Finanzmittel und andere Formen der Unterstützung bereitgestellt werden. Organisationshilfe für die Mitgliedsstaaten bei der Formulierung eigener Strategien	**Anpassung der EU-Rechtsvorschriften** an die derzeitige Dringlichkeit, um unter Einhaltung der Standards für die Qualität, Sicherheit und Wirksamkeit von Impfstoffen die Entwicklung, Zulassung und Verfügbarkeit von Impfstoffen zu beschleunigen

Abb. 8.6: Säulen der Impfstoffstrategie – Welche Kriterien sind zu beachten? Eigene Darstellung.

Die Entscheidung der Kommission zur Förderung unterschiedlicher Impfstoffe wurde auf Grundlage einer sorgfältigen wissenschaftlichen Bewertung sowie unter Berücksichtigung der eingesetzten Technologie und der Kapazitäten zur Belieferung der gesamten EU getroffen.

Die Entwicklung von Impfstoffen ist ein komplexer und langwieriger Prozess, der in der Regel mindestens 10 Jahre dauert. Mit der Impfstoffstrategie unterstützte die Kommission die Bemühungen und verbesserte die Effizienz der Entwicklung, was Ende 2020 die Bereitstellung sicherer und wirksamer Impfstoffe in der EU ermöglichte. Voraussetzung für diesen Erfolg waren klinische Tests parallel zu Investitionen in die zur Herstellung von Millionen oder gar Milliarden von Dosen eines wirksamen Impfstoffs nötigen Produktionskapazitäten. Dabei wurden jederzeit strenge Genehmigungsverfahren und höchste Sicherheitsstandards eingehalten. Ziele der EU-Impfstoffstrategie:

– Sicherstellung der Qualität, Sicherheit und Wirksamkeit von Impfstoffen
– Gewährleistung eines raschen Zugangs der Mitgliedstaaten und ihrer Bevölkerung zu Impfstoffen, wobei zugleich die weltweiten Solidaritätsbemühungen weiter vorangetrieben werden sollen
– Sicherstellung eines möglichst schnellen gleichberechtigten Zugangs zu einem erschwinglichen Impfstoff für alle Menschen in der EU
– Gewährleistung, dass in den EU-Ländern Vorkehrungen für die Verteilung der Impfstoffe getroffen werden. Hierzu gehören auch logistische Überlegungen sowie die Bestimmung der Gruppen, die den Impfstoff als erste erhalten sollen.

Letztlich basierte die Strategie auf zwei Säulen [49].

8.4.1 Impfstoffproduktion

Europa ist seit Jahrzehnten weltweit der Impfstoffproduzent Nr. 1 (Abb. 8.7).

Fast drei Viertel der Produktionskapazitäten der westlichen Welt befinden sich in Europa. Auch im Bereich Forschung und Entwicklung werden in Europa und Deutschland Maßstäbe gesetzt – nicht nur im Kampf gegen COVID-19.

Bereits vor der Corona-Pandemie wurden in Europa pro Jahr rund 1,7 Milliarden Impfstoffdosen hergestellt – 86 % davon wurden exportiert. Mehr als die Hälfte davon gingen an Hilfsorganisationen wie die weltweite Impfallianz GAVI und schützen damit insbesondere Menschen in Ländern mit mittlerem und niedrigem Einkommen vor Infektionskrankheiten.

Deutschland spielt dabei eine besondere Rolle. So werden im niedersächsischen Burgwedel Impfstoffdosen gegen Ebola produziert und an ein weltweites Notfalldepot der Weltgesundheitsorganisation (WHO) geliefert, welches bei einem Krankheitsausbruch die entsprechenden Länder bzw. Regionen mit Impfdosen versorgen kann. Was ebenfalls wenig bekannt ist: Die Pharmahersteller kooperieren im Bedarfsfall intensiv miteinander. **Nur so war es möglich, die Produktion von COVID-19-Impfstoffen sehr schnell hochzufahren.**

Dass die Leistungskraft der mit europaweit rund 30.000 direkt beschäftigten Mitarbeitern relativ überschaubaren Industrie erhebliche Aufmerksamkeit erfährt, liegt an den jüngsten Erfolgen in der Impfstoffentwicklung gegen SARS-CoV-2. Rund ein Dutzend Impfstoffe werden in Deutschland aktuell entwickelt. Das erste in der EU zugelassene Vakzin der Firma BioNTech stammt aus Mainz, Milliarden Dosen wurden bereits produziert. Gentechnische Verfahren haben das enorme Entwicklungstempo erst ermöglicht.

Neue Präventionsmöglichkeiten: Dank gänzlich neuer technologischer Ansätze können den Menschen künftig Impfstoffe gegen mehr Krankheiten als bisher zur Verfügung stehen, vielleicht sogar gegen Infektionserreger wie HIV oder Noroviren. Derzeit werden www.clinicaltrials.gov zufolge mehr als zehn neue prophylaktische Impfstoffe von Unternehmen in Deutschland mitentwickelt.

Kontinuierliche Weiterentwicklung: Impfstoffe werden stets verbessert, insbesondere hinsichtlich Verträglichkeit und Wirksamkeit. Das gleiche gilt für die Produktionsprozesse, die beispielsweise auf möglichst niedrige CO_2-Emissionen optimiert werden.

Kurzfristige Entwicklungszyklen: Gentechnisch hergestellte Verfahren können die Entwicklung von Impfstoffen beschleunigen. Sie sind grundsätzlich geeignet gegen Erreger unterschiedlichster Art, sodass die Produktionsmethode nicht für jeden Impfstoff verändert werden muss. Und sind geeignete Produktionskapazitäten aufgebaut, können große Mengen in kurzer Zeit zur Verfügung gestellt werden.

Impfstoffe made in Europe

● Forschung und vorklinische Entwicklung   ● Produktion*

Uppsala ●

● Livingston

● Grange Castle   ● Kvistgård
● Carlow   Liverpool ●   ● Hørsholm
             ● Speke
Keele ●   ● Bovenau

                                                         ● Reinbek

Oxford ●   Amsterdam   Burgwedel ●
Abingdon ●   Leiden ● Weesp   ● Braunschweig
          Gent ● Puurs ● Utrecht   ● Berlin
Merelbeke ●   ● Nijmegen
Rixensart/Wavre ●   ● Beerse   ● Wuppertal   ● Dessau-Roßlau
Saint-Amand-les-Eaux ●   Geleen ● Langenfeld   ● Brehna
Val-de-Reuil ●   Seneffe ●   ● Marburg   ● Dresden
                              ● Mainz

                    Heidelberg ●   ● Bohumil
Monts ●   Illertissen
                    Tübingen ●   ● Pfaffenhofen
                    Laupheim ●   ● Planegg-Martinsried
                    Basel ● ● Singen   ● Neuried   ● Orth
                    Bern ● Pfäffikon   Wien ●
Neuville sur Saone ●   Kundl   Gödöllö ●
Marcy-l'Étoile ● ● Lyon   ● Visp

                                      ● Caponago
● San Sebastián

                                      ● Siena/Rosia

● Barcelona
                                      ● Rom

* für Impfstoffe mit erteilter oder angestrebter EU-Zulassung,
ohne ausschließlich mit Abfüllung befassten Standorten;
Quelle: vfa auf Basis von Vaccines Europe und eigener Recherche; Stand: November 2021

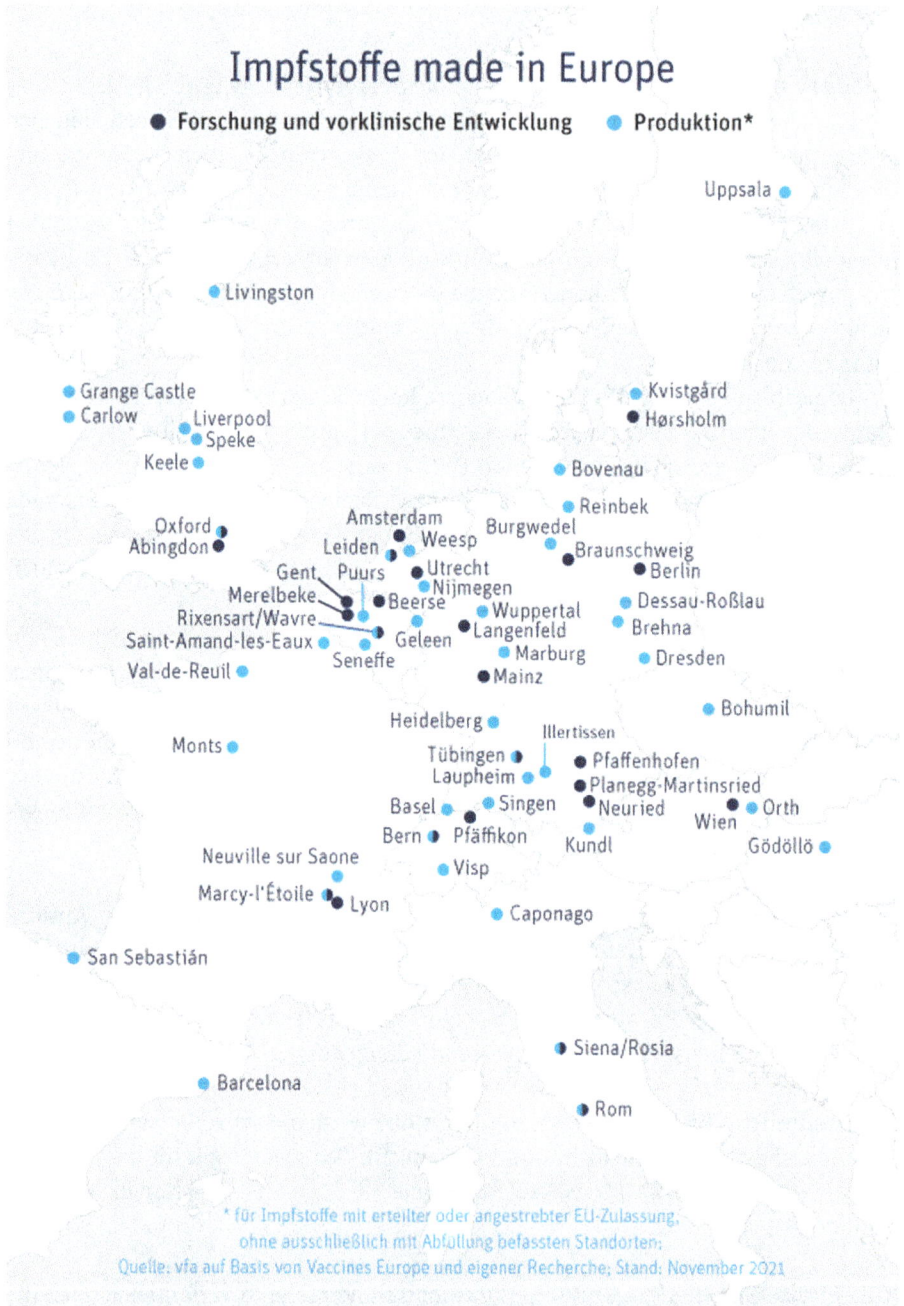

Abb. 8.7: Entwicklungs- und Produktionsstätten für Impfstoffe im Allgemeinen in Europa [50].

Neben der Impfstoffentwicklung und Impfstoffzulassung sind die Herstellung und auch die Logistik, insbesondere die Lagerung und der Transport der Impfstoffe, eine Herausforderung: **Es gilt, die zugelassenen Impfstoffe in millionenfacher Menge herzustellen, abzufüllen und zu verpacken, die Verteilung zu organisieren und die Impfstoffdosen dann auf die Reise bis zum Ort der Verwendung zu schicken.**

Auch im **Upscaling-Prozess,** also bei der Aufrüstung der Betriebsanlagen zur Herstellung großer Mengen **des SARS-CoV-2-Impfstoffes,** erzielten die Hersteller in der Corona-Pandemie große Erfolge.

Weltweit sind mehrere Milliarden Impfdosen nötig, um das Ziel der Herdenimmunität gegen COVID-19 zu erreichen. Für diese immensen Mengen bedarf es einer groß-industriellen Produktion.

Dabei sind alle pharmazeutischen Hersteller bestrebt, ihre Produktionskapazitäten durch Kooperationen bzw. Auftragsherstellung noch auszuweiten.

So produziert das Mainzer Unternehmen BioNTech in Kooperation mit dem Pharmakonzern Pfizer an mehreren Standorten. Seit Februar 2021 nutzt das Unternehmen zusätzlich eine neue Produktionsstätte in Marburg, um der weltweit hohen Nachfrage nachkommen zu können. Dort wurden im ersten Halbjahr 2021 bereits 250 Mio. Dosen des Impfstoffs hergestellt, weitere 500 Mio. Impfdosen sind bis Jahresende 2021 geplant.

Zudem gibt es Kooperationen mit weiteren Pharmaunternehmen, die einen Teil der BioNTech/Pfizer-Impfstoffproduktion übernehmen. So wird bspw. der französische Konzern Sanofi sein Werk in Frankfurt für die Abfüllung des BioNTech-Impfstoffes nutzen.

Die Hersteller der anderen bisher in der EU zugelassenen Impfstoffe binden ebenfalls externe Partner ein:
- Der US-Produzent Moderna produziert beispielsweise mit dem Schweizer Pharmaunternehmen Lonza in Visp.
- Das britisch-schwedische Pharmaunternehmen AstraZeneca lässt Chargen seines Impfstoffes auch bei der deutschen Firma IDT Biologika in dessen Werk in Dessau abfüllen

Jeder einzelne Produktionsschritt bringt Herausforderungen mit sich!

Wesentliche Schritte einer Impfstoffdosis bis zur Impfung beim Patienten:
1. **Lieferantennetzwerk:** Da sich die Impfstoffe aus vielen verschiedenen Komponenten und Inhaltsstoffen zusammensetzen, sind die Pharmaunternehmen bei der Herstellung auf Zulieferungen angewiesen. Sie beziehen die Wirk- und Hilfsstoffe von Dienstleistern weltweit. Dafür mussten sie in kürzester Zeit ein Netzwerk mit hoch spezialisierten Zulieferern aufbauen. Durch den rapiden Anstieg des Bedarfs der einzelnen Bestandteile der COVID-19-Impfstoffe kann es immer wieder zu Lieferengpässen kommen.

2. **Produktionsanlagen:** Die Herstellung ist ein hoch komplexer Prozess, für den nicht jede beliebige Produktionsstätte geeignet ist und die Errichtung neuer Werke oder der Umbau schon bestehender ist zeitintensiv. Hinzu kommt: Bei den mRNA-Impfstoffen, wie zum Beispiel jenen von BioNTech/Pfizer und Moderna, handelt es sich um neuartige Impfstofftypen. Das bedeutet, dass auch die fachliche Expertise der Angestellten in den Werken und die Anforderungen an die Produktionsstätten aufgebaut werden müssen. Auch solche Prozesse benötigen Zeit.

3. **Qualitätsstandards:** alle Schritte in der Herstellung unterliegen den Qualitätsstandards, d. h., die Einhaltung von Qualitätsstandards ist für jede einzelne Impfstoffcharge erforderlich – alle Produktionsstätten müssen zu jeder Zeit die erforderlichen Kriterien und Maßstäbe einhalten, damit jede Person, die geimpft wird, den gleichen hochwertigen Schutz erhält [51].

4. **Verpackung:** Nach der Produktion werden die Impfstoffe in Durchstechflaschen steril abgefüllt und verpackt – auch das geschieht in Anlagen, die von den Behörden zertifiziert wurden.

   Auch das für die Durchstechflaschen benötigte Glas muss in der erforderlichen Menge bezogen werden. Hier wird spezielles Glas benötigt, das für unterschiedliche Kühltemperaturen geeignet ist und bei dem es zu keiner chemischen Reaktion mit dem Inhalt kommt. Die Pharmaunternehmen nutzen dafür Borosilikatglas (Typ-I Glas), das die hohen Ansprüche erfüllt.

5. **Abfüllung:** Ist der Impfstoff in die einzelnen Glasfläschchen abgefüllt, werden sie verschlossen und in spezielle Kartons, die die erforderlichen Lagertemperaturen den Anforderungen entsprechend konstant halten können, verpackt. Diese werden dann für den Transport auf Paletten bereitgestellt.

6. **Transport/Logistik:** Nach der Herstellung des Impfstoffs, die Abfüllung und Verpackung der Impfstoffe einschließt, werden diese an zentrale Stellen in den EU-Mitgliedstaaten geliefert.

   Aufgrund der Produkteigenschaften und Anforderungen an Lagerung und Transport der verschiedenen SARS-CoV-2-Impfstoffe sind unterschiedliche Logistikkonzepte erforderlich. So müssen die Impfstoffe bei unterschiedlichen Kühltemperaturen gelagert und transportiert werden.

   Comirnaty® von BioNTech/Pfizer ist bei −90 °C bis −60 °C sechs Monate haltbar. Nach dem Auftauen muss es schnell gehen: Der ungeöffnete Impfstoff von BioNTech/Pfizer ist nach dem Herausnehmen aus dem Gefrierschrank vor der Verwendung 1 Monat bei 2 °C bis 8 °C und bis zu 2 Stunden bei Temperaturen bis 30 °C haltbar.

   Spikevax ® von Moderna® ist sieben Monate bei −25 °C bis −15 °C haltbar.

   Der ungeöffnete Impfstoff von Moderna kann 30 Tage bei 2 °C bis 8 °C gelagert werden.

   Der Impfstoff von AstraZeneca ist logistisch etwas leichter handhabbar: Da er nicht tiefgefroren werden darf, kann er bei 2 °C bis 8 °C sechs Monate lang gelagert und direkt verimpft werden.

Auch der Vektor-Impfstoff von Johnson & Johnson ist einfacher in der Handhabung: Der ungeöffnete Impfstoff ist bis zu 3 Monate bei 2 bis 8 °C, also der Temperatur eines Kühlschrankes, haltbar. Bei −25 °C bis −15 °C ist der Impfstoff bis zu 2 Jahre haltbar.

Diese Kühlkette muss auch beim Transport der Durchstechflaschen zu den Impfzentren oder den Apotheken, die die Betriebe und Arztpraxen beliefern, weiterhin sichergestellt sein. Um die Temperatur zu jedem Zeitpunkt kontrollieren zu können, installieren die Hersteller oder Logistikdienstleister an den Verpackungen Sensoren, die die Temperatur kontinuierlich messen. Die pharmazeutischen Unternehmen untersuchen auch nach Zulassung die Stabilität ihrer Impfstoffe weiter und prüfen ebenfalls, ob gegebenenfalls einfachere Transport- und Lagerungsbedingungen ermöglicht werden können.

7. **Auslieferung/Verteilung:** In Deutschland werden die Impfstoffdosen von der zentralen Stelle dann weiter an die Bundesländer transportiert. Die verfügbaren Mengen an Impfstoffdosen werden dabei gemäß dem Bevölkerungsanteil an die Bundesländer verteilt. Diese haben dafür spezielle Anlieferungsstellen eingerichtet. Ausgenommen ist dabei der Impfstoff von BioNTech/Pfizer, den das Unternehmen direkt an die von den Bundesländern benannten Stellen liefert. Die Bundesländer sind bezüglich der Impfungen in den Impfzentren zuständig für die sachgerechte und sichere Lagerung und Verteilung von COVID-19-Impfstoffen vor Ort sowie die Beschaffung von Impfzubehör, beispielsweise Spritzen und Kanülen. Von den benannten Stellen der Bundesländer aus werden die Impfstoffe dann an die Impfzentren geliefert. Bezüglich der Impfungen in den Arztpraxen und durch Betriebsärzte besteht ein anderer Lieferweg. An diese impfenden Stellen werden die Impfstoffdosen einschließlich Zubehör von der zentralen Stelle an den pharmazeutischen Großhandel und von dort über die Apotheken geliefert.

8.4.2 Liefermengen/-prognosen

Das Tempo bei der Impfstoff-Produktion ist enorm, denn normalerweise dauert es mehrere Jahre, einen neuen Impfstoff im großen Stil zu produzieren: „Gemessen an allen Erfahrungen früherer Impfstoff-Projekte ist es absolut sensationell, wie schnell die zusätzliche Produktion aufgebaut wurde", sagt Hömke (vfa). Zur Verdeutlichung führte er zwei Zahlen an:

1. Vor Corona wurden nach Angaben der WHO weltweit pro Jahr gut fünf Milliarden Impfdosen hergestellt – gegen Tetanus, Masern und viele weitere Krankheiten.
2. Auf der anderen Seite wurden im Kampf gegen Corona bis Anfang Juni 2021 bereits mehr als zwei Milliarden Impfdosen verabreicht.

Allein von dem in Deutschland am häufigsten genutzten Vakzin von BioNTech/Pfizer wurden bereits mehr als 700 Mio. Impfdosen produziert und weltweit ausgeliefert – bis Jahresende 2021 sollen es bis zu drei Milliarden sein [52] (Abb. 8.8).

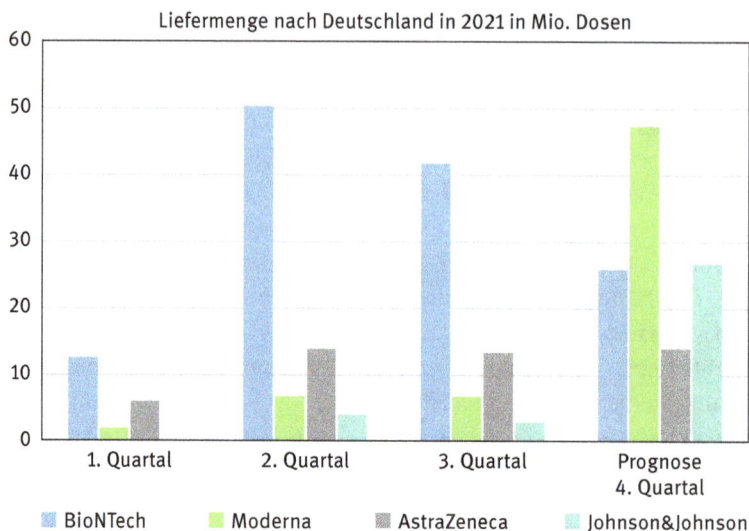

Abb. 8.8: Lieferungen der COVID-19-Impfstoffe nach Deutschland [53]. Die Lieferungen der Firmen AstraZeneca und Johnson & Johnson werden ab dem 3. Quartal bis auf Weiteres über die COVAX-Initiative an Drittstaaten gespendet.

8.5 Impfstrategie

Impfungen retten Leben. Die großmaßstäbliche Impfung gegen COVID-19 war und ist, neben der Isolierung, das wichtigste Instrument zur Bekämpfung des Virus.

Am 15. Oktober 2020 veröffentlichte die EU-Kommission eine Mitteilung darüber, wie die Mitgliedstaaten ihre COVID-19-Impfstrategien und -Impfungen am besten vorbereiten.

Bei der Entwicklung eigener Impfstrategien galt es Folgendes zu berücksichtigen:
– die Kapazitäten der Impfdienste zur Verabreichung der COVID-19-Impfstoffe (geschultes Personal sowie medizinische und Schutzausrüstung)
– problemloser Zugang zu den Impfstoffen für Zielpopulationen (erschwinglich und in unmittelbarer Nähe)
– die Bereitstellung von Impfstoffen mit unterschiedlichen Merkmalen sowie Lager- und Transporterfordernissen (Kühlkette, Kühltransport- und Lagerkapazitäten)
– vertrauensfördernde Aufklärung der Öffentlichkeit über die Risiken und die Bedeutung von Impfstoffen gegen COVID-19 [54]

Eines der Ziele einer hohen Impfquote in einer Bevölkerung ist die Herdenimmunität.

Von Herdenimmunität spricht man, wenn einzelne, nicht immune Individuen in einer Gemeinschaft („Herde") durch die Immunität der anderen Individuen in der gleichen Gemeinschaft indirekt geschützt sind. Deshalb empfiehlt sich auch die Bezeichnung: **Gemeinschaftsschutz** (vgl. Abb. 8.9).

Der Begriff „Herdenimmunität" bzw. „Gemeinschaftsschutz" wird in zweierlei Hinsicht benutzt:

Im herkömmlichen Sinne beschreibt Gemeinschaftsschutz das Phänomen, dass bei hoher Impfquote die Weitergabe und Verbreitung eines Erregers in der Bevölke-

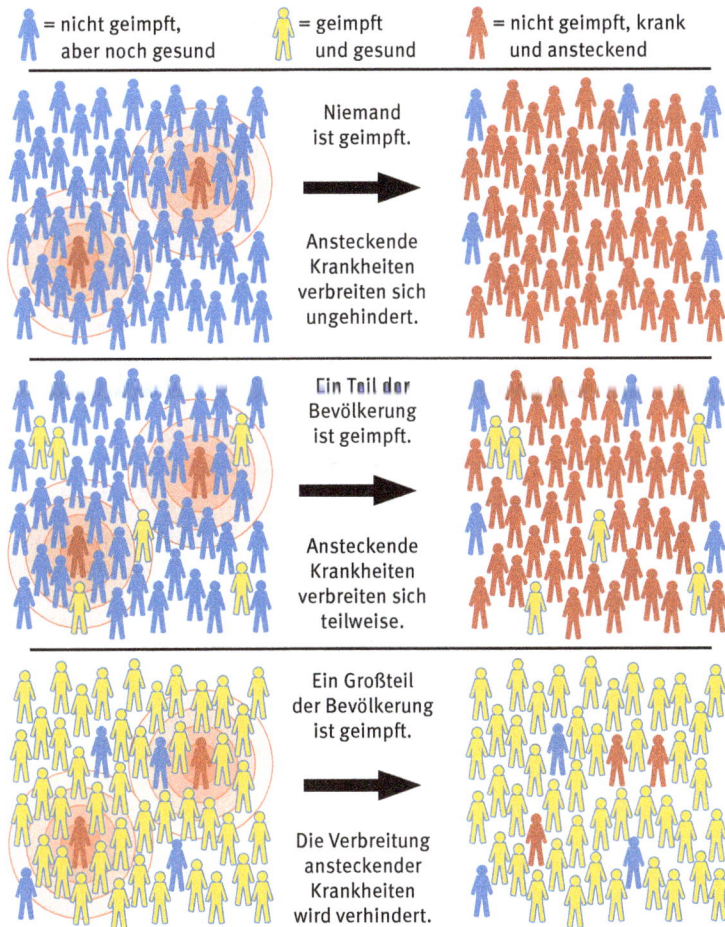

= nicht geimpft, aber noch gesund   = geimpft und gesund   = nicht geimpft, krank und ansteckend

Niemand ist geimpft.

Ansteckende Krankheiten verbreiten sich ungehindert.

Ein Teil der Bevölkerung ist geimpft.

Ansteckende Krankheiten verbreiten sich teilweise.

Ein Großteil der Bevölkerung ist geimpft.

Die Verbreitung ansteckender Krankheiten wird verhindert.

Quelle: Von Tkarcher - Eigenes Werk, CC BY-SA 4.0, https://commons.wikimedia.org/w/index.php?curid=56760604

Abb. 8.9: Ausbreitung ansteckender Krankheiten in Bevölkerungen mit unterschiedlicher Impfquote [57]. Die obere Box zeigt eine Gemeinschaft, in der niemand immunisiert ist und ein Ausbruch auftritt. In der mittleren Box ist ein Teil der Bevölkerung immunisiert, aber nicht genug, um der Gemeinschaft Immunität zu verleihen. In der unteren Box wird ein kritischer Teil der Bevölkerung immunisiert, wodurch die meisten Bevölkerungsmitglieder geschützt werden.

rung reduziert wird und damit auch ungeschützte Personen ein geringeres Risiko für eine Infektion haben. Dieser Effekt kann bereits bei moderaten Impfquoten auftreten und mit steigenden Impfquoten an Intensität zunehmen.

In Israel konnte beobachtet werden, dass sich mit jedem Anstieg der COVID-19-Impfquote um 20 % in der Bevölkerung ab 18 Jahre die Wahrscheinlichkeit einer CO-VID-19-Diagnostik unter ungeimpften Kindern halbierte. Dieses Phänomen wird als Gemeinschaftsschutz bezeichnet [55].

Der Begriff Gemeinschaftsschutz wird jedoch häufig auch gleichgesetzt mit einer Impfquoten-Schwelle, ab der die Transmission so weit reduziert wird, dass die Virustransmission nicht nur reduziert, sondern komplett zum Erliegen kommt und der Erreger in einer Bevölkerung eliminiert wird. Daher ist es bei Gebrauch des Begriffs wichtig zu erklären, in welchem Sinne dieser benutzt wird.

Die Weitergabe von Infektionserregern und die sie beeinflussenden Faktoren können mit dem Konzept der **effektiven Reproduktionszahl (R-Wert)** beschrieben werden. Der R-Wert beschreibt die Anzahl von Personen, die im Durchschnitt von einer infizierten Person angesteckt werden.

Der R-Wert kann abgeleitet werden von der sog. **Secondary Attack Rate**, die den Anteil an Personen beschreibt, die sich nach dem Kontakt mit einer infizierten Person selbst infizieren.

Beispiel: Die „Secondary Attack Rate" des Virus beträgt 50 % und die Anzahl an Kontakten der infizierten Person beläuft sich auf 10. So ergibt sich ein R-Wert von 5, d. h., die infizierte Person steckt im Durchschnitt 5 weitere Personen an.

Mehrere Faktoren beeinflussen die effektive Reproduktionszahl (R-Wert):

1. **Die Basisreproduktionszahl (R_0) des Erregers,** die die Wahrscheinlichkeit des Erregers, bei einer komplett empfänglichen Population übertragen zu werden, darstellt. Neue Virusvarianten (z. B. die Alpha-Variante oder die Delta-Variante) haben per se eine höhere Kapazität, übertragen zu werden.
2. **Das Kontaktverhalten der Bevölkerung**, d. h., je mehr Personen ein Infizierter trifft, desto mehr kann dieser anstecken.
3. **Die Immunität bzw. Empfänglichkeit in der Bevölkerung**, d. h., je mehr Personen gegen das Virus immun sind, desto weniger Menschen können von einer infizierten Person angesteckt werden.

Beispiel: Angenommen 6 der 10 Kontakte aus dem Beispiel oben besitzen eine Immunität, so kann das Virus nur noch an 4 Personen weitergegeben werden. Für eine „Secondary Attack Rate" von weiterhin 50 % bedeutet das einen R-Wert von 2, d. h., eine infizierte Person steckt im Durchschnitt nur noch 2 weitere Personen an.

Zudem beeinflussen Faktoren wie die **Dauer der Immunität des Einzelnen, die Wirksamkeit einer Impfung, „Immune Escape Varianten" sowie Impfstoffzulassungen bzw. Impfempfehlungen** einen Gemeinschaftsschutz bzw. Herdenimmunität.

Auf dem Weg zur Herdenimmunität spielt die Impfbereitschaft der Bevölkerung eine zentrale Rolle. Denn je mehr Menschen sich freiwillig gegen das Coronavirus impfen lassen, desto eher kann auf andere Schutzmaßnahmen wie Veranstaltungsverbote, Kontaktbeschränkungen und Maskenpflicht verzichtet werden. Ausgehend von der Basisreproduktionszahl R_0 ist die unter idealen Umständen für einen Herdeneffekt mindestens erforderliche Impfabdeckung gegeben durch: $HI_{min} = 100 - 100/R_0$.

Der Wert HI_{min} wird auch als Herdenimmunitätsschwelle bezeichnet. Abweichend vom Basis-Modell hängt das tatsächlich erreichbare Ausmaß von Herdenimmunität und Herdeneffekt von vorgenannten Einflussgrößen ab. Daher sind in der Realität meist höhere Durchimpfungsraten für einen Herdeneffekt als unter idealen Bedingungen erforderlich. Um dies zu berücksichtigen, wird die Gleichung um die Größe **E**, den Faktor der Wirksamkeit (**E für Effizienz**), erweitert: $D_{min} = HI_{min}/E = (1 - (1/R_0))/E$.

Sowohl eine Zunahme in der Durchimpfungsrate als auch eine Zunahme in der Wirksamkeit der Impfung erleichtern das Erreichen eines Herdeneffekts [56].

Immunität der Gemeinschaft: Wenn ein kritischer Teil einer Gemeinschaft gegen eine ansteckende Krankheit immunisiert ist, sind die meisten Mitglieder der Gemeinschaft vor dieser Krankheit geschützt. Dies wird als „Gemeinschaftsimmunität" (oder „Herde") bezeichnet. Das Prinzip der Gemeinschaftsimmunität gilt für die Kontrolle einer Vielzahl von ansteckenden Krankheiten, einschließlich Influenza, Masern, Mumps, Rotavirus und Pneumokokken-Erkrankungen.

Im Sommer 2021 wurde ein flächendeckendes Impfstoffangebot seitens der Bundesregierung offeriert, sodass eine Herdenimmunität > 80 % hätte erreicht werden können.

Zu Beginn der Pandemie gingen Experten davon aus, dass eine Impfquote von rund 67 % in Deutschland ausreichend wäre, um die Herdenimmunität zu erreichen. Durch Mutationen des SARS-CoV-2-Virus können jedoch höhere Impfquoten für eine Herdenimmunität nötig werden, da die Mutationen aus Großbritannien, Brasilien, Südafrika oder Indien wesentlich effektiver in der Übertragung sind.

Das heißt: Weniger Viren sorgen für eine größere Ansteckungsgefahr. Deshalb ist nach aktuellem Stand eine höhere Impfquote nötig. In Deutschland müssten rund 70 Mio. Menschen immun, also geimpft oder genesen sein. Das bedeutet: Ohne dass die Jugendlichen einbezogen werden, ist eine Herdenimmunität nicht zu erreichen [58]. Um die Ausbreitung von COVID-19 zu stoppen, müssen laut RKI mindestens 85 % der Gesamtbevölkerung immun, sprich genesen oder vollständig geimpft sein. Der Grund: hochansteckende Mutanten wie die Delta-Variante. Vom ursprünglichen Ziel, die sogenannte Herdenimmunität bis „Richtung Sommer" zu erreichen, ist die Bundesregierung inzwischen abgerückt [59].

8.5.1 Nationale Impfstrategie

Die Nationale Impfstrategie war und ist das Konzept für eine der größten Impfkampagnen Deutschlands mit dem Ziel, die Coronavirus-Pandemie einzudämmen und die Rückkehr zu einem normalen Leben zu ermöglichen.

Das SARS-CoV-2-Virus ist und wird in der Welt bleiben. Allen Bürgern Deutschlands unter hohem Zeitdruck ein Impfangebot gegen ein neuartiges Virus zu unterbreiten, stellte eine enorme Herausforderung dar. Die Nationale Impfstrategie ist die Grundlage dafür. Sie skizziert unter anderem die faire Verteilung von Corona-Impfstoffen und die Organisation der COVID-19-Impfkampagne in unterschiedlichen Phasen und Priorisierungen (Tab. 8.5):

–   In der ersten Phase konnten sich Personen mit hohem Risiko und exponierte Teile der Bevölkerung impfen lassen – vorwiegend in Impfzentren oder durch mobile Impfteams.
–   Nach den Osterfeiertagen unterstützen ab dem 6. April 2021 die Hausarztpraxen bei den Impfungen – ab 7. Juni 2021 folgten die Betriebsärzte.
–   Am 7. Juni 2021 wurde zudem die Impf-Priorisierung in Deutschland aufgehoben.

Die Impfungen wurden zunächst bundesweit in dafür eingerichteten Impfzentren durchgeführt – Termine wurden über eine Telefon-Hotline vergeben.

Am 30.09.2021 wurden die öffentlichen Impfzentren geschlossen, eine SARS-CoV-2-Impfung war für Privatpersonen nur noch bei Hausärzten oder bei anderen dafür ausgewiesenen Arztpraxen möglich.

Die Nationale Impfstrategie wurde fortlaufend an die aktuellen Gegebenheiten angepasst. Dabei spielten neben dem weiteren Verlauf der Pandemie etwa auch Untersuchungen hinsichtlich der Dauer des Immunschutzes sowie eventuell erforderlicher Auffrischimpfungen eine wichtige Rolle [60].

Tab. 8.5: Stufenplan zur Impf-Priorisierung [61] – modifiziert nach RKI.

Stufe	Personengruppe
1	**8,6 Mio. Menschen – Risiko sehr hoch** – Personen im Alter von ≥ 80 Jahren – Bewohner von Senioren- und Altenpflegeheimen – Personal mit besonders hohem Expositionsrisiko in medizinischen Einrichtungen – Personal in medizinischen Einrichtungen mit engem Kontakt zu vulnerablen Gruppen – Pflegepersonal in der ambulanten und stationären Altenpflege – andere Tätigkeiten in Senioren- und Altenpflegeheimen mit Kontakt zu den Bewohnern

Tab. 8.5: (fortgesetzt)

Stufe	Personengruppe
2	**6,7 Mio. Menschen – Risiko hoch** – Personen im Alter von ≥ 75–79 Jahren – Personen mit Down-Syndrom (Trisomie 21) – Personen mit dialysepflichtiger, chronischer Nierenerkrankung – Personal mit hohem Expositionsrisiko in medizinischen Einrichtungen – Personen mit einer Demenz oder geistigen Behinderung, die in Institutionen wohnen oder betreut werden – Tätige in der ambulanten oder stationären Versorgung von Personen mit Demenz oder geistiger Behinderung
3	**5,5 Mio. Menschen – Risiko moderat** – Tätige in der ambulanten oder stationären Versorgung von Personen mit Demenz oder geistiger Behinderung – Personen im Alter von ≥ 70–74 Jahren – Personen mit Vorerkrankungen mit hohem Risiko (z. B. Zustand nach Organtransplantation, aktive maligne hämatologische Erkrankungen, fortgeschrittene solide Tumorerkrankungen, die nicht in Remission sind, sowie Tumorerkrankungen unter aktueller systemischer Therapie [ausgenommen ausschließlich antihormonelle Monotherapie], interstitielle Lungenerkrankungen, psychiatrische Erkrankungen [bipolare Störung, Schizophrenie und schwere Depression], Demenz, Diabetes mellitus mit einem HbA1c ≥ 58 mmol/mol bzw. ≥ 7,5 %, COPD und andere ähnlich schwere Lungenerkrankungen, Adipositas [BMI > 30 kg/m²], chronische Lebererkrankungen inkl. Leberzirrhose, chronische nicht-dialysepflichtige Nierenerkrankungen) – Bewohner und Tätige in Gemeinschaftsunterkünften – enge Kontaktpersonen von Schwangeren – enge Kontaktpersonen bzw. Pflegende von Personen mit hohem Risiko – Personal mit moderatem Expositionsrisiko in medizinischen Einrichtungen und in Positionen, die für die Aufrechterhaltung der Krankenhausinfrastruktur besonders relevant sind – Teilbereiche des ÖGD 4
4	**6,9 Mio. Menschen – Risiko erhöht** – Personen im Alter von ≥ 65–69 Jahren – Personen mit Vorerkrankungen mit erhöhtem Risiko (z. B. Diabetes mellitus mit HbA1c < 58 mmol/mol bzw. < 7,5 %, Arrhythmie/Vorhofflimmern, koronare Herzkrankheit, Herzinsuffizienz, HIV-Infektion, Autoimmunerkrankungen, Krebserkrankungen in behandlungsfreier Remission, arterielle Hypertonie, rheumatologische Erkrankungen, Asthma bronchiale, chronisch entzündliche Darmerkrankungen, zerebrovaskuläre Erkrankungen/Apoplex und andere chronische neurologische Erkrankungen) – enge Kontaktpersonen bzw. Pflegende von Personen mit erhöhtem Risiko – Personal mit niedrigem Expositionsrisiko in medizinischen Einrichtungen – Lehrer – Erzieher – sonstige Personen, bei denen aufgrund ihrer Arbeits- oder Lebensumstände ein signifikant erhöhtes Risiko einer Infektion mit dem Coronavirus SARS-CoV-2 besteht

Tab. 8.5: (fortgesetzt)

Stufe	Personengruppe
5	**> 9 Mio. Menschen – Risiko gering erhöht**
	– Personen im Alter von ≥ 60–64 Jahren
	– Personal in Schlüsselpositionen der Landes- und Bundesregierungen
	– Beschäftigte im Einzelhandel
	– Beschäftigte zur Aufrechterhaltung der öffentlichen Sicherheit mit erhöhtem Expositionsrisiko
	– Berufsgruppen der kritischen Infrastruktur
6	**45 Mio. Menschen – Risiko niedrig**
	– alle übrigen Personen im Alter von < 60 Jahren

8.5.2 Weltweite Impfstrategie

Eine „globale Impfstrategie" wurde und wird immer wieder von Politikerinnen und Politikern überall auf der Welt beschworen. Die Idee dabei ist, dass länderübergreifend gemeinsam entschieden wird, wer, wann und wo geimpft wird. Risikogruppen sollten vor allen anderen geimpft werden — egal, wo sie leben.

Es war im Interesse aller, dass zudem Länder mit besonders aktivem Infektionsgeschehen und solche, in denen Mutationen sich rasant verbreiten, den Impfstoff vorrangig erhalten. Länder mit einem stabilen Gesundheitssystem und noch freien Kapazitäten sollten länger warten können als solche, deren Krankenhäuser bereits überfüllt sind.

Wirtschaftlich wohlhabende Länder hatten im Februar 2021 ca. 100 % des Vakzins von Moderna und 96 % des BioNTech/Pfizer-Impfstoffs gekauft.

Doch das eigentliche Versagen war, dass die allermeisten Länder der Welt komplett leer ausgingen. Sie konnten ihre Risikogruppen im Jahr 2021 nicht impfen lassen, während die wirtschaftlich wohlhabendere Länder perspektivisch genügend Impfstoff hatten, um ihre gesamte Bevölkerung bis Ende 2021 dreimal zu impfen. Kanada verfügte sogar über genügend Impfstoff, um jeden Kanadier fünfmal zu impfen.

Kritiker bezeichneten diesen Impf-Nationalismus als moralisches Desaster. In wenigen Monaten wurden in den wohlhabenden Ländern Teenager ohne Vorerkrankungen geimpft, deren Risiko für einen schweren Krankheitsverlauf gegen null tendiert — während in ärmeren Ländern in der vierten, fünften und sechsten Welle der Pandemie noch immer vorrangig kranke und alte Menschen sterben [62].

Deutschland spendete daher im 3. Quartal ca. 16,24 Mio. Impfdosen an die COVAX (COVID-19 Vaccines Global Access), eine weltweite Initiative, die auf einen gleichberechtigten Zugang zu COVID-19-Impfstoffen abzielt. COVAX wird gemeinsam von CEPI, Gavi und WHO zusammen mit dem wichtigen Lieferpartner UNICEF geleitet. In Nord-

und Südamerika ist der PAHO Revolving Fund der anerkannte Beschaffungsagent für COVAX.

Die COVAX übernimmt die Verteilung der von Deutschland gespendeten SARS-CoV-2-Impfstoffe (vgl. Abb. 8.8) in Länder mit einer niedrigen Impfquote.

8.5.3 Impfpflicht

„Impfpflicht" meint die rechtliche Pflicht, sich impfen zu lassen. Tut man das nicht, drohen etwa Bußgelder oder der Ausschluss von Tätigkeiten oder Aufenthaltsorten. „Impfzwang" zielt eher auf die Durchsetzung der Impfpflicht. Dabei müssten Betroffene tatsächlich damit rechnen, gegen ihren Willen geimpft zu werden [63].

Die Debatten zur Einführung einer Impflicht mit einem SARS-CoV-2-Impfstoff waren sehr konträr – so verlangte bspw. die Deutsche Krankenhausgesellschaft (DKG) im Oktober 2021 von der Bundesregierung, den Ethikrat zu beauftragen, sich zu der Einführung einer differenzierten Impfpflicht zu positionieren [64].

Mit dem Masernschutzgesetz wurde in Deutschland am 1. März 2020 erstmals eine Impfpflicht eingeführt – demnach müssen Eltern nachweisen, dass ihr Kind ab dem vollendeten ersten Lebensjahr die von der STIKO empfohlenen Masern-Impfungen erhalten hat, bevor es in eine Kita oder Schule aufgenommen wird. Auch alle Mitarbeiter solcher Einrichtungen, die nach 1970 geboren sind, müssen ab März 2020 gegen Masern geimpft sein **oder** die Immunität gegen die Erkrankung nachweisen, die sie nach durchgemachter Infektion erhalten haben (ärztliches Attest notwendig). Diese Pflicht wiederum entfällt, wenn ein ärztliches Attest bestätigt, dass eine Impfung aufgrund der gesundheitlichen Disposition des Betroffenen nicht möglich ist (Kontraindikation).

Eine Corona-Impfpflicht als Mittel gegen die Pandemie wurde in vielen Ländern diskutiert. Oftmals – wie etwa in Deutschland – wurden dabei aber nur bestimmte Berufsgruppen wie Pflegekräfte oder Schulpersonal in den Blick genommen.

Angesichts der dramatischen Corona-Zahlen ging ganz **Österreich** ab dem 22. November wieder in den kompletten Lockdown und will im Februar 2022 eine Impfpflicht einführen.

Eine Impfpflicht für die gesamte erwachsene Bevölkerung eines Landes ist selten. Ein Beispiel war das zentralasiatische **Tadschikistan**, das offiziell noch keinen einzigen Corona-Fall gemeldet hatte.

Im kleinsten Land der Welt, dem **Vatikan**, wurde bereits am 8. Februar 2021 eine Impfpflicht für alle Bewohner und dort beschäftigten Angestellten eingeführt. Die Strafen bei einem Verstoß reichten theoretisch bis hin zur Entlassung.

Einige Länder und Gebiete erließen eine Corona-Impfpflicht nur für bestimmte Bevölkerungs- oder Berufsgruppen.

In den **USA** galt seit 9. September 2021 eine Impfpflicht für alle Mitarbeiter von Bundesbehörden sowie für Mitarbeiter von Auftragnehmern der Regierung. Ausnahmen für die Impfpflicht gab es nur aus religiösen und medizinischen Gründen. Beschäftigte haben 75 Tage Zeit, um einen vollständigen Impfschutz zu erhalten.

In **Kanada** bestand eine Impfpflicht für die 300.000 Bundesbeamten und dies war für alle Zug-, Flug- und Schiffsreisenden ebenfalls geplant.

In **Frankreich** galt seit 15. September 2021 eine Corona-Impfpflicht für alle Mitarbeiter von Krankenhäusern, Alten- oder Pflegeheimen, Pflegediensten sowie für Mitarbeiter von Rettungsdiensten und Feuerwehr.

In **Griechenland** wurde die Corona-Impfung Mitte August 2021 Pflicht für das Personal von Altenheimen, für den Gesundheitsbereich trat sie am 1. September 2021 in Kraft. Das Gesetz sah vor, dass jene Beschäftigten im Gesundheitssektor, die noch ungeimpft sind, ohne Gehalt von der Arbeit freigestellt werden.

In **Italien** waren Ärzte und weiteres medizinisches Personal seit dem 25. Mai 2021 zur Immunisierung verpflichtet. Anderenfalls drohte ihnen ein Verbot, mit Patienten zu arbeiten. Am 10. Oktober 2021 wurde die Regelung auf die Mitarbeiter von Altenheimen ausgeweitet.

Die Regierung in **Großbritannien** beschloss eine Impfpflicht für das Personal von Seniorenheimen ab dem 11. November 2021. Außerdem wurde eine Debatte über die Ausweitung der Impfpflicht auf den gesamten Gesundheitsbereich eingeleitet.

Einige Länder verhingen unterdessen **massive Einschränkungen für Nicht-Geimpfte**, so hatten bspw. in **Saudi-Arabien** haben nur noch Geimpfte Zutritt zu staatlichen und privaten Einrichtungen, darunter auch Bildungs- und Unterhaltungsstätten und öffentliche Verkehrsmittel. In **Pakistan** wurde in der Provinz Belutschistan seit dem 1. Juli 2021 allen Nicht-Geimpften der Zutritt zu Ämtern, Einkaufszentren und Parks verboten, öffentliche Verkehrsmittel durften sie auch nicht nutzen [65].

8.5.4 3G-Regel versus 2G-Regel und 2G-Plus-Regel

Bund und Länder hatten sich im Sommer 2021 auf neue Testpflichten zur Eindämmung der Corona-Pandemie in Deutschland geeinigt. Seit dem 23. August 2021 galt demnach die **3G-Regel** – **g**eimpft, **g**enesen, **g**etestet.

Die 3G-Regel bedeutete: Wer nicht vollständig geimpft war oder nicht als genesen galt, musste künftig in vielen Fällen entweder einen Antigen-Schnelltest (maximal 24 Stunden alt) oder einen PCR-Test (maximal 48 Stunden alt) vorlegen. Tests wurden damit zur Voraussetzung zum Beispiel für den Zugang zu Krankenhäusern, Alten- und Pflegeheimen, zur Innengastronomie, zu Veranstaltungen und Festen, aber auch zum Besuch beim Friseur oder im Kosmetikstudio. Gleiches galt für Sport im Innenbereich oder Beherbergungen etwa in Hotels und Pensionen.

Aufgrund kontinuierlich ansteigender Inzidenzen und um Ungeimpften zu verdeutlichen, was sie im Falle einer Nichtimpfung erwartete, verschärften einige Bundesländer ab Ende August 2021 die Regeln auf das sog. **2G-Modell (geimpft und genesen).**

Demnach konnten Veranstalter oder Gastronomen auf Grundlage des Hausrechts selbst entscheiden, ob sie ausschließlich Geimpfte und Genese einlassen wollten. Diese mussten einen entsprechenden Nachweis erbringen. Sich „frei zu testen" – wie es bei 3G der Fall war – war dann für ungeimpfte Personen nicht mehr möglich.

Das 2G-Modell bedeutete also für Ungeimpfte erhebliche Einschränkungen, bspw. die Teilnahme am öffentlichen Leben wie der Besuch von öffentlichen Einrichtungen wie Restaurants, Fitnessstudios oder Kinos war für ungeimpfte Personen nicht möglich. Im Umkehrschluss bedeutet das für geimpfte und genesene Personen, dass ein solcher Besuch ohne Kapazitätseinschränkungen oder Abstandsgebote möglich sei.

Mit Einführung der 2G-Regel erhöhte die Politik den Druck auf Ungeimpfte, sich gegen Corona impfen zu lassen. Bei einem 2G-Modell bestand nach Ansicht des Senats ein geringes Infektionsrisiko, sodass Lockerungen möglich sein konnten – Abstands- und Maskenpflicht wurden in Restaurants sowie bei Veranstaltungen und Freizeiteinrichtungen aufgehoben [66].

Österreich beschloss sogar am 05.11.2021 im Kampf gegen die vierte Corona-Welle eine bundesweite **2G-Regel** einzuführen. Ungeimpfte/Nicht-Genesene durften ab 8. November 2021 keine **Lokale, Friseure und Veranstaltungen** mehr besuchen.

Bund und Länder definierten beim Corona-Gipfel-Treffen am 18.11.2021 einen bestimmten Schwellen-Wert (Hospitalisierungsrate > 6), ab welchem in den einzelnen Bundesländern die 2G-Plus-Regelung gelten sollte.

Bei der **2G-Plus-Regel** wurde für Geimpfte, Geboosterte und Genesene zusätzlich eine **Testpflicht** eingeführt, wenn sie bspw. an Großveranstaltungen teilnehmen wollten.

Hintergrund war, dass zunächst Geimpfte oder Genesen als „weniger infektiös" galten, jedoch zeigten aktuelle Studien, dass der Impfschutz schneller nachließ als gedacht. Und auch die Ansteckungsgefahr unter Geimpften und Genesenen war doch nicht so gering, wie man zunächst annahm [67].

8.6 Impffortschritt – Impfquoten – Status: 29.11.2021

Die Impffortschritte auf den Kontinenten sowie in den einzelnen Ländern gestalteten sich sehr unterschiedlich. Während die wirtschaftlich starken Regionen im zweiten Halbjahr 2021 bereits eine Impfquote von > 50 % erreicht hatten, waren die wirtschaftlich schwächeren Länder auf Unterstützung im Sinne von Impfstoffspenden angewiesen.

Per 30. November 2021 waren weltweit 3.356.580.845 Menschen (Gesamtbevölkerung 7.771.630.763) vollständig geimpft – dies entsprach einer Impfquote von 42,62 %. Definitiv zu gering, um von einer globalen „Herdenimmunität" sprechen zu können – Abb. 8.10.

Zu bedenken war jedoch, dass die Länder, die zeitlich gesehen früh eine hohe Impfquote erreicht hatten (bspw. Israel), rechtzeitig mit einer Booster-Impfkampagne starteten, damit der Impfschutz des Einzelnen gegen SARS-CoV-2 weiter aufrechterhalten werden konnte.

8.6.1 Weltweite Impfquote – Stand: 30. November 2021 [68]

Weltweit sind Milliarden Menschen noch ungeimpft. Erst 54,2 % der Weltbevölkerung haben mindestens eine Dosis gespritzt bekommen, 42,6 % eine zweite Dosis erhalten (Stand 23.11.2021). Südafrika ist mit einer Impfquote von 23,8 % (Stand 24.11.2021) auf dem zweitgrößten Erdteil Spitzenreiter.

Während in Deutschland Debatten über die optimale Boosterung und Kinderimpfungen geführt wurden, warnten Experten immer wieder vor neuen Varianten.

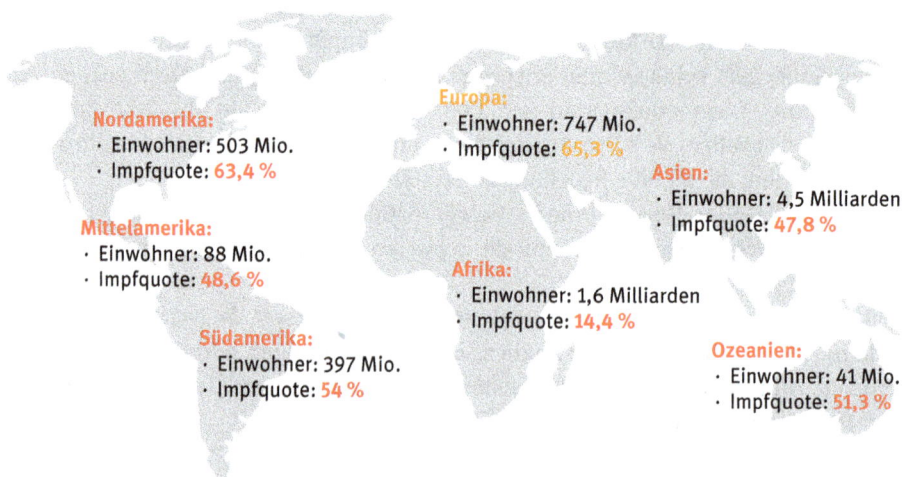

Nordamerika:
· Einwohner: 503 Mio.
· Impfquote: 63,4 %

Europa:
· Einwohner: 747 Mio.
· Impfquote: 65,3 %

Asien:
· Einwohner: 4,5 Milliarden
· Impfquote: 47,8 %

Mittelamerika:
· Einwohner: 88 Mio.
· Impfquote: 48,6 %

Afrika:
· Einwohner: 1,6 Milliarden
· Impfquote: 14,4 %

Südamerika:
· Einwohner: 397 Mio.
· Impfquote: 54 %

Ozeanien:
· Einwohner: 41 Mio.
· Impfquote: 51,3 %

Abb. 8.10: Die weltweiten Impfquoten variieren stark auf den jeweiligen Kontinenten – während sie in Nordamerika und Europa bereits > 60 % beträgt, liegt sie in Afrika noch bei ca. 14 % der 1,6 Milliarden Einwohner. Grün: Impfquote > 70 %; Orange: Impfquote 65–70 %; Rot: Impfquote < 65 %. Stand: 30. November 2021.

8.6.2 Impfquote in Europa – Stand: 30. November 2021 [69]

Skandinavien und Südeuropa und Beneluxstaaten galten als die Muster-Länder, wenn es um die Impfquote in der EU ging. Osteuropa bildete das Schlusslicht – entsprechend stiegen dort die Corona-Neuinfektionen ab Oktober 2021 – Abb. 8.11.

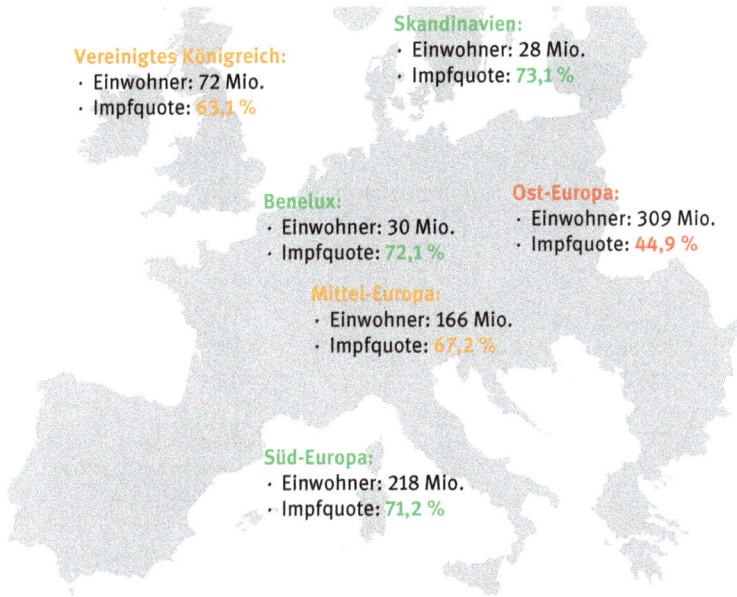

Abb. 8.11: Die Impfquoten in Skandinavien, SÜD-Europa sowie den Beneluxstaaten mit > 70 % zeigen eine ausreichende Verfügbarkeit der Impfstoffe, eine hohe Impfbereitschaft der Bevölkerungen sowie sehr gut organisierte Impf-Möglichkeiten für Impfwillige. Das Schlusslicht in Europa bildet OST-Europa. MITTEL-Europa und das Vereinigte Königreich versuchen weiterhin die 70 % Marke zu erreichen. Grün: Impfquote > 70 %; Orange: Impfquote 65–70 %; Rot: Impfquote < 65 %. Stand: 30. November 2021.

8.6.3 Impfquote Deutschland – Stand: 30. November 2021 [70]

Wie viele Personen tatsächlich gegen Corona geimpft wurden, ist und war nicht vollständig bekannt, denn zu groß war die Zahl derer, die beim Hausarzt geimpft wurden, aber nicht vom Robert Koch-Institut erfasst wurden. Die möglichen fünf Prozentpunkte, die auf die „offizielle" Impfquote aufgeschlagen werden mussten, waren rund 3,5 Mio. Impflinge, zu denen möglicherweise weitere Millionen hinzukamen [71].

Per 30.11.2021 lief die COVID-19-Impfkampagne in Deutschland seit **340 Tagen**. Mindestens eine Impfdosis hatten seitdem **59,3 Mio. Personen** erhalten. Davon waren **57,0 Mio. Personen** bereits vollständig geimpft. **9,7 Mio. Personen** hatten zusätzlich eine Auffrischungsimpfung (Booster-Impfung) erhalten [72]. Die Impfquoten in den einzelnen Bundesländern variierten stark – Abb. 8.12.

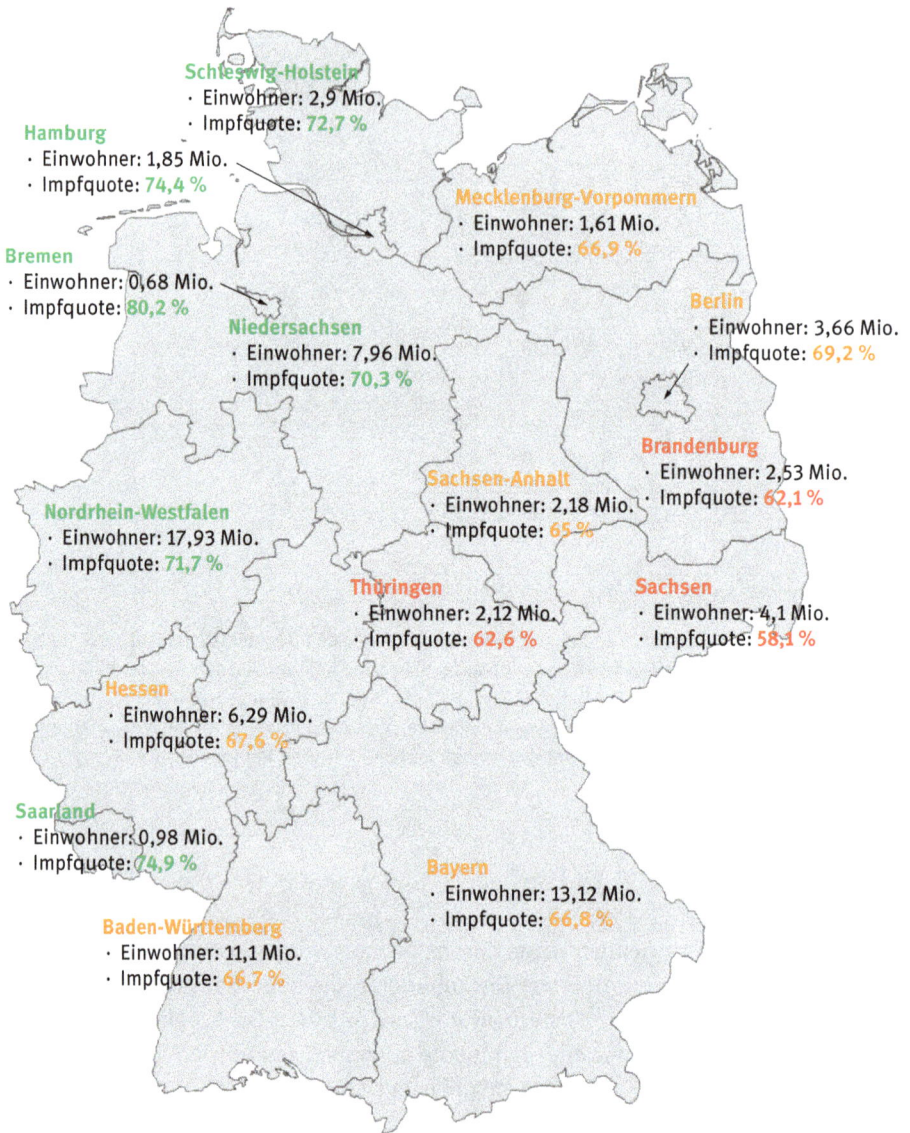

Schleswig-Holstein
· Einwohner: 2,9 Mio.
· Impfquote: **72,7 %**

Hamburg
· Einwohner: 1,85 Mio.
· Impfquote: **74,4 %**

Mecklenburg-Vorpommern
· Einwohner: 1,61 Mio.
· Impfquote: **66,9 %**

Bremen
· Einwohner: 0,68 Mio.
· Impfquote: **80,2 %**

Niedersachsen
· Einwohner: 7,96 Mio.
· Impfquote: **70,3 %**

Berlin
· Einwohner: 3,66 Mio.
· Impfquote: **69,2 %**

Brandenburg
· Einwohner: 2,53 Mio.
· Impfquote: **62,1 %**

Nordrhein-Westfalen
· Einwohner: 17,93 Mio.
· Impfquote: **71,7 %**

Sachsen-Anhalt
· Einwohner: 2,18 Mio.
· Impfquote: **65 %**

Thüringen
· Einwohner: 2,12 Mio.
· Impfquote: **62,6 %**

Sachsen
· Einwohner: 4,1 Mio.
· Impfquote: **58,1 %**

Hessen
· Einwohner: 6,29 Mio.
· Impfquote: **67,6 %**

Saarland
· Einwohner: 0,98 Mio.
· Impfquote: **74,9 %**

Bayern
· Einwohner: 13,12 Mio.
· Impfquote: **66,8 %**

Baden-Württemberg
· Einwohner: 11,1 Mio.
· Impfquote: **66,7 %**

Abb. 8.12: Die Stadtstaaten Bremen und Hamburg sowie das Saarland und Schleswig-Holstein **waren die Vorreiter** mit Impfquoten > 70 % – das Schlusslicht bildete Sachsen, dessen Impfquote Anfang des vierten Quartals 2021 noch keine 60 % erreicht hatte [73]. Grün: Impfquote > 70 %; Orange: Impfquote 65–70 %; Rot: Impfquote < 65 %. Stand: 30. November 2021.

Impfquote SARS-CoV-2-Impfung nach Altersklassen in Deutschland – Status: 30.11.2021 [74] (Tab. 8.6)

Tab. 8.6: Impfquote nach Altersklassen – modifiziert nach Impfdashboard Deutschland.

Altersklasse	vollständig geimpft
12–17 Jahre	46,1 %
18–59 Jahre	75,4 %
60+ Jahre	86,1 %
Impfquote Deutschland per 30.11.2021	68,5 %

Auswahl an Unternehmen, die zur Entwicklung sowie Produktion von SARS-CoV-2-Impfstoffen beitragen (Stand: November 2021):

AstraZeneca	internationaler Pharmakonzern mit Hauptsitz in Cambridge (UK) – erhielt am 29.01.2021 die dritte, bedingte Zulassung eines SARS-CoV-2-Impfstoffes in der EU
BioNTech	Biotechnologieunternehmen mit Hauptsitz in Mainz und Produktionsstätten in u. a. Marburg (Lahn) – brachte im Dezember 2020 den ersten SARS-CoV-2-Impfstoff in Deutschland auf den Markt
Codagenix Inc.	Biotechnologieunternehmen mit Hauptsitz in Farmingdale (New York, USA)
CureVac	biopharmazeutisches Unternehmen mit rechtlichem Sitz in den Niederlanden und Zentrale in Tübingen, spezialisiert auf die Erforschung und die Entwicklung von Arzneimitteln auf der Grundlage des Botenmoleküls mRNA
Eli Lilly	internationales, großes Pharmaunternehmen mit Hauptsitz in Indianapolis, Indiana (USA)
Johnson & Johnson	internationaler Pharmazie- und Konsumgüterhersteller mit Hauptsitz in New Brunswick (New Jersey, USA) – erhielt im März 2021 in der EU die vierte, bedingte Zulassung für seinen Vektorimpfstoff
Moderna Inc.	Biotechnologieunternehmen mit Hauptsitz in Cambridge (Massachusetts, USA), spezialisiert auf die Entdeckung und Entwicklung von Arzneimitteln auf der Basis von Messenger-RNA – brachte am 6.1.2021 den zweiten SARS-CoV-2-Impfstoff in Deutschland auf den Markt
Novavax	ein auf die Entwicklung von Impfstoffen spezialisiertes Pharmaunternehmen mit Hauptsitz in Gaithersburg (Maryland, USA)
Sanofi	französischer Pharmakonzern mit Hauptsitz in Paris (Frankreich)

Sinopharma	chinesisches Staatsunternehmen mit Sitz in Peking, entwickelte den Impfstoff SARS-CoV-2 Vaccine (Vero Cell), bislang nicht in der EU zugelassen
Sinovac	chinesisches Pharmaunternehmen mit Sitz in Peking, fokussiert auf die Herstellung von Impfstoffen; seit Mai 2021 läuft das Rolling Review des Corona-Impfstoffs CoronaVac bei der Europäischen Arzneimittelagentur (EMA)

Literatur

[1]   https://www.gesundheitsforschung-bmbf.de/de/sonderprogramm-zur-beschleunigung-von-for-schung-und-entwicklung-dringend-benotigter-12534.php (letzter Zugriff: 30.10.2021).

[2]   www.swr.de/swraktuell/rheinland-pfalz/corona-impfstoff-chronologie (letzter Zugriff: 30.10.2021).

[3]   https://www.rki.de/DE/Content/Kommissionen/Bundesgesundheitsblatt/Downloads/2020_01_Grabski.pdf?__blob=publicationFile (letzter Zugriff: 27.10.2021).

[4]   www.infektionsschutz.de/coronavirus/schutzimpfung/fragen-und antworten /impfstoff ent-wicklung-und-zulassung (letzter Zugriff: 29.09.2021).

[5]   Impfstoffe gegen Coronavirus – aktueller Entwicklungsstand | vfa (Stand: 15.10.2021) https://www.vfa.de/de/arzneimittel-forschung/woran-wir-forschen/impfstoffe-zum-schutz-vor-corona-virus-2019-ncov.

[6]   https://www.impfen.de/impfwissen/alle/impfungen-gegen-sars-cov-2-welche-impfstoffe-es-derzeit-gibt (letzter Zugriff: 31.10.2021).

[7]   Im Wettlauf mit der Pandemie: Impfstoffentwicklung gegen COVID-19 – Trillium GmbH Medizi-nischer Fachverlag. Heft 2/2020 COVID-19 > Im Brennpunkt > Im Wettlauf mit der Pandemie: Impfstoffentwicklung gegen COVID-19.

[8]   Das sollten Sie über Impfstoffe wissen – BMBF – 20.10.2021. https://www.bmbf.de/bmbf/shareddocs/kurzmeldungen/de/das-sollten-sie-ueber-impfstoffe-wissen.html.

[9]   https://www.nejm.org/doi/full/10.1056/NEJMoa2034577 (letzter Zugriff: 31.10.2021).

[10] Wirksamkeit und Sicherheit des mRNA-1273 SARS-CoV-2-Impfstoffs; Lindsey R. Baden, et all; https://www.nejm.org/doi/full/10.1056/nejmoa2035389 (letzter Zugriff: 30.12.2020).

[11] https://www.rki.de/SharedDocs/FAQ/COVID-Impfen/FAQ_Liste_Impfstofftypen.html (letzter Zu-griff: 07.10.2021).

[12] Sicherheit und Wirksamkeit des ChAdOx1 nCoV-19-Impfstoffs (AZD1222) gegen SARS-CoV-2: ei-ne Zwischenanalyse von vier randomisierten kontrollierten Studien in Brasilien, Südafrika und Großbritannien; Merryn Voysey et al., https://www.thelancet.com/journals/lancet/article/PI-IS0140-6736(20)32661-1 (letzter Zugriff: 08.10.2021).

[13] https://www.astrazeneca.com/content/astraz/media-centre/press-releases/2020/azd1222hlr (letzter Zugriff: 07.10.2021).

[14] https://www.zusammengegencorona.de/impfen/impfstoffe/covid-19-vaccine-janssen-r-von-johnson-und-johnson-auf-einen-blick (letzter Zugriff: 07.10.2021).

[15] https://en.wikipedia.org/wiki/Novavax_COVID-19_vaccine (letzter Zugriff: 08.10.2021).

[16] https://www.finanznachrichten.de/nachrichten-2021-09/53913303 (letzter Zugriff: 07.10.2021).

[17] https://www.fr.de/wissen/corona-impfstoff-novavax-vakzin-impfung-zulassung-covid-19-coro-navirus-who-news-91088442.html (letzter Zugriff: 31.10.2021).

[18] https://valneva.com/press-release/valneva-reports-positive-phase-3-results-for-inactivated-ad-juvanted-covid-19-vaccine-candidate-vla2001 (letzter Zugriff: 23.11.2021).

[19] https://www.nature.com/articles/s41586-021-04232-5 (letzter Zugriff: 28.11.2021).

[20] https://www.vfa.de/de/arzneimittel-forschung/woran-wir-forschen/impfstoffe-zum-schutz-vor-coronavirus-2019-ncov (letzter Zugriff: 23.11.2021).

[21] https://www.vfa.de/de/arzneimittel-forschung/woran-wir-forschen/impfstoffe-zum-schutz-vor-coronavirus-2019-ncov (letzter Zugriff: 31.10.2021).

[22] https://www.comirnatyeducation.de/files/Comirnaty_PIL_Germany.pdf (letzter Zugriff: 05.11.2021).

[23] https://www.ema.europa.eu/en/documents/product-information/spikevax-previously-covid-19-vaccine-moderna-epar-product-information_de.pdf (letzter Zugriff: 10.11.2021).

[24] https://www.basg.gv.at/fileadmin/redakteure/05_KonsumentInnen/Impfstoffe/Gebrauchs-information_COVID-19_Vaccine_AstraZeneca.pdf (letzter Zugriff: 10.11.2021).

[25] https://www.basg.gv.at/fileadmin/redakteure/05_KonsumentInnen/Impfstoffe/Gebrauchs-information_COVID-19_Vaccine_Janssen.pdf (letzter Zugriff: 10.11.2021).

[26] https://www.infektionsschutz.de/coronavirus/schutzimpfung/risiken-und-nebenwirkungen.html#c15564 – 18.10.2021 (letzter Zugriff: 18.10.2021).

[27] https://www.pharmazeutische-zeitung.de/wie-kommt-es-zu-allergischen-reaktionen-auf-covid-19-impfstoffe-128249/ (letzter Zugriff: 29.10.2021).

[28] https://www.rki.de/DE/Content/Infekt/Impfen/Materialien/Faktenblaetter/COVID-19.pdf?__blob=publicationFile (letzter Zugriff: 20.10.2021).

[29] https://de.wikipedia.org/wiki/St%C3%A4ndige_Impfkommission (letzter Zugriff: 28.11.2021).

[30] https://www.pei.de/DE/arzneimittel/impfstoffe/covid-19/ (letzter Zugriff: 18.10.2021).

[31] https://www.arbeits-und-brandschutz.de/paul-ehrlich-institut-stiko/#Wo_ist_das_Paul-Ehrlich-Institut_angesiedelt (letzter Zugriff: 20.10.2021).

[32] https://edoc.rki.de/ Epidemiologisches Bulletin 2 | 2021 (letzter Zugriff: 22.10.2021).

[33] https://www.rki.de/DE/Content/Kommissionen/STIKO/Empfehlungen/PM_2021-10-07.html (letzter Zugriff: 22.10.2021).

[34] https://www.rki.de/DE/Content/Kommissionen/STIKO/Empfehlungen/PM_2021-10-07.html (letzter Zugriff: 20.10.2021).

[35] https://www.tagesschau.de/ausland/amerika/usa-corona-impfung-kinder-103.html (letzter Zugriff: 31.10.2021).

[36] www.rki.de/impfen-faktenblaetter (letzter Zugriff: 19.10.2021).

[37] https://www.rki.de/SharedDocs/FAQ/COVID-Impfen/FAQ_Liste_Wirksamkeit (letzter Zugriff: 30.11.2021).

[38] https://pubmed.ncbi.nlm.nih.gov/34408089/SARS-CoV-2-Antikörper in der Muttermilch nach der Impfung (letzter Zugriff: 19.10.2021).

[39] https://www.infektionsschutz.de/coronavirus/schutzimpfung/risiken-und-nebenwirkungen.html#c15564 (letzter Zugriff: 18.10.2021).

[40] Nordström P, et al. Effectiveness of COVID-19 Vaccination Against Risk of Symptomatic Infection, Hospitalization, and Death Up to 9 Months: a Swedish Total-Population Cohort Study (preprint); https://www.spektrum.de/news/wie-lange-schuetzt-der-impfstoff-von-biontech-moderna-astrazeneca/1945216.

[41] https://www.rki.de/SharedDocs/FAQ/COVID-Impfen/FAQ_Liste_Wirksamkeit.html (letzter Zugriff: 20.10.2021).

[42] https://www.rki.de/SharedDocs/FAQ/COVID-Impfen/FAQ_Liste_Wirksamkeit.html (letzter Zugriff: 22.10.2021).

[43] https://www.clinicalmicrobiologyandinfection.com/article/S1198-743X(21)00367-0/fulltext (letzter Zugriff: 29.11.2021).

[44] https://www.virologie.uk-erlangen.de/covako/studie-3-zu-durchbruchsinfektionen (letzter Zugriff: 03.09.2021).

[45] https://www.aerzteblatt.de/nachrichten/125731/Coronaimpfung-Risiko-von-Durchbrucherkran-kungen-steigt-mit-Alter-und-Komorbiditaet (letzter Zugriff: 03.09.2021).

[46] www.focus.de/gesundheit/news/delta-reduziert-wirksamkeit-immer-mehr-impfdurchbrueche-bei-hohnson-johnson-frankreich-spricht-von-impfversagen (letzter Zugriff: 19.09.2021).

[47] https://www.medrxiv.org/content/10.1101/2021.07.28.21261295v1 (letzter Zugriff: 03.09.2021).

[48] https://www.aerzteblatt.de/nachrichten/126251/SARS-CoV-2-Durchbruchinfektionen-mit-Delta-Variante-haben-in-den-ersten-Tagen-hohe-Viruslast (letzter Zugriff: 03.09.2021).

[49] https://www.rki.de/DE/Content/Kommissionen/STIKO/Empfehlungen/PM_2021-10-07.html (letzter Zugriff: 30.10.2021).

[50] EU-Impfstoffstrategie | EU-Kommission (europa.eu) .

[51] www.vfa.de (letzter Zugriff: 30.10.2021).

[52] https://www.zusammengegencorona.de/impfen/logistik-und-recht/covid-19-impfstoffe-eine-lo-gistische-herausforderung (letzter Zugriff: 27.10.2021).

[53] https://www.tagesschau.de/wirtschaft/technologie/impfstoff-produktion (letzter Zugriff: 30.08.2021).

[54] https://www.bundesgesundheitsministerium.de/fileadmin/Dateien/3_Downloads/C/Coronavi-rus/Impfstoff/Lieferprognosen_aller_Hersteller_2021.pdf (letzter Zugriff: 27.10.2021).

[55] EU-Impfstoffstrategie | EU-Kommission (europa.eu) (letzter Zugriff: 20.10.2021).

[56] https://www.rki.de/SharedDocs/FAQ/COVID-Impfen/FAQ_Liste_Allgemeines.html (letzter Zu-griff: 23.10.2021).

[57] https://de.wikipedia.org/wiki/Herdenschutz_(Epidemiologie) (letzter Zugriff: 11.10.2021).

[58] https://de.wikipedia.org/wiki/Herdenschutz (Epidemiologie) – Gemeinschaftsimmunität (Her-denimmunität) – National Institute for Health (NIH) (letzter Zugriff: 22.10.2021).

[59] https://www.ndr.de/ratgeber/gesundheit/Herdenimmunitaet-Wie-hoch-muss-die-Corona-Impf-quote-sein,corona8090.html (letzter Zugriff: 22.10.2021).

[60] https://www.nzz.ch/visuals/corona-impfung-zahlen-ld.1598382#subtitle-wann-erreicht-deutschland-die-herdenimmunit-t-second (letzter Zugriff: 18.10.2021).

[61] Stufenplan zur Impf-Priorisierung, www.rki.de (letzter Zugriff: 30.09.2021).

[62] https://www.zusammengegencorona.de/impfen/basiswissen-zum-impfen/die-nationale-impf-strategie (letzter Zugriff: 30.08.2021).

[63] https://www.obermain.de/lokal/obermain/faktencheck-impfpflicht-ist-nicht-gleich-impfzwang;art2414,935344 (letzter Zugriff: 30.11.2021).

[64] www.msn.com/de-de/finanzen/top-stories/warum-die-globale-impfstrategie-gescheitert-ist (letzter Zugriff: 22.10.2021).

[65] https://www.faz.net/aktuell/politik/inland/ethikrat-soll-sich-aeussern-krankenhaeuser-verlan-gen-klarheit-bei-impfpflicht-17568964.html (letzter Zugriff: 26.10.2021).

[66] https://rp-online.de/panorama/coronavirus/corona-impfpflicht-in-welchen-laendern-gilt-eine-impfpflicht-welweiter-ueberblick_aid-61819967 (letzter Zugriff: 26.10.2021).

[67] https://www.praxisvita.de/2g-plus-was-bedeutet-das-wo-testpflicht-fuer-geimpfte-und-genese-ne-20250.html (letzter Zugriff: 30.11.2021).

[68] https://www.msn.com/de-de/gesundheit/other/2g-regel (letzter Zugriff: 26.10.2021).

[69] https://www.laenderdaten.de/gesundheit/corona-impfungen.aspx (letzter Zugriff: 30.11.2021).

[70] https://www.corona-in-zahlen.de/impfungen (letzter Zugriff: 18.10.2021).

[71] https://impfdashboard.de (letzter Zugriff: 30.11.2021).

[72] https://www.faz.net/aktuell/politik/corona-impfquote-korrigiert-herdenimmunitaet-wird-so-nicht-erreicht-17573996.html (letzter Zugriff: 22.10.2021).

[73] https://www.mdr.de/nachrichten/sachsen/corona-covid-fallzahlen-grafik-100.html#sprung2 (letzter Zugriff: 25.10.2021).

[74] https://de.statista.com/statistik/daten/studie/1258043/umfrage/impfquote-gegen-das-coro-
      navirus-in-deutschland-nach-altersgruppe (letzter Zugriff: 27.10.2021).

9 Hygienemaßnahmen

Frank Günther, Christian M. Sterr, Julian Zirbes

9.1 Ausbreitung

SARS-CoV-2 wird hauptsächlich über die respiratorische Aufnahme virushaltiger Partikel, die von einer infizierten Person abgegeben werden, übertragen (vgl. Kapitel 9.2, Aerosole). Eine Vielzahl von Übertragungen geht hierbei von infizierten Personen aus, die bereits symptomatisch erkrankt sind oder in Kürze Erkrankungssymptome entwickeln werden. Auch Ansteckungen über infizierte, aber komplett symptomfreie Personen sind beschrieben [1]. Ein Maß, wie viele Personen in einer bestimmten Bevölkerung zu einem bestimmten Zeitpunkt durchschnittlich von einer infizierten Person angesteckt werden, bildet die Basisreproduktionszahl. Liegt die Basisreproduktionszahl länger über 1, breitet sich eine Infektionskrankheit in der entsprechenden Bevölkerung weiter aus. Beeinflusst wird die Basisreproduktionszahl unter anderem von den etablierten infektionspräventiven Maßnahmen sowie der Immunitätslage der Bevölkerung [1]. Welche infektionspräventiven Maßnahmen eingeführt werden ist abhängig vom Stadium und Verlauf der Pandemie. Der nationale Pandemieplan beschreibt hier verschiedene Phasen einer Pandemie sowie Strategien, diesen zu begegnen [2]. Zunächst steht die frühzeitige Erkennung einzelner Infektionen und Verhinderung der Übertragung im Vordergrund („detection & containment"). Dies hat den Hintergrund, die Ausbreitung des Erregers zu verlangsamen, um eine Überlastung des Gesundheitsytems zu verhindern („flatten the curve"). Bei zunehmender Verbreitung des Erregers rückt der Schutz vulnerabler Gruppen in den Fokus („protection"). In der Phase der Folgenminderung („mitigation") findet eine anhaltende Übertragung des Erregers in der Bevölkerung statt. Die Schutzmaßnahmen haben dann das Ziel, schwere Krankheitsverläufe zu reduzieren und eine Überlastung von Versorgungsstrukturen zu verhindern. In der abschließenden Erholungsphase wird geprüft, welche Maßnahmen in welchem Ausmaß fortgeführt werden sollen. Allgemeine infektionspräventive Maßnahmen beinhalten umfassende Maßnahmen zur Reduktion von Kontaktpersonen wie Kontaktbeschränkungen und diverse Einschränkungen des öffentlichen Lebens, welche unter Umständen binnen kürzester Zeit an die Lage anzupassen sind. Hierzu gehören Auflagen für Einzelhandel, Schulen, Gastronomie, Kulturangebote, Veranstaltungen, Reisen und Arbeitsplatz.

Zur Unterbrechung von Infektionsketten, insbesondere im Rahmen von Ausbruchssituationen, kommt der schnellen Identifikation und konsequenten Isolation infizierter Personen sowie Quarantäne und Testung enger Kontaktpersonen eine enorme Bedeutung zu. Hierfür sind vor allem im klinischen Bereich standardisierte und optimierte Abläufe unumgänglich [3]. Screening-Maßnahmen können dazu bei-

https://doi.org/10.1515/9783110752595-009

tragen, unbekannte Infektionen frühzeitig festzustellen und Eindämmungsmaßnahmen einzuleiten (vgl. Kapitel 9.3, Screening).

Ein weiterer wichtiger Faktor für die Infektionsausbreitung ist die Immunitätslage der Bevölkerung, welche im Wesentlichen vom Vorhandensein und der Akzeptanz geeigneter Impfstoffe sowie der Immunität nach durchgemachter Erkrankung abhängt.

9.2 Aerosole

Krankheitserreger, insbesondere Viren wie Influenza, Masern, aber auch das SARS-CoV-2-Virus, werden häufig über die Luft, auch ohne direkten Kontakt, auf den Menschen übertragen. Oftmals werden solche Infektionskrankheiten in der Medizin in zwei Gruppen eingeteilt:

Die Tröpfcheninfektion (Partikel > 5 µm) und die aerosolgetragene Infektion (Partikel < 5 µm). Zurückzuführen ist diese Einteilung auf die Tatsache, dass sehr kleine Partikel (im Bereich < 100 nm) kaum durch die Gravitationskraft, dafür hauptsächlich durch die Braun'sche Molekularbewegung in ihrer Bewegung beeinflusst werden. Je kleiner die Partikel sind, desto eher neigen sie dazu, längere Zeit in der Luft zu verweilen. In der Realität gibt es diese klare Grenze nicht. Infektiöse Partikel entstehen meist direkt durch Atmung, Husten oder Niesen. Sie können aber auch durch Verneblung von kontaminierten Flüssigkeiten oder sekundär durch Verwirbelung von kontaminierten Oberflächen entstehen. Je nachdem, wie die Partikel entstehen, resultieren mitunter infektiöse Partikel vieler verschiedener Größen.

Zu bedenken ist, dass die Größe der entstehenden Partikel nicht mit der Größe der Krankheitserreger gleichzusetzen ist. So sind infektiöse Aerosolpartikel in der Regel zehnmal größer als der darin befindliche Erreger. Neben den Viren, welche sich häufig in infizierten Wirtszellen befinden, bestehen infektiöse Aerosolpartikel zusätzlich unter anderem aus Proteinen und Salzen. Dieses Konglomerat schützt die Viren auch vor Umwelteinflüssen [4,5].

Wie lange Partikel in der Luft bleiben, ist jedoch nicht die einzige Determinante für die Ansteckungsfähigkeit eines Virus, denn die Verweildauer ist nicht mit der Dauer der Infektiosität dieser Partikel gleichzusetzen. Zum einen tritt über die Zeit oftmals ein gewisser Verdünnungseffekt durch Frischluft oder Wind auf. Zum anderen sind Viren im Vergleich zu Bakterien und Pilzen empfindlicher gegenüber äußeren Einflüssen [4,5]. Je nach Art des Virus sind eine zu hohe oder eine zu niedrige Luftfeuchtigkeit hinderlich für dessen Infektiosität. Man kann sagen, dass behüllte Viren (z. B. Influenza) eher bei niedriger Luftfeuchtigkeit und unbehüllte Viren (z. B. Picornaviridae) eher bei höherer Luftfeuchtigkeit ihre Infektiosität längerfristig behalten. Für Coronaviren scheint die Infektiosität bei mittlerer Luftfeuchtigkeit, insbesondere in Innenräumen, am höchsten zu sein. Neben der Temperatur haben auch UV-Strahlung und Ozon einen Einfluss auf die Infektiosität und können diese reduzieren [5].

9.3 Screening

Unter Screening ist die proaktive Suche nach einer Besiedelung/Kolonisation oder auch Infektion mit einem bestimmten Mikroorganismus oder Infektionserreger zu verstehen. Das Screening kann hierbei der präventiven Übertragungsvermeidung von Erregern auf andere Patienten oder Mitarbeiter, zum Zwecke einer Infektionsvermeidung beim Patienten selbst (zum Beispiel im Rahmen von geplanten invasiven Eingriffen) oder auch zur Erfassung von Erregerprävalenzen im Rahmen der Infektions- und Erregerüberwachung (Surveillance) dienen. Eine zentrale Rolle spielen Screening-Maßnahmen daher zum Beispiel bei der kontinuierlichen Überwachung des Vorkommens und der Verbreitung von multiresistenten Erregern aus

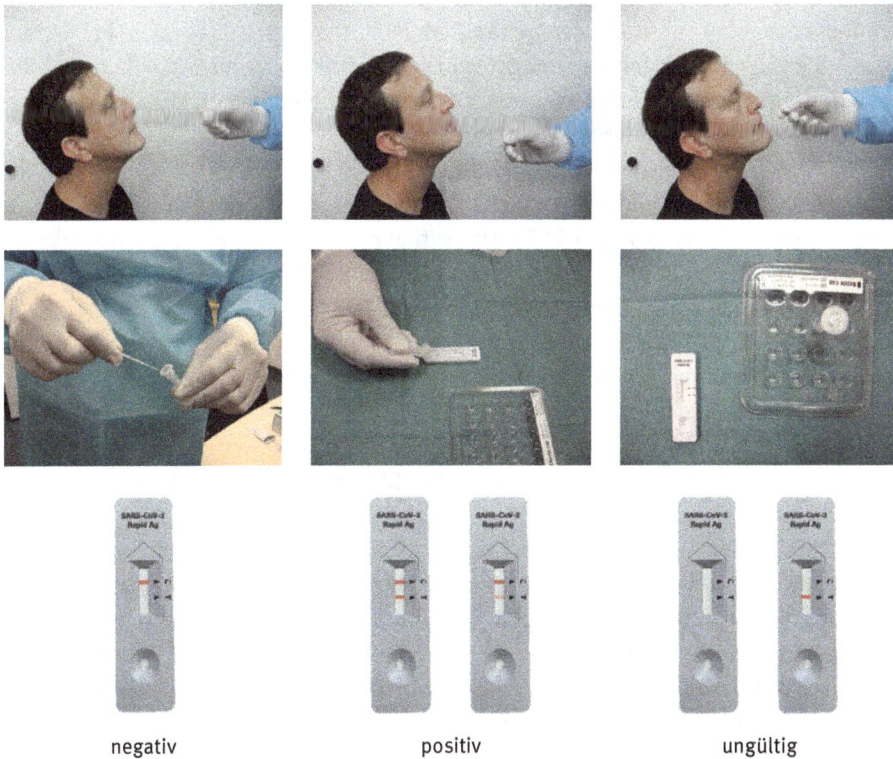

negativ   positiv   ungültig

Abb. 9.1: Durchführung eines SARS-CoV-2-Screenings mittels Nasen-Rachen-Abstrich (nasopharyngeal) und nachfolgendem Antigen-Schnelltest mittels beispielhaft dargestelltem Lateral-Flow-Testformat.

dem Bereich der Bakterien, wie zum Beispiel bei Methicillin-resistentem Staphylococcus aureus (MRSA) oder Multiresistenten gramnegativen Stäbchen (MRGN). Screening-Untersuchungen auf Viren sind schwieriger durchzuführen, beziehungsweise nicht möglich, da der Nachweis von viralen Infektionserregern eine aktive Freisetzung und Produktion des Virus im Wirtsorganismus voraussetzt. Ein weiteres Problem stellt die Tatsache dar, dass die kulturelle Anzucht von Viren sehr aufwändiger und langwieriger Laborverfahren bedarf, welche einer kurzfristigen Verfügbarkeit von Screening-Ergebnissen, vor allem zum Zwecke der Infektionsvermeidung, widersprechen. Auch serologische Nachweise von Antikörpern gegen die viralen Infektionserreger bieten keine Aussagekraft über das Vorhandensein des Virus selbst, sondern letztlich nur über den stattgehabten Kontakt des körpereigenen Immunsystems mit dem Erreger in der mehr oder minder weit zurückliegenden Vergangenheit. Die Anwendung von molekularbiologischen Verfahren auf Basis von Nukleinsäurenachweisen, also dem Nachweis von Erbinformation der Erreger, bergen ebenfalls einige Probleme. So ist der Nachweis von Viruserbinformation nicht zwangsläufig mit dem Vorhandensein von tatsächlich infektiösen Viruspartikeln verbunden, sondern kann zum Beispiel auch auf einer bereits abgeheilten Infektion beruhen. Aufgrund der genannten Faktoren handelt es sich bei einem Screening auf virale Infektionserreger immer um eine Suche nach Individuen, die zum Zeitpunkt der Probengewinnung eine aktive Infektion mit Replikation, also Vermehrung der Viren, im Körper aufweisen.

Für das neuartige Coronavirus 2019-nCoV (später SARS-CoV-2) standen ab Anfang 2020 molekularbiologische Nachweisverfahren mittels sogenannter real-time Polymerase-Kettenreaktion (RT-PCR) zur Verfügung, welche einen Virusnachweis innerhalb von einigen Stunden bereits bei hoher Sensitivität und Spezifität ermöglichten. Ab Ende 2020 standen ebenfalls sogenannte Antigen-Tests zur Verfügung. Diese ermöglichen den Nachweis von Oberflächenbestandteilen des Virus in Nasen-Rachen-Abstrichen innerhalb weniger Minuten, jedoch mit gegenüber den RT-PCR-Verfahren eingeschränkter Sensitivität (Abb. 9.1.).

Abhängig von der Fragestellung, den verfügbaren Testkapazitäten und der Wahl des Testverfahrens können unterschiedliche Teststrategien zum Einsatz kommen. Mögliche Strategien sind die präventive Testung, zum Beispiel vor Besuch eines Restaurants, einer Veranstaltung oder eines Krankenhauses, um das Risiko einer unerkannten Infektion und der damit einhergehenden Gefährdung anderer beim geplanten Besuch oder Aufenthalt zu reduzieren. Eine präventive Testung macht vor allem Sinn, wenn diese in möglichst geringem zeitlichem Abstand zum oder sogar unmittelbar vor dem jeweiligen Anlass durchgeführt wird. Hierfür bieten sich insbesondere sogenannte Schnelltests an, deren Ergebnis innerhalb weniger Minuten vorliegt. In der Praxis wurden im Rahmen der Corona-Pandemie vielfach Testabstände von 24 bis 48 Stunden vor dem geplanten Anlass akzeptiert, um die Testrategien praktikabler zu gestalten. Hierbei ist jedoch zu beachten, dass das Risiko, dennoch eine Infektion und damit potenzielle Infektiosität zu entwickeln, mit größerem Zeitabstand zu einem initial negativen Testergebnis zunimmt.

Anlassbezogenes Testen kann zum Beispiel nach Kontakt zu einer infizierten Person erfolgen. Hierbei ist zu beachten, dass die Wahrscheinlichkeit eines Virus-nachweises abhängig von der individuellen Inkubationszeit mit zunehmendem zeit-lichem Abstand nach der möglichen Ansteckung erst zunimmt, um dann wieder ab-zunehmen. Bei SARS-CoV-2 kann im Durchschnitt davon ausgegangen werden, dass bei Infizierten im Mittel innerhalb von etwa 5 Tagen ein Virusnachweis erfolgen kann. Innerhalb von etwa 12 Tagen werden über 95 % aller Infizierten positiv [6]. Bei Personen mit einer symptomatischen Infektion können dann im Mittel über 19 Tage SARS-CoV-2-Viren nachgewiesen werden, während bei nicht symptomatischen Per-sonen die mittlere Virusausscheidung nur 13 Tage andauert. Dies bedeutet, dass der Zeitpunkt der Abstrich-Entnahme essenziell wichtig für eine zuverlässige Erkennung einer Infektion mit SARS-CoV-2 ist. Im Zweifelsfall empfiehlt es sich, nach einer mög-lichen Exposition gegenüber SARS-CoV-2, mehrfach Abstrich-Untersuchungen durchzuführen, um auch eine erst später beginnende Infektion zu erkennen. Ein re-lativ sicheres Schema stellt eine wiederholte Abstrich-Entnahme im Abstand von je-weils 24 bis 48 Stunden bis mindestens zum 6. Tag nach einer möglichen Infektion dar [3]. Eine weitestgehende Sicherheit wäre dahingegen nur bei engmaschiger wie-derholter Testung über die maximale Inkubationszeit von SARS-CoV-2 von etwa 14 Tage zu erzielen [7]. Für die wiederholte Testung eignen sich aufgrund des gerin-geren Aufwandes, der einfacheren Durchführung und der geringeren Kosten gegebe-nenfalls auch Antigen-Schnelltests (Abb. 9.2).

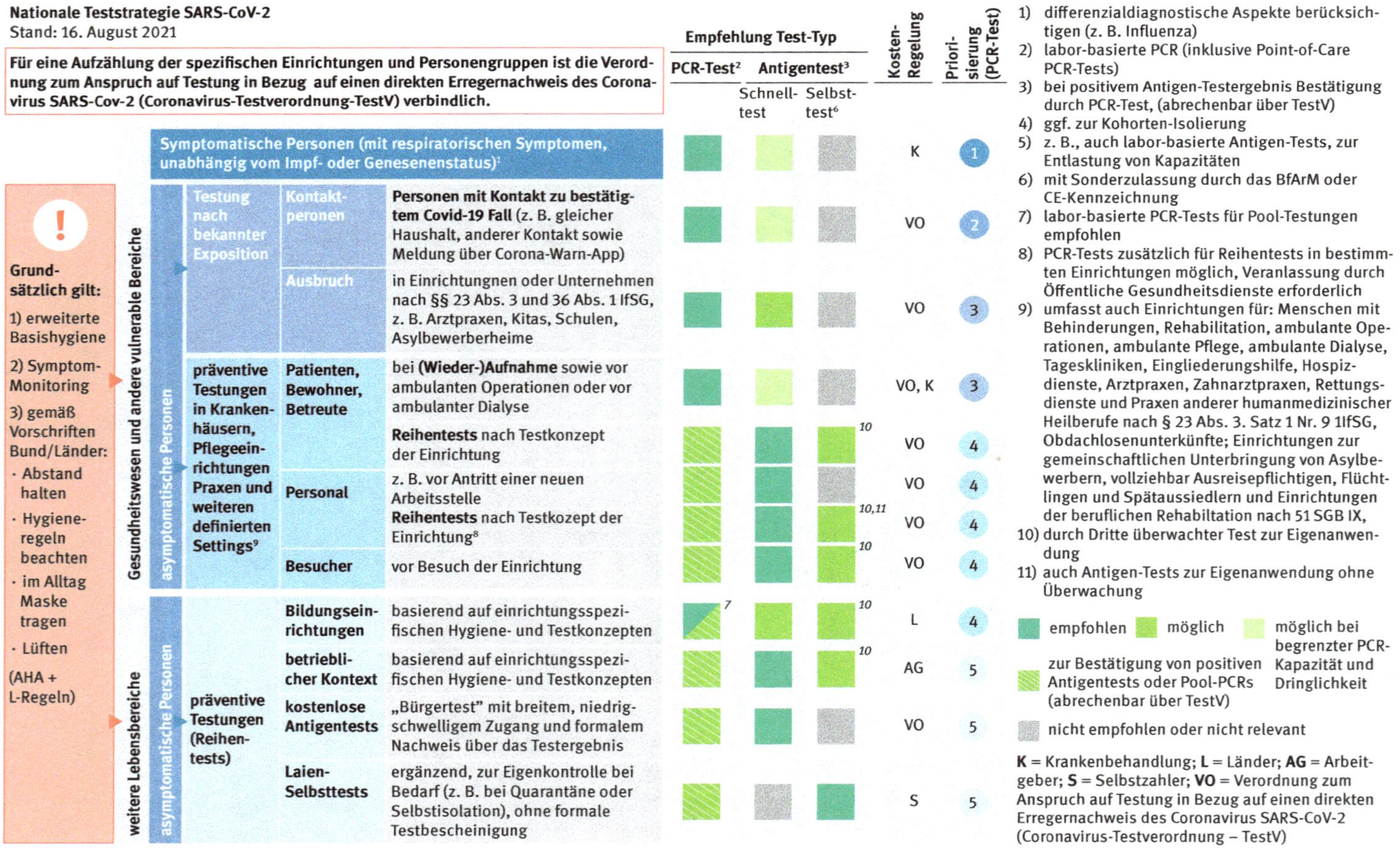

Nationale Teststrategie SARS-CoV-2
Stand: 16. August 2021

Für eine Aufzählung der spezifischen Einrichtungen und Personengruppen ist die Verordnung zum Anspruch auf Testung in Bezug auf einen direkten Erregernachweis des Coronavirus SARS-Cov-2 (Coronavirus-Testverordnung-TestV) verbindlich.

Grundsätzlich gilt:
1) erweiterte Basishygiene
2) Symptom-Monitoring
3) gemäß Vorschriften Bund/Länder:
- Abstand halten
- Hygieneregeln beachten
- im Alltag Maske tragen
- Lüften
(AHA + L-Regeln)

Bereich	Gruppe / Beschreibung	PCR-Test[2]	Antigentest[3] Schnelltest	Antigentest[3] Selbsttest[6]	Kosten-Regelung	Priorisierung (PCR-Test)
Gesundheitswesen und andere vulnerable Bereiche — asymptomatische Personen / Symptomatische Personen	Symptomatische Personen (mit respiratorischen Symptomen, unabhängig vom Impf- oder Genesenenstatus)[1]				K	1
Testung nach bekannter Exposition / Kontaktpersonen	Personen mit Kontakt zu bestätigtem Covid-19 Fall (z. B. gleicher Haushalt, anderer Kontakt sowie Meldung über Corona-Warn-App)				VO	2
Ausbruch	in Einrichtungen oder Unternehmen nach §§ 23 Abs. 3 und 36 Abs. 1 IfSG, z. B. Arztpraxen, Kitas, Schulen, Asylbewerberheime				VO	3
präventive Testungen in Krankenhäusern, Pflegeeinrichtungen Praxen und weiteren definierten Settings[9] — Patienten, Bewohner, Betreute	bei (Wieder-)Aufnahme sowie vor ambulanten Operationen oder vor ambulanter Dialyse				VO, K	3
Personal	Reihentests nach Testkonzept der Einrichtung		10		VO	4
Personal	z. B. vor Antritt einer neuen Arbeitsstelle		10,11		VO	4
	Reihentests nach Testkonzept der Einrichtung[8]		10		VO	4
Besucher	vor Besuch der Einrichtung				VO	4
weitere Lebensbereiche — asymptomatische Personen — präventive Testungen (Reihentests)	Bildungseinrichtungen: basierend auf einrichtungsspezifischen Hygiene- und Testkonzepten	7	10		L	4
betrieblicher Kontext	basierend auf einrichtungsspezifischen Hygiene- und Testkonzepten		10		AG	5
kostenlose Antigentests	„Bürgertest" mit breitem, niedrigschwelligem Zugang und formalem Nachweis über das Testergebnis				VO	5
Laien-Selbsttests	ergänzend, zur Eigenkontrolle bei Bedarf (z. B. bei Quarantäne oder Selbstisolation), ohne formale Testbescheinigung				S	5

Legende:

empfohlen | möglich | möglich bei begrenzter PCR-Kapazität und Dringlichkeit

zur Bestätigung von positiven Antigentests oder Pool-PCRs (abrechenbar über TestV)

nicht empfohlen oder nicht relevant

K = Krankenbehandlung; L = Länder; AG = Arbeitgeber; S = Selbstzahler; VO = Verordnung zum Anspruch auf Testung in Bezug auf einen direkten Erregernachweis des Coronavirus SARS-CoV-2 (Coronavirus-Testverordnung – TestV)

Fußnoten:
1) differenzialdiagnostische Aspekte berücksichtigen (z. B. Influenza)
2) labor-basierte PCR (inklusive Point-of-Care PCR-Tests)
3) bei positivem Antigen-Testergebnis Bestätigung durch PCR-Test, (abrechenbar über TestV)
4) ggf. zur Kohorten-Isolierung
5) z. B., auch labor-basierte Antigen-Tests, zur Entlastung von Kapazitäten
6) mit Sonderzulassung durch das BfArM oder CE-Kennzeichnung
7) labor-basierte PCR-Tests für Pool-Testungen empfohlen
8) PCR-Tests zusätzlich für Reihentests in bestimmten Einrichtungen möglich, Veranlassung durch Öffentliche Gesundheitsdienste erforderlich
9) umfasst auch Einrichtungen für: Menschen mit Behinderungen, Rehabilitation, ambulante Operationen, ambulante Pflege, ambulante Dialyse, Tageskliniken, Eingliederungshilfe, Hospizdienste, Arztpraxen, Zahnarztpraxen, Rettungsdienste und Praxen anderer humanmedizinischer Heilberufe nach § 23 Abs. 3. Satz 1 Nr. 9 IfSG, Obdachlosenunterkünfte; Einrichtungen zur gemeinschaftlichen Unterbringung von Asylbewerbern, vollziehbar Ausreisepflichtigen, Flüchtlingen und Spätaussiedlern und Einrichtungen der beruflichen Rehabilitation nach § 51 SGB IX,
10) durch Dritte überwacht Test zur Eigenanwendung
11) auch Antigen-Tests zur Eigenanwendung ohne Überwachung

Abb. 9.2: SARS-CoV-2-Test- bzw. Screening-Strategie des Bundesministeriums für Gesundheit, Stand: August 2021. Modifiziert nach Robert Koch-Institut (RKI). Nationale Teststrategie – wer wird in Deutschland auf das Vorliegen einer SARS-CoV-2-Infektion getestet? Online 2021. www.rki.de/DE/Content/InfAZ/N/Neuartiges_Coronavirus/Teststrategie/Nat-Teststrat.html: 10.09.2021.

9.4 Allgemeine Hygienemaßnahmen

Als allgemeine Hygienemaßnahmen oder Basishygienemaßnahmen werden Maßnahmen und Verhaltensweisen bezeichnet, welche das Ziel haben, Infektionen und daraus entstehende Erkrankungen zu verhüten. Dies ist vor allem im Bereich des Gesundheitswesens von elementarer Bedeutung. Hier ist die konsequente Einhaltung einer adäquaten Basishygiene unumgänglich, um eine Infektionsübertragung auf oder über das Personal zu minimieren.

Im Zusammenhang mit allgemeinen infektionspräventiven Maßnahmen hat die AHA+L+A-Formel im Rahmen der SARS-CoV-2 Pandemie Einzug in den öffentlichen und professionellen Alltag gefunden (Abb. 9.3). Diese leitet allgemeine Verhaltensweisen zur Infektionsprävention von den zuvor geschilderten Eigenschaften respiratorischer Partikel ab. Die Einführung allgemeiner Verhaltensweisen leistet einen wichtigen Beitrag zur Verhinderung der Übertragung noch nicht erkannter Infektionen. Beim Niesen und Husten, aber auch beim Atmen und Sprechen sowie Schreien und Singen werden unterschiedliche Mengen respiratorischer Partikel freigesetzt. Generell ist die Wahrscheinlichkeit, mit virushaltigen Partikeln in Kontakt zu kommen, im Umkreis von ein bis zwei Metern um eine infizierte Person erhöht [8]. Insbesondere durch Niesen und Husten können virushaltige Partikel weitere Strecken zurücklegen, sodass ein alleiniger Sicherheitsabstand nicht ausreichend ist [9] (Abb. 9.4). Hinzu kommen Hygieneregeln, wie die Einhaltung von Husten- und Niesetikette sowie die regelmäßige Händewaschung oder die Händedesinfektion. Im Alltag ist gründliches Händewaschen mit Seife ausreichend, da die in der Seife enthaltenen Tenside ein wirksames Mittel gegen die Fettschicht behüllter Viren wie SARS-CoV-2 darstellen (vgl. Kapitel 9.5, Desinfektion).

Eine große infektionspräventive Bedeutung kommt im Alltag getragenen Masken zu (medizinischer Mund-Nase-Schutz oder Atemschutzmaske – vgl. Kap. 9.6, Schutzmasken), da diese das Übertragungsrisiko virushaltiger Partikel im unmittelbaren Umfeld einer infizierten Person nachweislich senken können [10]. Das Tragen von Masken wird insbesondere in Situationen empfohlen, in denen der Mindestabstand nicht ein-

A — Abstand halten

H — Hygieneregeln beachten

A — Alltagsmaske tragen

+

L — Lüften

+

A — App

Abb. 9.3: AHA+L+A-Formel.

Niesen

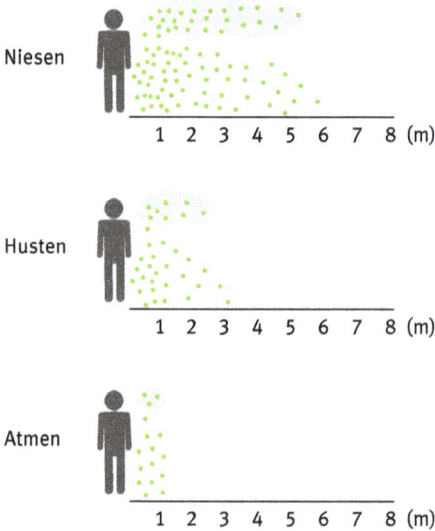

1 2 3 4 5 6 7 8 (m)

Husten

1 2 3 4 5 6 7 8 (m)

Atmen

1 2 3 4 5 6 7 8 (m)

Abb. 9.4: Reichweite von Aerosolen und Tröpfchen. Modifiziert nach [9].

gehalten werden kann, sowie in geschlossenen Räumen. In geschlossenen Räumen kann es zur Anreicherung und Verteilung von virushaltigen Partikeln kommen, sodass sich deren Übertragungswahrscheinlichkeit auch über größere Distanzen erhöht. Einflussfaktoren hierauf sind die Raumgröße, die Belüftungssituation, die Aufenthaltszeit der Personen im Raum sowie die im Raum ausgeübte Tätigkeit (Singen, schwere körperliche Arbeit) [1]. Die Konzentration an virushaltigen Partikeln im Innenraum kann jedoch durch effektiven Luftaustausch nachweislich reduziert werden. In diesem Zusammenhang kommt dem Lüften eine zentrale infektionspräventive Bedeutung zu. Hierbei sind ein möglichst hoher Luftaustausch und Frischluftanteil anzustreben [11]. Eine stoßweise Querlüftung mit komplett offenen Fenstern ist einer Dauerkippstellung der Fenster also vorzuziehen.

Im Zusammenhang mit der Entwicklung der Corona-Warn-App, die den Nutzer über risikobehaftete Begegnungen informieren und ihn mit situationsabhängigen Verhaltensempfehlungen bis hin zur Testmöglichkeit versorgen soll, wurde die initiale Formel AHA+L um ein weiteres +A für „App" erweitert.

9.5 Desinfektion

SARS-CoV-2-Viren sind als sogenannte behüllte Viren von einer Lipidhülle (Fettschicht) umgeben. Die Lipidhülle wird vom SARS-CoV-2-Virus benötigt, um an Zellen des Wirtsorganismus, also auf der menschlichen Schleimhaut, anzudocken und damit eine Infektion auszulösen. Die das Virus umgebende Lipidhülle ist relativ empfindlich gegenüber verschiedenen Umwelteinflüssen, wie z. B. Temperatur und verschiedene chemische Einflüsse. Dementsprechend können SARS-CoV-2-Viren durch Desinfektionsmaßnahmen relativ leicht inaktiviert werden. So besteht bei allen gängigen Desinfektionsmittelwirkstoffen wie zum Beispiel Alkoholen, quaternäre Ammoniumverbindungen oder Halogenverbindungen eine gute Wirksamkeit gegenüber SARS-CoV-2. Auch bei Einwirkung von Temperaturen über 60 °C werden SARS-CoV-2-Viren schnell inaktiviert.

9.6 Schutzmasken

9.6.1 Medizinische Gesichtsmasken

Diese Masken sollen verhindern, dass Keime vom Träger (Personal) auf den Patienten übertragen werden. Es handelt sich hierbei um Medizinprodukte. Gemäß DIN 14683 wird geprüft, wie hoch die Filterleistung des Materials gegenüber einem *S. aureus* enthaltenden Bioaerosol ist [12]. Eine Prüfung des Sitzes am Kopf des Trägers wird im Rahmen dieser Überprüfung nicht durchgeführt. Leider wurde deshalb von einigen Personenkreisen zu Beginn der SARS-CoV-2-Pandemie Anfang 2020 fälschlicherweise angenommen, medizinische Masken würden dem Träger keinerlei Schutz vor Ansteckung bieten. Im Rahmen einiger vor allem *in vitro* durchgeführter Studien konnte jedoch gezeigt werden, dass nach DIN 14683 zertifizierte medizinische Gesichtsmasken auch für den Träger einen gewissen Schutz gegenüber Aerosolen bieten können [13]. Dieser lag für die getesteten Masken in einem zu KN95-Masken vergleichbaren Bereich. Eine Beschränkung der Tragedauer ist nicht vorgesehen. Es ist daher anzunehmen, dass die Masken in einem Umfeld mit geringem Ansteckungsrisiko bei breiter Anwendung in der Bevölkerung einen großen Beitrag zur Eindämmung der SARS-CoV-2-Pandemie leisten können (Abb. 9.5).

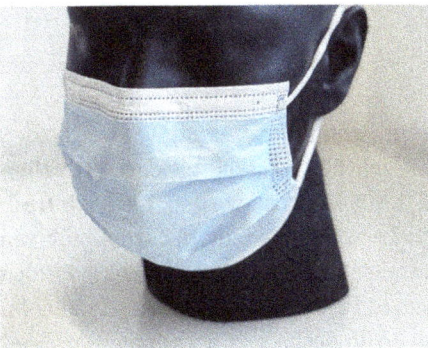

Abb. 9.5: Medizinische Gesichtsmaske.

9.6.2 Filtrierende Halbmasken (*filtering face pieces*, FFP)

Filtrierende Halbmasken dienen dem Träger zum Schutz gegenüber sowohl festen als auch flüssigen Aerosolen. Sie sollten dabei Nase und Mund sowie Kinn bedecken. Um ihre Wirkung voll entfalten zu können, ist es wichtig, dass die Masken dicht am Gesicht des Trägers anliegen. Hierzu ist eine Befestigung mittels einer Kopfbebänderung vorgesehen (Abb. 9.6).

Es gibt diese Masken in drei verschiedenen Schutzklassen: FFP1, FFP2 und FFP3. Die gesamte nach innen gerichtete Leckage (Gesichtsleckage und Filterdurchlass) darf nach DIN 149 im arithmetischen Mittel 22 % für FFP1, 8 % für FFP2 und 2 % für FFP3 nicht überschreiten. Die Testung mittels Vernebelung von NaCl-Aerosol erfolgt an Versuchspersonen, deren Gesichter typischen Benutzern entsprechen sollen (medianer Aerosoldurchmesser 0,6 μm) [14]. Die maximale Tragedauer darf 75 Minuten (bei Geräten ohne Ausatemventil) oder 120 Minuten (bei Geräten mit Ausatemventil) gemäß DGUV-Regel 112-190 nicht überschreiten. Dazwischen ist eine jeweils 30-minütige Pause vorzusehen.

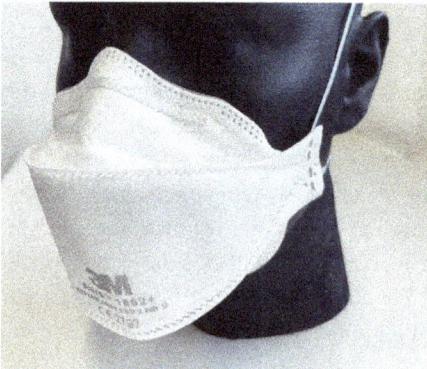

Abb. 9.6: Filtrierende Halbmaske FFP2.

9.6.3 KN95-Masken

KN95-Masken wurden und werden häufig zum Schutz vor SARS-CoV-2 verwendet. Fälschlicherweise werden KN95-Masken häufig mit FFP2-Masken gleichgesetzt. Hiervor kann nur eindringlich gewarnt werden. KN95-Masken **werden nach chinesischem Standard zertifiziert**. Dieser entspricht weder den in den USA gültigen NIOSH-Vorgaben (N95-Atemschutzmasken, vergleichbar FFP2), noch den in Europa gültigen Normen. Das Tragen von KN95-Masken in Hochrisikosituationen (z. B. bei Intubation von SARS-CoV-2-positiven Patienten) sollte deshalb kritisch hinterfragt werden. Neben geringerer Filterleistung [13] ist auch eine Gesundheitsgefährdung durch die verwendeten Materialien nicht sicher auszuschließen und deshalb gegebenenfalls zu beachten (Abb. 9.7).

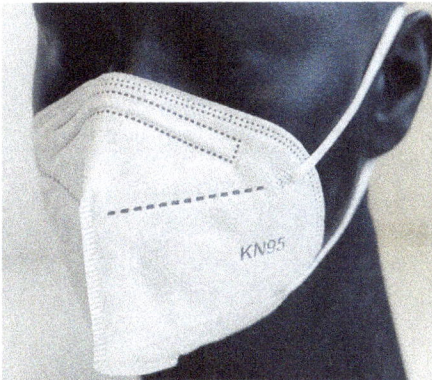

Abb. 9.7: KN95-Maske.

Literatur

[1]   Robert Koch-Institut. Epidemiologischer Steckbrief zu SARS-CoV-2 und COVID-19. Online 2021. https://www.rki.de/DE/Content/InfAZ/N/Neuartiges_Coronavirus/Steckbrief.html (letzter Zugriff: 14.09.2021).

[2]   Robert Koch-Institut. Epidemiologischer Nationaler Pandemieplan Teil 1. Online 2017. https://edoc.rki.de/handle/176904/187 (letzter Zugriff 03.02.2022).

[3]   Zirbes J, Sterr CM, Steller M, et al. Development of a web-based contact tracing and point-of-care testing workflow for SARS CoV 2 at a German University Hospital, Antimicrob Resist Infect Control. 2021;10(1):102.

[4]   Agranovski IE, Safatov AS, Borodulin AI, et al. New personal sampler for viable airborne viruses: feasibility study. Journal of Aerosol Science. 2005;36(5–6):609–617.

[5]   Verreault D, Moineau S, Duchaine C. Methods for sampling of airborne viruses. Microbiol Mol Biol Rev. 2008;72(3):413–444.

[6]   Walker LJ, Codreanu TA, Armstrong PK, et al. SARS-CoV-2 infections among Australian passengers on the Diamond Princess cruise ship: A retrospective cohort study. PLoS One. 2021;16(9): e0255401.

[7]   Mina MJ, Parker R, Larremore DB. Rethinking Covid-19 Test Sensitivity – A Strategy for Containment. N Engl J Med. 2020;383(22):e120.

[8]   Liu L, Li Y, Nielsen PV, Wei J, Jensen RL. Short-range airborne transmission of expiratory droplets between two people. Indoor Air. 2017;27(2):452–462.

[9]   Jayaweera M, Perera H, Gunawardana B, Manatunge J. Transmission of COVID-19 virus by droplets and aerosols: A critical review on the unresolved dichotomy. Environ Res. 2020;188:109819.

[10] Cheng Y, Ma N, Witt C, et al. Face masks effectively limit the probability of SARS-CoV-2 transmission. Science. 2021.

[11] Umweltbundesamt. Das Risiko einer Übertragung von SARS-CoV-2 in Innenräumen lässt sich durch geeignete Lüftungsmaßnahmen reduzieren. Online 2020. https://www.umweltbundesamt.de/sites/default/files/medien/2546/dokumente/irk_stellungnahme_lueften_sars-cov-2_0.pdf (letzter Zugriff: 14.09.2021).

[12] Deutsches Institut für Normung e. V. DIN EN 14683:2019-10. Medizinische Gesichtsmasken – Anforderungen und Prüfverfahren; Deutsche Fassung EN 14683:2019+AC:2019: Beuth Verlag GmbH; 2019.

[13] Sterr CM, Nickel IL, Stranzinger C, Nonnenmacher-Winter CI, Gunther F. Medical face masks offer self-protection against aerosols: An evaluation using a practical in vitro approach on a dummy head. PLoS One. 2021;16(3):e0248099.

[14] Deutsches Institut für Normung e. V. DIN EN 149:2009–08. Atemschutzgeräte – Filtrierende Halbmasken zum Schutz gegen Partikeln – Anforderungen, Prüfung, Kennzeichnung; Deutsche Fassung EN 149:2001+A1:2009: Beuth Verlag GmbH; 2009.

10 Corona und die deutsche Volkswirtschaft

Horst Zimmermann

10.1 Wirtschaft und öffentliche Finanzen brechen zusammen

10.1.1 Wirtschaft: zweitgrößter Einbruch nach dem Zweiten Weltkrieg

Um einen wirtschaftlichen Einbruch zu kennzeichnen, können viele Indikatoren herangezogen werden. Um die gesamte Wirtschaft zu erfassen, zieht man in der Regel das Bruttoinlandsprodukt (BIP) heran. Es umfasst alle Wirtschaftsbereiche, also den im Lockdown boomenden Onlinehandel ebenso wie die darbende Gastronomie. Auch zur Definition einer Rezession wird das BIP herangezogen. Sie liegt vor, wenn das BIP zwei Quartale nacheinander negativ ist. Um die Betroffenheit der privaten Haushalte zu kennzeichnen, wird die Arbeitslosigkeit verwendet – siehe Tab. 10.1.

Tab. 10.1: Bruttoinlandsprodukt und Arbeitslosigkeit [1].

BIP (Änderung zum Vorjahr, preisbereinigt) bis 2009: Jahre mit negativen Wachstumsraten		Arbeitslosigkeit in %
1975	−0,9	4,7
1982	−0,5	7,5
1993	−1,0	9,8
2003	−0,7 (Dotcom-Krise)	11,6
2009	−5,6 (Finanzkrise)	9,1
2019	0,6	5,5
2020	−4,9	6,5
2021	2,7	5,1

Der derzeitige Wirtschaftseinbruch wird hier nicht, wie oft fälschlich behauptet, als der größte nach dem Zweiten Weltkrieg bezeichnet, denn er ist nur der zweitgrößte. Der größte Rückgang des BIP erfolgte in der Wirtschafts- und Finanzkrise 2008/2009. Die mit Abstand höchste Arbeitslosigkeit fällt hingegen in die Zeit der sog. Dotcom-Krise. Diese wurde durch den Zusammenbruch vieler neuer Internetfirmen ausgelöst. Zugleich war dies noch das Deutschland vor Umsetzung der Hartz-Reformen. Damals galt Deutschland als „der kranke Mann Europas". – Nach diesen beiden Indikatoren ist Deutschland also dieses Mal einigermaßen glimpflich davongekommen, vergleicht man es mit früheren Krisen. Zur Kennzeichnung der Plötzlichkeit des wirtschaftlichen Rückgangs eignen sich wiederum andere Indikatoren. So ging die Zahl

https://doi.org/10.1515/9783110752595-010

der Flüge ab deutschen Flughäfen bis April 2020 um 99 % zurück, und die Autoproduktion sank in bisher unbekanntem Ausmaß.

Eine durch Corona bedingte Besonderheit dieser Wirtschaftskrise ist der Lockdown. „Ein Lockdown ist eine aus Sicherheitsgründen verhängte temporäre staatlich verordnete und durchgesetzte Einschränkung des öffentlichen Lebens, eine Art Massenquarantäne". Der Lockdown traf vor allem auch das Wirtschaftsleben und führte zur zeitweiligen Schließung großer Unternehmen. Dieses massiv wirkende Instrument war in früheren Rezessionen, die eben nicht durch eine Pandemie gekennzeichnet waren, nicht erforderlich.

10.1.2 Öffentliche Finanzen: stärkster Rückgang der Nachkriegszeit

Wie beim vorangehenden Teil über die wirtschaftliche Entwicklung geht es hier darum, zu erfassen, was bei den öffentlichen Finanzen durch Corona geschehen ist, ohne schon den Effekt der Maßnahmen zu berücksichtigen. Dafür scheinen die Steuereinnahmen gut geeignet zu sein. Würde man die Ausgaben bzw. das Haushaltsvolumen wählen, so wäre in deren Summe beispielsweise auch die Schuldaufnahme enthalten. Diese ist aber bereits eine Maßnahme und wird daher weiter unten in den Abschnitten über die Maßnahmen erörtert.

Das Jahr 1996 bezeichnet den ersten Rückgang des Steueraufkommens nach dem Zweiten Weltkrieg. Unter diesen Rückgängen ist dann 2020 der stärkste in der Nachkriegszeit. Dazu muss man sich vergegenwärtigen, dass das Steueraufkommen für Bund, Land und Gemeinde die finanzielle Ausgangslage für das jeweilige Jahr bildet. Selbst ohne die Corona-Epidemie ergäbe ein solcher Rückgang, etwa verursacht durch weltwirtschaftliche Turbulenzen, eine sehr schwierige Situation. Durch die Pandemie waren aber zugleich erhebliche zusätzliche Ausgaben erforderlich, die im Folgenden erörtert werden. Zusammengenommen ergab sich daraus ein enorm hohes Defizit, das durch Schuldaufnahme gedeckt werden musste – siehe Tab. 10.2.

Die verschiedenen Steuerarten und die drei Ebenen des Staatsaufbaus sind von den Gesamtrückgängen in unterschiedlichem Maße betroffen. Das deutsche Steuersystem ist dadurch gekennzeichnet, dass keine der großen Steuern einer Ebene allein zufließt. In der Übersicht sind die Anteile in diesem sog. Steuerverbund dargestellt [2]. Die ersten vier Steuern bilden die im Grundgesetz aufgeführten Gemeinschaftsteuern – siehe Tab. 10.3.

Tab. 10.2: Steuereinnahmen (Änderung zum Vorjahr, in Prozent) [3].

Jahr	insgesamt	Einkommensteuer	Umsatzsteuer	Gewerbesteuer
1996	−1,8	−11,4	0,9	8,8
1997	−0,4	−3,2	−0,2	6,0
2001 (Dotcom-Krise)	−4,5	−4,4	−2,5	−9,2
2002	−1,0	−1,2	1,0	−4,3
2009 (Finanzkrise)	−6,6	−7,4	8,5	−21,0
2018	5,7	5,4	2,9	−5,6
2019	3,0	5,5	4,4	−0,8
2020	−7,5	−5,3	−7,9	−18,3

Tab. 10.3: Übersicht: Steuern mit geteilter Ertragshoheit; Anteile von Bund, Ländern und Gemeinden am Kassenaufkommen 2019, in %.

Steuerarten	Bund	Länder	Gemeinden[1]
1. Lohnsteuer und veranlagte Einkommensteuer[2]	42,5	42,5	15,0
2. Abgeltungsteuer auf Zinsen und Veräußerungserträge	44,0	44,0	12,0
3. Körperschaftsteuer und nicht veranlagte Steuern vom Ertrag	50,0	50,0	–
4. Steuern vom Umsatz[3]	48,9	47,7	3,4
5. Gewerbesteuer[3]	3,5	11,1[4]	85,4

[1] einschl. Gewerbesteuer der Stadtstaaten
[2] ohne Solidaritätszuschlag
[3] Die Anteile sind nicht im GG festgelegt, sondern ergeben sich empirisch.
[4] einschließlich erhöhter Gewerbesteuerumlage
Quelle: eigene Berechnung auf Basis: Bundesministerium der Finanzen, Finanzbericht 2021, Berlin 2020, S. 236 und 237.

Nicht zu den Gemeinschaftsteuern zählt die Gewerbesteuer. Sie fließt zu 85 % der Gemeindeebene zu und stellt dort einen Grundpfeiler der Gemeindefinanzierung dar. Allerdings ist sie als Gewinnsteuer sehr schwankungsanfällig. Tatsächlich finden sich bei der Gewerbesteuer daher auch die mit Abstand stärksten Rückgänge, schon bei der Finanzkrise und auch jetzt. Das tatsächliche Ausmaß dieses Effekts für die einzelne Gemeinde wird allerdings durch den kommunalen Finanzausgleich erheblich abgeschwächt [4].

10.2 Hilfen für die Unternehmen

10.2.1 Die Corona-Hilfen im Überblick

Tab. 10.4: Das Gesamtsystem der Corona-Hilfen 2020, in Mrd. Euro [5].

Maßnahme		Mrd. Euro
Haushaltswirksame Maßnahmen		**482,0**
Bund: erster Nachtragshaushalt		35,3
zweiter Nachtragshaushalt		82,4
Mindereinnahmen		63,0
Wirtschaftsstabilisierungsfonds, Beteiligungen		100,0
Länder und Gemeinden		152,1
Sozialversicherungen		20,7
Garantien		**826,0**
Bund		756,5
Anhebung Gewährleistungsrahmen	356,5	
Wirtschaftsstabilisierungsfonds, Garantieabsicherung	400,0	
Anhebung Gewährleistungsrahmen Länder		69,5
Anteil an den „Haushaltswirksamen Maßnahmen" von 482 Mrd.:		
Unternehmen	47,3 %	
private Haushalte	16,1 %	

Zu Herkunft und Aufbau der Tabellen: Diese in sich konsistente Tab. 10.4 hat den Stand August 2020 und beruht auf Soll-Zahlen. Die Zahlen in den anderen Tabellen sind neueren Datums und beruhen auf einer externen Tabelle (Stand: 7.7.2021), die ebenfalls von Christian Dehnz zur Verfügung gestellt wurde: „Corona: Finanzielles Volumen Soforthilfe, Schutzfonds und Konjunkturpaket". Die dortigen Zahlen sind deutlich höher, weil für einige der folgenden Tabellen zu den Ist-Zahlen für 2020 die Soll-Zahlen für 2021 addiert wurden.

Warum so viele Garantien? In der Überblickstabelle 10.4 fällt zunächst auf, dass die Gesamtsumme der staatlichen Garantien fast doppelt so hoch ausfällt wie die Gesamtsumme der sog. „Haushaltswirksamen Maßnahmen". Unter letzteren sind sowohl Ausgaben als auch Einnahmenrückgänge und sowohl Bundesausgaben als auch die der Länder, Gemeinden und Sozialversicherungen zusammengefasst, nicht aber steuerliche Maßnahmen. Was hat es mit Garantien auf sich? Während im Zivilrecht Garantien als Gewährleistungen verstanden werden, sind es im Zusammenhang mit den öffentlichen Finanzen öffentliche Bürgschaften. Schon lange gab es sie als Exportgarantien, die sog. Hermes-Deckungen. Im Coronafall besagt die Summe in der Tab. 10.4, dass der Bund und in Grenzen auch die Länder den Banken gegenüber in dieser Höhe „garantieren", dass der Ausfall eines Kredits, den die Bank einem Unternehmen gewährt hat, der Bank durch den Bund ersetzt wird. Die finanzwissenschaftliche Interpretation von Garantien rückt diese in die Nähe von Ausgaben, dürfen aber nie zu ihnen addiert werden, weil tatsächliche Ausgaben und potenzielle Ausgaben verschiedene Dimensionen haben.

Die Garantiesumme in der Tab. 10.4 besagt, dass der Staat maximal diese Summe für die Banken garantiert. Diese Garantien können in Anspruch genommen werden oder auch nicht. Eine Inanspruchnahme führt noch nicht automatisch zu Ausgaben des Staates. Erst wenn ein Kredit notleidend wird und die Bank auf die Garantie zurückgreift, entsteht eine öffentliche Ausgabe. Und falls der eingeräumte Kredit ganz oder teilweise zurückgezahlt worden ist, verringert sich diese garantierte Summe und damit die öffentliche Ausgabe nochmals. Erst wenn auch diese Vorgänge abgeschlossen sind, kann ermittelt werden, was die Garantie den Bund letztlich gekostet hat, d. h., wie viele Ausgaben er tatsächlich geleistet hat.

Wie schon in der Finanzkrise 2008/2009 wurde auch in der Coronakrise letztlich nur ein Bruchteil der Garantien in Anspruch genommen. Bis 6.8.2021 wurden von den über 800 Mrd. Euro möglicher Garantien lediglich 5,3 Mrd. Euro bewilligt [6].

Warum so viele Ausgaben für Unternehmen? Für Unternehmen werden fast dreimal so viele Ausgaben wie für private Haushalte ausgewiesen. In der Situation des ersten Lockdowns 2020, der unter anderem die internationalen Lieferketten unterbrochen hatte, war schnelle Hilfe geboten. Sie musste sich vor allem auf die kurzfristige Liquidität der Unternehmen richten. Unternehmen hätten sonst wegen der fehlenden Umsätze Arbeitskräfte entlassen müssen, und die Sorge um eine mögliche Insolvenz mit entsprechender Arbeitslosigkeit war groß. Generell musste bei Unternehmen und privaten Haushalten erst wieder Vertrauen hergestellt werden, und dazu waren schnelle Maßnahmen für Unternehmen erforderlich.

In der Tab. 10.4 findet sich der „**Erste Nachtragshaushalt**", der schon am 27.3.2020 in Kraft trat, also auf den Tag genau 2 Monate nach Auftreten des ersten Corona-Falls in Deutschland. Angesichts der damals als enorm hoch geltenden Summe von 35,3 Mrd. Euro war es ein sehr schnell verabschiedetes Gesetz, wenn man sich neben der inhaltlichen Vorbereitung des komplizierten Gesetzes die Entscheidung im Kabinett, die Lesungen im Bundestag und die Zustimmung des Bundesrates vor Augen führt. Der „Zweite Nachtragshaushalt", der am 16.7.2020 Gesetz wurde, war mehr als doppelt so umfangreich und wurde ebenfalls in erstaunlich kurzer Zeit verabschiedet.

Steuerliche Maßnahmen. – Neben den ausgabenwirksamen Maßnahmen, die in den folgenden Teilen erörtert werden, haben Bundestag und Bundesrat früh steuerliche Maßnahmen beschlossen. Dazu gehörten die Absenkung der Mehrwertsteuersätze bis Dezember 2020, ein Kinderbonus für Familien, eine Ausweitung des steuerlichen Verlustrücktrags 2020 und 2021, die Einführung einer degressiven Abschreibung für bestimmte bewegliche Wirtschaftsgüter, die Anhebung des sog. Ermäßigungsfaktors in § 35 EStG von 3,8 auf 4, und bei der Gewerbesteuer wird ein bestimmter Freibetrag verdoppelt.

10.2.2 Eine besonders wirksame deutsche Maßnahme: das Kurzarbeitergeld

Tab. 10.5: Anzahl Kurzarbeiter und Zahlung Kurzarbeitergeld [7].

Zahl der Kurzarbeiter		Zahlung Kurzarbeitergeld (in 1.000 Euro)
2020		**2020**
Januar	133.198	18.916
Februar	133.924	26.325
März	2.579.665	32.174
April	5.995.428	375.004
Mai	5.714.841	3.387.826
Juni	4.452.284	4.006.523
Juli	3.310.000	3.814.561
August	2.537.053	2.652.471
September	2.229.430	2.113.108
Oktober	2.020.651	2.016.359
November	2.386.194	1.631.668
Dezember	2.675.968	1.992.664
2021		**2021**
Januar	3.293.888	1.736.752
Februar	3.353.096	2.457.383
März	2.770.021	3.448.844
April	2.470.681	2.648.989
Mai	2.226.353	2.326.959
Juni		2.282.418

Am 16. Juli 2021 erklärte Peter Adrian, der Präsident des Deutschen Industrie- und Handelskammertages, mit Blick auf die Corona-Maßnahmen: „Die größte Hilfe für Unternehmen war und ist das Kurzarbeitergeld" [8]. Durch die Zahlung von Kurzarbeitergeld sollen den Betrieben ihre eingearbeiteten Mitarbeiter und den Arbeitnehmern ihre Arbeitsplätze erhalten werden. Damit wird Arbeitslosigkeit vermieden, und zugleich wird damit gesichert, dass nach der Aufhebung des Lockdowns die eingearbeiteten Mitarbeiter ihre Arbeit sofort wieder aufnehmen können. Dieser Effekt trat jeweils nach dem Lockdown auch tatsächlich ein und hat deutlich mitgeholfen, die Wirtschaft wieder in Schwung zu bringen.

Voraussetzung für den Bezug von Kurzarbeitergeld ist, dass die üblichen Arbeitszeiten vorübergehend wesentlich verringert sind. Das kann zum Beispiel der Fall sein, wenn aufgrund des Coronavirus Lieferungen ausbleiben und dadurch die Arbeitszeit verringert werden muss oder staatliche Schutzmaßnahmen dafür sorgen, dass der Betrieb vorübergehend geschlossen wird. Grundsätzlich ist das Ziel von Kurzarbeit, dass Beschäftigte vorübergehend weniger Stunden leisten, um nicht gekündigt zu werden – siehe Tab. 10.5.

Gesetzgeberische Voraussetzungen. – Das Kurzarbeitergeld, das in der Corona-Epidemie in vielen europäischen Ländern eingesetzt wurde, war in Deutschland unter dieser Bezeichnung schon zum 1. Januar 1957 eingeführt worden. Als Corona-Maßnahme hat die Bundesregierung zunächst Erleichterungen beim Kurzarbeitergeld in Höhe von rd. 30 Mrd. Euro geschaffen, die aus dem Haushalt der Bundesagentur für Arbeit finanziert werden. Auch wurden Erleichterungen beim Bezug geschaffen und die Sozialversicherungsbeiträge erstattet.

Mit den erleichterten Voraussetzungen soll die Gewähr dafür geschaffen werden, dass durch die Corona-Krise möglichst kein Unternehmen in Deutschland in die Insolvenz gerät und ein Arbeitsplatzverlust vermieden wird. Deshalb wurden in das SGB III befristet geltende Verordnungsermächtigungen eingeführt, mit denen die Bundesregierung die Voraussetzungen für den Bezug von Kurzarbeitergeld absenken und die Leistungen erweitern konnte. Dazu wurden u. a. der Anteil der betroffenen Belegschaft von einem Drittel auf 10 % gesenkt, auch Leiharbeiter einbezogen und die Sozialversicherungsbeiträge der Arbeitgeber übernommen.

Ablauf der Hilfsmaßnahme. – Die Zahl der Kurzarbeiter ist von einem Minimalniveau von ca. 133.000 für den Januar/Februar 2020 auf den Maximalwert von ca. sechs Millionen im April 2020 emporgeschnellt. Zum Vergleich: In der Krise 2008/2009 lag der Maximalwert bei 1,44 Mio. Kurzarbeitern. 2020 ging die Zahl bis August auf weniger als die Hälfte zurück und blieb dann, über mehrere Lockdowns hinweg, bei ungefähr der Summe bis Frühjahr 2021.

Man kann nur ahnen, welche gewaltige Aufgabe ab April 2020 damit in der Verwaltung zu meistern war. Neben der Erfassung und Prüfung der Zahl der Kurzarbeiter musste die Auszahlung vorbereitet werden, deren Schnelligkeit über das Schicksal vieler Unternehmen entschied. Sie musste genauer als die Zahl der Kurzarbeiter geprüft werden, um die – in Grenzen unvermeidlichen – Betrugsfälle gering zu halten. Dadurch erklärt sich auch, dass die hohen Auszahlungen 1–2 Monate später als die Zunahme der Fälle einsetzten.

10.2.3 Maßnahmen zur Sicherung der Liquidität in Unternehmen

Wie in Kapitel 10.1 ausgeführt, ging es bei der Pandemiebekämpfung zunächst darum, schnell zu handeln, um zu vermeiden, dass Unternehmen wegen schwindender Liquidität insolvent wurden. Ein besonderes Problem stellten in der Coronakrise die kleinen und mittleren Unternehmen (KMU) dar. Dazu zählen auch die Ein-Personen-Unternehmen, die auch als Soloselbstständige, Kleingewerbetreibende oder Kleinunternehmer bezeichnet werden. Die auf sie zielenden **Soforthilfen** sind von besonderer Bedeutung. Sie wurden schon in den ersten Nachtragshaushalt eingestellt, um schnell Liquidität zu sichern und dadurch Existenzgefährdungen zu vermeiden. Teile davon wurden sogar als Transferausgaben, also ohne Anspruch auf Rückzahlung oder Verzinsung, bereitgestellt, um diese kleinen Unternehmen, die oft keine Chance für einen Bankkredit haben, schnell mit Mitteln zu versorgen. Zu diesen gehören der große Teil der Gaststätten, die Hotels als Familienbetriebe, im Kulturwesen Tätige, Physiotherapeuten usf. Hier ist sehr schnell geholfen worden, sodass diese Betriebe und Praxen, als der Lockdown stufenweise gelockert werden konnte, großenteils noch am Markt waren und ihren Beitrag zur Wiederbelebung der Wirtschaft, insbesondere in den städtischen Zentren, leisten konnten.

Den größten Betrag dieser unternehmensspezifischen Leistungen macht der **Wirtschaftsstabilisierungsfonds** (WSF) aus. Er soll Liquiditätsengpässe der Unternehmen verhindern und ihre Refinanzierung unterstützen. Dazu kann er Garantien für Schuldtitel und Verbindlichkeiten der Unternehmen übernehmen (Rahmen: 400 Mrd. Euro) und gewährt damit Staatsgarantien für Verbindlichkeiten. Zudem geht er direkte staatliche Beteiligungen ein und dient der Refinanzierung der KfW-Sonderprogramme. Für diese Aufgabe des „Erwerbs von Kapitalinstrumenten und Beteiligungen" kann er **Stille Beteiligungen** bis zu 100 Mio. Euro eingehen. Inhaltlich soll die Stille Beteiligung helfen, das vor der Coronakrise vorhandene Eigenkapital wiederherzustellen und es den Unternehmen durch die verbesserte Bilanzstruktur möglich machen, das notwendige Fremdkapital an den Geld- und Kapitalmärkten einzuwerben. Der Wirtschaftsstabilisierungsfonds wird als Sondervermögen außerhalb des Bundeshaushalts geführt.

Zu den angekündigten Garantien gehört u. a. die in der Tab. 10.6 angeführte Anhebung des **Gewährleistungsrahmens** im Bundeshaushalt. Einen solchen Rahmen gibt es in jedem Jahreshaushalt. Der Bund muss die Möglichkeit haben, während des Jahres Garantien auszusprechen, ohne diese jeweils im Bundestag oder mindestens im Haushaltsausschuss genehmigen zu lassen. Zur Corona-Bekämpfung wurde diese Zahl deutlich erhöht und fällt unter die insgesamt gewaltige Garantiesumme.

Tab. 10.6: Maßnahmen zur kurzfristigen Sicherung von Liquidität in Unternehmen [9].

Maßnahmen	Mrd. Euro
haushaltswirksame Maßnahmen	**101,0**
Soforthilfen: kleine Unternehmen und Soloselbständige	14,1
Wirtschaftsstabilisierungsfonds, Beteiligungen etc.	46,6
Kurzarbeitergeld etc.	40,3
Garantien	**756,5**
Anhebung des Gewährleistungsrahmens im Bundeshaushalt	365,5
Wirtschaftsstabilisierungsfonds, Garantieabsicherung	400,0

10.2.4 Maßnahmen zur dauerhaften Erholung der Wirtschaft

Als die Wirkung des Lockdowns einsetzte, wurden mit dem zweiten Nachtragshaushalt vor allem Maßnahmen beschlossen, die eine längerfristige Erholung der Wirtschaft nach dem Lockdown möglich machen sollten. Dazu wurden u. a. Überbrückungshilfen in erheblichem Umfang für kleinere Unternehmen eingeplant – siehe Tab. 10.7.

Eher umstritten war jedoch die **Senkung des Umsatzsteuersatzes**. Zur Belebung des Konsums wurden die Umsatzsteuersätze vom 1.7.20 bis 31.12.20 gesenkt: statt 19 % nur 16 % und statt 7 % nur 5 %; zudem galt bis zum 30. Juni 2021 für Restaurantumsätze (außer Getränke) der ermäßigte Umsatzsteuersatz. Positiv ergibt sich, dass eine allgemeine Senkung der Umsatzsteuer allen Wirtschaftsbereichen und Konsumenten zugutekommt, im Vergleich etwa mit der gleichzeitig diskutierten Kaufprämie für Kraftfahrzeuge. Im Fall der Umsatzsteuer entstehen für die Unternehmen zunächst Verwaltungskosten für Preisänderungen. Unsicher erscheint aber vor allem der Umfang der erhofften Nachfragestärkung. Diese Wirkung tritt dann auf, wenn die Unternehmen die Nettopreise unverändert lassen, da sich in diesem Fall die vom Konsumenten zu zahlenden Bruttopreise mindern.

Die Konsumenten müssen bei unveränderter Konsumstruktur einen geringeren Teil des Einkommens aufwenden; der „Überschuss" kann für andere Güterkäufe verwendet werden. Die Unternehmen könnten alternativ die Nettopreise so erhöhen, dass der Bruttopreis unverändert bleibt und der Unternehmensgewinn steigt, was der Sicherung der Unternehmen und deren Arbeitsplätze dienen kann. Aber dieser Unterstützungseffekt hilft nicht nur in Not geratenen Unternehmen, sondern u. a. auch dem boomenden Online-Handel.

Dieser profitiert im Übrigen auch dann, wenn er die Steuersenkung in niedrigen Preisen weitergibt und damit seine ohnehin vorteilhafte Wettbewerbsposition stärkt. Aufs Ganze gesehen sind die großen Einnahmenausfälle von etwa 25 Mrd. Euro vielleicht ein zu hoher Preis für den erzielten Entlastungseffekt, im Vergleich zu anderen Maßnahmen.

Die Positionen „**Vorziehen von Investitionsprojekten**" und „**Zukunftspaket**" gehören in eine andere Kategorie. Aus konjunkturpolitischer Sicht haben Realinvestitionen einen größeren Multiplikatoreffekt als etwa Personalausgaben und vor allem Transferausgaben [10]. Und wenn ohnehin geplante Infrastrukturausgaben vorgezogen werden, so besteht die Hoffnung, dass dieser gewünschte starke Effekt eben in dem Augenblick eintritt, in dem er in der Krise am meisten hilft. Das zusätzlich beschlossene **Zukunftspaket** enthält ebenfalls überwiegend Investitionen.

Ein erheblicher Teil geht, zusammen mit steuerlicher Forschungsförderung, in Investitionen für die Quantentechnik und künstliche Intelligenz. Auch die verstärkte Nutzung der Wasserstoffenergie und mehr E-Mobilität durch Kaufanreize für Elektro-Fahrzeuge sowie Investitionen in die Ladesäulen-Infrastruktur und Batterien sind Teil des Pakets. Für beide Maßnahmen, das Vorziehen von Investitionsprojekten und das Zukunftspaket, gilt: Allein die Ankündigung zu einem so frühen Zeitpunkt hat positive Signalwirkungen in der Wirtschaft dort, wo in Kürze staatliche Ausgaben zu erwarten sind. Diese **Ankündigungswirkungen** spielen auch in der Steuerwirkungslehre eine große Rolle.

Für die Gesamtheit der auf Unternehmen bezogenen Maßnahmen (Kapitel 10.2.3 und 10.2.4) kann man ein positives Urteil wagen. Nicht zuletzt wurden die Ansprüche an detaillierte Daten im Antrag kurzfristig erheblich zurückgefahren. Damit wurde der Bürokratieaufwand im Unternehmen reduziert, sodass eine oft schnelle Auszahlung möglich war. Das hat zwar in gewissem Umfang zu Betrug eingeladen. Die schnelle Auszahlung war aber gerade bei den KMU ein wichtiger Faktor, um Kapazitäten zu erhalten. Für die längerfristige Unterstützung sind dann beispielsweise die sog. Stillen Beteiligungen des Staates von Gewicht, die insbesondere größere Unternehmen vor der Insolvenz bewahren konnten. Ebenfalls langfristig wirken die erwähnten Maßnahmen im Bereich der Infrastruktur.

Für die wichtige schnelle Auszahlung kann man den Vergleich 2020 gegenüber 2021 heranziehen. Von den „Haushaltswirksamen Maßnahmen" von insgesamt 568 Mrd. Euro für beide Jahre wurden 56 % bereits im Jahr 2020 ausgegeben. Das war bei der erst anlaufenden Pandemie eine enorme politische und administrative Leistung. Vor allem aber war die Schnelligkeit wichtig, um die negativen Wirkungen der Pandemie schon sehr früh abzubremsen, und dies hat sicherlich zur Verminderung der negativen Effekte und zur bald einsetzenden Erholung erheblich beigetragen.

Tab. 10.7: Maßnahmen zur dauerhaften Erholung der Wirtschaft [11].

Maßnahmen	Mrd. Euro
Überbrückungshilfen kleine und mittlere Unternehmen	69,4
Vorziehen von Investitionsprojekten	5,2
Zukunftspaket	16,1
Umsatzsteuersenkung, Steuermindereinnahme	25,4
Summe der aufgeführten Maßnahmen	116,1

10.3 Hilfen für Privathaushalte

10.3.1 Hilfen für Privathaushalte I: die Maßnahmen

In der Tab. 10.8 sind Leistungen aufgelistet, die mehr oder weniger direkt den privaten Haushalten zugutekommen, um dort nach dem Schock der begonnenen Pandemie die Nachfrage wieder zu stärken. Einige Leistungen fließen privaten Haushalten direkt zu. Dazu zählen Kinderbonus [12] (und im August 2021 der Kinderferienbonus) und das Arbeitslosengeld in verschiedener Form. Die Zuweisungen für Kinderbetreuung und Ganztagsschulen sind in Zeiten von zunehmendem Homeoffice wichtig. Ein Schwerpunkt ist, wie bei einer Pandemie zu erwarten, der Bereich Gesundheit. Hier wurden die Bettenkapazitäten verstärkt und in der Gesetzlichen Krankenversorgung sowie in der Pflegeversicherung Unterstützung gewährt.

Hinter der umfangreichen Aufstellung, die dieser Tab. 10.8 zugrunde liegt [13], verbirgt sich eine Fülle von z. T. kleineren Einzelmaßnahmen. Es ist offensichtlich schwieriger, privaten Haushalten in einer solchen schwierigen Situation zu helfen, als dies für Unternehmen gilt, wo wenige Typen von Maßnahmen ausreichen. Im Übrigen: Die umfangreiche Maßnahme der Umsatzsteuersenkung zielt zwar letztlich auf die Reaktion der privaten Haushalte, wirkt aber über die Unternehmen und übt auch dort Wirkungen aus. Daher wird sie bei der Unternehmensförderung erörtert.

Abgesehen von der Frage, ob eine noch stärkere Förderung auf der Unternehmensseite nicht zielgenauer gewesen wäre, ist es wichtig zu wissen, welche der in der Tab. 10.8 genannten und einige weitere Maßnahmen wie die Umsatzsteuersenkung die stärkste Nachfrage je Milliarde Euro bewirkt.

Tab. 10.8: Auf Privathaushalte bezogene Maßnahmen in der Coronakrise, in Mrd. Euro [14].

Ausgewählte Maßnahmen	Mrd. Euro
1. Kinderbonus (plus Kinderfreizeitbonus, August 2021)	6,8
2. Arbeitslosengeld II usw.	7,7
3. Zuweisung Gesundheitsfonds, Pflegeversicherung	10,3
4. Zuweisung Kinderbetreuungsausbau	0,5
5. Zuweisung Ganztagsschulen usw.	1,5
6. Erstattung Gesundheitsfonds für Bettenkapazitäten	13,9
7. Gemeinden Mehrausgaben für Sozialschutzpaket	2,3
8. Arbeitslosengeld (kein gesonderter Ausweis möglich)	
9. Maßnahmen GKV, Pflegeversicherung	12,7
Summe der aufgeführten Maßnahmen	55,7

10.3.2 Hilfen für Privathaushalte II: Was bringt am meisten?

Systematisierung der Maßnahmen nach ihrem Nachfrageeffekt
1. Sozialausgaben an private Haushalte
2. Kaufprämie auf Automobile
3. Die zeitlich befristete Senkung der Umsatzsteuersätze
4. Kaufgutschein (Voucher)

Die Maßnahmen sind nach zunehmendem Nachfrageeffekt angeordnet.

Während die Förderung auf der Unternehmensseite auf wenigen Maßnahmen beruht, die in ihrem Wirkungsablauf und ihrem Zielbeitrag leicht einzuschätzen sind, besteht das Maßnahmenbündel, das auf die privaten Haushalte zielt, aus zahlreichen sehr verschiedenen Maßnahmen. Daher ist es wichtig zu wissen, welche der in der Auflistung 1–4 genannten und einige weitere Maßnahmen die stärkste Nachfrage je Milliarde Euro bewirkt. Aus diesem Zusammenhang werden im Folgenden die zentralen Maßnahmen nach der Höhe der zu erwartenden Nachfrageeffekte aufgeführt. Dabei werden sowohl beschlossene als auch zuvor nur diskutierte Maßnahmen betrachtet. Für die Analyse werden Elemente der finanzwissenschaftlichen Theorie herangezogen.
1. Unter den verschiedenen **Sozialausgaben an private Haushalte** haben den vermutlich geringsten Nachfrageeffekt solche Sozialtransfers, die ohne Verwendungsbindung geleistet werden. Hierhin gehört der **Kinderbonus**. Bei der Beurteilung hilft der Rückgriff auf die Analyse konjunkturpolitischer Maßnahmen. Wenn im Normalfall eine durchschnittliche Konsumquote greift, kann eine einmalige Zah-

lung in einem konjunkturellen Abschwung wegen der negativen Zukunftserwartungen u. U. in vollem Maße gespart werden. Das hängt also vor allem von den Zukunftserwartungen ab, und diese können durch die Schnelligkeit der Maßnahme und die wirksame politische Erläuterung positiv beeinflusst werden. Allerdings sind beim Kinderbonus zwei Besonderheiten zu beachten, die dazu führen können, dass die Beurteilung besser als bei anderen Transferausgaben ausfällt. Zum einen: Da der Kinderbonus in der Einkommensteuer wie eine Erhöhung des Kindergeldes behandelt wird (es kommt zu einer sog. Günstigerprüfung [15] mit dem Kinderfreibetrag), erhalten Haushalte mit hohen Einkommen keine zusätzliche Zahlung. Es kommt bei ihnen nur zu einem Vorzieheffekt, da die Steuererstattung im Jahr 2021 aufgrund der Kinderbonuszahlung entsprechend geringer ausfällt. Zum anderen: Bei Hartz-IV-Empfängern kann eine besonders hohe Konsumquote unterstellt werden, sodass zumindest bei diesem Personenkreis ein hoher Multiplikatoreffekt angenommen werden kann. Der Kinderbonus kann also als wirksam angesehen werden [16]. Unsicher bleibt allein das Volumen des Nachfrageeffekts.

2. Die **Kaufprämie auf Automobile** wurde lange Zeit als ernsthafte Alternative zur letztlich beschlossenen Senkung der Umsatzsteuer diskutiert. Sie ist mit Blick auf den Nachfrageeffekt günstiger als die Sozialausgabe, weil die Zahlung an bestimmte Verwendungszwecke, z. B. den Kauf langlebiger Konsumgüter, gebunden ist, d. h., erst bei tatsächlich ausgeübter Nachfrage wird die Kaufprämie gezahlt. Der Nachfrageeffekt wäre also höher als im zuvor diskutierten Fall. Das Problem liegt auf einem anderen Gebiet. Bei der Kaufprämie kommt die Senkung nur demjenigen zugute, der in einem bestimmten Zeitraum ein Auto kaufen will. Die Prämie lenkt ihn also auf ein bestimmtes Produkt, schränkt seine Entscheidungsmöglichkeiten ein und erhöht damit das, was in der Theorie die gesamtwirtschaftliche Zusatzlast genannt wird.

3. Die zeitlich befristete **Senkung der Umsatzsteuersätze**. – Mit der Senkung der Umsatzsteuer als Maßnahme werden die erwähnten Nachteile der Lenkungseffekte einer Kaufprämie für Autos zwar vermieden. Sie knüpft auch am unmittelbaren Kaufvorgang an und betrifft nur Käufe im Inland. Aber es handelt es sich um einen eher mittelbaren, mithin abstrakten Vorteil, wenn man mit einem Kaufgutschein vergleicht.

4. Einen unmittelbaren Kaufanreiz übt hingegen ein **Kaufgutschein (Voucher)** aus. Zwar wäre auch die Kaufprämie für Automobile ein solcher unmittelbarer Kaufanreiz. Systematisch besser wäre aber ein solcher Gutschein für alle Käufe, um nicht eine Branche zu bevorzugen und um die erwähnte Zusatzlast zu vermeiden. Wie so etwas aussehen kann, haben Kaufgutscheine etwa in Wien, Bad Belzig oder Marburg gezeigt. Sie durften nur für die örtlichen Einzelhandelsgeschäfte oder Kultureinrichtungen verwendet werden, die wegen Corona zeitweilig geschlossen waren, und sie galten nicht für Online-Käufe, die während der Pandemie ohnehin boomten.

Unter den Maßnahmen, die auf Privathaushalte zielen, ist mithin der Kaufgutschein im Prinzip besonders wirkungsvoll, aber er ist auf nationaler Ebene wohl wegen der schwierigen Implementation letztlich nicht eingesetzt worden. Für die Umsatzsteuersenkung bleibt ein eher kleiner Zielbeitrag. Und die übrigen aufgeführten Maßnahmen helfen an verschiedenen Stellen vor allem, die sozialen Beeinträchtigungen, die die Coronakrise mit sich brachte, zumindest zu mildern.

10.4 Öffentliche Finanzen und Corona

10.4.1 Finanzbedarf und Schuldenaufnahme

Der zusätzliche Finanzierungsbedarf, der durch die Bekämpfung der Coronakrise ausgelöst wurde, ist von einer bisher unbekannten Größenordnung. Er umfasst die geplanten Ausgaben und die sich ergebenden Einnahmenausfälle bei Bund, Ländern und Gemeinden sowie in der Sozialversicherung – siehe Tab. 10.9.

Zur Höhe des langfristigen Finanzierungsbedarfs kann zwischen Ausgaben für Transfers und für andere Ausgaben unterschieden werden. Manche Hilfen werden als nicht zurückzuzahlende Zuschüsse an Unternehmen gewährt. Da diese Summen nicht zurückgezahlt werden müssen, ist zu erwarten, dass sie weitgehend in Anspruch genommen werden, also insoweit auch abfließen. Anders ist die Situation bei der staatlichen Vergabe von Krediten. Sie wurden in der Finanzkrise 2008/2009 zum größten Teil gar nicht abgerufen. Selbst wenn sie in Anspruch genommen werden, ist ja Rückzahlung und Verzinsung vereinbart. Nur bei Kreditausfällen wird das Budget dauerhaft in Anspruch genommen, vorher nur im Wege der Kreditvergabe. Bereits im August 2020 wurde in einem umfassenden Versuch abgeschätzt, welche finanziellen Belastungen in Deutschland zu erwarten waren. Dabei wurde für den Bund ein **coronabedingter „Finanzierungsbedarf"** in Höhe von 418 Mrd. Euro und für alle Gebietskörperschaften zusammen von 569 Mrd. Euro geschätzt, also über eine halbe Billion Euro. Diese Zahlen implizieren nicht eine Schuldenaufnahme in gleicher Höhe. Dazwischen liegt beispielsweise die Auflösung von Rücklagen, die der Bundesrechnungshof angesichts der absehbar hohen **Schuldaufnahme** des Bundes angemahnt hat [17]. Für den Bund allein wurden 218 Mrd. als neue Schuldenaufnahme in 2020 erwartet. Doch auch für die Länderebene ergab die Schätzung einen Finanzierungsbedarf von immerhin 145 Mrd. Euro.

Für Länder und Kommunen lassen sich die Zahlen zur Schuldaufnahme allerdings erst auf die längere Frist ausreichend genau abschätzen. So hat das Land Hessen für April und bis Ende Mai 2020 ein Soforthilfeprogramm für Unternehmen bis zu 50 Beschäftigten, Selbstständige und Freie Berufe aufgelegt, in dem für 134.500 Anträge insgesamt 905 Mio. Euro ausgezahlt wurden [18]. Es wird über einen Nachtragshaushalt und dort teilweise über Schuldenaufnahme finanziert. Wenn alle Ausgabenprogramme finanziert und die entsprechenden Schulden aufgenommen worden sind, ergibt sich daraus der jeweils neue Schuldenstand.

Tab. 10.9: Coronabedingter Finanzierungsbedarf – Schätzung August 2020 [19].

Finanzierungsbedarf			
insgesamt	**569 Mrd. Euro**		
Bund	418 Mrd. Euro		
Länder	145 Mrd. Euro		
Kommunen	6 Mrd. Euro		
Schuldenaufnahme Bund 2020	**218 Mrd. Euro**		
geschätzte Schuldenquote	in 2019 ca. 59,8 %	2020 ca. 79,9 %	2021 ca. 76,1 %

10.4.2 Langfristige Schuldensituation

Der Schuldenstand Deutschlands lag, addiert über alle Ebenen, vor Ausbruch der Corona-Krise bei knapp 60 % des BIP (siehe Tab. 10.10, Wert für 2019), hielt sich also innerhalb des Maastricht-Kriteriums. Das war das Ergebnis einer verantwortungsvollen Haushaltspolitik, denn durch die Finanzkrise 2008/2009 war er auf 82,5 % gestiegen, den höchsten Wert der Nachkriegszeit. Danach konnte die Schuldenstand-Quote innerhalb von 10 Jahren von über 80 % auf unter 60 % zurückgeführt werden [20]. Durch die Corona-Maßnahmen stieg der Schuldenstand dann schnell an, weil die Ausgaben stiegen, die Einnahmen sanken und zugleich das Sozialprodukt, das die Nennergröße darstellt, sank (vgl. Kapitel 10.2.1). Der Schuldenstand stieg für 2020 auf 69,7 % und für 2021 auf geschätzt 73,1. Das war ein geringer Anstieg verglichen mit der Finanzkrise. Noch erstaunlicher ist, dass die Prognose für 2022 schon wieder einen Rückgang erwarten ließ, und das um fast 1 %, was bezogen auf das Sozialprodukt ein hoher Wert ist. Das ist auf die jahrelange Politik eines ausgeglichenen Haushalts des Bundes zurückzuführen, zusammen mit der Schuldenbremse in den Ländern. Auf diese Weise ist eine Reservekapazität aufgebaut worden, die dem Land jetzt zugutekommt.

Wieweit Deutschland in der Lage ist, die Schuldenstand-Quote zügig weiter zu verringern, ist abzuwarten. Jedenfalls wäre die gelegentlich geforderte Abschaffung der Schuldenbremse der falsche Weg [21]. Überlegungen zur Tragfähigkeit, wie sie den Tragfähigkeitsberichten des Bundes zugrunde liegen [22], lassen hoffen, dass bei weiterhin sparsamer Haushaltsführung wiederum ein zügiger Abbau möglich sein wird [23]. Wieweit die erhöhte Schuldenstand-Quote so bleibt oder nochmals steigt, hängt zunächst von der weiteren Entwicklung der Corona-Pandemie in Deutschland und den Auswirkungen eines möglichen neuerlichen Lockdowns ab.

Nach derzeitigem Stand bleibt festzuhalten, dass Deutschland im internationalen Vergleich mit einer der größten Wirtschaftskrisen der Nachkriegszeit verhältnismäßig gut zurechtgekommen ist [24]. Das verdankt das Land sicherlich auch dem über viele Jahre verfolgten Kurs der Erhaltung einer leistungsfähigen Struktur der Wirtschaft und Verwaltung sowie einer sparsamen Haushaltsführung.

Tab. 10.10: Staatsschuldenquote, Deutschland [25].

Staatsschuldenquote (Schuldenstand in % des BIP)	
2000	59,3
2005	67,5
2010	82,5
2015	72,1
2017	65,1
2018	61,8
2019	59,7
2020	69,7
2021	73,1
2022	72,2
Maastricht-Kriterium für den Schuldenstand: 60 %	

10.5 Corona und europäische Finanzen

10.5.1 Die europäische Antwort I: lange „Business as usual"

Zuvor standen die Auswirkungen der Coronakrise auf die öffentlichen Finanzen in Deutschland im Mittelpunkt. Hier geht es nun um die europäischen Finanzen. Mit einem ergänzenden Wiederaufbauplan NGEU („Next Generation EU") und dem mehrjährigen Finanzrahmen (MFR) sollen die europaweiten Folgen der Corona-Pandemie bekämpft werden. Zur Bewältigung dieser neuen Aufgaben sind zusätzlich zum MFR seitens der EU-Kommission auch neue Finanzierungswege vorgesehen. Dort spielt auch die öffentliche Verschuldung eine tragende Rolle [26].

Auf der Sondertagung des Europäischen Rates vom 17.–21. Juli 2020 haben sich die Staats- und Regierungschefs der EU für alle 27 Mitgliedstaaten auf den Mehrjährigen Finanzrahmen (MFR) für die Jahre 2021–2027 und zugleich auf das Aufbaupaket „Next Generation EU" (NGEU) im Grundsatz geeinigt [27].

Mit diesen Beschlüssen sollen nicht nur die traditionellen Aufgaben der EU auch für die Zeit nach der Corona-Pandemie gestärkt werden, sondern gleichzeitig werden mit dem Aufbaupaket neue Wege zur Finanzierung des wünschenswerten ökologischen und digitalen Wandels eingeschlagen.

Der MFR wird zu diesem Zweck in den ersten Jahren mit dem Wiederaufbaupakt verknüpft. Das zeitliche Zusammenfallen der beiden Beschlüsse ist insofern ein Zufall, als dass der alte EU-Haushalt mit dem Jahr 2020 gerade auslief und die Coronakrise Anfang des gleichen Jahres die Welt veränderte.

Der **Mehrjährige EU-Haushalt** 2021 bis 2027 wird mit einem Volumen in Höhe von 1.074 Mrd. Euro ausgestattet und fortgeführt [28]. Seine Struktur soll die in der Tab. 10.11 aufgeführten sieben Rubriken umfassen.

Zu diesen Mitteln kommen noch bestimmte **Ausgaben außerhalb des mehrjährigen Finanzrahmens** hinzu. Dazu gehören

- die Solidaritäts- und Soforthilfereserve,
- der Europäische Fonds für die Anpassung an die Globalisierung (EGF),
- die Reserve für die Anpassung an den Brexit und
- das Flexibilitätsinstrument

in einer Höhe von insgesamt 20,1 Mrd. Euro. Der Anteil aller Ausgaben des MFR und außerhalb des MFR beträgt somit 1.094 Mrd. Euro. Bei Berechnungen zum Anteil der Ausgaben am BNE ist diese Differenzierung zu beachten.

Zusätzlich zu dem traditionell mehrjährigen Haushaltsplan MFR, der für 2021–2027 lediglich fortgeschrieben wird, gibt es den neuartigen Corona-Wiederaufbaufonds.

Tab. 10.11: EU-Haushalt: Mehrjähriger Finanzrahmen 2021 bis 2027 [29].

Zusagen nach Rubriken	Betrag in Mrd. Euro
1. „Zusammenhalt, Resilienz und Werte" (v. a. Strukturförderung)	378
1a. wirtschaftlicher, sozialer und territorialer Zusammenhalt	330
1b. Zusammenhalt, Resilienz und territorialer Zusammenhalt	48
2. „Natürliche Ressourcen und Umwelt" (v. a. Agrarpolitik)	356
3. „Binnenmarkt, Innovation und Digitales" (v. a. Forschung)	133
4. Nachbarschaft und die Welt (Außenpolitik)	98
5. Europäische öffentliche Verwaltung	73
6. Migration und Grenzmanagement	23
7. Sicherheit und Verteidigung	13
Gesamtbetrag der Mittel für Verpflichtungen zu Preisen von 2018; = Ausgabenobergrenze für die EU-27	1.074

10.5.2 Die europäische Antwort II: spät, aber gründlich [30]

„Spät, aber gründlich": Im Gegensatz zu Deutschland ergriff die EU erst spät Maßnahmen zur Coronakrise. Das hängt mit den schwierigen Entscheidungsprozessen zwischen 27 Mitgliedstaaten zusammen und mit der Frage der grundsätzlichen Ausrichtung der EU-Finanzen und der Finanzverfassung [31], hat aber letztendlich zu einem großen Maßnahmenpaket geführt [32]. Nunmehr gibt es zusätzlich zu dem traditionell mehrjährigen Haushaltsplan 2021–2027 den neuen **Corona-Wiederaufbaufonds („Next Generation EU")** mit einem Gesamtvolumen von 750 Mrd. Euro. Diese bereitgestellten NGEU-Mittel sind „externe zweckgebundene Einnahmen" [33]. Sie unterliegen einer gemeinsamen politischen Kontrolle durch das Europäische Parlament, den Rat und die Kommission und werden durch die Haushaltsbehörde überwacht. Für den erwünschten schnellen Einsatz der NGEU-Beiträge gibt es noch eine Reihe von Vorkehrungen [34] und letztlich die in der Tab. 10.12 wiedergegebene Struktur für die gesamte Aufbauhilfe [35].

Der NGEU dient vor allem der Finanzierung der Folgeschäden aus der Coronakrise. Er steht in der aktuellen Diskussion über die Finanzen der EU aber auch deshalb im Vordergrund, weil mit diesen Mitteln auch neue Aufgaben der EU finanziert werden sollen [36]. Dabei handelt es sich um die politischen Strategien „insbesondere des europäischen Grünen Deals, der digitalen Revolution und der Resilienz" [37].

Die Aufbauhilfe soll den MFR verstärken und die durch die COVID-19-Pandemie hervorgerufenen Schäden beheben. Zu diesem Zweck ist die Kommission ermächtigt, „im Namen der Union Mittel an den Kapitalmärkten aufzunehmen".

Zusammenfassend ergibt sich mithin folgendes Bild:

Die **Aufbau- und Resilienzfazilität (ARF)** mit 672,5 Mrd. Euro steht schon vom Umfang her im Vordergrund. Dieses erste der sieben Wiederaufbauprogramme in der Tab. 10.12 soll sicherstellen, dass die Mittel in die am stärksten von der Krise betroffenen Länder und Sektoren fließen. Dabei sollen Investitionsvorhaben, insbesondere in die Infrastruktur, im Mittelpunkt stehen. Die Auszahlungen erfolgen nach Zuweisungskriterien der Kommission. Dabei gehören zu den Indikatoren u. a. das Pro-Kopf-Einkommen, die Bevölkerungsstruktur, die Schaffung von Arbeitsplätzen und die Stärkung des Wachstumspotentials in den jeweiligen Mitgliedstaaten. Deutschland stehen hiervon 25 Mio. Euro zu. „Um diese Mittel der ARF zu erhalten, müssen die Mitgliedstaaten Pläne für umfangreiche Investitionen und Reformen vorlegen, die die wirtschaftliche Erholung befördern und die soziale Resilienz stärken. Deutschland hat den ersten Entwurf für einen **Deutschen Aufbau- und Resilienzplan (DARP)** im Dezember 2020 an die Europäische Kommission übermittelt" [38].

Der Tab. 10.12 kann man entnehmen, dass von der Europäischen Aufbau- und Resilienzfazilität 360 Mrd. Euro als **Kredite** (Darlehen) vergeben werden und 312,5 Mrd. Euro als **Zuschüsse** (Finanzhilfen), die von den Empfängerländern nicht zurückgezahlt werden müssen. Die Anleihen, aus denen auch die Zuschüsse finanziert werden, müssen später von allen Mitgliedstaaten getilgt werden.

„Von den Finanzhilfen der Aufbau- und Resilienzfazilität werden 70 % für die Jahre 2021 und 2022 und 30 % für das Jahr 2023 gebunden" [39]. Die vorgesehenen Aufbaupläne sollen 2022 überprüft und gegebenenfalls angepasst werden. Die weitere Auszahlung der Finanzhilfen soll nur dann erfolgen, wenn die Zielvorgaben und Etappenziele erreicht werden. Darüber hinaus sollen auch die Programme und Instrumente des MFR zum Klimaschutz beitragen, wobei 30 % der Ausgaben die Klimaziele unterstützen und mit dem Übereinkommen von Paris in Einklang stehen sollen [40].

Tab. 10.12: Aufbauhilfe „Next Generation EU" (NGEU) [41].

Ausgabenprogramme	Betrag in Mrd. Euro
Aufbau- und Resilienzfazilität	**672,5**
Kredite (Darlehen)	360,0
Zuschüsse (Finanzhilfen)	312,5
weitere Zuschüsse	**77,5**
React EU	47,5
Horizont Europa	5,0
Invest EU	5,6
Entwicklung des ländlichen Raums	7,5
Fonds für einen gerechten Übergang	10,0
resc EU	1,9
insgesamt	**750,0**

Anmerkung

Die meisten Tabellen und Textausschnitte entstammen dem Lehrbuch „Finanzwissenschaft" von H. Zimmermann, K.-D. Henke und M. Broer. Der europäische Teil des dortigen Kapitels 10 und damit die letzten beiden Teile dieser Vorlage gehen überwiegend auf Klaus-Dirk Henke zurück. Den Teil zu Deutschland in dem Kapitel 10 und damit die übrigen vorliegenden Teile sowie die Aufbereitung und Ergänzung dieser Vorlage hat der Verfasser zu verantworten, der deshalb hier auch als alleiniger Autor erscheint. – Der Vahlen-Verlag ist mit diesem Verfahren einverstanden.

Literatur

[1] Quelle: Bruttoinlandsprodukt: Destatis, Fachserie 18, Reihe 1.5 „Lange Reihen" Volkswirtschaft-
     liche Gesamtrechnung, Wiesbaden 2020. – 2019–2021 Sachverständigenrat, Stand März
     2021. – Arbeitslosigkeit: Destatis, Konjunkturindikatoren, Wiesbaden 2021. Jahr 2021 (ge-
     schätzt): Statista.

[2] Entnommen aus: Zimmermann H, Henke K-D, Broer M. Finanzwissenschaft, 13. Auflage, Mün-
     chen 2021, S. 239. Die Tabelle geht auf M. Broer zurück.

[3] Quelle: Destatis, Lange Reihe Steuereinnahmen.

[4] Zu diesem komplizierten Sachverhalt siehe Zimmermann H, Döring T. Kommunalfinanzen,
     4. Auflage, Berlin 2019, S. 190 ff. und 272 ff.

[5] Quelle: Bundesministerium der Finanzen, Antwort auf die Frage des Abgeordneten Karsten Klein
     (FDP), Deutscher Bundestag, 19. Wahlperiode, Drucksache 19/20953, S. 9. Die Tabelle wurde
     von Christian Dehnz zur Verfügung gestellt.

[6] Destatis Dashboard 6.8.2021.

[7] Quelle Anzahl: Bundesagentur für Arbeit, realisierte konjunkturelle Kurzarbeit, Monatsberichte,
     ab Februar 2021 Hochrechnung. – Zahlungen: Bundesagentur für Arbeit, Finanzielle Entwick-
     lung im Beitragshaushalt SGB III.

[8] „Ich bin gespannt". Interview mit dem Präsidenten des DIHK, in: Frankfurter Allgemeine Zeitung,
     16.7.2021, S. 17.

[9] Quelle: Siehe Anmerkungen in Kapitel 10.2.1. Hier Ist-Zahlen 2020 + Soll-Zahlen 2021.

[10] Zimmermann H, Henke K-D, Broer M. Finanzwissenschaft, 11. Aufl., München 2012, Kapitel 8 C I.

[11] Quelle: Siehe Anmerkungen in Kapitel 10.2.1. – Zur Umsatzsteuer-Mindereinnahme siehe Ers-
     tes bis Drittes Corona-Steuerhilfegesetz, jeweils „Haushaltsausgaben ohne Erfüllungsauf-
     wand", = Abschätzung im jeweiligen Gesetzentwurf. Als die Wirkung des Lockdowns einsetzte,
     wurden mit dem zweiten Nachtragshaushalt vor allem Maßnahmen beschlossen, die eine län-
     gerfristige Erholung der Wirtschaft nach dem Lockdown möglich machen sollten. Dazu wurden
     u. a. Überbrückungshilfen in erheblichem Umfang für kleinere Unternehmen eingeplant.

[12] Broer M. Die verteilungs- und konjunkturpolitischen Effekte des Kinderbonus unter Berücksich-
     tigung der steuerrechtlichen Zusammenhänge, in: Deutsche Steuer-Zeitung, 109. Jg., 2021, Heft
     6, S. 225–231.

[13] Quelle: Siehe Anmerkungen in Kapitel 10.2.1. – Die Reihenfolge wurde aus der dort angegebe-
     nen Quelle übernommen. – Für Kinderbonus Bundestagsdrucksache 19/20058 und 19/26544.
     Für Kinderfreizeitbonus s. Aufholpaket für Kinder, Jugendliche und Familien.

[14] Bundesministerium der Finanzen, Corona – Finanzielles Volumen Soforthilfe, Schutzfonds und
     Konjunkturpaket.

[15] Gelegentlich hat der Steuerzahler unter dem Steuerrecht eine Wahlmöglichkeit. Das Finanzamt
     prüft im Wege einer sog. Günstigerprüfung, welche Variante für den Steuerzahler günstiger ist
     und legt diese der Besteuerung zugrunde.

[16] Hüther M. Investitionen und Konsum: wirtschaftspolitische Handlungsoptionen zur Jahresmitte
     2020, in: Wirtschaftsdienst, 100. Jg., 2020, S. 425f.

[17] Deutscher Bundestag, BT-Drucksache 19/15700 vom 10.12.2019.

[18] Quelle: Beznoska M. Die Verschuldung des deutschen Staats wird trotz Coronakrise tragfähig
     bleiben, in: ifo Schnelldienst, 8/2020, S. 7 f.

[19] Download 26.8.20 von: Hessisches Ministerium für Wirtschaft, Energie, Verkehr und Wohnen,
     Das Corona-Soforthilfeprogramm, Wiesbaden, Stand: 1.6.2020.

[20] Feld LP. Rekordschulden in der Coronakrise – Kann sich der deutsche Staat das leisten?, in: ifo
     Schnelldienst, 8/2020, S. 3 ff.

[21] Zu einer „moderaten Öffnung der Schuldenbremse" siehe Beznoska M, Hentze T, Hüther M. Zum Umgang mit den Corona-Schulden, IW-Policy Paper 7/21, Köln 13.4.2021, S. 3. – Für ein Vorgehen unter Einhaltung der Schuldenbremse siehe Fuest C. Finanzpolitik für die Ampel-Koalition, in: Frankfurter Allgemeine Sonntagszeitung, 19.10.2021, S. 22.

[22] Je Bundestagsperiode ist ein Tragfähigkeitsbericht zu erstellen. Der letzte hatte den Stand 11.3.2020 und konnte die Probleme der Coronakrise noch nicht berücksichtigen. Siehe Bundesministerium der Finanzen, Tragfähigkeitsbericht 2020: Fünfter Bericht zur Tragfähigkeit der öffentlichen Finanzen, Berlin 2020.

[23] Siehe dazu Beznoska, a. a. O., S. 7, sowie Holtemöller, Rekordschulden gegen Corona-Folgen sind finanzierbar, in: ifo Schnelldienst, 8/2020, S. 9 ff.

[24] Quelle: Statista, Verschuldung von Deutschland gemäß Maastricht-Vertrag in Prozent des BIP von 1991 bis 2020, Stand Juli 2021. – 2021–2022 Europäische Union, Prognose, download 18.8.2021.

[25] Zum Abschluss noch ein Gesamttext zum Thema in Deutschland: Leopoldina, Ökonomische Konsequenzen der Corona-Pandemie, Halle (Saale) 2021.

[26] Tabelle und Text stammen weitgehend aus: Zimmermann H, Henke K-D, Broer M. Finanzwissenschaft, 13. Auflage, München 2021, S. 306–307.

[27] Europäischer Rat EUCO 1020, Brüssel, den 21. Juli 2020 (OR.en) EUCO10/20, CO EUR 8, CONCL 4 Außerordentliche Tagung des Europäischen Rates (17., 18., 19., 20. und 21. Juli 2020) – Schlussfolgerungen – Die Delegationen erhalten anbei die vom Europäischen Rat auf der obengenannten Tagung angenommenen Schlussfolgerungen. Im Folgenden zitiert als Europäischer Rat EUCI 10/20.

[28] Quelle: Europäischer Rat, EUCO 10/20, S. 7, S. 10 und S. 67.

[29] Siehe hierzu Europäischer Rat, Rat der Europäischen Union: a)„Sondertagung des Europäischen Rates, 17.–21. Juli 2020", wichtigste Ergebnisse; https://www.consilium.europa.er/de/meetings/european-council/2020/07/17-21 (letzter Zugriff: 18.08.2021).

[30] Tabelle und Text stammen weitgehend aus: Zimmermann H, Henke K-D, Broer M. Finanzwissenschaft, 13. Auflage, München 2021, S. 306–312.

[31] Broer M, Henke K-D, Zimmermann H. Zur Zukunft der EU-Finanzen nach Corona, in: Wirtschaftsdienst, 100. Jg., 2020, S. 928–931.

[32] Die mit den neuen umfangreichen und vielfältigen Maßnahmen entstehende Situation ist auch als „Europäische Wende" bezeichnet worden. Siehe dazu Broer M und Henke K-D, Europäische Wende, in: Handelsblatt, 23.9.2020, S. 48.

[33] Europäischer Rat, EUCO 10/20, A 11, S. 4.

[34] Siehe hierzu im Einzelnen Europäischer Rat, EUCO 10/20, S. 4ff.

[35] Zu den Einzelheiten siehe auch Henke, Klaus-Dirk, Der Corona-Wiederaufbaufonds, Powerpointpräsentation, Berlin 12.8.2021.

[36] Siehe im Einzelnen Europäischer Rat, EUCO 1020, S. 7, A 23–30.

[37] Siehe Europäischer Rat, EUCO 10/20, S. 2.

[38] Bundesministerium der Finanzen, Deutscher Aufbau- und Resilienzplan (DARP), Online.

[39] Siehe Europäischer Rat, EUCO 10/20, A 15.

[40] Siehe Europäischer Rat, EUCO 10/20, A 18 und 19.

[41] Siehe Europäischer Rat, EUCO 10/20, S. 5 A 14.

11 Digitalisierung in der Pandemie

Corinna Zitzewitz

Im Verlauf der Pandemie wurden und werden zahlreiche Apps und Internetseiten entwickelt. Die Apps wurden und werden aus verschiedenen Interessen entwickelt. Manche entstehen zur Überwachung des Pandemiegeschehens, andere werden entwickelt, um eine Freizeitgestaltung unter Pandemie-Bedingungen zu erleichtern. Die Funktionen der Apps sind vielseitig und reichen von Symptomabfrage bis hin zur Übermittlung von Testergebnissen.

Bei Apps ist im Wesentlichen zu differenzieren, ob es sich um so genannte Lifestyle-Apps, serviceorientierte Apps oder um medizinische Apps handelt. Denn nur die medizinischen Apps sind von dem Bundesinstitut für Arzneimittel und Medizinprodukte (BfArM) als Gesundheitsprodukte zugelassen und CE-zertifiziert. Diese findet man im Verzeichnis für digitale Gesundheitsanwendungen (DiGA-Verzeichnis). Per Oktober 2021 sind 21 Apps in diesem Verzeichnis gelistet. Zu diesen zählt keine der Corona-Apps [1]. Sämtliche der im folgenden Kapitel beschriebenen Apps fallen daher in den Bereich der Lifestyle- oder serviceorientierten Apps. Sie geben lediglich eine Empfehlung und ersetzen zum Beispiel nicht einen Arztbesuch.

Im folgenden Kapitel werden einige der vom Bundesministerium der Gesundheit als seriös und verlässlich bezüglich ihrer Inhalte und des Datenschutzes eingestuften Apps und Websites dargestellt und ihre Zwecke genauer belichtet [2]. Zusätzlich wird beispielhaft die Website corona-online.de des Universitätsklinikums Marburg Gießen vorgestellt. Die vermehrte Nutzung von Medien im Alltag während der Corona-Pandemie wird in Kapitel 12 erläutert.

Tab. 11.1 dient der Übersicht der Apps in Bezug auf ihren Nutzen und ihre Funktionen. Bereits hier wird deutlich, dass sich die Apps in ihren Anwendungsbereichen überschneiden. Dies ist vermutlich der Grund, weshalb viele der Apps weniger Akzeptanz gefunden haben, als von den Entwicklern erhofft. Dennoch ist festzustellen, dass alle der hier vorgestellten Anwendungen auf verschiedene Art und Weisen in der Pandemie helfen und darauf abzielen, das Infektionsgeschehen zu minimieren.

https://doi.org/10.1515/9783110752595-011

Tab. 11.1: Übersicht einiger der bekanntesten Apps während der Pandemie in Europa.

	Kontakt-verfol-gung	Kontakt-datenüber-mittlung an die Ge-sundheits-ämter	Warn-hinweise	Verhal-tenshin-weise/ -empfeh-lungen	Test-Nachweis	Impf-nachweis	Sammlung von gesund-heitsbezo-genen Daten zu For-schungs-zwecken
Corona-Warn-App	x	x	x	x	x	x	
luca-App	x	x	x		x		
Corona-Datenspende							x
NINA			x				
Covid-online. de			x	x			
CovPass					x	x	
CovApp			x	x			
SafeVac							x

Die folgenden Apps halfen und unterstützen weiterhin dabei, die Corona-Pandemie einzudämmen. Entweder durch praktische Empfehlungshilfen für alle Bundesbürger oder durch die Gewinnung von wichtigen Erkenntnissen für die Forschung [2].

11.1 Corona-Warn-App

Die Corona-Warn-App wurde am 16. Juni 2020 vom Robert Koch-Institut (RKI) im Auftrag der Bundesregierung herausgegeben [3–5].

Die Idee der Warn-App ist es, die Verbreitung des Virus einzudämmen und Infektionsketten nachverfolgen zu können. Sie stellt eine digitale Ergänzung der AHA-Regeln (vgl. Kapitel 12, öffentliche Gegenmaßnahmen) dar.

Entwickelt wurde die App in Kooperation mit den Unternehmen Telekom, SAP, dem Bundesamt für Sicherheit in Informationstechnik und dem Bundesamt für Datenschutz und Informationsfreiheit.

Die App umfasst mehrere Funktionen, wie beispielsweise die Risiko-Ermittlung und Warnung, das Abrufen und Melden von Testergebnissen und, mit neueren Updates, auch epidemiologische Kennzahlen zur Pandemie und den digitalen Impf-nachweis. Sie ist für jeden zugelassen, der sich in der Bundesrepublik Deutschland aufhält und mindestens 16 Jahre alt ist. Jüngeren Personen ist die Nutzung ausschließlich mit Einverständnis eines Erziehungsberechtigten erlaubt. Die App ist in verschiedenen Sprachen verfügbar und hat länderübergreifende Funktionen.

11.1.1 Funktion der Corona-Warn-App

11.1.1.1 Risikoermittlung

Die Corona-Warn-App ermittelt das persönliche Risiko des App-Nutzers mithilfe von sogenannten Kennnummern oder verschlüsselten IDs, die über Bluetooth übertragen werden. Hierbei zeichnet die App das Datum und die Uhrzeit der Begegnung mit anderen App-Nutzern auf sowie die übermittelte Datenmenge in dBm (Bluetooth-Sendeleistung in Dezibel Milliwatt). Dies erlaubt Rückschlüsse auf die Begegnungslänge und Nähe.

Die verschlüsselten IDs werden regelmäßig geändert, um den Datenschutz zu gewähren, und nach 14 Tagen werden die Begegnungsdaten automatisch auf beiden Geräten gelöscht. Die App erfasst hierbei zu keiner Zeit den Namen, die Adresse oder den Aufenthaltsort des Nutzers. Updates erlauben eine länderübergreifende Risiko-Ermittlung, da die App nicht nur in Deutschland zur Verfügung steht.

Es können zwei verschiedene Risiko-Stufen ermittelt und damit einhergehende Verhaltensempfehlungen gegeben werden. Zusätzlich wird dem Nutzer die Anzahl seiner Risikobegegnungen mitgeteilt.

11.1.1.2 Testergebnis

Die Funktion „Wurden Sie getestet?" ermöglicht dem Nutzer, anzugeben, ob er getestet wurde und wie das Ergebnis des Tests war. Gleichzeitig ist auch ein Abrufen des eigenen Testergebnisses über die App möglich. Der Nutzer kann diese Daten zur Verfügung stellen, um mögliche Kontaktpersonen zu warnen. Die Funktion des Testergebnisses ist sowohl für PCR-Tests als auch für Schnelltests (vgl. Kapitel 6, labordiagnostische Möglichkeiten) freigeschaltet (Abb. 11.1).

1. niedriges Risiko

„Sie haben ein niedriges Infektionsrisiko, da keine Begegnung mit nachweislich Corona-positiv getesteten Personen aufgezeichnet wurde oder sich Ihre Begegnung auf kurze Zeit und einen großen Abstand beschränkt hat."

Verhaltensempfehlungen:
· „- Waschen Sie Ihre Hände regelmäßig
· - Tragen Sie einen Mundschutz bei Kontakt mit anderen Personen
· - Halten Sie mindestens 1,5 Meter Abstand zu anderen Personen
· - Niesen oder Husten Sie in die Armbeuge oder in ein Taschentuch"

2. erhöhtes Risiko

„Sie haben ein erhöhtes Infektionsrisiko, da Sie zuletzt vor 2 Tagen mindestens einer nachweislich Corona-positiv getesteten Person über einen längeren Zeit-punkt mit einem geringen Abstand begegnet sind."

Verhaltensempfehlungen:
· „- begeben Sie sich, wenn möglich nach Hause bzw. bleiben Sie zu Hause
· - halten Sie mindestens 1,5 Meter Abstand zu anderen Personen
· - für Fragen zu auftretenden Symptomen, Testmöglichkeiten und weiterer Isolationsmaßnahmen wenden Sie sich bitte an folgende Stellen: Ihre Hausarztpraxis, den Kassenärztlichen Bereitschaftsdienst unter der Telefonnummer: 116117, Ihr Gesundheitsamt"

Abb. 11.1: Mögliche Risikoermittlungen der Corona-Warn-App mit Verhaltensempfehlungen [3].

11.1.1.3 Epidemiologische Kenngrößen der App

Die Warn-App erteilt Informationen über bestätigte Neuinfektionen (gestern, 7-Tage-Mittelwert, gesamt) bezogen auf Daten des RKIs, wie viele positiv-getestete Personen über die App warnen (gestern, 7-Tage-Mittelwert, gesamt), die 7-Tage-Inzidenz je 1.000 Einwohner und den 7-Tage-R-Wert (vgl. Kapitel 3, Epidemiologie). Außerdem werden in neueren Versionen die Anteile der einmalig sowie vollständig geimpften Personen und die Menge der verabreichten Impfdosen angegeben.

11.1.1.4 Tagebuch

Die Tagebuch-Funktion der App ermöglicht dem Nutzer, exakt zu dokumentieren, wann er wen, wie lange und wo gesehen hat. Diese Funktion soll im Falle eines positiven Testergebnisses die Ermittlung der Infektionskette vereinfachen. Die Nutzung des Tagesbuches ist freiwillig und gespeicherte Einträge werden nach 16 Tagen automatisch gelöscht, wenn sie nicht vorher vom Nutzer entfernt wurden. Die gespeicherten Daten werden ausschließlich auf dem Smartphone gespeichert und nicht an das RKI weitergeleitet, denn sie dienen lediglich als Gedächtnisstütze für den Nutzer.

11.1.1.5 Check-In

Die Check-In-Funktion der App ermöglicht zur Kontaktnachverfolgung die Generierung eines QR-Codes, beispielsweise für Veranstalter, Ladenbesitzer oder im Hotel- und Gaststättengewerbe. Besucher können sich mit ihrem Smartphone über den QR-Code registrieren.

Über die App kann somit dokumentiert werden, wer sich zu welchem Zeitpunkt bspw. in einem Laden, Restaurant oder auf einer Veranstaltung aufgehalten hat. Gleichzeitig besteht die Möglichkeit, über den QR Code direkt einen Eintrag ins Tagebuch der Corona-Warn-App vorzunehmen.

11.1.1.6 Digitaler Impf-/Genesenen-Nachweis

Mit einem neueren Update der Corona-Warn-App ist es dem Nutzer möglich, einen digitalen Impfnachweis oder ein Genesenen-Zertifikat der App hinzuzufügen. Der geimpfte Nutzer scannt dazu einen ihm bei der Impfung oder in einer Apotheke ausgehändigten QR-Code, der eigens vom RKI generiert wurde. Genesene Personen erhalten den Nachweis beim Hausarzt [6]. Die App generiert damit einen neuen QR-Code, der bei einer Kontrolle des Impfstatus vorgezeigt werden kann. Die Daten werden nur lokal auf dem Smartphone gespeichert, sind jedoch bei einer Kontrolle auch in der Prüf-App sichtbar. Der digitale Impfnachweis ist auch über andere Apps möglich (vgl. CovPass, Kapitel 11.7.?) (Abb. 11.?)

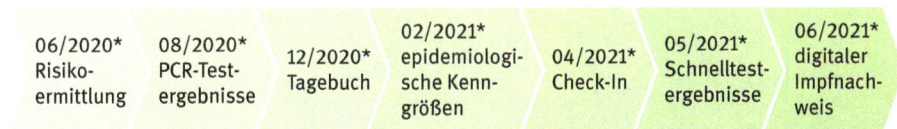

06/2020* Risikoermittlung	08/2020* PCR-Testergebnisse	12/2020* Tagebuch	02/2021* epidemiologische Kenngrößen	04/2021* Check-In	05/2021* Schnelltestergebnisse	06/2021* digitaler Impfnachweis

Abb. 11.2: Funktionen der Corona-Warn-App im Zeitverlauf (* Zeitpunkte der verfügbaren Updates mit jeweiligem Feature).

11.1.2 Nutzung/Zahlen

Die Corona-Warn-App wurde bis zum 01.10.2021 ca. 34 Mio. mal heruntergeladen, damit hat in etwa jeder Dritte in Deutschland die App auf seinem Endgerät. Sie ist deutschlandweit damit eine der meistgenutzten Apps während der Pandemie. Insgesamt wurden über die App > 42 Mio. Testergebnisse mitgeteilt, davon > 760.000 positive Resultate. Von diesen positiven Ergebnissen wurden 60 % übermittelt (Abb. 11.3). Insgesamt wurden ca. 538.000 positive Testergebnisse über die App mitgeteilt und haben der Risikoermittlung gedient [7]. Somit wurden mithilfe der App nur ca. 11 % aller positiven Testergebnisse in Deutschland übermittelt (Abb. 11.4).

**Anzahl teilbarer positiver Ergebnisse
über die Corona-Warn-App**

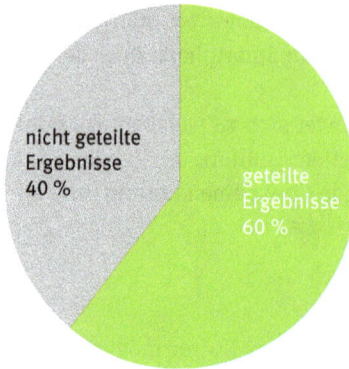

nicht geteilte
Ergebnisse
40 %

geteilte
Ergebnisse
60 %

Abb. 11.3: Anteil der teilbaren positiven Ergebnisse über die Warn-App an allen über die Warn-App mitgeteilten positiven Ergebnissen. Mit freundlicher Genehmigung und in Anlehnung an Grafik des RKI, November 2021.

**Anteil übermittelter Testergebnisse
an allen positiv getesteten Deutschen**

über die App geteilte positive
Testergebnisse 11 %

positive Testergebnisse in
Deutschland, die nicht über
die App geteilt wurden 89 %

Abb. 11.4: Anteil der über die App geteilten positiven Testergebnisse an allen in Deutschland positiv getesteten Personen.

11.2 „luca"-App

Die luca-Initiative wurde 2020 von der neXenio GmbH, einer Ausgründung des Hasso-Plattner-Instituts, und Kulturschaffenden wie der Band „Die Fantastischen Vier" ins Leben gerufen. Der Anbieter ist die culture4life GmbH.

Diese App dient der Kontaktnachverfolgung im öffentlichen und privaten Raum sowie der Datenvermittlung an die Gesundheitsämter.

Der Nutzer gibt einmalig seinen Namen sowie seine Telefonnummer und Adresse an. Diese Daten sind für die Nachverfolgung notwendig. Er erhält anschließend einen sich regelmäßig ändernden QR-Code, der an den Gastgeber oder Ladenbesitzer übermittelt wird. Alternativ scannt er zum Check-in einen vor Ort ausgelegten QR-

Code. Im Falle einer Infektion wird jeder Gast informiert und das Gesundheitsamt mittels einer verschlüsselten Liste verständigt. Dieses ist in der Lage, die Liste zu entschlüsseln, um anschließend weitere Kontaktpersonen zu informieren.

Die Nutzung der luca-App ist auch Menschen ohne Smartphone möglich. Sie können über einen analogen Schlüsselanhänger mit QR-Code vor Ort einchecken. Durch die Seriennummer des Schlüsselanhängers können Sie ihre Infektion an das Gesundheitsamt melden.

Des Weiteren speichert die luca-App für 30 Tage die Historie aller besuchten Orte, sofern der Nutzer sie nicht vorab löscht. Im Falle einer Infizierung kann diese Information für das Gesundheitsamt mittels eines Tan-Verfahrens freigeben werden.

In neueren Versionen ist es außerdem möglich, Tests zu hinterlegen, um beispielsweise Ladenbesitzern oder im Gaststättengewerbe das Kontrollieren von Testergebnissen zu erleichtern.

Stand August 2021 verzeichnet die luca-App mehr als 25 Millionen Nutzer, über 300.000 Geschäfte verwenden die App und mehr als 300 Gesundheitsämter sind darüber miteinander vernetzt. Somit stellt die luca-App eine der meistgenutzten Corona-Apps deutschlandweit dar [8].

11.3 Corona-Datenspende-App

Diese App sammelt Daten von Fitness-Trackern und Smartwatches, die Nutzerinnen und Nutzer freiwillig zur Verfügung stellen können. Mit den Daten, die das RKI empfängt, werden wichtige Erkenntnisse über die Ausbreitung des Coronavirus gewonnen und potenzielle Symptome erkannt. Die Daten sind so verschlüsselt, dass keine Person identifiziert werden kann, und werden ausschließlich zu wissenschaftlichen Zwecken genutzt.

11.4 Warn-App NINA

Die aktuelle Version der „Notfall-Informations- und Nachrichten-App" (NINA) des BBK bietet neben Warnmeldungen über aktuelle Gefahrenlagen zusätzlich einen Informationsbereich zur Corona-Pandemie. Dieser umfasst sowohl Basisinformationen als auch aktuelle Nachrichten.

Die Warn-App NINA erhebt keine personenbezogenen Daten.

11.5 Covid-online.de

Covid-online.de wurde unter der Leitung von Prof. Dr. M. Hirsch am Universitätsklinikum Gießen Marburg von L. Melms entwickelt. Verantwortlich für die medizinischen Inhalte der Website sind Prof. Dr. B. Schieffer, Direktor Kardiologie und Not-

fallmedizin am UKGM Marburg, sowie Dr. A. Jerrentrup, Chefarzt im Bereich Notfallmedizin am UKGM Marburg.

Covid-online.de dient dem Nutzer dazu, einzuschätzen, **wie groß das persönliche Risiko ist, an COVID-19 erkrankt zu sein** und welche weiteren Maßnahmen
dieser treffen sollte. Die Website kann sowohl von klinischem Personal, Ärzten als
auch Privatpersonen genutzt werden und die Empfehlungen werden je nach Nutzer
angepasst.

Nachdem der Nutzer den Datenschutzbedingungen zugestimmt hat, trägt er zunächst seine persönlichen Informationen über Geschlecht, Größe, Gewicht und Alter
ein. Anschließend folgt eine Frageliste (Abb. 11.5) zu Symptomen und Vorerkrankungen. Zuletzt wird die Postleitzahl des Nutzers erfragt, um das Risiko, dass er an CO-
VID-19 erkrankt ist, bestmöglich zu bestimmen.

Abschließend erhält der Nutzer Informationen über sein persönliches Risiko und
welche Maßnahmen, wie zum Beispiel Quarantäne oder Aufsuchen eines Arztes, er
ergreifen sollte [9,10].

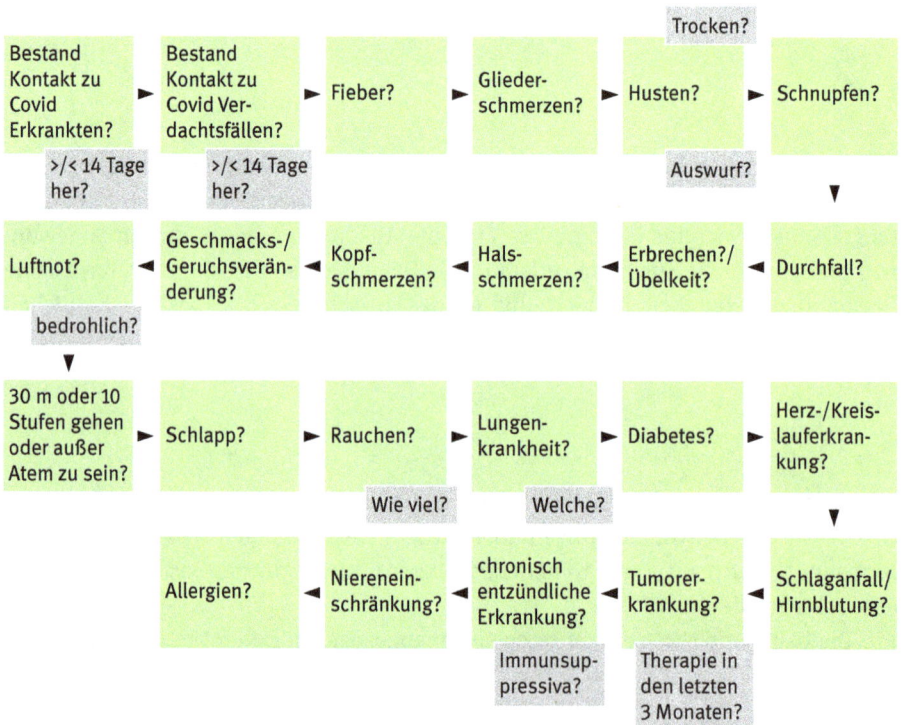

Abb. 11.5: Der Covid-online.de-Fragenkatalog der Universitätsklinika Gießen und Marburg, welcher
dem Nutzer die Möglichkeit bietet, sein persönliches Risiko einer COVID-19-Erkrankung einzuschätzen.

Bereits im April 2020, ca. eine Woche nach Freischaltung der Homepage, hatte diese mehr als eine Million Aufrufe und der Fragebogen wurde mehr als 675.000-mal ausgefüllt [11].

11.6 CovApp

Die CovApp ist eine Software, mit der man innerhalb weniger Minuten einen Fragenkatalog zu auftretenden Symptomen beantworten und daraus spezifische Handlungsempfehlungen, Ansprechpartner oder Kontakte erhalten kann. Ziel ist es, die Ausbreitung der Pandemie durch richtiges Verhalten von Infizierten zu verhindern. Der Fragebogen ist anonym und wird nur auf dem persönlichen Endgerät bearbeitet und gespeichert [12].

11.7 Digitalisierung im Impfgeschehen

11.7.1 Übermittlung von Nebenwirkungen: „SafeVac"

Die SafeVac-2.0-App ist eine vom Paul-Ehrlich-Institut entwickelte App, die Daten zu COVID-19-Impfungen sammelt, um die **Verträglichkeit und Sicherheit der Impfstoffe nachverfolgen zu können**. Hierbei erfasst die App das Impfdatum, den Impfstoff sowie aufgetretene Beschwerden im Rahmen der Impfung (vgl. Abb. 11.6). Für die Nutzung der App muss der Nutzer volljährig sein und Impfstoffname sowie die Chargennummer müssen vorliegen. Außerdem darf der Impfzeitpunkt maximal 48 h zurückliegen. Die App befragt den Nutzer zu festgelegten Zeitpunkten nach möglichen Beschwerden und seinem Gesundheitszustand und dokumentiert diese. Die Daten werden bis zu 12 Monate gesammelt und die Weitergabe der Ergebnisse an das Paul-Ehrlich-Institut (PEI) erfolgt anonymisiert.

Das PEI führt seit Anfang 2021 eine Beobachtungsstudie zur Verträglichkeit der COVID-19-Impfstoffe mit Hilfe dieser Smartphone-App – SafeVac App 2.0 – durch.

Fieber	Ermüdung	Schüttelfrost	Schwellung an der Einstichstelle	Schmerzen an der Einstichstelle
Unwohlsein	Kopfschmerzen	Schwindelgefühl	Myalgie/ Muskelschmerzen	Arthralgie/ Gelenkschmerzen
Übelkeit	Erbrechen	Diarrhö/Durchfall	sonstiges: _____	

Abb. 11.6: Symptomabfrage der SaveVac-App zu den Nebenwirkungen nach einer SARS-CoV-2-Impfung.

Je mehr geimpfte Erwachsene teilnehmen und Informationen übermitteln, desto aussagekräftiger sind die entsprechenden Daten. Mit Hilfe der SafeVac-App werden die Teilnehmer intensiv 3 bzw. 4 Wochen nach jeder COVID-19-Impfung nach gesundheitlichen Beschwerden (siebenmal innerhalb von 3 Wochen nach der ersten Impfung und achtmal innerhalb von 4 Wochen nach der zweiten Impfung) befragt. Weitere Befragungen zum gesundheitlichen Befinden erfolgen 6 und 12 Monate nach der letzten Impfung. Gegenstand der Abfrage ist auch, ob die Impfung vor einer SARS-CoV2-Infektion geschützt hat oder ob eine Infektion bzw. COVID-19-Erkrankung aufgetreten ist.

Alle Informationen der Studienteilnehmer werden verschlüsselt auf dem Smartphone gespeichert und mit einer Zufallsnummer an das PEI übermittelt, sobald eine Online-Verbindung besteht. Das PEI kann zu keinem Zeitpunkt die Meldung nachverfolgen und erfährt weder Namen noch Mobilfunknummer der Teilnehmenden. Die Befragung ist freiwillig und kann jederzeit beendet werden [13].

Alternativ können Nebenwirkungen über www.nebenwirkungen.bund.de an das PEI gemeldet werden [14].

11.7.2 Digitaler Impfnachweis

Der digitale Impfausweis wurde im Juni 2021 in Deutschland von den Unternehmen IBM, UBIRCH, govdigital und Bechtle im Auftrag des Bundesministeriums für Gesundheit entwickelt und freigegeben. Der Impfausweis ermöglicht vollständig Geimpften anstelle des gelben Impfbuches ihren Impfstatus **in digitaler Form bzw. Format nachzuweisen**. Den Rechtsrahmen hierfür bildet das Grüne Zertifikat der EU, sodass der digitale Impfausweis seit Juli 2021 in ganz Europa gültig ist. Bis August 2021 wurden in Deutschland mehr als 80 Mio. digitale Impfzertifikate ausgestellt. Jedoch kann aufgrund des Datenschutzes nicht bestimmt werden, wie häufig es hierbei zu Dopplungen kam [15].

11.7.2.1 CovPass

Der digitale Nachweis ist über mehrere Apps generierbar. Sowohl die Corona-Warn-App (siehe Kapitel 11.1), als auch die CovPass-App zeigt das Impfzertifikat an. Dieses erhält der Nutzer über Impfzentren, Arztpraxen oder Apotheken, welche nach Prüfung des Personalausweises, der Impfung, den Namen und das Geburtsdatum einen individuellen QR-Code generieren können. Nach Scannen des Codes kann der Geimpfte den Online-Nachweis verwenden.

Möchte ein Dienstleister den Impfstatus prüfen, kann er dies über eine gesonderte CovPass-Prüf-App machen, um eine mögliche Fälschung des digitalen Nachweises auszuschließen. In der App wird lokal der Name, das Geburtsdatum und der Impfstatus des Nutzers gespeichert.

Die CovPass-App ermöglicht zudem das Eintragen von negativen Testergebnissen und durchgemachten Infektionen und dient somit ebenfalls als Genesenen- und Testnachweis [16].

11.7.3 STIKO@rki-App

„Die STIKO@rki-App wurde für das Fachpersonal im Gesundheitswesen und die impfende Ärzteschaft entwickelt, um diese bei Fragen zum Impfen im Praxisalltag zu unterstützen" [17].

Die Empfehlungen der STIKO gibt es auch zum Nachlesen in der App. Dort findet man zahlreiche wichtige Informationen rund um das Thema Impfen sowie Erklärungsfilme und FAQs.

11.7.4 aidminutes.impfen

Mit Hilfe von aidminutes.impfen können Impfzentren und impfende Ärzte nichtdeutschsprachige Patienten über die Corona-Schutzimpfung aufklären.

aidminutes.impfen ist eine Erweiterung der App aidminutes.rescue (COVID-19), die besonders zu Beginn der Pandemie vor allem Rettungskräften als mehrsprachige Kommunikationshilfe diente.

Mit dieser App aidminutes.impfen stehen Nutzern Antworten auf symptom- und situationsbedingte Fragen in über 40 Sprachen und Dialekten zur Verfügung, inklusive audio-visueller Inhalte.

Die App ist medizin- und datenschutzrechtlich geprüft und wird durch das Bundesministerium für Gesundheit gefördert [18].

Literatur

[1]   https://diga.bfarm.de/de/verzeichnis (letzter Zugriff: 11.10.2021).
[2]   https://www.zusammengegencorona.de/informieren/corona-warn-app/corona-apps-im-ueberblick (letzter Zugriff: 11.10.2021).
[3]   https://www.bundesregierung.de/breg-de/themen/corona-warn-app (letzter Zugriff: 17.08.2021).
[4]   https://www.rki.de/DE/Content/InfAZ/N/Neuartiges_Coronavirus/WarnApp/Warn_App.html (letzter Zugriff: 17.08.2021).
[5]   https://www.bundesregierung.de/resource/blob/1753814/1760022/05fbce599691309f3f6e5aa1d5f310ce/2020-06-12-faq-langfassung-de-data.pdf?download=1 (letzter Zugriff: 17.08.2021).
[6]   https://www.bundesgesundheitsministerium.de/coronavirus/faq-covid-19-impfung/faq-digitaler-impfnachweis.html (letzter Zugriff: 13.10.2021).
[7]   https://www.rki.de/DE/Content/InfAZ/N/Neuartiges_Coronavirus/WarnApp/Archiv_Kennzahlen/Kennzahlen_01102021.pdf?__blob=publicationFile (letzter Zugriff: 03.02.2021).
[8]   https://www.luca-app.de (letzter Zugriff: 16.08.2021).

[9]   https://covid-online.de/#/ (letzter Zugriff: 16.08.2021).

[10] https://www.medrxiv.org/content/10.1101/2021.02.01.21250537v1.full-text (letzter Zugriff: 28.07.2021).

[11] https://www.op-marburg.de/Marburg/Selbsttest-Marburger-App-knackt-die-Million (letzter Zugriff: 06.10.2021).

[12] https://covapp.charite.de (letzter Zugriff: 30.11.2021).

[13] Paul-Ehrlich-Institut – Meldungen – SafeVac 2.0 – Smartphone-App zur Erhebung der Verträglichkeit von COVID-19-Impfstoffen (pei.de).

[14] https://www.pei.de/DE/newsroom/hp-meldungen/2020/201222-safevac-app-smartphone-befragung-vertraeglichkeit-covid-19-impfstoffe.html (letzter Zugriff: 16.08.2021).

[15] https://www.sueddeutsche.de/wirtschaft/bundesgesundheitsministerium-impfzertifikat-corona-impfung-impfpass-1.5368181 (letzter Zugriff: 16.08.2021).

[16] https://digitaler-impfnachweis-app.de; https://www.bundesregierung.de/breg-de/themen/corona-warn-app (letzter Zugriff: 16.08.2021).

[17] https://www.rki.de/DE/Content/Kommissionen/STIKO/App/STIKO-App_node.html (letzter Zugriff: 30.11.2021).

[18] https://www.aidminutes.com/impfen (letzter Zugriff: 30.11.2021).

12 Öffentliche Maßnahmen – Reaktionen – Einflüsse

Harald Renz

Seit Beginn der Corona-Pandemie wurden seitens der EU-Kommission als auch auf Bundesebene zahlreiche Verordnungen erlassen – von der ersten Coronavirus-Meldepflichtverordnung bis hin zur Verordnung zum Anspruch auf eine Schutzimpfung gegen das SARS-CoV-2-Virus. Die seit dem 30.01.2020 erlassenen Verordnungen behandelten umfassend Themen wie z. B. das Kurzarbeitergeld, die Beschaffung von Medizinprodukten und persönlicher Schutzausrüstung, die Aufrechterhaltung und Sicherung intensivmedizinischer Krankenhauskapazitäten oder die Testpflicht von Einreisenden aus Risikogebieten [1].

Auf Länderebene unterscheiden sich die Verordnungen je nach Bundesland. Anfang 2020 waren die Kenntnisse über das SARS-CoV-2-Virus gering, und eine Einschätzung der Lage gestaltete sich schwierig. Diese Situation erforderte, dass zahlreiche neue Verordnungen erlassen, verschärft bzw. angepasst wurden.

Die Verordnungen der Bundesregierung passten sich kontinuierliche an die aktuelle Inzidenzlage in Deutschland an. Bund und Länder arbeiteten bei der Eindämmung der Pandemie zusammen, jedoch jedes Bundesland entschied über die geltenden Regeln und Einschränkungen vor Ort. Die Leitlinien dafür legten Bund und Länder gemeinsam fest, zuletzt mit Beschluss vom 22. März 2021.

Sie bezogen sich auf Bereiche im öffentlichen Leben, private Kontakte, Einkaufen und Sport. Es gab Auflagen innerhalb der Gastronomie, Kultureinrichtungen und Veranstaltungen im Allgemeinen. Schulen und Kindertagesstätten waren betroffen und eine einheitliche Rückführung aller Kinder und Jugendlichen gestaltete sich schwierig. Unternehmen und öffentliche Einrichtungen waren angehalten, ihren Mitarbeitern Home-Office anzubieten und Reisende mussten sich nahezu täglich über die aktuellsten Verordnungen informieren [2].

Die Bundesregierung verfolgte mit ihrem Maßnahmenkatalog vier Ziele:
- die Gesundheit der Bevölkerung zu schützen,
- Folgen für Bürger, Beschäftigte und Unternehmen abzufedern und
- die Pandemie gemeinsam mit den europäischen und internationalen Partnern zu bewältigen [3] sowie
- die Verhinderung der Überlastung des Gesundheitssystems.

Im nächsten Abschnitt sind die wichtigsten Eckpunkte im chronologischen Verlauf aufgeführt.

https://doi.org/10.1515/9783110752595-012

12.1 Wichtigste Eckpunkte der Maßnahmenkataloge innerhalb der EU und Deutschland

Die in dem folgenden Abschnitt synoptisch aufgeführten Informationen seitens der EU-Kommission, der Bundesregierung sowie den einzelnen MPKs (Ministerpräsidenten-Konferenzen) fassen die wichtigsten Eckpunkte zusammen, erheben jedoch keinen Anspruch auf Vollständigkeit. Veröffentlicht wurden dieser Informationen unter:

– *EU: Zeitleiste der EU-Maßnahmen | EU-Kommission (ec.europa.eu)*
– D: Chronik zum Coronavirus SARS-CoV-2 sowie Maßnahmen, die auf nationaler Ebene in Deutschland zur Eindämmung der COVID-19-Pandemie und zur Bewältigung ihrer Folgen eingeführt wurden (bundesgesundheitsministerium.de)
– **Ad-hoc-Stellungnahmen Leopoldina zur Coronavirus-Pandemie [4]**

27.01.2020 D: Das Coronavirus hat Deutschland erreicht. Ein Mann aus dem Landkreis Starnberg in Bayern hat sich infiziert. Er wurde isoliert, wird medizinisch versorgt und befindet sich klinisch in einem guten Zustand. Das Risiko für eine Ausbreitung des Virus in Deutschland ist aber nach wie vor gering.

28.01.2020 EU: *Aufgrund der rasanten Ausbreitung des SARS-CoV-2-Virus wird nach Aufforderung Frankreichs das EU-Katastrophenschutzverfahren aktiviert, um EU-Bürgern im chinesischen Wuhan konsularische Unterstützung zu bieten.*

31.01.2020 EU: *Aus dem EU-Forschungs- und -Innovationsprogramm „Horizont 2020" werden € 10 Mio. für die Forschung zu SARS-CoV-2 bereitgestellt und rund 100 Personen kehren am 1. Februar 2020 aus Wuhan nach Deutschland zurück. Die Rückkehrer sind symptomfrei gestartet. Als Vorsichtsmaßnahme und um sie und weitere Menschen zu schützen, werden sie in einer Unterkunft 12 bis 15 Tage lang isoliert.*

01./02.02.2020 EU: EU-Bürger heimgeholt – *Mit den ersten Rückholflügen unter französischer und deutscher Flagge, kofinanziert im Rahmen des EU-Katastrophenschutzverfahrens, werden 447 EU-Bürger aus Wuhan zurückgeholt. Die EU-Kommission setzt alles daran, die Maßnahmen zur Bekämpfung des Coronavirus zu flankieren. Sie hilft den Mitgliedstaaten bei der Rückholung ihrer Bürger und unterstützt China in der Not.*

07.02.2020 D: Das Bundesgesundheitsministerium und die Bundeszentrale für gesundheitliche Aufklärung publizieren die wichtigsten Infos, wie man sich **am besten vor dem Coronavirus und anderen Infektionskrankheiten schützen kann.**

24.02.2020 EU: *EU-Kommission verkündet ein Hilfspaket über € 232 Mio., um weltweit eine verbesserte Vorsorge, Vorbeugung sowie die Eindämmung der Virusausbreitung zu unterstützen.*

*26.02.2020 EU: Auf **europäischer Ebene** ist geplant, Schutzausrüstung für medizinisches Personal zu beschaffen und **Ärzte** sind angehalten, Verdachtsfälle auch nach möglichen Kontakten zu Infizierten oder Reisen in Infektionsgebiete zu fragen.*

27.02.2020 D: Um die Corona-Epidemie zu bekämpfen, setzen Bundesinnen- und Bundesgesundheitsministerium einen im Pandemieplan des Bundes vorgesehenen **Krisenstab** ein.

28.02.2020 D: Der **Krisenstab der Bundesregierung** beschließt Maßnahmen auf sämtlichen Verkehrswegen im grenzüberschreitenden Verkehr nach Deutschland.

02.03.2020 EU: Auf politischer Ebene setzt EU-Präsidentin von der Leyen einen Corona-Krisenstab ein, der die Anti-Corona-Maßnahmen der Medizin über Wirtschaft und Mobilität bis hin zum Verkehr koordinieren soll.

03.03.2020 D: Der Krisenstab der Bundesregierung verbietet den Export von medizinischer Schutzausrüstung (Atemmasken, Handschuhe, Schutzanzüge etc.) ins Ausland – zentrale Beschaffung für Deutschland.

04.03.2020 D: Da in Apotheken verstärkt Desinfektionsmittel nachgefragt werden, erteilt die Bundesanstalt für Arbeitsschutz und Arbeitsmedizin (BAuA) eine Ausnahmeregelung über die Bereitstellung auf dem Markt und die Verwendung von Biozidprodukten – diese gestattet Apothekern, Händedesinfektionsmittel herzustellen und in Verkehr zu bringen – ohne mengenmäßige Begrenzung.

10.03.2020 EU: EU-Präsidentin von der Leyen kündigt eine Investitionsinitiative zur Bewältigung der Corona-Krise an, für die rund € 60 Milliarden nicht in Anspruch genommener Mittel aus den Kohäsionsfonds umgewidmet werden könnten und der Krisenstab empfiehlt die Absage aller Großveranstaltungen mit > 1.000 erwarteten Teilnehmern.

12.03.2020 D: Beschluss zwischen der Bundeskanzlerin mit den Regierungschefinnen und Regierungschefs der Länder war, dass sich die Krankenhäuser in Deutschland auf den erwartbar steigenden Bedarf an Intensiv- und Beatmungskapazitäten zur Behandlung von schweren Atemwegserkrankungen durch COVID-19 konzentrieren und planbare Operationen und Eingriffe verschieben.

13.03.2020 EU: Die EU-Kommission präsentiert EU-weit koordinierte Sofortmaßnahmen zur Abfederung sozioökonomischer Auswirkungen in Form von staatlichen Beihilfen etc.

15.03.2020 EU: Die EU-Kommission ergreift Maßnahmen zur Sicherung der Verfügbarkeit persönlicher Schutzausrüstung und verlangt, dass die Ausfuhr selbiger in Länder außerhalb der EU einer Ausfuhrgenehmigung bedarf.

17.03.2020 EU: Die Kommission setzt Expertengremium ein – dieses soll einen COVID-19-Beraterstab mit Epidemiologen und Virologen aus verschiedenen Mitgliedstaaten soll EU-Leitlinien für wissenschaftlich fundierte, koordinierte Risikomanagementmaßnahmen ausarbeiten.

21.03.2020 LEO: 1. Ad-hoc-Stellungnahme der Leopoldina zu den Herausforderungen und Interventionsmöglichkeiten der Coronavirus-Pandemie in Deutschland.

22.03.2020 D: Erster, harter Lockdown tritt in Deutschland in Kraft, der das wirtschaftliche und gesellschaftliche Leben nahezu zum Erliegen bringt – vgl. Lockdown-Einzelmaßnahmen in Kapitel 12.2.

25.03.2020 D: Bundestag beschließt das „COVID-19-Krankenhausentlastungsgesetz", welches die wirtschaftlichen Folgen für Krankenhäuser und Vertragsärzte auffangen soll. Mit dem „Gesetz zum Schutz der Bevölkerung bei einer epidemischen Lage von nationaler Tragweite" wird die Reaktionsfähigkeit auf Epidemien verbessert.

27.03.2020 D: Im Kampf gegen COVID-19 fördert die Bundesregierung den Aufbau eines Nationalen Universitäts-Forschungsnetzwerkes (NUM) mit € 150 Mio. Insgesamt schließen sich 37 deutsche Universitätskliniken zusammen. Auf diese Weise kann ein besserer Austausch von Informationen stattfinden: über verschiedene Diagnose- und Behandlungsmethoden sowie Patientendaten.

01.04.2020 D: Das am 28.03.2020 in Kraft getretene Infektionsschutzgesetz (IfSG) ermöglicht dem Bundesministerium für Gesundheit mit sofortiger Wirkung, Flüge aus dem Iran (Hochrisikogebiet) nach Deutschland zu untersagen.

01.04.2020 LEO: 2. Ad-hoc-Stellungnahme der Leopoldina zu gesundheitsrelevanten Maßnahmen in der Coronavirus-Pandemie.

06.04.2020 D: Bundesgesundheitsminister Jens Spahn macht die Meldung freier Intensivbetten zur Pflicht.

08.04.2020 EU: EU-Kommission rät zu einem abgestimmten Vorgehen bei der Verlängerung der Reisebeschränkungen, da Maßnahmen an den Außengrenzen nur wirksam sind, wenn sie von allen EU- und Schengen-Ländern an allen Grenzen einheitlich für den gleichen Zeitraum getroffen werden.

09.04.2020 D: Bundesregierung beschließt, dass sich ein neuer Arbeitsstab im Bundeswirtschaftsministerium künftig um den Aufbau der Produktionskapazitäten von medizinischer Schutzausrüstung in Deutschland kümmert. Das Bundesgesundheitsministerium konzentriert sich auf die Beschaffung und Verteilung der Schutzausrüstung.

13.04.2020 LEO: 3. Ad-hoc-Stellungnahme der Leopoldina zu einer nachhaltigen Krisenbewältigung der Coronavirus-Pandemie.

15.04.2020 D:
- Leitlinien für SARS-CoV-2-Testmethoden helfen allen Mitgliedstaaten, im Rahmen ihrer nationalen Strategien und in den verschiedenen Pandemiephasen verlässliche Corona-Tests durchzuführen.
- Kontaktbeschränkungen in Deutschland werden bis 3. Mai verlängert.
- Öffentliche Gesundheitsdienste erhalten zusätzliches Personal, um Infektionsketten besser zu unterbrechen. Besonders betroffene Gebiete erhalten schnell abrufbare Unterstützungen und die Bundesregierung schafft mehr Testkapazitäten.

20.04.2020 D: Das Bundesgesundheitsministerium beschließt die Hard- und Software der Gesundheitsämter auf den neuesten Stand zu bringen, um sie später über ein digitales Meldesystem mit dem RKI und mit der neuen Corona-App verbinden zu können.

20.04.2020 D: Deutschland unterstützt seine europäischen Partner im Kampf gegen das Coronavirus und erklärt seine Bereitschaft, bei Bedarf weitere ausländische Patienten aufzunehmen. Die Behandlungskosten übernimmt Deutschland.

04.05.2020 D: Ende des ersten, harten Lockdowns in Deutschland.

14.05.2020 D: Bundestag beschließt 2. Gesetz zum Schutz der Bevölkerung bei einer epidemischen Lage von nationaler Tragweite. SARS-CoV-2-Infizierte sollen damit schneller gefunden, getestet und versorgt werden. Es gilt eine umfassendere Meldepflicht für Labore und Gesundheitsämter. Pflegekräfte sollen einen Bonus erhalten und pflegende Angehörige besser unterstützt werden.

27.05.2020 LEO: 4. Ad-hoc-Stellungnahme der Leopoldina zur medizinischen Versorgung und patientennahen Forschung in einem adaptiven Gesundheitssystem in der Coronavirus-Pandemie

03.06.2020 D: Koalitionsausschuss beschließt ein Konjunkturpaket über € 130 Milliarden für die Stärkung des Gesundheitswesens und besseren Schutz vor zukünftigen Pandemien (vgl. Kapitel 10, Corona und die deutsche Volkswirtschaft).

09.06.2020 D: Zukünftig können Personen auf das Coronavirus getestet werden, wenn sie keine Symptome aufweisen – bezahlt von den gesetzlichen Krankenkassen – dies sieht die neue Testverordnung des Bundegesundheitsministerium vor, rückwirkend zum 14. Mai 2020.

10.06.2020 EU: Die EU-Kommission und Hohe Vertreter für die Gemeinsame Außen- und Sicherheitspolitik präsentierten Vorschläge für konkrete Maßnahmen, die rasch zur Bekämpfung von Desinformation im Zusammenhang mit der COVID-19-Pandemie getroffen werden können.

11.06.2020 EU: Europäische Investitionsbank und das Pharma-Unternehmen BioN-Tech unterzeichnen eine Finanzierungsvereinbarung über € 100 Mio. zur Förderung des COVID-19-Impfstoffprogramms BNT162.

15.06.2021 EU: „Re-open EU", eine Internetplattform der Kommission, informiert über die Wiederherstellung der Freizügigkeit und die Wiederaufnahme des Tourismus in ganz Europa ohne Sicherheitsrisiken.

*16.06.2021 EU: **Kommission stellt EU-Impfstoffstrategie** zur raschen Entwicklung, Herstellung und Verbreitung eines Corona-Impfstoffs vor. Nur mit einem wirksamen und sicheren Impfstoff gegen das Virus können wir diese Pandemie dauerhaft bewältigen. Die Strategie soll helfen, einen solchen Impfstoff innerhalb von 12–18 Monaten oder eher zu entwickeln und zu verbreiten.*

16.06.2020 D: Bundesregierung startet **Corona-Warn-App**, sodass Menschen anonym und schnell darüber informiert werden, wenn sie sich in der Nähe eines Infizierten aufgehalten haben.

06.07.2020 EU: Europäische Investitionsbank und CureVac einigen sich auf ein Darlehen über € 75 Mio. zur Impfstoffentwicklung gegen Infektionskrankheiten.

24.07.2020 D: Die Gesundheitsminister von Bund und Ländern beschließen die Einführung von Corona-Tests für Reiserückkehrer.

05.08.2020 LEO: 5. Ad-hoc-Stellungnahme der Leopoldina für ein krisenresistentes Bildungssystem in der Coronavirus-Pandemie.

11.08.2020 EU: Die EU-Kommission unterstützt 23 Forschungsprojekte mit € 128 Mio. im Rahmen von „Horizont 2020".

14.08.2020 EU: Die EU-Kommission schließt mit AstraZeneca eine erste Vereinbarung, auf deren Grundlage ein potenzieller SARS-CoV-2-Impfstoff angekauft sowie an Länder mit niedrigem/mittlerem Einkommen gespendet oder an andere europäische Länder weitergegeben werden kann.

27.08.2020 *EU: Erster Vertrag, den die EU-Kommission im Namen der EU-Mitgliedstaaten mit einem Pharmaunternehmen ausgehandelt hat, tritt in Kraft – alle EU-Mitgliedstaaten können einen COVID-19-Impfstoff erwerben.*

27.08.2020 D: Künftig gilt in Deutschland eine 14-tägige Quarantäne-Pflicht für Einreisende aus Risikogebieten.

18.09.2020 *EU: Ein zweiter Vertrag zwischen EU-Kommission und dem Pharmaunternehmen Sanofi-GSK ermöglicht allen EU-Mitgliedstaaten, bis zu 300 Mio. Dosen des Impfstoffs anzukaufen.*

23.09.2020 LEO: 6. Ad-hoc-Stellungnahme der Leopoldina für die Aufstellung wirksamer Regeln für Herbst und Winter in der Coronavirus-Pandemie

08.10.2020 *EU: Die EU-Kommission genehmigt einen dritten Vertrag mit dem Pharmaunternehmen Janssen Pharmaceutica NV. Der Vertrag ermöglicht den EU-Ländern, Impfstoffe für 200 Mio. Menschen zu erwerben. Zudem erhalten sie eine Option auf den Ankauf von Impfstoff für weitere 200 Mio. Menschen.*

15.10.2020 *EU: Im Vorfeld der Tagung der EU-Staats- und -Regierungschefs präsentiert die Kommission zentrale Punkte **(wirksame Impfstrategien – vgl. Kapitel 8.4 – und Impfstoff-Verteilung – vgl. Kapitel 8.3.7/8.3.9)**, die EU-weit bei Corona-Impfungen beachtet werden sollten, damit keine Zeit verloren wird, sobald ein verträglicher und wirksamer Impfstoff bereitsteht. Festzulegen sind auch die Priorisierungsgruppen.*

23.10.2020 D: Die **Nationale Impfstrategie** regelt die faire Verteilung von Corona-Impfstoffen in zwei Phasen: In der ersten Phase können sich Risikogruppen und exponierte Teile der Bevölkerung (z. B. Krankenhauspersonal) impfen lassen. In der zweiten Phase steht die Impfung der Gesamtbevölkerung offen [5] – (vgl. Kapitel 8.4.1 / Tabelle 8.5 Stufenplan zur Impf-Priorisierung).

02.11.2020 D: Beginn des Lockdown light – vgl. Einzelmaßnahmen in Kapitel 12.2.

11.11.2020 *EU: Der vierte Vertrag mit BioNTech und Pfizer, der den Erstkauf von 200 Mio. Impfdosen im Namen aller EU-Mitgliedstaaten sowie eine Option für die Bestellung weiterer 100 Mio. Dosen vorsieht, wird von der Kommission unterzeichnet.*

08.12.2020 LEO: 7. Ad-hoc-Stellungnahme der Leopoldina zur Nutzung der Feiertage und den Jahreswechsel für einen harten Lockdown in der Coronavirus-Pandemie.

15.12./16.12.2020 D: Ende des Lockdown light und Beginn des zweiten harten Lockdowns – vgl. Einzelmaßnahmen in Kapitel 12.2.

21.12.2020 EU: Die EU-Kommission erteilt eine bedingte Zulassung für den von BioNTech und Pfizer entwickelten Impfstoff, der damit als erster Corona-Impfstoff in der EU zugelassen wurde.

27.12.2020 D: Impfstart in Deutschland mit dem mRNA-Impfstoff von BioNTech.

06.01.2021 EU: Die EMA lässt den mRNA-Impfstoff der Firma Moderna bedingt zu.

17.02.2021 EU: Die EU-Kommission genehmigt einen zweiten Vertrag mit dem Pharmaunternehmen Moderna über 300 Mio. zusätzliche Impfstoffdosen.

19.02.2021 EU: Die EU verdoppelt mit zusätzlichen 500 Mio. EUR ihren Beitrag zur COVAX-Fazilität. COVAX leitet die Bemühungen um einen fairen und gleichberechtigten Zugang zu Corona-Impfstoffen in Ländern mit niedrigem und mittlerem Einkommen. Mit über 2,2 Mrd. EUR ist Team Europa einer der führenden Geber von COVAX.

10.03.2021 EU: BioNTech/Pfizer erzielt mit der Kommission eine Vereinbarung über die Lieferung weiterer 4 Mio. COVID-19-Impfstoffdosen für die EU-Länder.

11.03.2021 EU: Die EMA erteilt dem von Janssen Pharmaceutica NV entwickelten COVID-19-Impfstoff eine bedingte Zulassung – der vierte Impfstoff gegen SARS-CoV-2 in der EU.

17.03.2021 EU: Die Einführung eines digitalen grünen Zertifikats wird von der EU-Kommission vorgeschlagen, um in Zeiten von Corona die Freizügigkeit innerhalb der EU zu erleichtern. Das Zertifikat dient als Nachweis dafür, dass eine Person gegen COVID-19 geimpft wurde, ein negatives Testergebnis erhalten hat oder von COVID-19 genesen ist.

24.03.2021 EU: Die EU- Kommission hat eine Maßnahme zur beschleunigten Zulassung angepasster COVID-19-Impfstoffe getroffen. Sie erlaubt Unternehmen, sich künftig auf die zeitige Zusammenstellung der erforderlichen Nachweise zu konzentrieren und ermöglicht die Zulassung angepasster Impfstoffe unter Vorlage eines reduzierten Satzes zusätzlicher Daten bei der Europäischen Arzneimittel-Agentur.

01.04.2021 D: Impfstart in den Hausarztpraxen.

07.04.2021 EU: *Für dringende Arbeiten zu Coronavirus-Mutationen stellt die EU-Kommission € 123 Mio. aus Horizont Europa zur Verfügung.*

18.04.2021 D: Ende des zweiten harten Lockdowns in Deutschland.

23.04.2021 D: Die von der Bundesregierung beschlossene Bundes-Notbremse tritt in Kraft – vorerst bis 30. Juni 2021.

20.05.2021 EU: *Die EU-Kommission unterzeichnet einen dritten Vertrag mit BioNTech und Pfizer. Damit reserviert sie zwischen Ende 2021 und 2023 im Auftrag aller EU-Mitgliedstaaten weitere 1,8 Milliarden Dosen, und zwar 900 Millionen Dosen des derzeitigen Impfstoffs und eines an Varianten angepassten Impfstoffs sowie optional 900 Millionen zusätzliche Dosen.*

31.05.2021 EU: *Die EMA lässt den Impfstoff von BioNTech/Pfizer für Kinder ab 12 Jahren zu.*

07.06.2021 D: Aufhebung der Impfpriorisierung in Deutschland.

10.06.2021 D: In Deutschland beginnt der Rollout des digitalen Impfnachweises.

21.06.2021 LEO: 8. Ad-hoc-Stellungnahme der Leopoldina zu psychosozialen und edukativen Herausforderungen und Chancen für Kinder und Jugendliche in der Coronavirus-Pandemie.

15.07.2021 D: Deutschland unterstützt die WHO mit weiteren € 260 Mio. im weltweiten Kampf gegen die Pandemie.

30.06.2021 D: Ende der Bundes-Notbremse – es gelten wieder die länderspezifischen Corona-Regelungen.

01.07.2021 D: Um zu verhindern, dass Virusvarianten unkontrolliert ins Land eingetragen werden, beschließt die Bundesregierung schon länger eine strikte Einreiseverordnung: Alle Länder, in denen das Corona-Virus zirkuliert, werden in drei Kategorien unterteilt: einfache Risikogebiete, Hochinzidenzgebiete und Virusvarianten-Gebiete.

21.07.2021 D: Das BMG legt einen Bericht über den Aufbau einer „Nationalen Reserve" (NRGS) vor, mit dem Ziel, Deutschland besser auf künftige Krisen vorzubereiten – dieser soll bei Pandemien und bei Katastrophen eingesetzt zu werden.

21.07.2021 LEO: 9. Ad-hoc-Stellungnahme der Leopoldina zu ökonomische Konsequenzen der Coronavirus-Pandemie – Diagnosen und Handlungsoptionen

22.07.2021 D: Die geltende Einreise-Verordnung wird bis zum 10. September 2021 verlängert – zudem gilt bei Einreise aus Virusvariantengebieten die Pflicht zur 14-tägigen Quarantäne künftig nicht, wenn die einreisende Person mit einem Impfstoff geimpft ist, der gegen die Virusvariante hinreichend wirksam ist, aufgrund derer die Einstufung als Virusvariantengebiet erfolgt ist.

01.08.2021 D: Das Bundeskabinett beschließt, dass alle Personen ab 12 Jahren bei ihrer Einreise nach Deutschland einen aktuellen Testnachweis vorlegen müssen, es sei denn, sie sind geimpft oder genesen. Die Pflicht, einen Nachweis für eins der 3G (geimpft, genesen oder getestet) vorzulegen, ist Teil der neuen Einreiseverordnung – Verordnung zum Schutz vor einreisebedingten Infektionsgefahren in Bezug auf das Coronavirus SARS-CoV-2 mit Begründung.

04.08.2021 EU: Die Kommission genehmigt neuen Vertrag über einen potenziellen COVID-19-Impfstoff mit Novavax.

10.08.2021 D: Bund und Länder beschließen 3G-Regeln (Inkrafttreten am 23.08.2021), d. h., wer sich in öffentlich zugänglichen Innenräumen trifft, muss geimpft, genesen oder getestet sein. Die Testpflicht gilt für den Besuch von Restaurants, Kinos, beim Frisör und bei anderen körpernahen Dienstleistungen, für Fitnessstudios, Schwimmbäder und Sporthallen, für Veranstaltungen, den Besuch in Krankenhäusern, Reha- oder Behinderteneinrichtungen sowie in Pflegeheimen. Nötig ist ein bis zu 24 Stunden alter negativer Schnelltests oder ein PCR-Test. PCR-Tests sind 48 Stunden gültig. Auch wer im Hotel übernachtet, muss einen negativen Test vorlegen. Er muss an jedem dritten Tag des Aufenthalts wiederholt werden.

Über Regeln und Einschränkungen, die vor Ort gelten, entscheiden die jeweiligen Bundesländer.

16.08.2021 D: Die STIKO spricht ab sofort für alle 12- bis 17-Jährigen eine allgemeine COVID-19-Impfempfehlung aus. Nach sorgfältiger Bewertung neuer wissenschaftlicher Daten überwiegen die Vorteile der Impfung gegenüber dem Risiko von sehr seltenen Impfnebenwirkungen auch in dieser jungen Altersgruppe.

23.08.2021 D: Das Bundesgesundheitsministerium erhält im Rahmen des EU-Soforthilfeinstruments ESI (Emergency Support Instrument) eine Zuwendung über € 9,9 Mio. für den Transport von medizinischer Ausrüstung in der COVID-Pandemie.

23.08.2021 EU: Die EU-Kommission beschafft ca. 20 Mio. Antigen-Schnelltests, die als Spende an die Mitgliedstaaten verteilt wurden. Davon hatte Deutschland rund 3,2 Mil-

lionen Schnelltests im März und April 2021 erhalten, mit denen das BMG zur Testung von Grenzpendlern und Reiserückkehrern Bundesländer mit Grenzen zu Virusvariantengebieten und Hochinzidenzgebieten unterstützt hat.

26.08.2021 D: Der Bundestag verlängert in einer Sondersitzung die „epidemische Lage von nationaler Tragweite" für maximal drei weitere Monate. Zudem soll bis zum 30. August eine Änderung des § 28a des Infektionsschutzgesetzes (IfSG) vorbereitet werden. Die sogenannte 7-Tage-Inzidenz soll aufgrund des Impffortschritts nicht mehr zentraler Maßstab sein. Die Schutzmaßnahmen gegen die Coronavirus-Krankheit sollen „zukünftig insbesondere auch an der COVID-19-Hospitalisierungsrate" ausgerichtet werden.

08.09.2021 D: Unter dem Motto **#HierWirdGeimpft** startet am 13. September 2021 eine Aktionswoche von Bund und Ländern mit niedrigschwelligen Impfangeboten in ganz Deutschland.

13.09.2021 D: Der Bundestag beschließt, die 7-Tage-Inzidenz des Coronavirus als alleinigen Leitindikator für die Beurteilung des Infektionsgeschehens abzulösen. Hinzu kommen nun Indikatoren über die Schwere von Krankheitsverläufen, d. h., neben der 7-Tage-Inzidenz des Coronavirus wird nun auch die Hospitalisierungsrate zur Beurteilung des Infektionsgeschehens herangezogen.

21.09.2021 EU: *Die EU-Kommission unterzeichnet Vertrag über die Lieferung eines Arzneimittels mit monoklonalen Antikörpern mit dem Pharmaunternehmen Eli Lilly für die Behandlung von Coronavirus-Patienten. Dies ist die neueste Entwicklung im ersten Portfolio von fünf vielversprechenden Therapeutika, welches die Kommission im Juni 2021 im Rahmen der EU-Strategie für COVID-19-Therapeutika angekündigt hatte.*

11.10.2021 D: Corona-Bürgertests für Ungeimpfte werden kostenpflichtig. Gratistests gibt es weiter für Menschen, die nicht geimpft werden können oder für die es keine allgemeine Impfempfehlung gibt.

12.2 Lockdown-Maßnahmen der Bundesrepublik Deutschland in der SARS-CoV-2-Pandemie

12.2.1 Erster Lockdown

Der erste notwendige Lockdown in Deutschland am 22.03.2020 endete nach 6 Wochen. Während dieser Zeit waren insbesondere ältere Personen (70+) überproportional von einer SARS-CoV-2-Infektion betroffen, sodass die Bundesregierung strenge Maßnahmen erließ, die die Verbreitung des Virus stoppen sollten. Dazu zählten: persönliche Kontaktbeschränkungen, zwei Meter Mindestabstand zu anderen Personen, eingeschränktes Kontaktverbot mit weiteren Haushalten in der Öffentlichkeit, keine Gruppenevents, Schließung der Restaurant- und Hotelbetriebe, des Einzelhandels sowie der Dienstleistungsbetriebe und Freizeiteinrichtungen – Summa Summarum: Reduzierung der persönlichen Aktivitäten auf ein Minimum – systemrelevante Einrichtungen blieben unter Auflage strenger Hygieneregeln geöffnet.

12.2.2 Lockdown light

Die „Freiheit" der Sommermonate erforderte ein halbes Jahr nach dem ersten Lockdown am 2. November 2020 den fünfwöchigen sog. Lockdown light, denn die Zahl der Neuinfektionen stieg kontinuierlich, immer mehr Städte und Kreise galten als Risikogebiet – erste Gesundheitsämter stießen an ihre Belastungsgrenze. Es galten umfassende Einschränkungen des öffentlichen und privaten Lebens – dieser musste am 16.12.2020 direkt in einen erneuten harten Lockdown überführt werden, denn die Inzidenzen stiegen weiterhin täglich und ein Impfangebot war noch nicht möglich.

12.2.3 Zweiter Lockdown

Der zweite harte Lockdown vom 16.12. bis 18.04.2021 erforderte noch strengere Zusatzmaßnahmen – die Schließung des Groß- und Einzelhandels, ab einer lokalen Inzidenz von 165 mussten Schulen und Kitas ebenfalls geschlossen werden. Für die Weihnachtstage wurden Treffen mit maximal fünf Personen plus Kinder im Alter bis 14 Jahre im engsten Familienkreis zugelassen, an Silvester und Neujahr galt ein bundesweites An- und Versammlungsverbot. Im Winter 2020/21 blieben die beliebten Weihnachtsmärkte geschlossen – die Gastronomie und Hotelbranche sowie der Einzelhandel erlitten erhebliche Einbußen (Abb. 12.1).

erster Lockdown	Lockdown light
Zeitraum: 22.03.2020 – 04.05.2020 **Schließung:** Dienstleistungsbetriebe, Gastronomiebetriebe, Kitas, Schulen, Einrichtungen zur Freizeitgestaltung **Verbot:** private Veranstaltungen, Großveranstaltungen, Kontaktverbot **weiteres:** Absage von Gottesdiensten, Maskenpflicht, Abstandsgebot 1,5 m, medizinisch notwendige Behandlungen bleiben weiter möglich.	**Zeitraum:** 02.11.2020 – 15.12.2020 **Schließung:** Gastronomie, sämtliche Einrichtungen zur Freizeitgestaltung, Hotels, Kultureinrichtungen, Messen, Dienstleistungsbetriebe **Verbot:** private Reisen innerhalb Deutschlands, Tourismus, Kontaktverbot **weiteres:** in der Öffentlichkeit nur zwei Haushalte mit max. zehn Personen erlaubt, Maskenpflicht, medizinisch notwendige Behandlungen, Einzel- und Großhandel sowie Friseurgeschäfte, Kitas, Schulen bleiben unter den bestehenden Auflagen zur Hygiene geöffnet, Homeoffice wo möglich – ansonsten müssen Tests zur Verfügung stehen

zweiter Lockdown	Bundes-Notbremse
Zeitraum: 16.12.2020 – 18.04.2021 **Schließung:** Einzelhandel, Dienstleistungsbetriebe im Bereich der Körperpflege, Schulen, Gastronomie, Weihnachtsmarkt, Skilift, Eishalle **Verbot:** Verkaufsverbot von Pyrotechnik vor Silvester **weiteres:** in Kitas nur Notfallbetreuung, Kontaktbeschränkungen, nur noch medizinische Masken sind zulässig, Home-Office wo möglich	**Zeitraum:** 23.04.2021 – 30.06.2021 Beschränkungen gelten, wenn in einem Landkreis oder einer kreisfreien Stadt an drei aufeinanderfolgenden Tagen die 7-Tage-Inzidenz > 100 ist. Das bedeutet, dass binnen einer Woche mehr als 100 Neuinfizierte auf 100.000 Einwohner kommen. **Schließung:** Schulen-Präsenzunterricht ab Inzidenz von 165, ab 22:00 Uhr Ausgangssperre (Ausnahme: alleine spazieren gehen oder joggen bis 24:00 Uhr erlaubt, Hund ausführen), Geschäfte **Verbot:** private Veranstaltungen, Großveranstaltungen, Kontaktverbot **weiteres:** Maskenpflicht, Abstandsgebot 1,5 m, Home-Office

Abb. 12.1: Zeitstrahl der öffentlichen Lockdown-Maßnahmen.

12.2.4 Bundes-Notbremse – Änderung des Infektionsschutzgesetzes

Der Impfstart am 27. Dezember 2020 gestaltete sich schleppend, da erwartete Impfstofflieferungen ausblieben – steigende Infektionszahlen führten am 23.04.2021 zu einer Änderung des Infektionsschutzgesetzes durch die Bundesregierung – die Neufassung sollte helfen, die dritte Welle der Pandemie zu bremsen. Diese sog. „Bundes-Notbremse" limitierte erneut die Treffen privater Haushalte, beinhaltete aber vor allem zusätzlich die „Ausgangssperre" mit geringen Ausnahmen. Schulen mussten bei einer Überschreitung der 7-Tage-Inzidenz von 165 an drei aufeinanderfolgenden Tagen zum Distanzunterricht zurückkehren. Arbeitgeber wurden aufgefordert, Home-Office anzubieten, dies wurde sogar gesetzlich verankert.

Im Rahmen eines Rapid Review hat das Robert Koch-Institut (RKI) in Fachzeitschriften veröffentlichte Studien zur Wirksamkeit von nicht-pharmazeutischen Interventionen (NPIs) zur Eindämmung der COVID-19-Pandemie systematisch ausgewertet.

Aus einer Gesamtzahl von > 4.900 Titeln/Abstracts konnten 27 Studien identifiziert werden, die eine Analyse relevante Evidenz präsentierten. Davon basierten 16 auf statistischen Analysen von Daten aus der realen Welt, und 11 waren eine Extrapolation/Simulation zur Vorhersage der Wirksamkeit von NPIs unter verschiedenen Szenarien.

Trotz methodischer Beschränkungen vieler Studien zeigt sich klar in Studien, die mehrere Länder mit klareren statistischen Modellierungsstrategien und -ergebnissen umfassen, dass die Beschränkung von Versammlungen, die Schließung von Arbeitsplätzen, die Schließung von Schulen und das Tragen von Masken im Hinblick auf die betrachteten relativen Ergebnisse bei der Kontrolle der Epidemie wirksam sind [6] (Abb. 12.2).

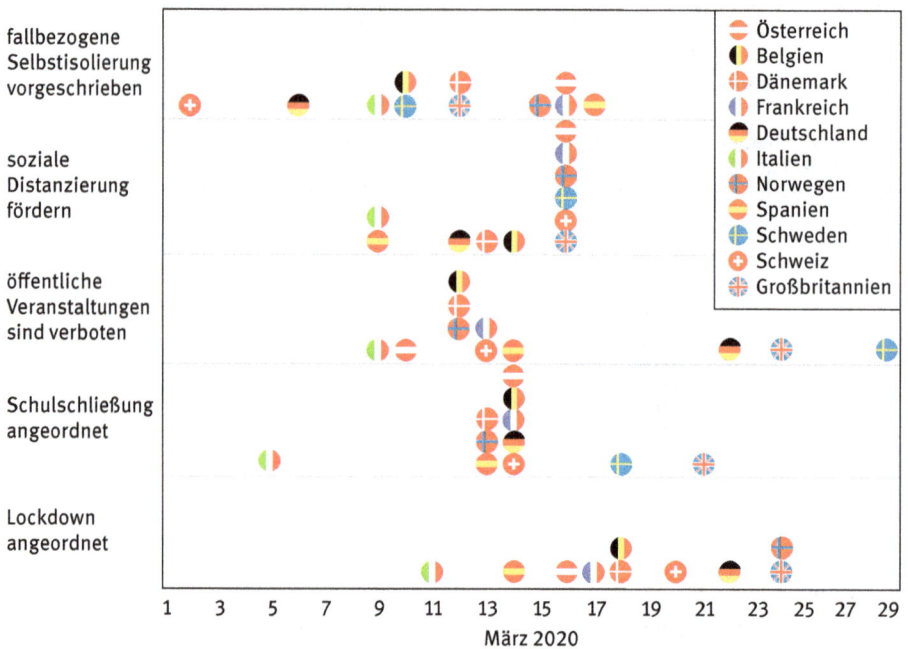

Abb. 12.2: Zeitpunkte unterschiedlicher Interventionen in Europa: harter Lockdown, Schulschließungen, Verbot von Großveranstaltungen, AHA-Regeln. Modifiziert nach [7].

12.3 Reaktionen aus der Bevölkerung

Mit der Corona-Krise einher ging eine massive Welle falscher und irreführender Meldungen. Aus dem Ausland wurde gezielt versucht, Einfluss auf die innenpolitische Debatte in der EU zu nehmen und Ängste zu schüren. Trügerische Informationen zu Behandlungsmethoden, gefährliche „Enten" mit Verschwörungstheorien und Verbraucherfallen gefährdeten die öffentliche Gesundheit.

Dass Menschen sich vor allem in Krisenzeiten nach Ordnung und Erklärungen sehnen, befeuerte die Verbreitung von Fake News und Verschwörungstheorien. Den vermeintlichen Kontrollverlust von Gesellschaft und Politik erklärten Esoteriker und Extremisten gern mit Mustern, die es objektiv nicht gibt.

Es waren demnach goldene Zeiten für Besserwisser und Angstmacher, in denen sich die Welt gerade befand. Die Corona-Pandemie ist ein globales Problem, für das niemand bisher eine allumfassende Lösung hat. Für viele Grund genug, selbst nach Erklärungen für das Unerklärliche zu suchen. Fündig wurden und werden sie vor allem bei Verschwörungstheoretikern und Verwirrten, die noch dazu das verlockende Gefühl vermitteln, zu einem erleuchteten Kreis dazuzugehören, weil sie „die Wahrheit" wissen. Was die Verschwörungsmystiker zu ihrer anderen Gemeinsamkeit bringt: Was „die Medien" erzählen, als falsch zu diskreditieren.

Während zu Beginn viele unterschiedliche Gruppen zu Kundgebungen aufriefen, wurden seit Sommer 2020 viele Demonstrationen von der „Querdenken"-Bewegung angemeldet, u. a. in Berlin. Seit Dezember 2020 wurden Teile der Querdenker-Gruppierungen von den Verfassungsschutzbehörden als extremistisch eingestuft und beobachtet, seit April 2021 auch bundesweit. Einige Demonstrationen überschritten die angemeldete Personenzahl oder waren unangemeldet; manche davon wurden durch die Polizei aufgelöst. Im Rahmen dieser Kundgebungen wurden häufig Falschinformationen zur COVID-19-Pandemie verbreitet und Journalisten angegriffen.

Proteste gegen Schutzmaßnahmen wegen der COVID-19-Pandemie in Deutschland sind öffentliche Kundgebungen, die sich gegen die aufgrund des Infektionsschutzgesetzes (IfSG) zur Eindämmung der COVID-19-Pandemie in Deutschland erlassenen Allgemeinverfügungen, Rechtsverordnungen und Gesetze richten und mit denen gem. § 28, § 32, § 73 Abs. 1a Nr. 6 IfSG insbesondere die Grundrechte der Freiheit der Person, der Versammlungsfreiheit und der Freizügigkeit sanktionsbewehrt eingeschränkt werden dürfen.

Als Reaktion auf die Proteste gegen Schutzmaßnahmen erfolgten Gegenkundgebungen, die sich „gegen Verschwörungsideologen, rechte Esoteriker und Rechtsextremisten" richteten [8].

12.3.1 Verschwörungstheorien

Es sei typisch, dass Ärzte, Wissenschaftler, aber auch Mitarbeiter aus dem Gesundheitswesen als Teil der Verschwörung dargestellt werden: „Aus psychologischer Sicht ist der Verschwörungsglaube ein Vorurteil gegenüber all denjenigen, die als mächtig dargestellt werden. Dazu zählen dann oft auch Menschen aus dem Gesundheitsbereich. Die tatsächliche Macht wird dabei von Verschwörungsgläubigen vielfach verzerrt und überschätzt", sagte die Psychologin Lamberty.

Betrachtet man die Proteste von Impfgegnern, fällt dabei auf, dass neben Esoterikern, Reichsbürgern und Neo-Nazis auch viele durchschnittliche Bürgerinnen und Bürger mitlaufen.

Die Expertin Lamberty erklärte dazu: „Der Verschwörungsglaube zieht sich erst einmal durch die gesamte Gesellschaft. Das kann der Mitarbeiter aus dem Blumenladen sein, genauso wie die Professorin oder der Arzt. Und das ist keine kleine Gruppe in der Gesellschaft. Menschen mit niedriger formaler Bildung glauben eher an Verschwörungen. Dies ist aber nicht auf eine vermeintlich niedrigere Intelligenz oder den Wissensstand zurückzuführen, sondern auf das subjektive Gefühl, nicht Teil der Gesellschaft zu sein" [9].

12.3.1.1 Die Pharmaindustrie-Verschwörung

Anhänger dieser Theorie glauben, dass das neuartige Coronavirus in irgendeinem Geheimlabor entwickelt worden ist und vorsätzlich in Umlauf gebracht wurde, um mit längst entwickelten und patentierten Impfstoffen Milliarden zu verdienen. Untermauert wurde die Theorie unter anderem durch einen angeblichen israelischen Geheimdienstmitarbeiter, der in der „Washington Times" behaupten durfte, das Virus könnte aus dem nationalen chinesischen Labor für Biosicherheit in Wuhan gekommen sein.

Fakt ist: Tatsächlich existieren Patente auf ausgewählte Coronaviren. Allerdings gehört zu Corona eine große Familie von Viren, die es schon lange gibt. Dazu zählt der Erreger der SARS-Epidemie aus 2002/03. Ein Patent betreffe einen Erregertypen in diesem Zusammenhang, erklärte der Virologe Matthew Frieman auf factcheck.org, einer Initiative der University of Pennsylvania. Ein anderes Patent wiederum beschreibe eine mutierte Form des Virus, das Geflügel befällt. Mit dem aktuell aktiven SARS-CoV-2-Virus habe keines der Patente zu tun. Wissenschaftler gehen davon aus, dass SARS-CoV-2 von Fledermäusen stammt – Zwischenwirte wurden demnach aber noch nicht identifiziert. Konsens unter den Forschern ist weiterhin aktuell, dass sich die ersten Patienten Anfang Dezember auf einem Markt in Wuhan, China, angesteckt haben [10].

12.3.1.2 Bill Gates und seine „Bevölkerungsreduzierung"

Im Zusammenhang mit der Impfstoff-Vermarktungstheorie dichteten andere einen weiteren Dreh hinzu: Milliardär Bill Gates habe das Virus in einem Labor entwickeln lassen, um noch reicher zu werden (Abb. 12.3).

Der Grund: Ein gewisses Patent werde vom englischen Pirbright-Institut gehalten, das von der Bill-und-Melinda-Gates-Stiftung unterstützt wird. Gates würde somit von einer Ausbreitung des Virus profitieren. Ein Patent von 2015 mit dem Titel „Coronavirus" des Pirbright-Instituts gibt es wirklich. Allerdings handelt es sich – wie in den oben genannten Fällen – dabei um ein Patent zur Impfstoffentwicklung gegen ein Geflügelvirus und hat nichts mit der derzeitigen COVID-19-Pandemie zu tun.

Besonders beliebt bei Impfgegnern ist auch ein altes, aus dem Kontext gerissenes Zitat des Milliardärs: Bill Gates soll darin offen zugegeben haben, dass Impfungen nur dazu dienten, die Bevölkerung zu reduzieren. Wörtlich sagte er im Jahr 2010 (!) in einer Talkshow:

> Heute leben 6,8 Milliarden Menschen auf der Welt. Es geht auf etwa neun Milliarden zu. Wenn wir sehr erfolgreich mit neuen Impfstoffen, der Gesundheitsversorgung und Reproduktionsmedizin sind, könnten wir das wohl um 10 bis 15 Prozent senken, aber derzeit sehen wir eine Steigung um 1,3 %.

Fakt ist: Impfungen dienen nicht dazu, die Bevölkerung zu reduzieren, sondern das Bevölkerungswachstum zu unterstützen. Denn Impfungen senken die Wahrscheinlichkeit, an bestimmten Krankheiten zu sterben. Studien zeigen: Wenn die Sterblichkeitsrate sinkt, besonders die Kindersterblichkeit, bekommen die Menschen weniger Kinder – damit sinkt automatisch das Bevölkerungswachstum. Genau erklärt hat „Correctiv" das bereits vor Jahren [11].

Abb. 12.3: Demonstranten gegen Bill Gates. Mit freundlicher Genehmigung von Thorsten Richter/Oberhessische Presse, Marburg.

12.3.2 Querdenker-Bewegung

Die Demos der „Querdenker" gegen die Corona-Maßnahmen sorgten bundesweit für Aufsehen (Abb. 12.4).

Am 29. August 2020 zog ein großer Demonstrationszug durch die Berliner Innenstadt. Einige der Demonstranten hielten Plakate hoch, die Politiker und Wissenschaftler zeigten: Angela Merkel, Olaf Scholz, Karl Lauterbach, Christian Drosten. Alle waren in Häftlingskleidung abgebildet und trugen ein Schild mit der Aufschrift „schuldig" in den Händen.

Woran genau sie „schuldig" sein sollten, stand nicht auf den Schildern, aber klar war: Die Demonstranten lehnen die Maßnahmen, die die Politik unter dem Einfluss der Wissenschaft getroffen hat, um die Ausbreitung des Coronavirus zu bekämpfen, rundheraus ab. Mehr noch: Merkel und Co. sollen nach Ansicht der Demonstranten sogar eingesperrt werden.

12.3.2.1 „Querdenken" ist in ganz Deutschland aktiv

Diese Bewegung initiierte der Gründer und Geschäftsführer einer Software-Firma aus Stuttgart. Dort hatte er im Frühjahr 2020 „Querdenken 711" ins Leben gerufen, die sich selbst als (Freiheits-)„Initiative" bezeichnet – es handelt sich dabei also weder um einen Verein noch um eine Partei.

Deutschlandweit gab es zum Zeitpunkt der Recherche 68 Ableger, davon neun in Bayern. Allein bis Oktober 2020 hatte „Querdenken" eigenen Angaben zufolge deutschlandweit mehr als 100 Demonstrationen und Versammlungen organisiert, an denen mehrere Hunderttausend Menschen teilgenommen haben sollen.

Offizielles Ziel der „Querdenker" ist die uneingeschränkte Wiederherstellung der teilweise eingeschränkten Grundrechte: „Wir bestehen auf die ersten 20 Artikel unserer Verfassung", heißt es in einem einseitigen Manifest. Das seien insbesondere die Aufhebung der Einschränkungen von Grundrechten durch die „Corona-Verord-

Abb. 12.4: Querdenker-Demonstration in München. Quelle: Pixabay.com [13].

nung". Dann werden neun Grundrechte aufgelistet, unter anderem Meinungs-, Versammlungs- und Berufsfreiheit.

Weiter heißt es in dem Manifest: „Wir sind überparteilich und schließen keine Meinung aus". In der Tat ist auf Querdenken-Demos eine diffuse Mischung aus Menschen, Ideen und Weltbildern anzutreffen: Kleinfamilien neben Krawallmachern, Regenbogen- neben Reichskriegsflaggen [12].

Die Bewegung wird zum Zeitpunkt der Recherchen kleiner. Der Rest radikalisiert sich immer weiter – und wird auch nach dem SARS-CoV-2-Virus bleiben. Weil ihr eigentlicher Feind der Staat ist.

12.3.3 Impfgegner

Die Suche nach Impfstoffen war seit Beginn der Pandemie ein steter Hoffnungsschimmer für viele Menschen. Die Zulassung verschiedener Vakzine versprach, die Lage zu verbessern und die Rückkehr in ein normales Leben zu ermöglichen. Dazu bedurfte es jedoch einer möglichst hohen Impfquote in der Bevölkerung, der sog. Herdenimmunität.

Was für die einen der Hoffnungsschimmer am Horizont war, ist und war für eine Minderheit der Bevölkerung offenbar undenkbar. So gehen nach wie vor weltweit Menschen gegen die Impfungen auf die Straße. Die Proteste arten mitunter in gewaltsame Eskalation aus und der Hass gegen Wissenschaft, Medizin, Krankenhaus- und Impfpersonal wurden und werden offen ausgelebt [14].

Impfgegner sind Personen, die prinzipiell den Nutzen von Impfungen abstreiten und diese daher ablehnen. Impfgegner sind oft in Vereinen organisiert oder gehören Organisationen oder Bewegungen an, die Impfungen aus weltanschaulichen oder religiösen Gründen ablehnen (Abb. 12.5).

Abb. 12.5: Impfung nein danke. Quelle: Pixabay.com [18].

Bei der Impfung gegen das SARS-CoV-2-Virus hielten sich drei Mythen rund um die Impfungen sehr hartnäckig.

1. Die Impfung mache Frauen unfruchtbar.
2. Hersteller geben zu, dass Impfstoffe nicht wirken.
3. Mit der Impfung soll die Menschheit ausgerottet werden [15].

Historisch gesehen stand Impfen für Freiheit, also genau den Wert, den die Impfgegner für sich beanspruchen. Was also wirklich die persönlichen Freiheitsrechte einschränken würde, wäre auf einer Intensivstation zu liegen, an ein Beatmungsgerät angeschlossen zu sein oder aus Atemnot zu sterben.

Per 23.11.2021 waren 67,9 % der Gesamtbevölkerung vollständig geimpft, und 70,9 % hatten mindestens eine Impfdosis erhalten [16] – Experten gingen davon aus, dass in Deutschland 80 bis 85 % der Menschen geimpft sein müssten, um eine sogenannte Herdenimmunität gegen das Coronavirus zu erreichen [17], d. h., es müssen noch viele Skeptiker überzeugt werden, denn eine gesetzlich verankerte Impfpflicht wurde seitens der Bundesregierung zu diesem Zeitpunkt ausgeschlossen.

Als vielversprechendster Ansatz wurde diskutiert, positive Anreize zu schaffen, also Menschen zu belohnen, wenn sie sich impfen lassen. Sofern sich „Impfskeptiker", oder „Impfgegner" impfen würden, könnte die angestrebte Herdenimmunität erreicht werden, die selbstverständlich auch für die Personengruppen einen Schutz darstellen würde, die sich nicht impfen lassen können – auch wenn sie wollten (vgl. Kapitel 8, Impfung)

12.4 Einflüsse auf den Alltag

Durch die Corona-Pandemie und damit einhergehende Beschränkungen hatte sich der Alltag für viele Menschen geändert.

Kinder verbrachten bspw. erheblich weniger Zeit im Freien und beschäftigten sich deutlich mehr am Bildschirm. Arbeitnehmer gingen in das Homeoffice und hatten keinen persönlichen Austausch mit Kollegen. Ältere Personen waren oftmals auf sich allein gestellt und vereinsamten in ihren Wohnungen. Es war eine große Umstellung für alle Personengruppen jeglichen Alters.

12.4.1 Beruf

12.4.1.1 Homeoffice

Das Bundesministerium für Arbeit und Soziales (BMAS) hatte im Januar 2021 von seinem sich aus § 18 Abs. 3 ArbSchG ergebenden Recht Gebrauch gemacht, wonach es in epidemischen Lagen von nationaler Tragweite nach § 5 Abs. 1 des Infektionsschutzgesetzes ohne Zustimmung des Bundesrates spezielle Rechtsverordnungen zum Arbeitsschutz für einen befristeten Zeitraum erlassen darf – mit der ab dem 27.1.2021 geltenden Corona-Arbeitsschutzverordnung wurde erstmals eine Pflicht zum Angebot eines Homeoffice-Arbeitsplatzes statuiert, wenn auch nur für einen befristeten Zeitraum.

Die Bundesregierung verpflichtete somit die Arbeitgeber, Homeoffice anzubieten, soweit dem keine zwingenden betriebsbedingten Gründe entgegenstanden. Die Beschäftigten waren nicht verpflichtet, dieses Angebot zu nutzen, wurden jedoch seitens der Bundesregierung dringend aufgefordert, es in Anspruch zu nehmen. Einer Umfrage zufolge hatte sich bei 40 % der Berufstätigen der Arbeitsplatz grundlegend verändert [19].

Die Corona-Pandemie hat gezeigt, wie gut das Home-Office funktioniert – aber auch wie schlimm es ist, täglich in beruflicher Hinsicht auf sich allein gestellt zu sein. Wir brauchen das Büro – es muss sich nur verändern [20].

12.4.1.2 Digitale Konferenzen – digitaler Stress

Wie sich die Stressbelastung durch die digitale Arbeit veränderte, hatte das Fraunhofer FIT während des ersten Lockdowns untersucht. Die veröffentlichten Ergebnisse zeigten ein sehr differenziertes Bild. Ob Menschen gut oder schlecht mit der veränderten Arbeitssituation zurechtkamen, hing von einer Vielzahl individueller Faktoren ab. Führungskräfte waren bspw. im Schnitt deutlich besser an die digitale Arbeit gewöhnt und Menschen mit Kindern litten stärker unter der aktuellen Situation, während Menschen mit Erfahrung im Umgang mit digitalen Technologien und Medien besser zurechtkamen.

Von digitalem Stress spricht man, wenn Stressreaktionen durch die Nutzung digitaler Technologien ausgelöst werden. Aus einer Vorgängerstudie sind zwölf Belastungsfaktoren digitaler Arbeit bekannt, die Stress auslösen [21]:

- Nicht-Verfügbarkeit bestimmter Technologien
- mangelnde Erfolgserlebnisse
- Komplexität digitaler Technologien
- Informationsüberflutung
- Angst vor dem Verlust des Arbeitsplatzes durch Automatisierung (Jobunsicherheit)
- Leistungsüberwachung durch Technologien
- Verunsicherung aufgrund des steten Wandels der Technologien
- Angst vor dem Verlust der Privatsphäre (gläserne Person)
- ständige Erreichbarkeit
- Unzuverlässigkeit der technischen Systeme
- Konzentrationsprobleme durch Unterbrechungen
- Unklarheit der Rolle (fachgebundene vs. technische Aufgaben)

12.4.2 Erziehung

12.4.2.1 Zuhause

Während der Pandemie hatte sich das Leben der Kinder im häuslichen Umfeld stark verändert. Durch Schließungen von Kinderspielplätzen, Museen und anderen öffentlichen Orten waren die Erziehungsberechtigten gezwungen, mehr Zeit mit ihren Kindern zu Hause zu verbringen. Während sich dies bei einigen dahingehend auswirkte, dass Eltern mehr Zeit mit Ihren Kindern verbrachten bzw. die Kinder begannen, mehr Zeit im Freien zu verbringen oder ein Instrument zu lernen, so nahm bei anderen der Medienkonsum und auch häusliche Gewalt stark zu. Laut Umfragen stieg bei einem Großteil der Kinder die tägliche Zeit, die sie mit Computerspielen, Streamingdiensten o. Ä. verbrachten, an.

Des Weiteren wurden viele Kinder durch den langen Lockdown von Ihren Freunden getrennt oder konnten Hobbies nicht ausüben, wodurch ihr psychisches Verhalten stark auf die Probe gestellt wurde. Die Anzahl von psychischen Behandlungen für Essstörungen oder Depression stiegen während der Pandemie um mehr als 30 % an [22].

12.4.2.2 Kindertagestätten

Mit Beschluss der Homeoffice-Regelungen im Frühjahr 2020 änderte sich auch der Betrieb in den Kindertagesstätten. Eltern, die eine Betreuung ihres Kindes zu Hause einrichten konnten, wurden gebeten, ihre Kinder nicht in die Einrichtungen zu bringen. Die Kindertagesstätten richteten eine Notbetreuung ein, besonders für Kinder von Eltern in systemrelevanten Berufen, die nicht im Homeoffice waren. Ab Mai 2020 durften die Einrichtungen zum Großteil unter Corona-Auflagen wieder öffnen, seither kam es jedoch regelmäßig dazu, dass einzelne Gruppen oder sogar ganze KiTas durch COVID-19-Ausbrüche geschlossen werden mussten [23,24]. Im Sommer 2021 lag der Anteil der betreuten Kinder in Tagesstätten im Vergleich zu Vorpandemiezeiten nur bei 70–80 %, da viele Eltern ihre Kinder zu Hause sicherer vor Ansteckungen wägten [25].

12.4.2.3 Schulen

Die Schulschließungen während der Pandemie sind und waren eines der größten politischen Themen der Jahre 2020 und 2021. Die meisten der Bundesländer hatten eigene Regeln hinsichtlich Präsenzunterricht eingeführt und Erziehungswissenschaftler warnen schon jetzt vor den Auswirkungen der mangelnden Lehre.

Seit März 2020 herrschte ein Ausnahmezustand an den Schulen Deutschlands. Die Schulen mussten schließen und versuchten, sofern es die Technik erlaubte, ihren Unterricht online stattfinden zulassen. Deutschlandweit stellte sich heraus, dass die technischen Zustände der Schulen veraltet sind.

Vor allem Lehrer waren mit den „neuen" Formaten überfordert und viele Unterrichtsstunden fielen ersatzlos aus. Erschwerend kam hinzu, dass nicht jeder Schüler über ein internetfähiges Gerät und einen funktionierenden Internetanschluss verfügte. Die Schulen wurden kreativ, verteilten Lernpakete auf den Außenanlagen der Schulen, versuchten allen Schülern technische Geräte zur Verfügung zu stellen oder veranstalteten Challenges, damit die Schüler die nötige sportliche Betätigung erlebten.

Ab Mai 2020 öffneten die Schulen teilweise wieder – vor allem Grundschüler sollten wieder in den Präsenzunterricht zurückkehren. Im August 2020 war Hamburg das erste Bundesland, dass eine Maskenpflicht in Schulen einführte, die anderen Bundesländer folgten [26]. Der im November 2020 startende Lockdown hatte wenige Auswirkungen auf den bis dahin schleppend angelaufenen Schulbetrieb. Schulen durften unter Corona-Auflagen geöffnet bleiben – die Klassengrößen waren häufig reduziert und die Klassen wurden im Wechselunterricht an den Schulen unterrichtet. Extracurricular stattfindende Veranstaltungen wie Klassenfahrten, Wandertage oder Abschlussfeiern fanden nicht statt.

12.4.3 Ausbildung zu Pandemiezeiten

12.4.3.1 Universitäten

Ebenso wie in den Schulen litt auch die Lehre an den Hochschulen unter der Corona-Pandemie. Nachdem der Vorlesungsstart zum Sommersemester 2020 mehrfach verschoben wurde, beschlossen die Hochschulen die Lehre im Distanzunterricht [27]. Außer Prüfungen durften nur einzelne zwangsläufig notwendige Praktika in Präsenz stattfinden. Die restliche Lehre fand online statt, teilweise live über Portale wie Zoom, BigBlueButton o. Ä. Zum Großteil jedoch wurden die Studenten angewiesen, sich den Stoff anhand zur Verfügung gestellter Materialien selbst zu vermitteln.

Um den Studenten diese besonderen Umstände zu vereinfachen, führten einige deutsche Hochschulen Freiversuche bei Prüfungen ein, zudem beschloss die Bundesregierung eine Verlängerung der Regelstudienzeit um jedes in Distanz stattfindende Semester.

Viele Studenten verloren durch die Pandemie ihre Aushilfsjobs in Cafés, Bars, Kinos etc. und konnten sich dadurch ihr Studium kaum noch finanzieren. Es gab Sonderregelungen zu BAFÖG-Anträgen und Überbrückungshilfen der Bundesregierung [28].

Bis Herbst 2021 mussten die Studierenden drei Semester online an ihren Veranstaltungen teilnehmen – ab dem Wintersemester 2021/2022 planten die Hochschulen zumindest teilweise eine Rückkehr in den Präsenzunterricht.

12.4.3.2 Ausbildungsberufe

Die Pandemie zeigte auch ihre Auswirkung in der Ausbildungsbranche. Viele Schulabsolventen waren aufgrund der Pandemie unentschlossen, was sie in Ihrer Zukunft machen möchten. Ausbildungsbetriebe meldeten im Jahr 2020 so wenig Auszubildende, wie seit langem nicht. Besonders in Hotel und Gastronomie gab es deutlich weniger Auszubildende, da viele der Betriebe geschlossen hatten.

Die Ausbildung wurde in jedem Betrieb auf die Probe gestellt. Durch Kurzarbeit und Homeoffice wurde die Betreuung der Auszubildenden erschwert. Doch nicht nur die praktische Ausbildung litt, durch geschlossene Berufsschulen, die nur vereinzelt eine Online-Ersatzlehre anboten, fiel die theoretische Ausbildung nahezu vollständig weg und musste von den Betrieben selbst getragen werden. Viele Ausbildungsbetriebe verlängerten die Ausbildungszeit, um den Lernenden einen leichteren Berufseinstieg zu ermöglichen [29].

12.4.4 Gesundheitswesen

Das Gesundheitswesen zeigte sich flexibel – Arbeitnehmer, die grippeähnliche Symptome aufwiesen, erhielten zeitweise per Telefon eine Krankschreibung für ihren Arbeitgeber – somit sollte einer weiteren Ansteckungsgefahr in der Arztpraxis vor Ort vorgebeugt werden.

12.4.5 Privates Umfeld

12.4.5.1 Alltag zu Hause

Die Menschen hatten in ihrem Alltag zu Hause mit vielen Herausforderungen zu kämpfen – Einkaufsmöglichkeiten und Freizeitgestaltung außer Haus waren limitiert, bei der Kinderbetreuung waren Familien nahezu auf sich allein gestellt – die Menschen erlebten gezwungenermaßen ein „Miteinander" und die verschärften Kontaktbeschränkungen zur Eindämmung des Corona-Virus belasteten Familien enorm – die Pandemie wurde zur Familienkrise.

Aus Überforderung, Angst, Aggression und fehlenden Rückzugsmöglichkeiten wurde schnell eine gefährliche Mischung, sodass Frauen und Kinder oft die Leidtragenden waren.

In 2020 stieg die Anzahl der registrierten Fälle häuslicher Gewalt um 6 % gegenüber dem Vorjahr [30].

12.4.5.2 Reisen

Eine Reise zu buchen, sei es national, europaweit oder nach Übersee, und diese anzutreten, erforderte viel Geduld, Geschick und auch Glück – denn je nachdem, für welchen Zeitraum gebucht wurde, hatten sich die Reiserestriktionen bereits wieder geändert und eine Stornierung oder ein Aufschub waren die Folge.

Reisegesellschaften warben mit absoluter Flexibilität sowie „Geld-zurück-Garantien", doch die Kunden blieben letztlich skeptisch. Viele Menschen buchten demzufolge ihren Urlaub in Deutschland und sahen von Fernreisen ab. Andere sehnten sich nach einem Urlaub in südeuropäischen Gefilden und nahmen Unannehmlichkeiten wie PCR-Testungen und Quarantäne-Auflagen in Kauf.

12.4.5.3 Restaurants

Während der Pandemie und speziell während der Lockdowns wurden Bar- und Restaurantbetreiber mit großen Herausforderungen konfrontiert.

Einige Betreiber waren erfinderisch und flexibel, boten eine kleine, tagesaktuelle Menükarte als „Take-away" an oder organisierten selbst die Lieferung zu ihren Kunden; Barkeeper lockten und erfreuten Spaziergänger in den Abendstunden mit ihren exotischen Cocktails „to go".

Summa summarum – der Kreativität des Gaststättengewerbes waren keine Grenzen gesetzt, solange die von Bund und Ländern vorgegebenen Maßnahmen eingehalten wurden.

Viele Menschen blieben auch zu Hause und entdeckten ihre Leidenschaft fürs Kochen.

Nach einer repräsentativen Umfrage des Marktforschungsunternehmens IRI will rund ein Viertel der Verbraucher auch nach dem Ende der Pandemie mehr Zeit zu Hause mit Freunden und der Familie verbringen und öfter selbst kochen. Fast 40 % der Befragten zeigten sich überzeugt, dass sie auch nach dem Ende der Pandemie anders einkaufen werden als vorher [31].

12.4.5.4 Einkaufen

Die Grundversorgung für den täglichen Bedarf war durchgängig gedeckt, denn Lebensmittelmärkte und Discounter führten kostspielige Hygienekonzepte ein, um ihre Kunden versorgen zu können.

Der Einzelhandel galt zwar nicht als Hotspot während der Pandemie, doch viele Kunden verlagerten ihr Einkaufsverhalten, speziell während des ersten, harten Lockdowns, auf „Online-Geschäfte" – dieses Verhalten wurde nach den Öffnungen primär beibehalten, und auch aufwendige Hygiene-Konzepte und Abstandsregeln konnten viele Kunden nicht zurück an die Ladentheke locken – sie verzichteten auf das „persönliche Einkaufserlebnis".

Zu den Gewinnern der Pandemie gehört der E-Commerce, die Konsumgüterumsätze im Internet stiegen 2020 Nielsen zufolge um 34 % [31].

Literatur

[1] https://de.wikipedia.org/wiki/Liste_der_infolge_der_COVID-19-Pandemie_erlassenen_deutschen_Gesetze_und_Verordnungen (letzter Zugriff: 09.08.2021).

[2] https://www.bundesregierung.de/breg-de/themen/coronavirus/corona-diese-regeln-und-einschraenkung-gelten-1734724 (letzter Zugriff: 09.08.2021).

[3] https://www.bundesregierung.de/resource/blob/975226/1747726/0bbb9147be95465e9e845e9418634b93/2020-04-27-zwbilanz-corona-data.pdf (letzter Zugriff: 09.08.2021).

[4] https://www.leopoldina.org/presse-1/nachrichten/ad-hoc-stellungnahme-coronavirus-pandemie (letzter Zugriff: 12.10.2021).

[5] https://www.bundesgesundheitsministerium.de/fileadmin/Dateien/3_Downloads/C/Coronavirus/Impfstoff/Nationale_Impfstrategie.pdf (letzter Zugriff: 11.10.2021).

[6] https://www.rki.de/DE/Content/InfAZ/N/Neuartiges_Coronavirus/Projekte_RKI/Wirksamkeit_NPIs.html (letzter Zugriff: 14.10.2021).

[7] https://www.nature.com/articles/s41586-020-2405-7 (letzter Zugriff: 14.10.2021).

[8] https://de.wikipedia.org/wiki/Proteste_gegen_Schutzmassnahmen_wegen_der_COVID-19-Pandemie_in_Deutschland (letzter Zugriff: 18.08.2021).

[9] https://web.de/magazine/news/coronavirus/proteste-verschwoerungsideologien-ticken-impfgegner-36085206 (letzter Zugriff: 18.08.2021).

[10] https://www.rnd.de/panorama/5-corona-verschworungstheorien-und-ihre-widerlegung-JLA5AH3FB5C7PF7EPJD36RJOD4.html (letzter Zugriff: 18.08.2021).

[11] https://www.rnd.de/panorama/5-corona-verschworungstheorien-und-ihre-widerlegung-JLA5AH3FB5C7PF7EPJD36RJOD4.html (letzter Zugriff: 18.08.2021).

[12] Thorsten Richter/Oberhessische Presse, Marburg.

[13] https://pixabay.com/de/photos/corona-demo-meinungsfreiheit-6016299 (letzter Zugriff: 29.10.2021).

[14] https://www.br.de/nachrichten/deutschland-welt/die-querdenker-eine-heterogene-protestbewegung,SO9TvdX (letzter Zugriff: 08.10.2021).

[15] https://www1.wdr.de/nachrichten/themen/coronavirus/impfgegner-selbstversuch-100.html (letzter Zugriff: 01.09.2021).

[16] https://www.swp.de/panorama/corona-zahlen-deutschland-heute-rki-inzidenz-hospitalisierung-neuinfektionen-aktuell-23-11-2021-60997049.html (letzter Zugriff: 08.10.2021).

[17] https://www.ndr.de/ratgeber/gesundheit/Herdenimmunitaet-Wie-hoch-muss-die-Corona-Impfquote-sein,corona8090.html (letzter Zugriff: 08.10.2021).

[18] https://pixabay.com/de/photos/impfstoff-impfung-spritze-6226471 (letzter Zugriff: 29.10.2021).

[19] https://www.gujmedia.de/fileadmin/News/Documents/AdAlliance_Studie_Alltag_durch_Corona.pdf (letzter Zugriff: 01.09.2021).

[20] FAZ Sonntagszeitung – Wirtschaft – Es lebe das Büro! 29.08.2021.

[21] https://www.haufe.de/personal/hr-management/corona-folgen-digitaler-stress-im-homeoffice_80_532748.html (letzter Zugriff: 01.09.2021).

[22] https://www.tagesschau.de/inland/innenpolitik/kinder-corona-111.html (letzter Zugriff: 02.09.2021).

[23] https://www.bmfsfj.de/bmfsfj/aktuelles/alle-meldungen/corona-kita-studie-erste-ergebnisse-liegen-vor-161268 (letzter Zugriff: 02.09.2021).

[24] https://corona-kita-studie.de/ergebnisse (letzter Zugriff: 02.09.2021).

[25] https://www.gujmedia.de/fileadmin/News/Documents/AdAlliance_Studie_Alltag_durch_Corona.pdf (letzter Zugriff: 02.09.2021).

[26] https://www.mdr.de/nachrichten/jahresrueckblick/corona-chronik-chronologie-coronavirus-102.html#sprung2 (letzter Zugriff: 02.09.2021).

[27] https://www.hrk.de/themen/hochschulsystem/covid-19-pandemie-und-die-hochschulen (letzter Zugriff: 02.09.2021).

[28] https://www.bmbf.de/bmbf/shareddocs/kurzmeldungen/de/das-muessen-sie-jetzt-wissen.html (letzter Zugriff: 02.09.2021).

[29] https://www.dihk.de/de/themen-und-positionen/fachkraefte/aus-und-weiterbildung/ausbildung/-die-lage-am-ausbildungsmarkt-verbessert-sich-schritt-fuer-schritt–56432 (letzter Zugriff: 02.09.2021).

[30] https://www.zdf.de/nachrichten/politik/corona-haeusliche-gewalt-anstieg-100.html (letzter Zugriff: 01.09.2021).

[31] https://www.sueddeutsche.de/wirtschaft/einzelhandel-corona-hat-das-einkaufen-nachhaltig-veraendert-dpa.urn-newsml-dpa-com-20090101-210824-99-943675 (letzter Zugriff: 01.09.2021).

Glossar

2G-Regeln: geimpft gegen SARS-CoV-2 oder genesen von einer COVI-19 Erkrankung.

2G-Plus-Regeln: zusätzlich **Testpflicht** für Geimpfte und Genesene, Geboosterte meist ausgenommen.

3G-Regeln: geimpft gegen SARS-CoV-2 oder genesen von einer COVID-19-Erkrankung oder Vorweis eines aktuellen negativen Testergebnisses – wurde am 23.08.2021 in Deutschland eingeführt.

ACE2: ein Transmembranprotein Typ I mit einer extrazellulären *N*-terminalen Domäne, die das aktive Zentrum enthält, und einen kurzen intrazellulären *C*-terminalen „Schwanz". Außerdem ist ACE2 ein Rezeptor für verschiedene Coronaviren, einschließlich SARS-CoV und SARS-CoV-2, um in Zellen zu gelangen.

Adhäsionsmoleküle: Eiweiße, die sich auf der Oberfläche einer Zelle befinden und an die Immunzellen binden, um sie an den Ort des Geschehens zu lotsen.

Adiuvans: bezeichnet in der Pharmakologie einen Hilfsstoff, der die Wirkung eines Arzneistoffes verstärkt – möglichst ohne eine eigene pharmakologische Wirkung zu entfalten.

Aerosole: kleinste Tröpfchen, ein feines Gemisch aus festen und flüssigen Teilchen in einer Größe von weniger als fünf Mikrometern. Menschen produzieren Aerosole beim Sprechen und beim Atmen.

Aerosolinfektion: Übertragung von Bakterien oder Viren in Flüssigkeitspartikeln mit einem Durchmesser von kleiner fünf Mikrometern, die aus den Atemwegen stammen und von anderen Menschen beim Atmen aufgenommen werden.

AHA+L+A-Formel: Abstand halten, Hygiene beachten, Alltagsmaske tragen, Lüften, App – vgl. AHA-Regeln.

aidminutes.impfen: App, mit deren Hilfe Impfzentren und impfende Ärzte nichtdeutschsprachige Patienten über die Corona-Schutzimpfung aufklären können.

Alveolarepithelzellen: spezialisierte Zellen, die in der Lunge vorkommen und dort die Lungenbläschen (Alveolen) auskleiden.

https://doi.org/10.1515/9783110752595-013

AMG: deutsches Arzneimittelgesetz im Interesse einer ordnungsgemäßen und sicheren Arzneimittelversorgung von Menschen und Tier. Inhaltlich steht es nah (supplementär) zum Betäubungsmittelgesetz und dem Neue-psychoaktive-Stoffe-Gesetz.

Antigene: Eiweiß, welches vom Körper als fremd eingestuft wird und mittels Immunsystem bekämpft wird (oft sind es Eiweiße auf der Oberfläche von Erregern).

Antigen-Selbsttest: Antigentest, der von Laien zu Hause oder im beruflichen Umfeld unproblematischer selbst angewendet werden kann.

Antigentest: diagnostischer Test zum Nachweis von viralen Antigenen.

Antikoagulation: Hemmung der Bildung von Blutgerinnseln.

Antikörper: Eiweiß-Zucker-Moleküle, die von den B-Zellen gebildet werden und an Antigene binden, um sie zu neutralisieren – Teil des Immunsystems zur Unterstützung der Abwehr von Krankheitserregern.

Antikörperklassen: Verschiedene Antikörperklassen (Isotypen) können nach Aufbau des Antikörpers unterschieden werden (IgA, IgM, IgG, IgE, IgD). Sie erfüllen teilweise unterschiedliche Funktionen im Kampf gegen Infektionserreger.

Antikörpertiter: Maß für die Anzahl bestimmter Antikörper im Blut.

App: Kurzform von englisch Application (Anwendung), kann auf Mobiltelefone geladen werden.

ARDS: Acute respiratory Distress Syndrome, akutes Lungenversagen; akutes Atemnotsyndrom.

Aufbau- und Resilienzfazilität (ARF): ist keine Budgethilfe, sondern fördert ausschließlich kohärente Pakete aus Investitionsprojekten und Reformen nach strengen Kriterien im Sinne der Ziele der Fazilität.

AWMF: Arbeitsgemeinschaft der Wissenschaftlichen Medizinischen Fachgesellschaften.

Bedingte Zulassung: In Europa – und damit auch in Deutschland – entscheidet die Europäische Kommission gemeinsam mit der EMA über die Zulassung von Impfstoffen. Eine bedingte Marktzulassung wird dann erteilt, wenn die EMA zu dem Schluss kommt, dass der Nutzen des Impfstoffs die Risiken nach aktuellem Wissensstand überwiegt – diese Zulassung gilt für ein Jahr.

Belastungsgrenzen: gelten für alle Versicherten der gesetzlichen Krankenversicherung und sorgen dafür, dass kranke und behinderte Menschen die medizinische Versorgung in vollem Umfang erhalten und durch die gesetzlichen Zuzahlungen nicht unzumutbar belastet werden.

beschleunigtes Bewertungsverfahren (accelerated assessment): Die regulatorische Bewertungszeit von 210 Tagen wird auf 150 Tage verkürzt.

BigBlueButton: Open-Source-Software für Webkollaboration, die von Bildungsorganisationen für E-Learning und Schulungen genutzt wird.

Blutgerinnsel: Blutpfropf, der durch Verklumpen von Blutplättchen und Fibrin entsteht.

Blut-Luft-Schranke: dünne Trennschicht zwischen den mit Luft gefüllten Lungenbläschen und den mit Blut gefüllten Kapillaren der Lunge.

Blutplättchen: zirkulieren im Blut und sind wichtiger Bestandteil des gerinnselbildenden Systems.

BMI: Body-Mass-Index (Körpermassen-Index), aus Körpergröße und -gewicht abgeleiteter Wert, der die Ausprägung von Übergewicht erfasst.

BOOSTER-Impfung: erneute Impfung (Auffrischimpfung/Boosterimpfung) gegen einen Krankheitserreger nach vollständiger Grundimmunisierung, die schon eine längere Zeit zurückliegt.

Brown'sche Bewegung: ungerichtete Wärmebewegung von Teilchen in Flüssigkeiten oder Gasen.

Bronchiallavage: Lungen-Spülwasser.

Bundes-Notbremse: bundesweite, einheitliche Regeln zur Eindämmung der Pandemie (vgl. Kapitel 12.2, Abb. 12.1).

CE: „Die Buchstaben CE stehen für ‚Conformité Européenne‘, was ‚Europäische Konformität‘ bedeutet. Die CE-Kennzeichnung symbolisiert die Konformität des Produktes mit den geltenden Anforderungen, die die Europäische Gemeinschaft an den Hersteller stellt" (Quelle: www.bfga.de).

Chargennummer: Nummer, die einer Reihe von Produkten zugeordnet wird, die alle in einem Vorgang und unter gleichen Bedingungen hergestellt wurden.

CMS: (Concerned Member States) – beteiligte Mitgliedstaaten bei der Zulassung eines Präparates im MRP-Verfahren.

Corona-Datenspende-App: Nutzer stellen dem RKI freiwillig ihre Daten von Fitnesstrackern und Smartwatches zur Verfügung – dient dem Kenntnisstand zur Ausbreitung von Infektionen.

Corona-Hotspot: Ort, von dem besonders viele Infektionen ausgehen.

Cortison: ein Steroidhormon, welches natürlicherweise im Körper vorkommt, aber auch bei chronischen Entzündungen und Autoimmunerkrankungen eingesetzt wird und das eigene Immunsystem unterdrückt.

CovApp: Software, die mittels Fragenkatalog Symptome analysiert und Handlungsempfehlungen generiert.

COVAX: COVID-19 Vaccines Global Access ist eine Initiative unter Führung von GAVI, CEPI und der Weltgesundheitsorganisation (WHO), die einen weltweit gleichmäßigen und gerechten Zugang zu COVID-19-Impfstoffen gewährleisten möchte.

Covid-online.de: Online-Fragenkatalog zur persönlichen Risikoeinschätzung, an COVID-19 erkrankt zu sein.

CPAP: Sauerstofftherapie mit Überdruck.

CPHP: wissenschaftlicher Ausschuss für Humanarzneimittel, der durch die Europäische Arzneimittelagentur ins Leben gerufen wurde.

CPMP: (Committee for Proprietary Medicinal Products) – Ausschuss für Arzneimittel bzw. wissenschaftliches Gremium der EMEA.

CRP Wert: Messwert (Marker) für C-reaktives Protein, ein Entzündungsparameter.

Cycling Threshold (C_T-Wert): Zyklus einer PCR, ab dem das vervielfältigte Erbgut detektierbar ist.

Desinfektion: Inaktivieren bzw. Abtöten von Krankheitserregern (z. B. Viren, Bakterien) zur Vermeidung von Infektionen beim Menschen/Tier.

D-Dimere: Spaltprodukte des Fibrins, die bei dem Abbau des Gerinnsels entstehen. Bei COVID-19 geben sie Anzeichen eines schweren Verlaufs.

Desoxyribonukleinsäure, englisch: deoxyribonucleic acid (DNA): Kette aus Bausteinen, auf denen das Erbgut der Zelle gespeichert ist.

Deutscher Aufbau- und Resilienzplan (DARP): Um Mittel aus dem Wiederaufbaufonds der EU zu erhalten, muss die Bundesregierung Pläne vorlegen, wie Deutschland die wirtschaftliche Erholung fördern und die „soziale Resilienz" stärken will.

Deutscher Ethikrat: Gremium, das 2007 in der Nachfolge des Nationalen Ethikrats auf der Basis eines politischen Auftrags gebildet wurde. Im Zuge der Verabschiedung des „Gesetzes zur Einrichtung des Deutschen Ethikrats" (EthRG, 01.08.07) änderten sich insbesondere die Bezeichnung sowie die rechtliche Grundlage.

diaplazentar: durch die Plazenta/den Mutterkuchen hindurch.

digitaler Impfnachweis: Bestätigung in digitaler Form (z. B. auf dem Handy) über den persönlichen Impfstatus.

Dotcom-Krise: bezeichnet eine im März 2000 geplatzte Spekulationsblase, die insbesondere die sogenannten Dotcom-Unternehmen der New Economy traf. Das Kürzel Dotcom entstand dadurch, dass diese neuen Unternehmen typischerweise das E-Mail-Anhängsel .com verwendeten.

Dunkelziffer: Erkrankungsfälle, die nicht zur Kenntnis genommen werden, weil sie nicht erkannt oder gemeldet werden.

Durchbruchsinfektion: Impfdurchbruch (auch Durchbruchsinfektion) ist eine symptomatische Infektion bei einem Geimpften, die mittels RT-PCR-Test oder Erregerisolierung diagnostiziert wurde.

Eindämmungsstrategie: Wellenbrecher-Lockdown bzw. Wellenbrecher-Shutdown-Maßnahmen, um Pandemie- bzw. Infektionstreiber zu erkennen und auszuschalten.

EMA: (European Medical Agency) europäische Arzneimittelagentur mit Hauptsitz in Amsterdam (NL), zuständig für die Beurteilung/Zulassung und Überwachung von Arzneimitteln, inkl. Impfstoffen.

EMEA: (European Medicines Evaluation Agency) UND Wirtschaftsraum Europa-Arabien-Afrika (Europe, Middle East, Africa).

Embolie: Gefäßverschluss durch verschleppte Thrombosen.

Endemie: wenn eine Krankheit in bestimmten örtlichen Regionen regelmäßig gehäuft auftritt.

Endoplasmatisches Retikulum (ER): ein verzweigtes Kanalsystem flächiger Hohlräume, das von Membranen umschlossen ist.

Endothel: die innerste, zum Lumen gerichtete Zellschicht in Gefäßen.

Endozytose: dient der Aufnahme von fremden Materialien wie Flüssigkeiten oder Partikeln, indem sich durch Membraneinstülpungen Vesikel (Bläschen) mit den Materialien im Innern bilden.

Enzym: Enzyme sind Eiweiße, die als Biokatalysator biochemische Reaktionen beschleunigen können.

Epidemiologische Kenngrößen: basieren auf den beiden Begriffen **absolute** Häufigkeit, d. h., wie viele Personen sind erkrankt, und **relative** Häufigkeit, d. h., welcher Anteil der untersuchten Personen ist erkrankt.

Erregerprävalenz: Häufigkeit eines Erregers (z. B. Virus) in der Bevölkerung oder einer Bevölkerungsgruppe zu einem bestimmten Zeitpunkt.

EU-Haushalt: Jeder Mitgliedstaat der EU trägt mit einem bestimmten Prozentsatz seines Bruttonationaleinkommens zum Haushalt bei.

EU Horizont 2020: Das EU-Förderprogramm für Forschung und Innovation im Zeitraum 2014–2020 unterstützt wissenschaftliche Exzellenz in Europa und hat zu herausragenden wissenschaftlichen Durchbrüchen wie der Entdeckung von Exoplaneten, ersten Bildern eines Schwarzen Lochs und der Entwicklung fortschrittlicher Impfstoffe gegen Krankheiten wie Ebola beigetragen.

EU-Katastrophenschutzverfahren: Abkommen der Europäischen Union, die eine verstärkte Zusammenarbeit im Falle von Katastrophen regeln.

EU-Parlament: Das **Europäische Parlament** ist das einzige direkt gewählte Organ der Europäischen Union. Seine 705 Mitglieder vertreten auch Sie.

Evidenz: wissenschaftliche Belege für einen Sachverhalt.

EWR: Der Europäische Wirtschaftsraum ist als Wirtschaftsraum eine vertiefte Freihandelszone zwischen der Europäischen Union und drei Ländern der Europäischen Freihandelsassoziation (EFTA).

Expertengremium EU: COVID-19-Beraterstab mit Epidemiologen und Virologen aus verschiedenen Mitgliedstaaten, der EU-Leitlinien für wissenschaftlich fundierte, koordinierte Risikomanagementmaßnahmen ausarbeitet.

Fallsterblichkeit: Anteil der Personen mit COVID-19, der verstorben ist.

Fatigue: eine subjektiv oft stark einschränkende, zu den vorausgegangenen Anstrengungen unverhältnismäßige, sich durch Schlaf oder Erholung nicht ausreichend bessernde subjektive Erschöpfung auf somatischer, kognitiver und/oder psychischer Ebene.

Fibrin: agiert wie Klebstoff bei der Gerinnselbildung.

Filtrierende Halbmasken (FFP): bieten Schutz gegenüber sowohl festen als auch flüssigen Aerosolen.

Finanzierungsbedarf: das Ergebnis der Finanzierungsbedarfsrechnung im Rahmen der Kreditaufnahme oder den gesamtwirtschaftlichen Finanzierungsbedarf der Unternehmen innerhalb einer Volkswirtschaft.

Flatten the Curve: Eindämmungsstrategie mit dem Ziel, die Ausbreitung von Viren zu verlangsamen und das Gesundheitssystem vor dem Zusammenbruch bzw. der Überlastung zu bewahren.

Fluoreszenz: spontane Abgabe von Licht nach energetischer Anregung eines Farbstoffes.

follikuläre T-Zellen (TFH): Unterart der T-Helferzellen, die schon Kontakt mit körperfremden Materialien hatten.

Frameshifting: ist eine Leserasterverschiebung und findet während der Translation am Ribosom statt, die zu verschiedenen Produkten führen kann.

Fraunhofer FIT: Fraunhofer-Institut für Angewandte Informationstechnik FIT – Partner für menschenzentrierte Gestaltung unserer digitalen Zukunft.

Garantien, öffentliche: Öffentliche Garantien sind öffentliche Bürgschaften. Private Garantien werden auch Gewährleistungen genannt, etwa für Produkte. Im Coronafall werden öffentliche Garantien vom Bund (und in geringerem Maße von den Ländern) den Banken gegenüber ausgesprochen. Dadurch wird der Ausfall eines Kredits, den die Bank einem Unternehmen gewährt hat, der Bank durch den Bund ersetzt.

GAVI: eine Impfallianz (Global Alliance for Vaccines and Immunisation). Sie ist eine weltweit tätige öffentlich-private Partnerschaft mit Sitz in Genf.

Gedächtniszellen: spezialisierte Lymphozyten, die nach dem Kontakt mit dem Antigen Monate bis Jahre im Körper verbleiben und so bei erneutem Kontakt schneller reagieren können.

Gemeinschaftsschutz: vgl. Herdenimmunität.

Gemeinschaftsteuern: Steuern, deren Aufkommen nach Art. 106 Abs. 3 Grundgesetz Bund, Ländern und Gemeinden gemeinschaftlich zusteht. Zu den Gemeinschaftsteuern gehören die Einkommensteuer (veranlagte Einkommensteuer, Lohnsteuer und Kapitalertragsteuer), die **Körperschaftsteuer** sowie die Umsatzsteuer.

Gesundheitsfond: bei gesetzlichen Krankenversicherungssystemen mit mehreren Versicherungsträgern (Krankenkassen) im internationalen Vergleich ein System, bei dem die Finanzflüsse so organisiert sind, dass die Beitragszahler (Mitglieder, aber auch Arbeitgeber, Sozialleistungsträger) die Beiträge an eine zentrale Stelle zahlen, von der die Mittel an die einzelnen Versicherungsträger verteilt werden.

Goldstandard: bestmöglicher verfügbarer diagnostischer Test.

Golgi-Apparat: zählt zu den Organellen eukaryotischer Zellen und bildet einen membranumschlossenen Reaktionsraum innerhalb der Zelle.

Granulozyten: größte Untergruppe der weißen Blutkörperchen. Sie sind wichtig für die unspezifische Immunabwehr. Zu ihr gehören die neutrophilen Granulozyten.

Grünes Zertifikat: oder auch EU-Zertifikat. Gilt als Überbegriff für alle Impfnachweise mit QR-Code, die in einem der Mitgliedsstaaten generiert wurden. Es ist in allen Ländern der Europäischen Union anerkannt.

Haushaltswirksame Maßnahmen: Die „Haushaltswirksamen Maßnahmen", d. h. die im öffentlichen Haushalt als Ausgaben verbuchten Werte, werden in den Corona-Programmen den „Garantien" gegenübergestellt. Die Garantien führen letztlich nur in sehr geringem Maße zu Ausgaben im Haushalt. Deshalb dürfen die beiden Werte nie addiert werden.

Heatmap: Diagramm zur Visualisierung von Daten.

Herdenimmunität: ist die kollektive Immunität gegen einen Krankheitserreger in einer Population, die sich durch eine Impfung ausgebildet hat oder durch eine Infektion erworben wird.

High-Flow: Sauerstofftherapie mit höherer Flussrate.

HIV: Humanes Immundefizienz-Virus, verursacht HIV-Infektion mit AIDS als Endstadium.

Homeoffice: Tätigkeit, die ein Arbeitnehmer von zu Hause aus durchführt – dieser Arbeitnehmer kommuniziert mit seinem Arbeitgeber oder Kunden via E-Mail, Telefon oder digitaler Kanäle (z. B. Zoom, Teams-Meeting).

Horizont 2020: europäisches Forschungsrahmenprogramm mit knapp € 80 Milliarden für Forschungsprojekte in Europa. Ziel: Stärkung der Wettbewerbsfähigkeit Europas.

Hospitalisierung: Einweisung in ein Krankenhaus bzw. stationäre Aufnahme in diesem.

Hospitalisierungsrate: Anzahl der Menschen, die in den letzten 7 Tagen pro 100.000 Einwohner wegen einer COVID-19-Erkrankung ins Krankenhaus eingewiesen werden mussten.

Humanpathogene: können beim Menschen Krankheiten verursachen.

Hypertonie: Bluthochdruck.

Hypoxie: Sauerstoffmangel in den Geweben.

IBM (International Business Machines): IT- und Beratungsunternehmen mit Hauptsitz im State New York.

ICH Richtlinien: Ziel des International Council for Harmonisation of Technical Requirements for Pharmaceuticals for Human Use (ICH) ist die Harmonisierung der Beurteilungskriterien von Human-Arzneimitteln als Basis der Arzneimittelzulassung in Europa, den USA und Japan.

ID: Die ID-Nummer/Identifikationsnummer dient zur anonymisierten Kennzeichnung eines bestimmten Datensatzes oder einer Person.

Immunantwort: (auch **Immunreaktion**) bezeichnet die Reaktion des Immunsystems auf die Konfrontation des Körpers mit einem fremden oder bereits bekannten Antigen.

Immune-Escape-Varianten: Virusveränderungen (Mutationen), die eine reduzierte Impfstoffwirksamkeit und erhöhte Übertragungsfähigkeit des Virus mit sich bringen können.

Immunglobulin A: Antikörper, der hauptsächlich auf den Schleimhäuten und im Blut und der Muttermilch vorkommt.

Immunglobulin G: Überwiegend im Blut zirkulierender Antikörper. Sie werden recht spät von den Plasmazellen gebildet, bleiben dafür aber länger bestehen und können bei erneutem Kontakt mit dem Erreger sofort binden.

Immunglobulin M: Im Blut zirkulierender Antikörper, der meist als erstes bei Kontakt mit dem Erreger gebildet wird. Mit der Zeit werden sie von den IgG abgelöst. Nach einer frischen Infektion erscheinen IgM-Antikörper als erste Immunglobulin-Subgruppe im Blut.

Immunsuppressiva: entzündungshemmende Medikamente.

Impfgegner: allgemeine/prinzipielle Ablehnung von Impfungen.

Impfquote: Anteil geimpfter Personen an der Gesamtbevölkerung bzw. innerhalb einer definierten Personengruppe.

Impfschutz: Zeitraum, innerhalb dessen eine Impfung wirksamen Schutz gegen eine Erkrankung gibt.

Impfstoffplattformen: Mithilfe von Impfstoff-Plattformen werden Impfstoffe nach einem einheitlichen, bereits geprüften Muster hergestellt.

Impfstoffentwicklung: erfolgt generell in mehreren klinischen Phasen (vgl. Kapitel 8.1) bis hin zur Zulassung (vgl. Kapitel 8.3).

Impfstoffkandidaten: Impfstoffe, die sich in der Entwicklung befinden – nicht alle Impfstoffkandidaten erreichen die Marktreife i. S. v. einer Marktzulassung.

Impfstoffstrategie EU: Ziele sind die Entwicklung, Herstellung und den Einsatz von Impfstoffen gegen COVID-19 zu beschleunigen.

Indikation: Grund für eine diagnostische oder therapeutische Maßnahme.

Infektiosität: die Fähigkeit eines Krankheitserregers, einen Wirt wie den Menschen zu infizieren.

Inflammasom: Proteinkomplex, der sich durch inflammatorische Signale bildet und zu Interleukin-Bildung führt.

Inhibitoren: Stoffe mit hemmender Wirkung.

Inkubationszeit: Zeitraum zwischen der Ansteckung und dem Beginn der Symptome.

Intensivbett: kontinuierliche, 24-stündige Überwachung und akute Behandlungsbereitschaft durch Intensiv-Pflegepersonal und -ärzte.

Internationale Notlage: kann von der WHO ausgerufen werden, wenn sich eine die Öffentlichkeit gefährdende Infektionskrankheit in mehreren Staaten ausbreitet.

Intubation: das Einführen eines meist Kunststoffrohrs vom Mund aus über den Kehlkopf in die Luftröhre zum Beatmen.

invasive Beatmung: Sauerstoffgabe über einen Tubus durch eine Intubation oder Tracheotomie (Luftröhrenschnitt).

In-Vitro-Studien: Untersuchungen „im Reagenzglas" bzw. in Zellkulturen, außerhalb des menschlichen Körpers.

Inzidenz: relative Häufigkeit eines neu aufgetretenen Krankheitsfalles.

Isotyp: Begriff für die Unterscheidung der unterschiedlichen Immunoglobuline anhand ihrer Bestandteile (Ketten).

Katheter: Kunststoffschläuche für medizinische Maßnahmen.

Kaufprämie: Die Kaufprämie auf Automobile wurde lange Zeit als ernsthafte Alternative zur letztlich beschlossenen Senkung der Umsatzsteuer diskutiert. Sie ist mit Blick auf den Nachfrageeffekt günstiger als etwa eine Sozialausgabe wie beispielsweise der Kinderbonus. Die Kaufprämie ist im Gegensatz zum Kinderbonus an einen bestimmten Verwendungszweck gebunden, d. h., die Auszahlung erfolgt erst bei tatsächlich ausgeübter Nachfrage.

Kawasaki-Syndrom: akute, fieberhafte, systemische Erkrankung, welche im Zusammenhang mit Infektionen beobachtet werden kann.

Kinderbonus: Der Kinderbonus ist ein **„Bonus-Kindergeld"**, d. h., es handelt sich um eine Sonderzahlung, für die dieselben grundsätzlichen Voraussetzungen wie für das Kindergeld gelten. Der Kinderbonus ist Teil des Dritten Corona-Steuerhilfegesetzes der Bundesregierung.

KiTas: Kinderbetreuungsstätten für Kinder, i. d. R. ab 6 Monate bis 6 Jahre.

Kleinunternehmer: nach Umsatzsteuergesetz alle gewerblich und selbständig tätigen Personen, deren gesamter jährlicher Umsatz inklusive der darauf entfallenden Umsatzsteuer eine festgelegte Grenze nicht übersteigt. Die Umsatzgrenze beträgt **17.500 € im Jahr** der Geschäftsaufnahme des Gründers. Im darauffolgenden Jahr darf der Umsatz 50.000 € nicht überschreiten.

KN95-Masken: Mund-Nasen-Schutzmasken, zertifiziert nach chinesischem Standard.

Knochenmark: Gewebe in den Hohlräumen von Röhrenknochen, wie dem Oberarmbein oder Oberschenkelbein, wo die Blutzellen gebildet werden.

Kohäsionsfond EU: Der Kohäsionsfond der EU wurde eingerichtet, um im Interesse der Förderung einer nachhaltigen Entwicklung zur Stärkung des wirtschaftlichen, sozialen und territorialen Zusammenhalts der Europäischen Union beizutragen.

Konjunkturpaket: Beschluss der Bundesregierung 2020 in Deutschland war u. a. die Absenkung der Umsatzsteuer. Die Umsatzsteuer wurde befristet vom 1.7.2020 bis 31.12.2020 gesenkt. Der reguläre Steuersatz sank dabei von 19 % auf 16 %, der reduzierte Steuersatz sank von 7 % auf 5 %.

Kontaktinfektion: Übertragung von Krankheitserregern durch direkten körperlichen Kontakt.

Kontraindikation: Grund gegen eine diagnostische oder therapeutische Maßnahme.

Krankenhausentlastungsgesetz: Die Bettenkapazitäten werden erhöht und zusätzliche intensivmedizinische Behandlungsmöglichkeiten geschaffen. Das im Bundestag beschlossene COVID-19-Krankenhausentlastungsgesetz enthält eine Reihe von Maßnahmen, um die Finanzierung der Krankenhäuser sicherzustellen und dafür zu sorgen, dass sie liquide bleiben.

Kreuz-Reaktion: Das Immunsystem reagiert auf ein eigentlich fremdes Antigen mit verstärkter Immunantwort, weil es schon bekannten Antigenen ähnelt.

Kreuz-Reaktivität: Phänomen, dass einen Antikörper beschreibt, der gegen mehrere Infektionserreger wirksam ist.

Krisenstab: Einsatz eines Krisenstabes (27.02.2020) des Bundesgesundheitsministeriums und Bundesinnenministeriums während der Corona-Krise mit dem Ziel, die Bevölkerung so gut wie möglich zu schützen und diese Epidemie so weit wie möglich einzudämmen.

Kurzarbeitergeld: Durch die Zahlung von Kurzarbeitergeld durch den Staat sollen den Betrieben ihre eingearbeiteten Mitarbeiter und den Arbeitnehmern ihre Arbeitsplätze erhalten werden. Damit wird Arbeitslosigkeit vermieden, und zugleich wird damit gesichert, dass nach der Aufhebung des Lockdowns die eingearbeiteten Mitarbeiter ihre Arbeit sofort wieder aufnehmen können.

Latenzphase: abgeleitet vom lateinischen Wort *latere* für „verborgen sein". Die Zeitspanne zwischen Infektion und Infektiosität.

Lateral-Flow-Test: labormedizinisches Verfahren, das Antigene oder Antikörper in Flüssigkeiten (z. B. Speichelproben) nachweist und auf einer immunologischen Reaktion (Antigen-Antikörper-Reaktion) basiert.

Lebenserwartung: definiert als das Alter, das ein Neugeborenes durchschnittlich erreichen würde, wenn die altersspezifische Mortalität künftig konstant bleibt.

Leopoldina: Nationale Akademie der Wissenschaften – sie bearbeitet unabhängig von wirtschaftlichen oder politischen Interessen wichtige gesellschaftliche Zukunftsthemen aus wissenschaftlicher Sicht, vermittelt die Ergebnisse der Politik und der Öffentlichkeit und vertritt diese Themen national wie international.

Letalität: Anteil der Personen, die an einer bestimmten Erkrankung in einem bestimmten Zeitraum versterben, im Verhältnis zur Anzahl der Erkrankten.

Leukozytopenie: Die Anzahl der weißen Blutkörperchen im Blut ist erniedrigt (unter 4.000 pro Mikroliter).

Leukozytose: Die Anzahl der weißen Blutkörperchen im Blut ist erhöht (über 10.000 pro Mikroliter).

Lockdown: Eine aus Sicherheitsgründen verhängte temporäre staatlich verordnete und durchgesetzte Einschränkung des öffentlichen Lebens – geht mit Begleiterscheinungen wie einer Ausgangssperre einher.

luca-App: App, die der Kontaktnachverfolgung im öffentlichen und privaten Raum sowie der Datenvermittlung an die Gesundheitsämter dient.

Lymphopenie: Verminderung der Lymphozyten im Blut (Lympho = von Lymphozyten, penie = Verminderung).

Lymphozyten: Untergruppe der weißen Blutkörperchen. Sie sind vor allem wichtig für die spezifische Immunabwehr. Zu ihr gehören B- und T-Zellen. Außerdem sind ihnen die Natürlichen Killerzellen zugeteilt, weil sie ihnen vom Aufbau mehr ähneln.

Maastricht-Kriterien: (auch: EU-Konvergenzkriterien) sind vier Vorgaben, die EU-Mitgliedsstaaten erfüllen müssen, wenn sie den Euro als Währung übernehmen wollen.
1. **Preise:** Inflationsrate des EU-Mitglieds darf maximal 1,5 Prozentpunkte höher als die durchschnittliche Inflationsrate der drei Mitgliedstaaten mit der niedrigsten Inflationsrate sein.
2. **Wechselkurse:** Das EU-Mitglied muss über einen Zeitraum von mindestens 2 Jahren am Europäischen Wechselkurssystem teilgenommen haben, ohne die Währung abzuwerten. Ein Abweichen vom Eurokurs ist nur im Rahmen einer bestimmten Bandbreite gestattet.
3. **Zinssätze:** Der Zinssatz der langfristigen Staatsanleihen des EU-Mitglieds darf maximal 2 Prozentpunkte höher liegen als der durchschnittliche Zinssatz der drei Mitgliedsstaaten mit der höchsten Preisstabilität.
4. **öffentliche Haushalte:** Der Schuldenstand des EU-Mitglieds darf 60 % des BIP nicht übersteigen; das gesamtstaatliche Defizit darf maximal 3 % des BIP erreichen.

Makrophagen: gehören zu den weißen Blutkörperchen und zum unspezifischen Immunsystem. Sie nehmen körperfremdes Material auf und präsentieren Teile an das spezifische Immunsystem.

Manifestationsindex: Der prozentuale Anteil aller Personen, die nach einer Ansteckung mit einem Krankheitserreger auch tatsächlich Symptome entwickeln.

Median-Wert: einer statistischen Verteilung, der die Verteilung in zwei Hälften spaltet: genau die Hälfte der Werte in dem Datensatz ist höher als der Median und genau die andere Hälfte der Werte ist niedriger als der Median. Es kann somit im weitesten Sinne als durchschnittlicher Wert betrachtet werden.

Medizinische Leitlinien: geben Empfehlungen zu diagnostischen und therapeutischen Maßnahmen (in Deutschland als AWMF-Leitlinien bekannt).

Medizinische Gesichtsmasken: dienen zum Schutz des Umfeldes, filtern Bakterien aus der Luft und bieten eine zusätzliche Barriere gegen Tröpfchen und verschiedene Mikroorgansimen in der Luft.

Mehrjähriger Finanzrahmen (MFR): In diesem werden die Höchstbeträge p. a. festgelegt, die von der EU in den einzelnen Politikfeldern in diesem Zeitraum ausgegeben werden dürfen. Der MFR ist nicht der EU-Haushalt, sondern gibt die Prioritäten der EU-Finanzplanung vor.

Mittelfristiger Finanzrahmen der EU: Der Mittelfristige Finanzrahmen der EU für die 7 Jahre 2021 bis 2027 enthält die Ausgaben, die die EU im jeweiligen Jahr in ihrem üblichen Haushalt tätigen kann.

Monoklonale Antikörper: identische Antikörper aus einer Ursprungszelle, gegen eine Zielstruktur gerichtet.

Mortalität: Anteil der Personen, die an einer bestimmten Erkrankung in einem bestimmten Zeitraum versterben, im Verhältnis zu allen statistisch erfassten Personen (nicht nur den Erkrankten).

MPK: Ministerpräsidenten-Konferenzen.

MRF: (Mutual Recognition Facilitation Procedure) – Verfahren zur gegenseitigen Anerkennung bei Arzneimittel-Zulassungen.

MRFG: (Mutual Recognition Facilitation Group) – Gremium, welches die EMA bei der Zulassung eines Präparates im Verfahren zur gegenseitigen Anerkennung bei Arzneimitteln unterstützt.

MRGN: Multiresistente gramnegativen Stäbchen.

mRNA-Impfstoff: mRNA-Impfstoffe und DNA-Impfstoffe gehören zur neuen Klasse der **genbasierten Impfstoffe**. Sie schleusen nur den **genetischen Bauplan für Erreger-Antigene** in menschliche Zellen ein. Die Zellen bauen dann anhand dieser Anleitung selbst die Antigene zusammen, welche dann eine spezifische Immunantwort hervorrufen.

MRSA: Methicillin-resistenter Staphylococcus aureus. Bakterien dieser Art kommen auf der Haut und den Schleimhäuten von vielen gesunden Menschen vor. Diese Bakterien können gegen das Antibiotikum Methicillin und auch die meisten anderen Antibiotika resistent, also unempfindlich werden.

Multimorbidität: zwei oder mehr gleichzeitig vorkommende chronische Erkrankungen.

Multiplikatoreffekt: beschreibt die möglichen Auswirkungen einer Veränderung des Geldmengenangebots auf die Wirtschaftsaktivität.

Nachtragshaushalt: die nachträgliche Veränderung eines bereits vom Parlament beschlossenen Haushalts des Bundes, eines Bundeslandes, von Gebietskörperschaften oder anderen öffentlichen Haushalten.

nasopharyngeal: Nase und Rachen betreffend – Abstrich, der aus diesen beiden Regionen genommen wird.

Nationale Impfstrategie: regelt die faire Verteilung von Corona-Impfstoffen in zwei Phasen (Phase I: Risikogruppen und exponierte Teile der Bevölkerung [z. B. Krankenhauspersonal]; Phase II Gesamtbevölkerung).

Nationale Reserve Gesundheitsschutz (NRGS): zeitgerechte Verfügbarkeit von Sanitätsmaterial (Arzneimittel, Medizinprodukte und sonstiges Material zur Versorgung von Patientinnen und Patienten) und persönlicher Schutzausrüstung (PSA) für das Gesundheitssystem sowie bei Bedarf Sicherstellung Verwaltung und Wirtschaft sowie für kritische Infrastrukturen für vulnerable Gruppen.

Natürliche Killerzellen: gehören zu den Lymphozyten, ähneln in ihrer Funktion aber mehr dem unspezifischen Immunsystem und werden deshalb hierunter gezählt. Mit Hilfe von toxischen Substanzen töten sie infizierte Zellen, die von den zytotoxischen T-Zellen nicht erkannt werden.

NETose: Vorgang, bei dem die neutrophilen Granulozyten antimikrobielle Proteine und eigenes Erbgut wie Fangarme auswerfen, um extrazelluläre Erreger zu binden.

Neutralisierender Antikörper: Antikörper, der verhindert, dass ein Virus eine Wirtszelle infiziert.

Neutrophile Granulozyten: gehören zu den Granulozyten und dem unspezifischen Immunsystem. Neben Erregeraufnahme und Präsentation sind sie in der Lage zu NETose.

neXenio GmbH: IT-Firma mit Hauptsitz in Berlin, Ausgründung des Hasso-Plattner-Instituts.

Next Generation EU (NGEU): Fonds ist ein Konjunkturpaket der Europäischen Union zur Unterstützung von Mitgliedstaaten, die von der COVID-19-Pandemie negativ betroffen sind.

NICE: National Institute for Health and Care Excellence.

Nicht-invasive Beatmung: Sauerstoffgabe über eine Nasensonde oder Maske.

NRGS: Die „**Nationale Reserve Gesundheitsschutz**" (NRGS) soll die zeitgerechte Verfügbarkeit von Sanitätsmaterial (Arzneimittel, Medizinprodukte und sonstiges Material zur Versorgung von Patientinnen und Patienten) und persönlicher Schutzausrüstung (PSA) für das Gesundheitssystem, sowie bei Bedarf für vulnerable Gruppen der Bevölkerung, Verwaltung und Wirtschaft sowie für kritische Infrastrukturen sicherstellen.

Nukleinsäure: hauptsächlich im Zellkern vorkommende Verbindung mit Erbinformationen.

NUM: Das Nationale Forschungsnetzwerk der Universitätsmedizin erforscht, wie Patientinnen und Patienten mit einer COVID-19-Erkrankung in Deutschland bestmöglich versorgt werden können.

Östrogen: weibliches Geschlechtshormon.

ORFs: Open Reading Frames. Als offene Leseraster wird in der Genetik derjenige Bereich der Virus-RNA oder mRNA bezeichnet, dessen Leserahmen zwischen einem Startcodon und dem ersten Stopcodon im gleichen Leseraster liegt.

Pandemie: eine sich zeitlich begrenzt neu weltweit ausbreitende Infektionskrankheit.

Patient Null: zuerst Infizierte Person, von der die weiteren Infektionen ausgehen.

Pattern-Recognition-Rezeptoren: PRRs, sind **Rezeptoren,** die Pathogene anhand ihrer spezifischen PAMPs erkennen und anschließend die Immunantwort mit einleiten. Bekannteste Familien sind die Toll-like Rezeptoren (TLRs).

PCS: Post-akutes COVID-19-Syndrom.

PEI: Paul-Ehrlich-Institut ist das deutsche Bundesinstitut für Impfstoffe und biomedizinische Arzneimittel nach § 77 AMG (Arzneimittelgesetz).

Pharmakodynamik: Teilgebiet der Pharmakologie, die die Art der Arzneimittelwirkung im Körper, also die biochemischen und physiologischen Effekte des Pharmakons auf den Organismus darstellt.

Pharmakokinetik: Teilbereich der Pharmakologie, die die Effekte, denen ein Arzneimittel im Organismus unterliegt, behandelt. Dazu gehören u.a. die Resorption, die Distribution, der Metabolismus, sowie die Elimination des Arzneistoffs.

Phylogenie: beschreibt die Evolutionsgeschichte aller Lebewesen und bestimmter Verwandtschaftsgruppen, wie von SARS-CoV-2.

Picornaviren: entsprechen einer Familie von Viren, die der Ordnung Picornavirales zuzuordnen sind. Bei den einzelnen Arten handelt es sich um unbehüllte Viren, die mit dem Genom einer einzelsträngig linearen RNA positiver Polarität ausgestattet sind.

PIMS: Paediatric Inflammatory Multisystem Syndrome.

Placebo (Effekt): Als Placebo-Effekt bezeichnet man das Auftreten therapeutischer Wirkungen nach Scheinbehandlungen, insbesondere nach der Gabe von Scheinpräparaten (Placebos). Die beobachteten Wirkungen können dabei qualitativ denen eines „echten" Medikaments bzw. einer „echten" Therapie entsprechen.

Plasmazelle: B-Zelle, die mit Antigen Kontakt hatte und spezifische Antikörper produziert.

Plasma auch Blutplasma: der nicht-zelluläre Teil des Blutes, bestehend aus Wasser und löslichen Substanzen wie Antikörpern.

Polyklonal: Antikörper aus verschiedenen Ursprungszellen, gegen mehrere Strukturen (Epitope) gerichtet.

Polymerase-Kettenreaktion (PCR): Methode zur Herstellung von Erbgut-Kopien, d. h. zur Vervielfältigung. I. d. R. wird ein bestimmter Abschnitt des Erbgutes kopiert.

Postmarketing-Studie: bezeichnet u. a. eine klinische Studie am Menschen eines u. a. Impfstoffes, die nach Erhalt der behördlichen Zulassung für einen solchen Impfstoff in einem Land/Gebiet eingeleitet wurde und von der Regulierungsbehörde in diesem Land/Gebiet benötigt wird, um die behördliche Zulassung für diesen Impfstoff in diesem Land/Gebiet aufrechtzuerhalten.

Prävalenz: Häufigkeit einer Krankheit in der Bevölkerung oder einer Bevölkerungsgruppe zu einem bestimmten Zeitpunkt.

Prävention: Maßnahmen zur Verhinderung oder Verzögerung von Krankheiten.

Proofreading: Fehler-Erkennungsfunktion nach erfolgter RNA- oder DNA-Replikation.

Prophylaxe: Vorbeugung.

Protease: ein Enzym, das andere Proteine spalten kann.

Public Health: Gesundheit der Bevölkerung.

QR-Code: QR steht für quick response. Es handelt sich um einen zweidimensionalen, elektronisch lesbaren Code.

Querdenker-Bewegung: Personen, die gegen die verhängten Corona-Maßnahmen öffentlich demonstrierten.

Replikation: Vervielfältigung der Nukleinsäuremoleküle als Träger der Erbinformation einer Zelle oder eines Virus, sei es des gesamten Genoms aus DNA bzw. RNA oder auch nur einzelner Chromosomen oder Segmente.

Reproduktionszahl: beschreibt die Anzahl an Personen, die durchschnittlich von einer infizierten Person angesteckt werden.

Rezeptor: Zellstruktur, an die ein bestimmtes Teilchen binden kann. Die Aktivierung des Rezeptors führt zu einer Signalweitergabe, die wiederum in Aktivierung oder Hemmung bestimmter Abläufe resultieren kann.

Rezession: Eine Rezession liegt vor, wenn der Zuwachs des Bruttoinlandsprodukts (BIP) zwei Quartale nacheinander negativ ist.

Ribosom: Ort der Translation.

Risikofaktoren: führen zu einer erhöhten Wahrscheinlichkeit für das Auftreten bestimmter Erkrankungen.

Risikogebiete: Seit 1. August 2021 erfolgt Einteilung in Hochrisikogebiete (Gebiete mit besonders hohem Infektionsrisiko durch besonders hohe Inzidenzen für die Verbreitung des Coronavirus SARS-CoV-2) und Virusvariantengebiete (Gebiete mit besonders hohem Infektionsrisiko durch verbreitetes Auftreten bestimmter SARS-CoV-2-Virusvarianten). Die Kategorie der „einfachen" Risikogebiete ist entfallen.

RKI: Robert Koch-Institut ist zentrale Einrichtung des Bundesgesundheitsministeriums auf dem Gebiet der Krankheitsüberwachung und -prävention. Die Kernaufgaben des RKI sind die Erkennung, Verhütung und Bekämpfung von Krankheiten, insbesondere der Infektionskrankheiten, sowie die Erhebung von Daten und Erarbeitung von Studien für die Entwicklung von Präventionsempfehlungen im Gesundheitswesen.

RMS: Reference Member State – Referenzland beim zentralen Zulassungsverfahren in der EU.

RNA: Ribonukleinsäuren(-acid), die Bausteine des Genoms von SARS-CoV-2.

RNA-Polymerase: kopiert den viralen RNA-Strang während der Virusreplikation.

Rolling Review: Vorgezogene Prüfung eines Teils der Zulassungsunterlagen: Während die Phase-III-Studie noch läuft, arbeitet die European Medicines Agency (EMA) schon die Ergebnisse der Tierstudien und der Phase-I- und Phase-II-Studien durch.

RT-PCR: Reverse Transkriptase-Polymerase-Kettenreaktion ist ein **Verfahren,** bei dem RNA über den Umweg der DNA vervielfältigt werden kann.

RO-Wert: Anzahl der im Durchschnitt von einem Infizierten angesteckten Personen, wenn keine Schutzmaßnahmen ergriffen werden.

R-Wert: Anzahl der im Durchschnitt von einem Infizierten angesteckten Personen.

SafeVac: App zur Nachverfolgung von Sicherheit und Verträglichkeit eines Impfstoffes (PEI).

SARS-CoV-1: schweres akutes respiratorisches Syndrom Coronavirus 1, welches 2002/2003 von Südchina ausgehend eine Epidemie mit mehr als 700 Toten ausgelöst hat.

SARS-CoV-2-Infizierter/COVID-19-Erkrankter: Person mit einer diagnostizierten SARS-CoV-2-Infektion/COVID-19-Krankheit auf Grundlage von klinischen Parametern, epidemiologischen Hinweisen und/oder einem labordiagnostischen Nachweis.

Schmierinfektion: indirekte Übertragung von Krankheitserregern durch Berührung einer mit infektiösen Sekreten kontaminierten Oberfläche.

Schuldenbremse: Seit 2011 verpflichtet die sog. Schuldenbremse in Art. 109 und 115 GG Bund und Länder, ihre Haushaltsdefizite und damit ihre Schulden innerhalb vorgegebener Grenzen zu halten. Die in der Coronakrise durch die enorm hohen Schulden und Steuerausfälle entstehenden Defizite waren zwar durch eine Klausel des Grundgesetzes gedeckt, müssen aber wegen der Schuldenbremse zügig und absehbar wieder zurückgeführt werden.

Schuldenstand-Quote: bezeichnet den Schuldenstand in % des BIP. Der Schuldenstand Deutschlands lag, addiert über alle Ebenen, vor Ausbruch der Corona-Krise bei knapp 60 % des BIP, hielt sich also innerhalb des sog. Maastricht-Kriteriums von 60 %.

Schutzmasken: auch Mund-Nasen-Schutz genannt, werden zum Schutz des Gesichtes oder Teilen davon (Augen, Nase usw.) sowie der Atemorgane benutzt.

Screening: Ziele des Screenings liegen u. a. in der Früherkennung von Krankheiten. Dadurch soll es zur Verbesserung der Lebensqualität und Verlängerung der Lebensdauer kommen.

Sensitivität: Prozentsatz an Infizierten, die von einem diagnostischen Test als infiziert erkannt werden.

Secondary Attack Rate: Anteil an Personen, die sich nach dem Kontakt mit einer infizierten Person selbst infizieren.

serielles Intervall: durchschnittliches Intervall vom Beginn der Symptome einer ansteckenden Person bis zum Beginn der Symptome einer Person, die von dieser ersten Person infiziert wurde.

serologischer Nachweis: Blutuntersuchung, bei der das Blutserum oder Blutplasma, also die flüssigen Bestandteile des Blutes, auf Antikörper gegen Krankheitserreger überprüft wird.

Serokonversion: erstmaliges Auftreten erregerspezifischer Antikörper im Blut eines Patienten, der infiziert oder geimpft wurde und vorher negativ war.

7-Tage-R-Wert: durchschnittlicher R-Wert einer Woche.

Signifikanz: Begriff der Statistik.

Spezifität: Prozentsatz an Gesunden, die von einem diagnostischen Test als gesund erkannt werden.

Soforthilfen: dienen dazu, die wirtschaftliche Existenz der Unternehmen zu sichern und Liquiditätsengpässe durch die Folgen der Corona-Pandemie zu überbrücken.

Soloselbstständige: Selbstständige, die keine Mitarbeiter beschäftigen.

Sputum: aus den Atemwegen abgehustetes Sekret.

Staatsschuldenquote: volkswirtschaftliche Kennzahl, die das Verhältnis zwischen den Staatsschulden und dem nominalen Bruttoinlandsprodukt eines bestimmten Staates ausdrückt.

Sterblichkeit: Todesfälle in einem bestimmten Zeitraum, bezogen auf 1.000 Personen.

Steueraufkommen: das Geld, welches eine bestimmte Region (Bund, Land, Gemeinde) in Form von Steuern innerhalb eines bestimmten Zeitraums einnimmt.

Steuerverbund: Steuerarten, deren Steuerertragshoheit sich gemäß dem Verbundsystem auf mehrere öffentliche Aufgabenträger verteilt.

STIKO: Die Ständige Impfkommission ist eine ehrenamtliche, politisch und weltanschaulich unabhängige, derzeit 18-köpfige Expertengruppe in der BRD. Angesiedelt beim Robert Koch-Institut in Berlin treffen sich die Experten zweimal jährlich, um sich mit den gesundheitspolitisch wichtigen Fragen zu Schutzimpfungen und Infektionskrankheiten in Forschung und Praxis zu beschäftigen und entsprechende Empfehlungen (*Impfkalender*) herauszugeben. Die Empfehlungen der STIKO, die in der Regel jährlich im Epidemiologischen Bulletin des RKI veröffentlicht werden, dienen den Bundesländern als Vorlage für ihre öffentlichen Impfempfehlungen.

STIKO-Empfehlung: setzt sich aus der allgemeinen Impfempfehlung und einer Empfehlung zur Priorisierung der Patienten zusammen.

STIKO@rki-App: unterstützt Ärzte und Fachpersonal in Fragen zum Thema „Impfen".

Stille Beteiligung: Eine „Stille Beteiligung" des Staates an einem Unternehmen soll helfen, das vor der Coronakrise vorhandene Eigenkapital wiederherzustellen und es den Unternehmen durch die verbesserte Bilanzstruktur möglich machen, das notwendige Fremdkapital an den Geld- und Kapitalmärkten einzuwerben.

Subunit-Impfstoff: Totimpfstoffe, die nur noch bestimmte Antigene eines Krankheitserregers enthalten.

Superspreader-Event: Veranstaltung, von der besonders viele Infektionen ausgehen.

Tan: eine nur dem Nutzer bekannte, einmalig zu verwendende Code-Nummer.

Testosteron: männliches Geschlechtshormon.

T-Helferzellen: Untergruppe der T-Zellen, die B-Zellen beim Antikörper produzieren helfen und die Immunantwort regulieren.

Thrombose: Blutgerinnsel.

TMPRSS2: Transmembrane Serinprotease, welche SARS-CoV-2 durch Spaltung hilft, besser an ACE-2 anzudocken.

Totimpfstoff: Impfstoff, der tote, d. h. nicht mehr reproduktionsfähige Krankheitserreger bzw. deren Bestandteile enthält.

Transkription: ist die Synthese neuer RNA-Stränge anhand einer DNA-Vorlage in der Proteinbiosynthese.

Transfusion: intravenöse Gabe von Blut oder Blutprodukten eines menschlichen Spenders.

Translation: dient der Synthese von Proteinen in der Proteinbiosynthese, indem anhand einer RNA-Vorlage die Aminosäuresequenz der entsprechenden Proteine gebildet wird.

Tröpfchen: Übertragung von Bakterien oder Viren in Flüssigkeitspartikeln mit einem Durchmesser von 5 bis 10 Mikrometern, die aus den Atemwegen stammen und von anderen Menschen beim Atmen aufgenommen werden.

T-Zellen: Lymphozyten, die Antigene über spezifische Rezeptoren erkennen und einen großen Teil der spezifischen Immunantwort ausmachen.

Transmission: Übertragung von Viren.

Übersterblichkeit: Sterblichkeit, die über die durchschnittliche Sterberate hinaus auftritt.

Umsatzsteuer, Satzsenkung: Zur Belebung des Konsums während der Corona-Epidemie wurden die verschiedenen Umsatzsteuersätze zeitweilig gesenkt.

Untersterblichkeit: Sterblichkeit, die niedriger als die zu erwartende Sterberate liegt.

Vakzine: Impfstoff.

Vektorimpfstoff: Vektorimpfstoffe (Vektorvirenimpfstoffe) gehören zur Gruppe der genbasierten Impfstoffe.

Verschwörungstheorie: im weitesten Sinne als Versuch bezeichnet, einen Zustand, ein Ereignis oder eine Entwicklung durch eine Verschwörung zu erklären.

Vesikel: sehr kleine, in der Zelle gelegene, rundliche bis ovale Bläschen, umgeben von einer doppelten Membran oder einer netzartigen Hülle aus Proteinen. Bilden eigene Zellkompartimente, in denen unterschiedliche zelluläre Prozesse ablaufen.

Virion: einzelner Viruspartikel.

Virostatikum: antivirale Medikamente, die Viren hemmen können.

Vortestwahrscheinlichkeit: Beschreibt das Phänomen, dass die Prävalenz einer Krankheit einen Einfluss auf die Verlässlichkeit des Ergebnisses eines diagnostischen Tests hat: Bei einer niedrigen Prävalenz ist der positive Vorhersagewert stark reduziert.

Verbrauchskoagulopathie: massenhafter Verbrauch von Blutplättchen und gerinnselbildenden Faktoren, der zum Fehlen dieser an anderen Stellen und damit einhergehender Blutung führt.

Virusreplikation: Vermehrung eines Virus.

Warn-App NINA: Notfall-Informations- und Nachrichten-APP des BBK.

Wechselwirkungen: können auftreten, wenn eine Person mehrere unterschiedliche Arzneimittel einnimmt. Die Inhaltsstoffe können sich gegenseitig beeinflussen.

weiße Blutkörperchen: Immunzellen, die im Blut zirkulieren; zu ihnen gehören die Monozyten, Granulozyten und Lymphozyten.

Wiederaufbaufonds Next Generation EU: Dieser neugeschaffene Fonds der EU mit 750 Mrd. Euro dient vor allem der Finanzierung der Folgeschäden aus der Coronakrise in den Mitgliedstaaten. Zusätzlich dient er neuen Aufgaben der EU, etwa der Digitalisierung und dem Klimaschutz.

Wildtyp: die ursprüngliche Virus-Variante.

Wirtschafts- und Finanzkrise 2008/2009: In dieser Krise erfolgte der größte Rückgang des BIP in der Nachkriegszeit. Der zweitgrößte geschah in der Coronakrise.

Wirtschaftsstabilisierungsfonds (WSF): Der Fonds soll Liquiditätsengpässe der Unternehmen verhindern und ihre Refinanzierung unterstützen. Dazu kann er Garantien für Schuldtitel und Verbindlichkeiten der Unternehmen übernehmen (Rahmen: 400 Mrd. Euro) und gewährt damit Staatsgarantien für Verbindlichkeiten. Zudem geht er direkte staatliche Beteiligungen ein und dient der Refinanzierung der KfW-Sonderprogramme.

Zilien: dünne Zellfortsätze, die sich wie Haare auf den Zellen befinden und sich bewegen können.

Zoom-Meeting: kostenlose Anwendung, um Videoanrufe bzw. -konferenzen zu tätigen.

Zukunftspaket: Das Zukunftspaket der Bundesregierung zur Coronabekämpfung enthält überwiegend Investitionen. Ein erheblicher Teil geht, zusammen mit steuerlicher Forschungsförderung, in Investitionen für die Quantentechnik und künstliche Intelligenz. Auch die verstärkte Nutzung der Wasserstoffenergie und mehr E-Mobilität durch Kaufanreize für Elektro-Fahrzeuge sowie Investitionen in die Ladesäulen-Infrastruktur und Batterien sind Teil des Pakets.

Zulassungsstudie: klinische Studie, die dazu dient, die Zulassung eines neuen Arzneimittels oder eine Indikationserweiterung eines bereits zugelassenen Arzneimittels zu erhalten – vgl. Kapitel 8.1.

Zytokine: Botenstoffe, die im Rahmen der Immunantwort ausgeschüttet werden und regulierend wirken. Sie dienen der Signalübertragung im Körper, beeinflussen die Zellproliferation und -differenzierung und vermitteln Entzündungsprozesse.

zytotoxische T-Zellen: Untergruppe der T-Zellen, sie töten infizierte Zellen mittels zytotoxischer Substanzen.

Stichwortverzeichnis